高职机械类
精 品 教 材

数控技术

SHUKONG JISHU

第2版

主编　徐剑锋
主审　史新逸

中国科学技术大学出版社

内 容 简 介

本书系统地介绍了数控机床的特点，数控机床的机械结构，数控加工编程、插补原理，机床用可编程控制器，计算机数控系统、伺服系统和典型数控系统等内容。本书取材新颖，注重内容的先进性、科学性和实用性。全书注重理论联系实际，各章既有联系，又有一定的独立性。每章后均附有习题。

本书可用作高等院校机械、机电、数控专业学生的教材，也可供从事机床数控技术的工程技术人员、研究人员参考。

图书在版编目(CIP)数据

数控技术/徐剑锋主编. —2版. —合肥：中国科学技术大学出版社，2012.8(2019.7重印)
ISBN 978-7-312-03091-8

Ⅰ. 数…　Ⅱ. 徐…　Ⅲ. 数控机床—高等职业教育—教材　Ⅳ. TP273

中国版本图书馆CIP数据核字(2012)第164790号

出版　中国科学技术大学出版社
安徽省合肥市金寨路96号，230026
http://press.ustc.edu.cn
https://zgkxjsdxcbs.tmall.com

印刷　合肥市宏基印刷有限公司

发行　中国科学技术大学出版社

经销　全国新华书店

开本　787 mm×1092 mm　1/16

印张　17.75

字数　454千

版次　2008年9月第1版　2012年8月第2版

印次　2019年7月第5次印刷

定价　35.00元

第2版前言

数控技术是一个综合了计算机技术、自动控制技术、检测技术和机械加工技术的交叉和综合技术领域。数控技术的核心是由计算机(主要是软件)对加工过程中的信息进行处理和控制,实现加工过程自动化。随着微电子技术、计算机技术、传感器技术和机械加工技术的发展,从20世纪70年代以来,数控技术获得了突飞猛进的发展,数控机床和其他数控装备在实际生产当中获得了越来越广泛的应用。同时,数控技术的发展又极大地推动了计算机辅助设计和辅助制造(CAD/CAM)、柔性制造系统(FMS)和计算机集成制造技术(CIMS)的发展,成为先进制造技术的技术基础和重要组成部分。

中国的机械制造业正面临着前所未有的机遇与挑战——参与国际市场的竞争。用以数控技术为基础的先进制造技术武装机械制造业,是在这场竞争中获胜的重要条件之一。因此在中国推广应用数控技术有着特别重要的意义。

目前,随着国内数控机床用量的剧增,急需培养一大批数控应用型高级技术人才。为了适应我国高等职业技术教育发展及数控应用型技术人才培养的需要,我们编写了本书。

本书比较全面、系统地讲述了数控系统的基本组成,各部分的主要功能、特点和工作原理等,重点突出了数控系统的应用。在数控机床的结构上,主要针对数控机床的特点,介绍了机床布局、相关机械结构和辅助装备。第2版更新了数控机床用可编程控制器一章中常见的FANUC和SIEMENS系统的PLC编程方法和实际应用案例;更新了典型数控系统一章中常见的FANUC和SIEMENS数控系统的介绍。

本书可作为高等职业教育机电类专业数控技术应用、CAD/CAM技术应用和模具设计与制造人员的培训用书,也可作为机械设计制造及自动化专业学生的教材,还可供从事数控技术的工程技术人员参考。

本书由江西航空职业技术学院徐剑锋主编,江西航空职业技术学院史新逸主审。

由于作者水平所限,编写时间仓促,书中难免会有疏漏之处,我们期待着读者的批评指正。

编　者

目 录

第1章 概　述

1.1 数字控制和数控机床

1.1.1 数控与计算机数控

数字控制(Numerical Control,NC)简称数控,是指用数字化信号对机床或加工过程进行控制的技术,包括对机床工作台运动的控制和各种开关量的控制。实现数字控制技术的设备就叫做数控系统,装备了数控系统的机床就叫做数控机床。用数控机床加工一个零件的过程见图1.1。

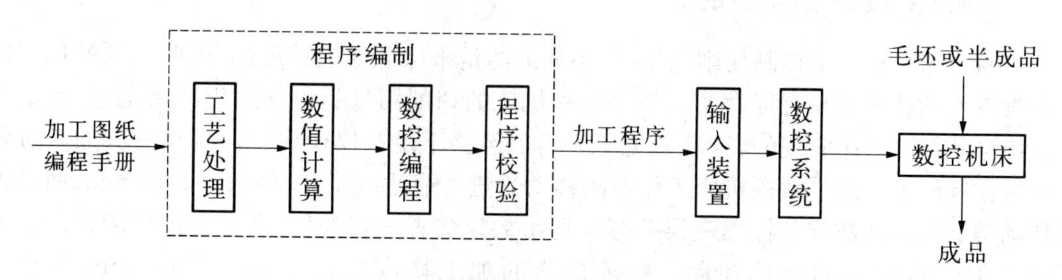

图1.1　数控机床上加工零件的过程

用数控机床加工工件时,首先由编程人员按照零件的几何形状和加工工艺要求将加工过程编成加工程序并记录在介质上。常用的介质有纸带、磁带和磁盘等。数控系统首先读入记录在介质上的加工程序,由数控装置将其翻译成机器能够理解的控制指令,再由伺服系统将其变换和放大后驱动机床上的主轴电动机和进给伺服电动机转动,并带动机床的工作台移动,实现加工过程。由图1.1可见,数控系统实质上是完成了手工加工中操作者的部分工作。

建立了数控技术的基本概念后,我们发现数控装置是实现数控技术的关键。数控装置完成了数控程序的读入、解释,并根据数控程序的要求对机床进行运动和逻辑控制。在早期的数控装置中,所有这些工作都是由数字逻辑电路来实现的,现在我们称之为硬件数控。现代数控技术中,数控装置的大部分工作都是由计算机系统来完成的。以计算机系统为主构成的数控装置称为计算机数控系统(Computer Numerical Control,CNC)。CNC装置中的数字信息处理功能主要由软件实现,因而十分灵活,并可以处理逻辑电路难以处理的复杂信息,使数控装置的功能大大提高。我们现在看到的数控装置,几乎都是计算机数控装置。

数控技术最早是被应用到金属切削机床上的,所以说到数控技术总是和数控机床联系在一起,其实数控技术可以用于各种机械设备。我们也可以把这里所说的机床理解成广义的机床,可以是冶金机械、锻压机械、轻工机械、纺织机械等等。为了方便说明,本书仍以金属切削机床为例来介绍数控技术,但所有的内容都可以用于其他机器中。

1.1.2 数控机床的加工特点

数控机床以其精度高、效率高、能适应小批量多品种复杂零件的加工等优点,在机械加工中得到广泛的应用。概括起来,数控机床的加工有以下几方面的优点。

一、适应性强

适应性即所谓的柔性,是指数控机床随生产对象变化而变化的适应能力。由于市场对产品的需求逐渐趋向于多样化,实现单件、小批量产品的生产自动化是制造业的当务之急。传统机床要更换产品,往往要更换许多工装,费时费力。而数控机床的零件制造信息是记录在介质上的加工程序,所以更换被加工零件时只要改变加工程序就可以在短时间内加工出新的零件。因而用数控机床生产准备周期短、灵活性强,为多品种、小批量生产和新产品的研制提供了方便条件。

二、加工精度高、质量稳定

普通机床是靠人工控制切削用量,靠不断地测量来保证加工精度的,因此工件的加工精度和操作者的技术水平有很大的关系。数控机床的切削用量是由加工程序指定,并且由数控系统自动控制机床实现的,这就避免了人为的经验不足和操作失误以及每一次加工过程中参数控制的不一致。数控机床工作台的移动当量普遍达到了0.000 1～0.01 mm,而且进给传动链的反向间隙与丝杠螺距误差等均可由数控装置进行补偿,高档数控机床采用光栅尺进行工作台移动的闭环控制。数控机床的加工精度由过去的±0.01 mm提高到±0.005 mm,甚至更高。定位精度20世纪90年代初中期已达到±0.002～±0.005 mm。此外,数控机床的传动系统与机床结构都具有很高的刚度和热稳定性。通过补偿技术,数控机床可获得比本身精度更高的加工精度。尤其提高了同一批零件生产的一致性,产品合格率高,加工质量稳定。现代数控系统还可以利用控制软件补偿机床本身的系统误差、利用自适应控制消除各种随机误差,获得更高的加工精度。

三、生产效率高、经济效益好

数控机床主轴转速和进给量的变化范围较大,因而在每道工序中都能选用最佳的切削用量。另外,数控机床结构简单,刚性通常较大,可以使用较大的切削用量,因而可获得较高的生产率。数控机床的生产率高还因为它可以减少加工过程的辅助时间。对于复杂的零件可以用计算机辅助编程软件迅速编制加工程序;数控机床加工中通常使用较简单的夹具,减少了生产准备时间和装夹时间;尤其是使用带有刀具库和自动换刀装置的加工中心时,工件往往一次装夹就能完成多道工序的加工,减少了半成品的周转时间,生产率的提高更加明显。同时由于减少了样板、靠模和钻模板等专用工装的制造,也使生产成本降低了。

四、减轻操作者的劳动强度、操作简单

数控机床是由程序控制机床工作的，操作者一般只需装卸零件和更换刀具并监督机床的运行，因而大大减轻了操作者的劳动强度，减少了对熟练技术工人的需求。

五、有利于生产管理的现代化

用数控机床加工零件时，能准确计算零件的加工工时，并简化了检验、工装和半成品的管理工作，这些特点都有利于生产管理的现代化。

六、具有故障诊断和监控能力

CNC系统一般具有用软件查找故障的功能，数控系统的故障可以通过诊断程序自动查找出来并显示在屏幕上，而且可以诊断出故障的种类，极大地提高了检修的效率。现代CNC系统还可以通过网络将数控机床的工作状态和故障信息传给远方的数控机床维修中心或生产厂家，帮助诊断一些疑难故障，在维修中心或生产厂家的指导下更快地修复数控机床。

但另一方面，数控机床在使用中也暴露出一些问题，主要有：

(1) 造价较高，很多企业特别是小企业还无法接受。

(2) 调试和维修比较复杂，需要专门的技术人员。

(3) 对编程人员的技术水平要求较高。

分析这些问题，我们认为，数控机床的造价将随着数控技术的进步逐渐下降，最终会达到人们能够接受的程度。而后两个问题告诉我们，数控系统的售后服务、操作人员的培训是数控技术推广应用中的重要环节，是需要我们共同努力来解决的问题。只有真正解决了这些问题，数控技术才能真正起到降低企业成本，提高经济效益和企业竞争能力的作用，数控技术本身才具有更广阔的发展前景。

1.1.3　数控机床的使用特点

一、数控机床对操作维修人员的要求

数控机床采用计算机控制，驱动系统具有较高的技术复杂性，机械部分的精度要求也比较高，因此要求数控机床的操作、维修及管理人员具有较高的文化水平和综合技术素质。

数控机床的加工是根据程序进行的，零件形状简单时可采用手工编制程序。当零件形状比较复杂时，编程工作量大，手工编程较困难且易出错，因此必须采用计算机自动编程。所以，数控机床的操作人员除了应具有一定的工艺知识和普通机床的操作经验之外，还应对数控机床的结构特点、工作原理非常了解，具有熟练操作计算机的能力，须在程序编制方面进行专门的培训，考核合格才能上机操作。

正确的维护和有效的维修也是使用数控机床中的一个重要问题。数控机床的维修人员应有较高的理论知识和维修技术，要了解数控机床的机械结构，懂得数控机床的电气原理及电子电路，还应有比较宽的机、电、气、液专业知识，这样才能综合分析，判断故障的根源，正

确地进行维修，保证数控机床的良好运行状况。因此，数控机床维修人员和操作人员一样，必须进行专门的培训。

二、数控机床对夹具和刀具的要求

数控机床对夹具的要求比较简单，单件生产时一般采用通用夹具。当批量生产时，为了节省加工工时，应使用专用夹具。数控机床的夹具应定位可靠，可自动夹紧或松开工件。夹具还应具有良好的排屑、冷却性能。

数控机床的刀具应该具有以下特点：

(1) 具有较高的精度、耐用度，几何尺寸稳定、变化小。

(2) 刀具能实现机外预调和快速换刀，加工高精度孔时要经试切削确定其尺寸。

(3) 刀具的柄部应满足柄部标准的规定。

(4) 能很好地控制切屑的折断和排出。

(5) 具有良好的可冷却性能。

1.2 数控机床的组成和工作原理

如图 1.2 所示，数控机床由程序编制及程序载体、输入装置、数控装置(CNC)、伺服驱动及位置检测、辅助控制装置、机床本体等几部分组成。

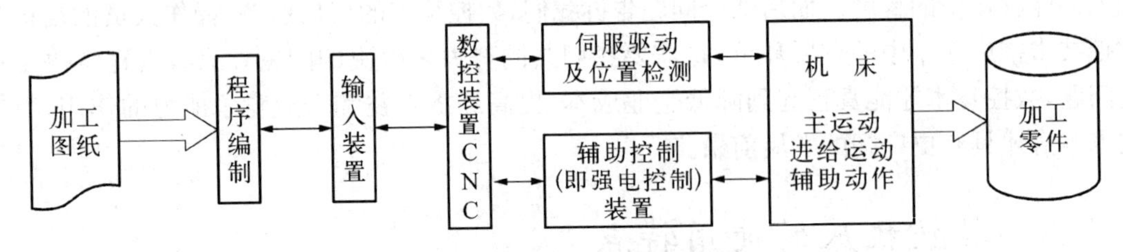

图 1.2 数控机床的基本结构

一、程序编制及程序载体

数控程序是数控机床自动加工零件的工作指令。在对加工零件进行工艺分析的基础上，确定零件坐标系在机床坐标系上的相对位置，即零件在机床上的安装位置；刀具与零件相对运动的尺寸参数；零件加工的工艺路线、切削加工的工艺参数以及辅助装置的动作等。得到零件的所有运动、尺寸、工艺参数等加工信息后，用由文字、数字和符号组成的标准数控代码，按规定的方法和格式，编制零件加工的数控程序单。编制程序的工作可由人工进行，对于形状复杂的零件，则要在专用的编程机或通用计算机上进行自动编程(APT)或 CAD/CAM 设计。

编好的数控程序，存放在便于输入到数控装置的一种存储载体上，它可以是穿孔纸带、磁带和磁盘等，采用哪一种存储载体，取决于数控装置的设计类型。

二、输入装置

输入装置的作用是将程序载体(信息载体)上的数控代码传递并存入数控系统内。根据控制存储介质的不同,输入装置可以是光电阅读机、磁带机或软盘驱动器等。数控机床加工程序也可通过键盘用手工方式直接输入数控系统;数控加工程序还可由编程计算机用RS-232C或采用网络通信方式传送到数控系统中。

零件加工程序输入过程有两种不同的方式:一种是边读入边加工(数控系统内存较小时),另一种是一次将零件加工程序全部读入数控装置内部的存储器,加工时再从内部存储器中逐段调出进行加工。

三、数控装置

数控装置是数控机床的核心。数控装置从内部存储器中取出或接受输入装置送来的一段或几段数控加工程序,经过数控装置的逻辑电路或系统软件进行编译、运算和逻辑处理后,输出各种控制信息和指令,控制机床各部分的工作,使其进行规定的有序运动和动作。

零件的轮廓图形往往由直线、圆弧或其他非圆弧曲线组成,刀具在加工过程中必须按零件形状和尺寸的要求进行运动,即按图形轨迹移动。但输入的零件加工程序只能是各线段轨迹的起点和终点坐标值等数据,不能满足要求,因此要进行轨迹插补,也就是在线段的起点和终点坐标值之间进行"数据点的密化",求出一系列中间点的坐标值,并向相应坐标输出脉冲信号,控制各坐标轴(即进给运动的各执行元件)的进给速度、进给方向和进给位移量等。

四、驱动装置和位置检测装置

驱动装置接收来自数控装置的指令信息,经功率放大后,严格按照指令信息的要求驱动机床移动部件,以加工出符合图样要求的零件。因此,它的伺服精度和动态响应性能是影响数控机床加工精度、表面质量和生产率的重要因素之一。驱动装置包括控制器(含功率放大器)和执行机构两大部分。目前大都采用直流或交流伺服电动机作为执行机构。

位置检测装置将数控机床各坐标轴的实际位移量检测出来,经反馈系统输入到机床的数控装置之后,数控装置将反馈回来的实际位移量值与设定值进行比较,控制驱动装置按照指令设定值运动。

五、辅助控制装置

辅助控制装置的主要作用是接收数控装置输出的开关量指令信号,经过编译、逻辑判别和运动,再经功率放大后驱动相应的电器,带动机床的机械、液压、气动等辅助装置完成指令规定的开关量动作。这些控制包括主轴运动部件的变速、换向和启停指令,刀具的选择和交换指令,冷却、润滑装置的启动、停止,工件和机床部件的松开、夹紧,分度工作台转位分度等开关辅助动作。

由于可编程逻辑控制器(PLC)具有响应快、性能可靠、易于使用、编程和修改程序并可直接启动机床开关等特点,现已广泛用作数控机床的辅助控制装置。

PLC主要完成与逻辑运算有关的动作,将零件加工程序中的M代码、S代码、T代码等顺序动作信息，译码后转换成对应的控制信号，控制辅助装置完成机床的相应开关动作，如工件的装夹、刀具的更换、切削液的开关等一些辅助功能；它接受机床操作面板和来自数控装置的指令，一方面通过接口电路直接控制机床的动作，另一方面通过伺服单元控制主轴电动机的转动。

用于数控机床的 PLC 一般分为两类：一类是数控系统生产厂家为实现数控机床的顺序控制而将数控装置和 PLC 综合起来设计，称为内装型（或集成型）PLC，内装型 PLC 是数控装置的一部分；另一种是用 PLC 专业化生产厂家独立的 PLC 产品来实现顺序控制功能，称为独立型（或外置型）PLC。

六、机床本体

数控机床的机床本体与传统机床相似，由主轴传动装置、进给传动装置、床身、工作台以及辅助运动装置、液压气动系统、润滑系统、冷却装置等组成。但数控机床在整体布局、外观造型、传动系统、刀具系统的结构以及操作机构等方面都已发生了很大的变化。这种变化的目的是为了满足数控机床的要求和充分发挥数控机床的特点。

1.3 数控机床的分类

数控机床的品种很多，根据其加工工艺、控制原理、功能和组成，可以从以下几个不同的角度进行分类。

1.3.1 按加工工艺方法分类

一、金属切削类数控机床

与传统的车、铣、钻、磨、齿轮加工相对应的数控机床有数控车床、数控铣床、数控钻床、数控磨床、数控齿轮加工机床等。尽管这些数控机床在加工工艺方法上存在很大差别，具体的控制方式也各不相同，但机床的动作和运动都是数字化控制的，具有较高的生产率和自动化程度。

在普通数控机床上加装一个刀库和换刀装置就成为数控加工中心机床。加工中心机床进一步提高了普通数控机床的自动化程度和生产效率。例如铣、镗、钻加工中心，它是在数控铣床基础上增加了一个容量较大的刀库和自动换刀装置形成的，工件一次装夹后，可以对箱体零件的四面甚至五面大部分加工工序进行铣、镗、钻、扩、铰以及攻螺纹等多工序加工，特别适合箱体类零件的加工。加工中心机床可以有效地避免由于工件多次安装造成的定位误差，减少了机床的台数和占地面积，缩短了辅助时间，大大提高了生产效率和加工质量。

二、特种加工类数控机床

除了切削加工数控机床以外，数控技术也大量用于数控电火花线切割机床、数控电火花成型机床、数控等离子弧切割机床、数控火焰切割机床以及数控激光加工机床等。

三、板材加工类数控机床

常见的应用于金属板材加工的数控机床有数控压力机、数控剪板机和数控折弯机等。

近年来,其他机械设备中也大量采用了数控技术,如数控多坐标测量机、自动绘图机及工业机器人等。

1.3.2 按控制运动轨迹分类

一、点位控制数控机床

点位控制数控机床的特点是机床移动部件只能实现由一个位置到另一个位置的精确定位,在移动和定位过程中不进行任何加工。机床数控系统只控制行程终点的坐标值,不控制点与点之间的运动轨迹,因此几个坐标轴之间的运动无任何联系。可以几个坐标同时向目标点运动,也可以各个坐标单独依次运动。

这类数控机床主要有数控坐标镗床、数控钻床、数控冲床、数控点焊机等。点位控制数控机床的数控装置称为点位数控装置。

二、直线控制数控机床

直线控制数控机床可控制刀具或工作台以适当的进给速度,沿着平行于坐标轴的方向进行直线移动和切削加工,进给速度根据切削条件可在一定范围内变化。

直线控制的简易数控车床只有两个坐标轴,可加工阶梯轴。直线控制的数控铣床有3个坐标轴,可用于平面的铣削加工。现代组合机床采用数控进给伺服系统,驱动动力头带有多轴箱的轴向进给进行钻镗加工,它也可算是一种直线控制数控机床。

数控镗铣床、加工中心等机床,它们的各个坐标方向的进给运动的速度能在一定范围内进行调整,兼有点位和直线控制加工的功能,这类机床应该称为点位/直线控制的数控机床。

三、轮廓控制数控机床

轮廓控制数控机床能够对两个或两个以上运动的位移及速度进行连续相关的控制,使合成的平面或空间的运动轨迹能满足零件轮廓的要求。它不仅能控制机床移动部件的起点与终点坐标,而且能控制整个加工轮廓每一点的速度和位移,将工件加工成要求的轮廓形状。

常用的数控车床、数控铣床、数控磨床就是典型的轮廓控制数控机床。数控火焰切割机、电火花加工机床以及数控绘图机等也采用了轮廓控制系统。轮廓控制系统的结构要比点位/直线控制系统更为复杂,在加工过程中需要不断进行插补运算,然后进行相应的速度与位移控制。

现在计算机数控装置的控制功能均由软件实现,增加轮廓控制功能不会带来成本的增加。因此,除少数专用控制系统外,现代计算机数控装置都具有轮廓控制功能。

1.3.3 按驱动装置的特点分类

一、开环控制数控机床

图 1.3 所示为开环控制数控机床系统框图。

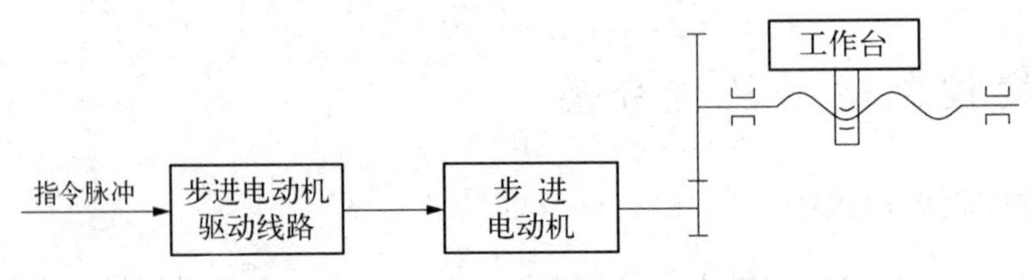

图 1.3 开环控制数控机床的系统框图

这类控制的数控机床其控制系统没有位置检测元件,伺服驱动部件通常为反应式步进电动机或混合式伺服步进电动机。数控系统每发出一个进给指令,经驱动电路功率放大后,驱动步进电机旋转一个角度,再经过齿轮减速装置带动丝杠旋转,通过丝杠螺母机构转换为移动部件的直线位移。移动部件的移动速度与位移量由输入脉冲的频率与脉冲数所决定。此类数控机床的信息流是单向的,即进给脉冲发出后,实际移动值不再反馈回来,所以称为开环控制数控机床。

开环控制系统的数控机床结构简单,成本较低。但是,系统对移动部件的实际位移量不进行监测,也不能进行误差校正,因此,步进电动机的失步、步距角误差、齿轮与丝杠等传动误差都将影响被加工零件的精度。开环控制系统仅适用于加工精度要求不是很高的中小型数控机床,特别是简易经济型数控机床。

二、闭环控制数控机床

闭环控制数控机床是在机床移动部件上直接安装直线位移检测装置,直接对工作台的实际位移进行检测,将测量到的实际位移值反馈到数控装置中,与输入的指令位移值进行比较,用差值对机床进行控制,使移动部件按照实际需要的位移量运动,最终实现移动部件的精确运动和定位。从理论上讲,闭环系统的运动精度主要取决于检测装置的检测精度,与传动链的误差无关,因此其控制精度高。图 1.4 所示为闭环控制数控机床的系统框图。图中 A 为速度传感器,C 为直线位移传感器。当位移指令值发送到位置比较电路时,若工作台没

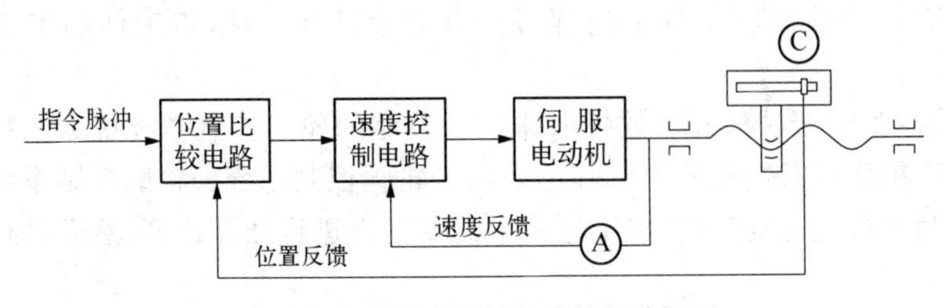

图 1.4 闭环控制数控机床的系统框图

有移动，则没有反馈量，指令值使得伺服电动机转动，通过A将速度反馈信号送到速度控制电路，通过C将工作台实际位移量反馈回去，在位置比较电路中与位移指令值相比较，用比较后得到的差值进行位置控制，直至差值为零时止。这类控制的数控机床，因把机床工作台纳入了控制环节，故称为闭环控制数控机床。

闭环控制数控机床的定位精度高，但调试和维修都较困难，系统复杂，成本高。

三、半闭环控制数控机床

半闭环控制数控机床在伺服电动机的轴或数控机床的传动丝杠上装有角位移电流检测装置（如光电编码器等），通过检测丝杠的转角间接地检测移动部件的实际位移，然后反馈到数控装置中去，并对误差进行修正。图1.5所示为半闭环控制数控机床的系统框图。图中A为速度传感器，B为角度传感器。通过测速元件A和光电编码盘B可间接检测出伺服电动机的转速，从而推算出工作台的实际位移量，将此值与指令值进行比较，用差值来实现控制。由于工作台没有包括在控制回路中，因而称为半闭环控制数控机床。

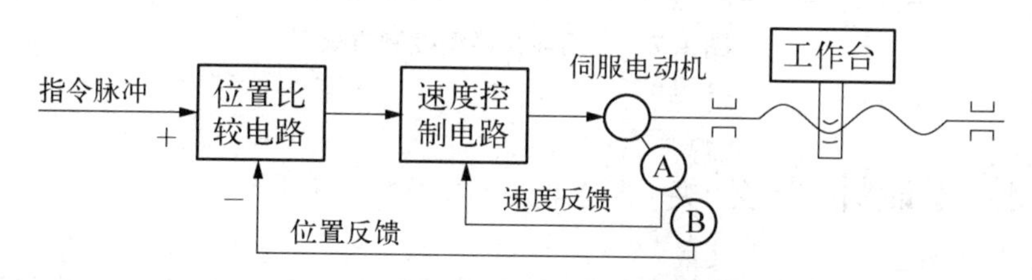

图1.5 半闭环控制数控机床的系统框图

半闭环控制数控系统的调试比较方便，并且具有很好的稳定性。目前大多将角度检测装置和伺服电动机设计成一体，这样使结构更加紧凑。

四、混合控制数控机床

将以上3类数控机床的特点结合起来，就形成了混合控制数控机床。混合控制数控机床特别适用于大型或重型数控机床，因为大型或重型数控机床需要较高的进给速度与相当高的精度，其传动链惯量与力矩大，如果只采用全闭环控制，机床传动链和工作台全部置于控制闭环中，闭环调试比较复杂。混合控制系统又分为两种形式：

1. 开环补偿型

图1.6所示为开环补偿型控制方式。它的基本控制选用步进电动机的开环伺服机构，另外附加一个校正电路，用装在工作台上的直线位移测量元件的反馈信号校正机械系统的误差。

2. 半闭环补偿型

图1.7所示为半闭环补偿型控制方式。它是用半闭环控制方式取得高精度控制，再用装在工作台上的直线位移测量元件实现全闭环修正，以获得高速度与高精度的统一。其中A是速度测量元件（如测速发电机），B是角度测量元件，C是直线位移测量元件。

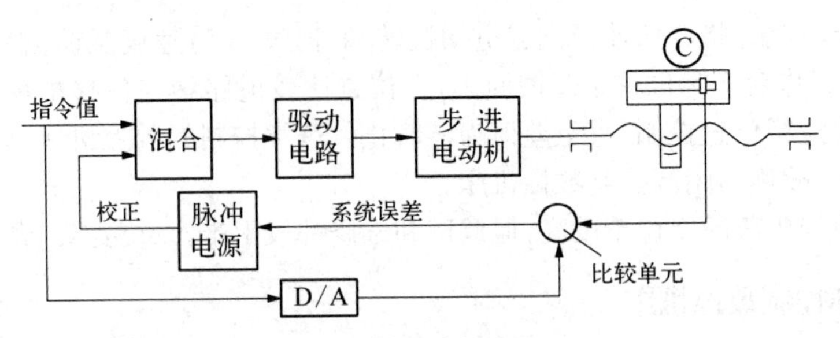

图 1.6 开环补偿型控制方式

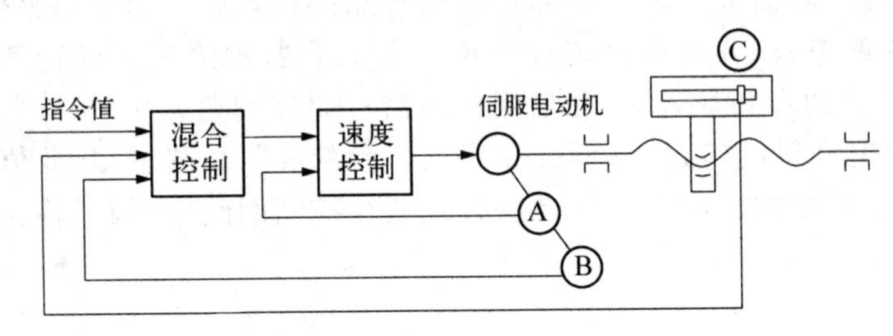

图 1.7 半闭环补偿型控制方式

1.3.4 按功能水平分类

按功能水平又可以把数控系统分为高级型、普及型和经济型3种。这种分类方法没有明确的定义和确切的界限。通常可以用下列指标作为评价数控系统档次的参考条件：主CPU档次，分辨率和进给速度，联动轴数，伺服水平，通信功能，人机界面等。

一、高级型数控系统

高级型数控系统一般采用32位或更高性能的CPU，联动轴数在5轴以上，分辨率≤0.1 μm，进给速度一般≥24 m/min(1 μm时)或≥10 m/min(0.1 μm时)，采用数字化交流伺服驱动，具有MAP等高性能通信接口，有联网功能，具有三维动态图形显示功能。

二、普及型数控系统

普及型数控系统一般采用16位或更高性能的CPU，联动轴数在5轴以下，分辨率为1 μm，进给速度≤24 m/min，采用交、直流伺服驱动，具有RS-232或DNC通信接口，有CRT字符显示和图形显示功能。

三、经济型数控系统

经济型数控系统一般采用8位CPU单片机，联动轴数在3轴以下，分辨率0.01 mm，进给速度为6～8 m/min，采用步进电动机驱动，具有简单的RS-232通信功能，用数码管或简单CRT显示字符。我国现阶段的经济型数控系统大多数是开环数控系统。

1.4　数控机床的发展趋势

数控机床是综合应用了当代最新科技成果而发展起来的新型机械加工机床。40年来，数控机床在品种、数量、加工范围与加工精度等方面有了惊人的发展，大规模集成电路和微型计算机的发展和完善，使数控系统的价格逐年下降，而精度和可靠性却大大提高。

数控机床的发展不仅表现为数量迅速增长，而且在质量、性能和控制方式上也有明显改善。目前，数控机床正朝着以下几个方面发展。

一、数控机床结构的发展

数控机床加工工件时，完全根据计算机发出的指令自动进行加工，不允许频繁测量和进行手动补偿，这就要求机床结构具有较高的静刚度与动刚度，同时要提高结构的热稳定性，提高机械进给系统的刚度并消除其中的间隙，消除爬行，以避免振动、热变形、爬行和间隙影响被加工工件的精度。

同时数控机床由一般数控机床向数控加工中心发展。加工中心可使工序集中在一台机床上完成，减少了机床数量，压缩了半成品库存量，减少了工序的辅助时间，提高了生产率和加工质量。

继数控加工中心出现之后，又出现了由数控机床、工业机器人(或工件交换机)和工作台架组成的加工单元，工件的装卸、加工实现全自动化控制，如图1.8所示。

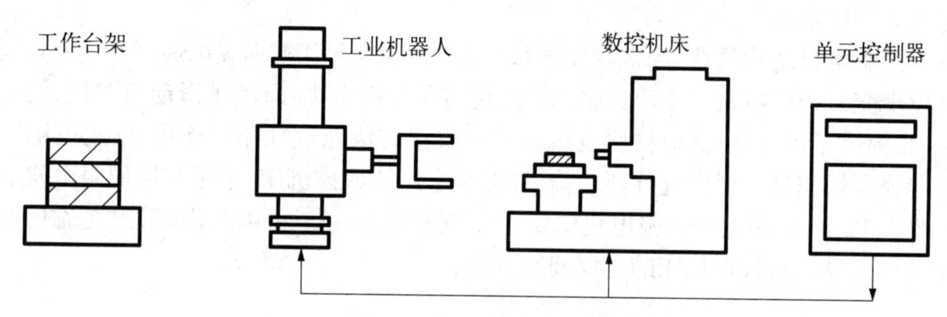

图1.8　加工单元示意图

为实现工件自动装卸，以镗铣床为基础的数控加工中心可使用两个可交换工作台。一个工作台加工工件时，另一个工作台由工人装夹待加工的工件，在计算机控制下，自动把待加工工件送去加工，并自动卸下加工好的工件，工件由自动输送车搬运，如图1.9所示。如果这种加工中心有较多的交换工作台，便可实现长时间无人看管加工。这种形式的数控机床称为柔性制造单元(FMC)。

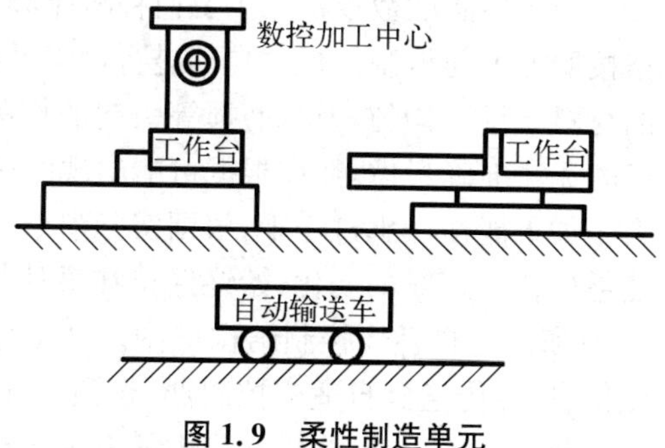

图1.9　柔性制造单元

二、计算机控制性能的发展

目前，数控系统大都采用多个微处理器(CPU)组成的微型计算机作为数控装置(CNC)的核心，因而数控机床的功能得到了很大的增强。但随着人们对数控机床精度和进给速度要求的进一步提高，要求计算机的运算速度更高，现在计算机控制系统使用的16位CPU不能满足这种要求，所以国外各大公司竞相开发32位微处理器的计算机数控系统。这种控制系统更像通用的计算机，可以使用硬盘作为外存储器并且允许使用高级语言(例如C语言和PASCAL语言)编程。

计算机数控系统还可含有可编程控制器(PLC)，可完全代替传统的继电器逻辑控制，取消了庞大的电气控制箱。

三、伺服驱动系统的发展

最早的数控机床采用步进电机和液压转矩放大器(又称电液脉冲马达)作为驱动电机。功率型步进电机出现后，因为其功率较大，可直接驱动机床，使用方便，逐渐取代了电脉冲马达。

20世纪60年代初期，美国和欧洲采用液压伺服系统。同期，日本首先研制出一种新型小惯量直流伺服电机，其动态响应快，不亚于液压伺服系统，同时，用来驱动直流伺服电机的大功率晶闸管整流器的价格下降，所以在20世纪60年代中后期数控机床上普遍采用小惯量直流伺服电机。

小惯量直流伺服电机最大的特点是转速高，用于机床进给驱动时，必须使用齿轮减速箱。为了省去齿轮箱，20世纪70年代，美国盖梯茨公司首先研制成功了大惯量直流伺服电机，又称宽调速直流伺服电机，可以直接与机床的丝杠相连。目前，许多数控机床都是使用大惯量直流伺服电机。

直流伺服电机结构复杂，经常需要维修。20世纪80年代初期美国通用电气公司研制成功笼型异步交流伺服电机。交流伺服电机的优点是没有电刷，避免了滑动摩擦，运转时无火花，进一步提高了可靠性；交流伺服电机也可以直接与滚珠丝杠相互连接，调速范围与大惯量直流伺服电机相近。根据统计，欧、美、日近年生产的数控机床，采用交流伺服电机进行调速的占80%以上，采用直流伺服电机的所占比例不足20%。可以看出，采用交流伺服电机的调速系统已经成为数控机床的主要调速方法。

四、自适应控制

闭环控制的数控机床主要监控机床和刀具的相对位置或移动轨迹的精度。数控机床严格按照加工前编制的程序自动进行加工，但是有一些因素，例如，工件加工余量不一致，工件的材料质量不均匀，刀具磨损等引起的切削的变化，以及加工时温度的变化等因素，在编程序时无法准确考虑，往往根据可能出现的最坏情况估算，这样就没有充分发挥数控机床的能力。如果能在加工过程中，根据实际参数的变化值，自动改变机床切削进给量，使数控机床能适应任一瞬时的变化，始终保持在最佳加工状态，这种控制方法叫自适应控制方法，如图1.10所示是自适应控制结构框图。其工作过程是通过各种传感器测得加工过程参数的变化信息，并传送到自适应控制器，与预先存储的有关数据进行比较分析，然后发出校正指令送到数控装置，自动修正程序中的有关数据。

计算机控制装置为自适应控制提供了物质条件，只要在传感器检测技术方面有所突破，数控机床的自适应能力必将大大提高。

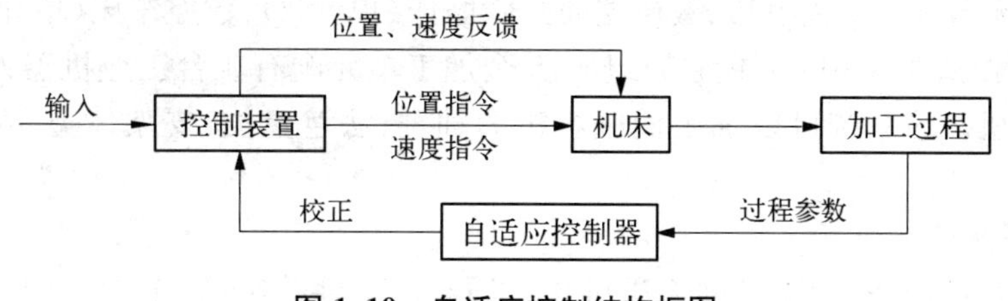

图 1.10　自适应控制结构框图

五、计算机群控

计算机群控可以简单地理解为用一台大型通用计算机直接控制一群机床，简称 DNC 系统。根据机床群与计算机连接方式的不同，可以分为间接型、直接型和计算机网络 3 种不同方式。

间接型 DNC 是使用主计算机控制每台数控机床，加工程序全部存放在主计算机内，加工工件时，由主计算机将加工程序分送到每台数控机床的数控装置中，每台数控机床还保留插补运算等控制功能。

在直接型 DNC 中，机床群中每台机床不再安装数控装置，只有一个由伺服驱动电路和操作面板组成的机床控制器。加工过程所需要的插补运算等功能全部集中由主计算机完成。这种系统内的任何一台数控机床都不能脱离主计算机单独工作。

计算机网络 DNC 系统使用计算机网络协调各个数控机床工作，最终可以将该系统与整个工厂的计算机联成网络，形成一个较大的、较完整的制造系统。

六、柔性制造系统

柔性制造系统(FMS)是一种把自动化加工设备、物流自动化加工处理和信息流自动处理融为一体的智能化加工系统。进入 20 世纪 80 年代之后，柔性制造系统得到迅速发展。

柔性制造系统由 3 个基本部分组成，如图 1.11 所示。各部分的组成作用简述如下：

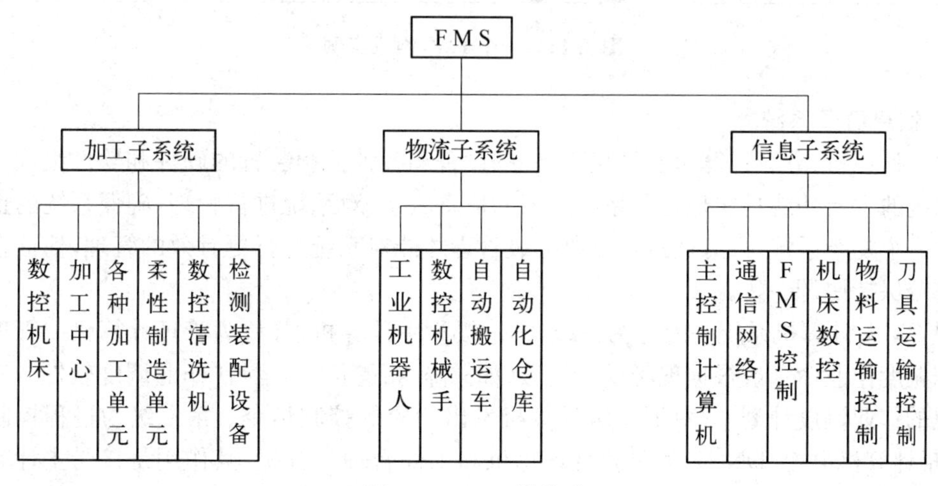

图 1.11　FMS 的构成

1. 加工子系统

根据工件的工艺要求，加工子系统差别很大。如图1.12所示是一个FMS组成实例。加工子系统由数控车床（单元1）、数控端面外圆磨床（单元2）、数控车床（单元3）、立式加工中心（单元4）、卧式加工中心（单元5）组成，5个加工单元配有4台工业机器人，单元2还配有中心孔清洗机。该系统可以加工伺服电机的轴类、法兰盘类、支架体类、壳体类共14种零件。

2. 物流子系统

该系统由自动输送小车、各种输送机构、机器人、工件装卸站、工件存储工位、刀具输入输出站、刀库等构成。物流子系统在计算机的控制下自动完成刀具和工件的输送工作。图1.12中物流子系统由4个机器人、自动仓库、工件出入托盘站、机床前托盘站和一辆自动搬运车组成。

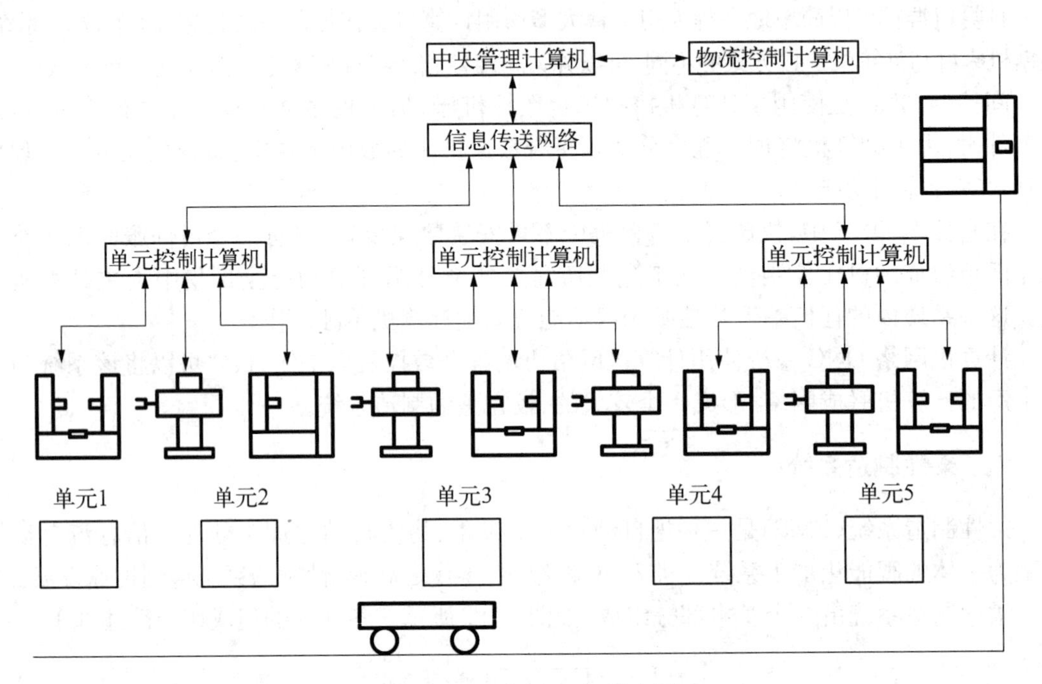

图1.12 一个FMS组成实例

3. 信息流子系统

由主计算机、分级计算机及其接口、外围设备和各种控制装置的硬件和软件组成。信息流子系统的主要功能是实现各子系统之间的信息联系，对系统进行管理，确保系统的正常工作。对一个复杂系统，只有通过计算机分级管理才能对系统进行更有效的管理，保证在工作时各部分保持协调一致。

对FMS，计算机系统一般分为三级，第一级为主计算机，又称为管理计算机。管理计算机根据调度作业命令或根据现场反馈信号（如故障、报警信号）运行"作业调度软件"，实现各种工况的作业调度计划，并对下一级计算机发出相应的控制指令。第二级为过程控制计算机，包括计算机群控（DNC）、刀具管理计算机和工件管理计算机，其作用是接受主计算机的指令，根据指令对下属设备实施具体管理。第三级由各设备的控制计算机构成，实现具体的程序动作。

图1.12中信息流子系统由中央管理计算机、物流控制计算机、单元控制计算机、各数控机床和机器人中的数控装置以及信息传送网络组成。

复习思考题

1. 数控(NC)和计算机数控(CNC)的联系和区别是什么?
2. 数控机床的加工特点有哪些?
3. 数控机床对刀具和夹具有什么要求?
4. 数控机床由哪几部分组成?各组成部分各有什么作用?
5. 数控机床按工艺方法分类有哪几种?
6. 何谓脉冲当量?
7. 开环控制系统由哪些部分组成?各部分功用是什么?
8. 简述闭环数控系统的控制原理,它与开环数控系统有什么区别?
9. 自适应控制与普通闭环控制有何区别?
10. 数控技术的发展趋势表现在哪几个方面?
11. 什么是计算机群控?
12. 柔性制造系统由哪些基本部分组成?

第2章　数控机床的机械结构

2.1　概　　述

在数控机床发展的初始阶段，人们通常认为任何设计优良的传统机床只要装备了数控装置就能成为一台完善的数控机床。当时采取的主要方法是在传统的机床上进行改装，或者以通用机床为基础进行局部的改进设计，这些方法在当时还是很有必要的。但随着数控技术的发展，考虑到它的控制方式和使用特点，对机床的生产率、加工精度和寿命提出了更高的要求。因此，传统机床的一些弱点（例如结构刚性不足、抗振性差、滑动面的摩擦阻力较大及传动元件中的间隙等）就越来越明显地暴露出来，它的某些基本结构限制着数控机床技术性能的发挥。以机床的精度为例，数控机床通过数字信息来控制刀具与工件的相对运动，它要求在相当大的进给速度范围内能达到较高的精度。当进给速度范围在5～15 000 mm/min，最大加速度为1 500 mm/s^2时，定位精度通常为±0.015～±0.05 mm；进行轮廓加工时，在5～2 000 mm/min的进给范围内，精度为0.02～0.05 mm。看到如此高的加工要求就不难理解20多年前已逐步由改装现有机床转变为针对数控的要求设计新机床的原因。

用数控机床加工中、小批量工件时，要求在保证质量的前提下比传统加工方法有更好的经济性。数控机床价格较贵，因此每小时的加工费用比传统机床的要高。如果不采取措施大幅度地压缩单件加工工时，就不可能获得较好的经济效果。刀具材料的发展使切削速度成倍提高，它为缩短切削时间提供了可能；加快换刀及变速等操作，又为减少辅助时间创造了条件。然而这些要求将会明显地增加机床的负载和负载状态下的运转时间，因而对机床的刚度及寿命都提出了新的要求。此外，为了缩短装夹与运送工件的时间以及减少工件在多次装夹中所引起的定位误差，要求工件在一台数控机床上的一次装夹中能先后进行粗加工和精加工，要求机床既能承受粗加工时的最大切削功率，又能保证精加工时的高精度，所以机床的结构必须具有很高的强度、刚度和抗震性。排除操作者的技术熟练程度对产品质量的影响，以避免人为造成的废品和返修品，数控系统不但要对刀具的位置或轨迹进行控制，而且还要具备自动换刀和补偿等其他功能，因而机床的结构必须有很高的可靠性，以保证这些功能的正确执行。

数控机床是高精度和高生产率的自动化机床，其加工过程中的动作顺序、运动部件的坐标位置及辅助功能，都是通过数字信息自动控制的，操作者在加工过程中无法干预，不能像在普通机床上加工零件那样，对机床本身的结构和装配的薄弱环节进行人为补偿，所以数控机床几乎在任何方面均要求比普通机床设计得更为完善，制造得更为精密。为满足高精度、高效率、高自动化程度的要求，数控机床的结构设计已形成自己的独立体系，在这一结构的完善过程中，数控机床出现了不少新颖的结构及元件。与普通机床相比，数控机床机械结构有许多特点。

在主传动系统方面，具有下列特点：

(1) 目前数控机床的主传动电机已不再采用普通的交流异步电机或传统的直流调速电机，它们已逐步被新型的交流调速电机和直流调速电机所代替。

(2) 转速高、功率大。数控机床能进行大功率切削和高速切削，实现高效率加工。

(3) 变速范围大。数控机床的主传动系统要求有较大的调速范围，一般 $R_n>100$，以保证加工时能选用合理的切削用量，从而获得最佳的生产率、加工精度和表面质量。

(4) 主轴速度的变换迅速可靠。数控机床的变速是按照控制指令自动进行的，因此变速机构必须适应自动操作的要求。由于直流和交流主轴电机的调速系统日趋完善，不仅能够方便地实现宽范围的无级变速，而且减少了中间传递环节，提高了变速控制的可靠性。

在进给传动系统方面，具有下列特点：

(1) 尽量采用低摩擦的传动副。如采用静压导轨、滚动导滚和滚珠丝杠等，以减小摩擦力。

(2) 选用最佳的降速比，以达到提高机床分辨率，使工作台尽可能大地加速以达到跟踪指令、系统折算到驱动轴上的惯量尽量小的要求。

(3) 缩短传动链以及用预紧的方法提高传动系统的刚度。如采用大扭矩宽调速的直流电机与丝杠直接相连，应用预加负载的滚动导轨和滚动丝杠副，丝杠支承设计成两端轴向固定并可预拉伸的结构等办法来提高传动系统的刚度。

(4) 尽量消除传动间隙，减小反向死区误差。如采用消除间隙的联轴节(如用加锥销固定的联轴套、用键加顶丝紧固的联轴套以及无扭转间隙的挠性联轴器等)，采用有消除间隙措施的传动副等。

2.2　数控机床的主传动系统

2.2.1　数控机床主传动系统的特点

数控机床是一种高精度、高效率的自动化机床，它的机械部分较普通机床有更高的要求，如高精度、高刚度、高速度、低摩擦等。因此，无论是从机床布局、基础件结构设计，还是轴承的选择与配置，都十分注意提高它们的刚度；零部件的制造精度和精度保持性都比普通机床提高很多，基本上按精密或高精密机床考虑，如主轴轴承都采用 C 级或超 C 级轴承，传动丝杠采用高精度的滚珠丝杠螺母副；主传动和进给传动都广泛采用高性能的交、直流伺服电动机驱动。此外，为提高数控机床的灵敏度，改善摩擦特性，数控机床普遍采用了滚珠丝杠螺母副、滚动导轨、贴塑导轨以降低摩擦损失，减少动、静摩擦系数之差，以避免爬行。为了防止不灵敏区产生，在进给传动系统中普遍采用消除间隙和预紧的措施。

数控机床与普通机床比较，具有下列特点：

(1) 转速高，功率大，数控机床能进行大功率切削和高速切削，从而实现高速加工。

(2) 主轴转速的变换迅速可靠,并能自动无级变速,使切削工作始终在最佳状态下运行。

(3) 为实现刀具的快速及自动装卸,其主轴还设计有刀具自动装卸、主轴定向停止和主轴孔内的切屑清除装置。

主传动系统是实现主运动的传动系统,它的转速高、传递的功率大,是数控机床的关键部件之一,对它的精度、刚度、噪声、温升、热变形都有严格的要求。

2.2.2 数控机床主轴变速方式

目前,主传动系统大致可分为以下几大类。

一、带有变速齿轮的主传动

如图 2.1(a)所示,通过少数几对齿轮降速,以满足主轴低速时对扭矩特性的要求。数控机床在交流或直流电机无级变速的基础上配以齿轮变速,使之成为分段无级变速。滑移齿轮的移位大都采用液压缸和拨叉或直接由液压缸带动齿轮来实现。

二、通过带传动的主传动

如图 2.1(b)所示,这种传动主要应用在小型数控机床上,由交流电机通过 V 带直接带动主轴。这种传动方式可以避免齿轮传动时引起的振动与噪声,但只适用于低扭矩特性要求的主轴。

三、调速电机直接驱动的主传动

如图 2.1(c)所示,这种主传动方式大大简化了主轴箱体与主轴的结构,有效地提高了主轴部件的刚度,但主轴输出扭矩小,电机发热对主轴影响较大。

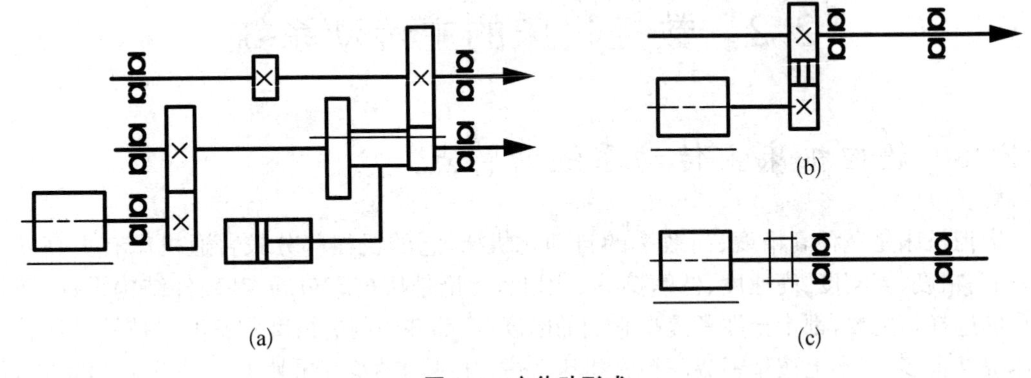

图 2.1 主传动形式

2.2.3 主轴组件

数控机床主轴部件是影响机床加工精度的主要部件,它的回转精度影响工件的加工精度;它的功率大小与回转速度影响加工效率;它的自动变速、准停、换刀等影响机床的自动化程度。因此，要求主轴部件具有与本机床工作性能相适应的高的回转精度、刚度、抗震性、耐磨性和低的温升；在结构上，必须很好地解决刀具或工件的装夹、轴承的配置、轴承间隙调整、润滑密封等问题。

一、主轴组件的类型

主轴组件按运动方式可分为5类：

(1) 只作旋转运动的主轴组件。此类主轴结构较为简单，如车床、铣床和磨床等的主轴组件。

(2) 既有旋转运动又有轴向进给运动的主轴组件。如钻床和镗床等的主轴组件。其主轴组件与轴承装在套筒内，主轴在套筒内作旋转主运动，套筒在主轴箱的导向孔内作直线进给运动。

(3) 既有旋转运动又有轴向调整移动的主轴组件。如滚齿机、部分立式铣床等的主轴组件。主轴在套筒内作旋转主运动，并可根据需要随主轴套筒一起作轴向调整移动。

(4) 既有旋转运动又有径向进给运动的主轴组件。如卧式镗床的平旋盘主轴部件、组合机床的镗孔车端面头主轴组件。主轴作旋转运动时，装在主轴前端平旋盘上的径向块可带动刀具作径向进给运动。

(5) 主轴作旋转运动又作行星运动的主轴组件。

二、主轴

主轴是主轴组件的重要组成部分。它的结构尺寸和形状、制造精度、材料及热处理等，对主轴组件的工作性能有很大的影响。主轴结构随主轴系统设计要求的不同而有多种形式。

主轴的主要尺寸参数包括：主轴直径、内孔直径、悬伸长度和支承跨距。评价和考虑主轴主要尺寸参数的依据是主轴的刚度、结构工艺性和主轴组件的工艺适用范围。

1. 主轴直径

主轴直径越大，其刚性越高，但轴承和轴上其他零件的尺寸也相应增大。轴承的直径越大，同等级精度轴承的公差值也就越大，要保证主轴的旋转精度就越困难，同时极限转速也下降。

2. 主轴内孔直径

主轴内孔用来通过棒料，用于通过刀具夹紧装置固定刀具以及传动气动或液压卡盘等。主轴孔径越大，可通过的棒料直径就越大，机床的使用范围就越宽，同时主轴部件也越轻。主轴孔径大小主要受主轴刚度的制约。当主轴的孔径与主轴直径之比小于0.3时，空心主轴的刚度几乎与实心主轴的刚度相当；为0.5时，空心主轴的刚度为实心主轴刚度的90%；大于0.7时，空心主轴的刚度急剧下降。

3. 主轴悬伸长度

主轴的悬伸长度与主轴前端结构的形状尺寸、前轴承的类型和组合方式以及轴承的润滑与密封有关。主轴的悬伸长度对主轴的刚度影响很大，主轴悬伸长度越短，其刚度越好。

4. 主轴的支承跨距

主轴组件的支承跨距对主轴本身的刚度有很大的影响。

主轴的轴端用于安装夹具和刀具，要求夹具和刀具在轴端定位精度高，定位刚度好，装卸方便，同时使主轴的悬伸长度短。

三、主轴轴承

主轴轴承也是主轴组件的重要组成部分，应根据数控机床的规格、精度采用不同的主轴轴承。一般中、小规格的数控机床（如车床、铣床、钻镗床、加工中心、磨床等）的主轴部件多采用成组高精度滚动轴承，重型数控机床采用液体静压轴承，高精度数控机床（如坐标磨床）采用气体静压轴承，转速达$(2\sim10)\times10^4$ r/min 的主轴可采用磁力轴承或氮化硅材料的陶瓷滚珠轴承。

2.2.4 主轴组件的润滑与密封

主轴组件的润滑与密封是使用和维护过程中值得重视的问题。良好的润滑效果可以降低轴承的工作温度，延长其使用寿命。密封不仅要防止灰尘、屑末和切削液进入，还要防止润滑油的泄漏。

一、主轴润滑

数控机床主轴的转速高，为减少主轴发热，必须改善轴承的润滑方式。润滑的作用是在摩擦副表面形成一层薄油膜，以减少摩擦发热。数控机床上的润滑一般采用高级油脂封入方式润滑，每加一次油脂可以使用 7～10 年。也有用油气润滑的，除在轴承中加入少量润滑油外，还引入压缩空气，使滚动体上包有油膜起到润滑作用，再用空气循环冷却。

二、主轴的密封

主轴的密封有接触式和非接触式两种。

几种非接触式密封的形式如图 2.2 所示。图 2.2(a)是利用轴承盖与轴的间隙密封，在轴承盖的孔内开槽是为了提高密封效果，这种密封用于工作环境比较清洁的油脂润滑处。

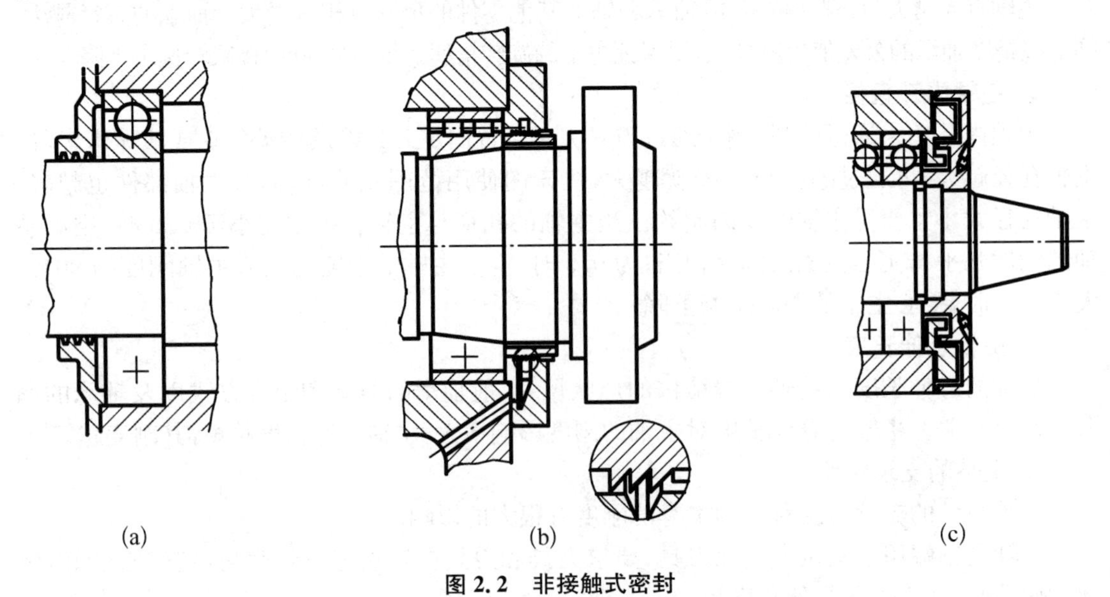

图 2.2 非接触式密封

图 2.2(b)是在螺母的外圆上开锯齿形环槽，当油向外流时，靠主轴转动的离心力把油沿斜面甩到端盖的空腔内，油液再流回箱内。图 2.2(c)是迷宫式密封的结构，在切屑多、灰尘大的工作环境下可获得可靠的密封效果；这种结构适用于油脂或油液润滑的密封。

接触式密封主要有油毡圈和耐油橡胶密封圈密封两种。

2.2.5　主轴的准停

主轴准停功能又称主轴定位功能(spindle specified position stop)，即当主轴停止时能控制其停于固定位置，它是自动换刀所必需的功能。在自动换刀的镗铣加工中心上，切削的转矩通常是通过刀杆的端面键传递的，这就要求主轴具有准确定位于圆周上特定角度的功能，如图 2.3 所示。

主轴准停可分为机械准停和电气准停。

机械准停采用机械凸轮等机构和光电盘方式进行初定位，然后由定位销(液压或气动)插入主轴上的销孔或销槽完成定位，换刀后定位销退出，主轴才可旋转。采用此方法定向比较可靠、准确，但结构复杂。

电气准停有磁传感器准停、编码器型准停和数控系统准停。常用的磁传感器准停装置如图 2.4 所示，它是在主轴上安装一个发磁体，使之与主轴一起旋转，在距离发磁体旋转外轨迹 1～2 mm 处固定一个磁传感器。磁传感器经过放大器与主轴控制单元连接，当主轴需要定向准停时，便控制主轴停止在调整好的位置上。

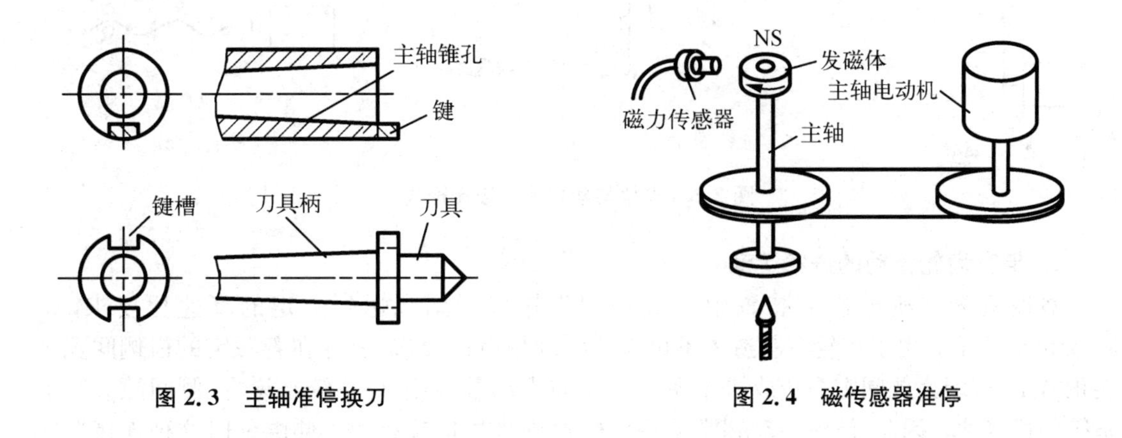

图 2.3　主轴准停换刀　　**图 2.4　磁传感器准停**

2.3　数控机床的进给运动系统

2.3.1　概述

数控机床进给运动系统，尤其是轮廓控制的进给运动系统，必须对进给运动的位置和运动的速度两个方面同时实现自动控制，与普通机床相比，要求其进给系统有较高的定位精度和良好的动态响应特性。一个典型数控机床闭环控制的进给系统，通常由位置比较放大单元、驱动单元、机械传动装置及检测反馈元件等几部分组成。这里所说的机械传动装置是指将驱动源的旋转运动变为工作台直线运动的整个机械传动链，包括减速装置、转动变移动的丝杠螺母副及导向元件，等等。为确保数控机床进给系统的传动精度、灵敏度和工作的稳定性，对机械部分设计总的要求是消除间隙，减少摩擦，减少运动惯量，提高传动精度和刚度。另外，进给系统的负载变化较大，响应特性要求很高，故对刚度、惯量匹配都有很高的要求。

为了满足上述要求，数控机床一般采用低摩擦的传动副，如减摩滑动导轨、滚动导轨及静压导轨、滚珠丝杠等；保证传动元件的加工精度，采用合理的预紧、合理的支承形式以提高传动系统的刚度；选用最佳降速比，以提高机床的分辨率，并使系统折算到驱动轴上的惯量减少；尽量消除传动间隙，减少反向死区误差，提高位移精度等。

2.3.2 电机与丝杠之间的连接

数控机床进给驱动对位置精度、快速响应特性、调速范围等有较高的要求。实现进给驱动的电机主要有 3 种：步进电机、直流伺服电机和交流伺服电机。目前，步进电机只适应用于经济型数控机床，直流伺服电机在我国正广泛使用，交流伺服电机作为比较理想的驱动元件已成为发展趋势。数控机床的进给系统采用不同的驱动元件时，其进给机构可能会有所不同。电机与丝杠间的连接主要有 3 种形式，如图 2.5 所示。

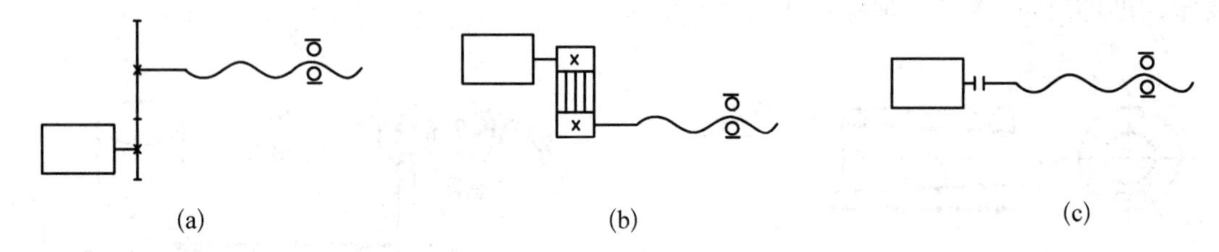

图 2.5 电机与丝杠间的连接形式

1. 带有齿轮传动的进给运动

数控机床在机械进给装置中一般采用齿轮传动副来达到一定的降速比要求，如图 2.5(a)所示。由于齿轮在制造中不可能达到理想齿面要求，总存在着一定的齿侧间隙才能正常工作，但齿侧间隙会造成进给系统的反向失动量，对闭环系统来说，齿侧间隙会影响系统的稳定性。因此，齿轮传动副常采用消除措施来尽量减小齿轮侧隙。但这种连接形式的机械结构比较复杂。

2. 经同步带轮传动的进给运动

如图 2.5(b)所示，这种连接形式的机械结构比较简单。同步带轮传动综合了带传动和链传动的优点，可以避免齿轮传动时引起的振动和噪声，但只适用于低扭矩特性要求的场所。安装时中心距要求严格，且同步带与带轮的制造工艺复杂。

3. 电机通过联轴器直接与丝杠连接

如图 2.5(c)所示，此结构通常是电机轴与丝杠之间采用锥环无键连接或高精度十字联轴器连接，从而使进给传动系统具有较高的传动精度和传动刚度，并大大简化了机械结构。在加工中心和精度较高的数控机床的进给运动中，普遍采用这种连接形式。

2.3.3　滚珠丝杠螺母副

滚珠丝杠螺母副是回转运动与直线运动相互转换的一种新型传动装置，在数控机床上得到了广泛的应用。它的结构特点是在具有螺旋槽的丝杠螺母间装有滚珠作为中间传动元件，以减少摩擦。

一、滚珠丝杠螺母副工作原理

滚珠丝杠螺母副工作原理如图2.6所示，图中丝杠和螺母上都加工有圆弧形的螺旋槽，当它们对合起来就形成了螺旋滚道。在滚道内装有滚珠，当丝杠与螺母相对运动时，滚珠沿螺旋槽向前滚动，在丝杠上滚过数圈以后通过回程引导装置，又逐个滚回到丝杠与螺母之间，构成一个闭合的回路。

二、滚珠丝杠螺母副结构

滚珠丝杠的螺纹滚道法向截面有单圆弧和双圆弧两种不同的形状，如图2.7(a)所示为单圆弧、图2.7(b)为双圆弧。其中单圆弧工艺简单，双圆弧性能较好。

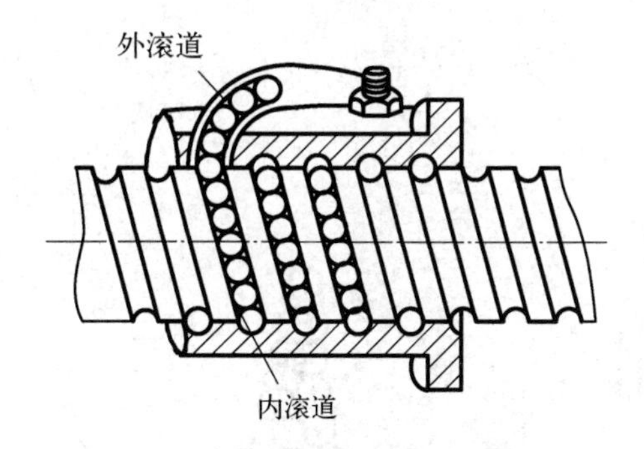

图2.6　滚珠丝杠螺母副工作原理图

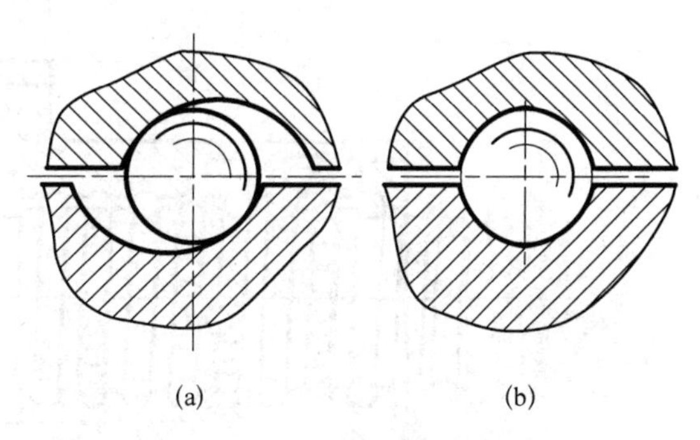

图2.7　螺纹滚道法向截面形式

三、滚珠的循环方式

滚珠循环方式分为外循环和内循环两种方式。

1. 外循环

滚珠在循环过程结束后，通过螺母外表面上的螺旋槽或插管返回丝杠间重新进入循环。如图2.8(a)所示为插管式，它用弯管作为返回管道，这种形式结构工艺性好，但由于管道突出于螺母体外，径向尺寸较大。如图2.8(b)所示为螺旋槽式，它是在螺母外圆上铣出螺旋槽，槽的两端钻出通孔并与螺纹滚道相切，形成返回通道，这种形式的结构比插管式结构径向尺寸小，但制造较复杂。

2. 内循环

这种循环靠螺母上安装的反向器接通相邻滚道，使滚珠成单圈环，如图2.9所示，滚珠从螺纹滚道进入反向器，借助反向器迫使滚珠越过丝杠牙顶进入相邻滚道，实现循环。一般一个螺母上装有2～4个反向器，反向器沿螺母圆周等分分布。其优点是径向尺寸紧凑，刚性好，因其返回滚道较短，摩擦损失小。缺点是反向器加工困难。

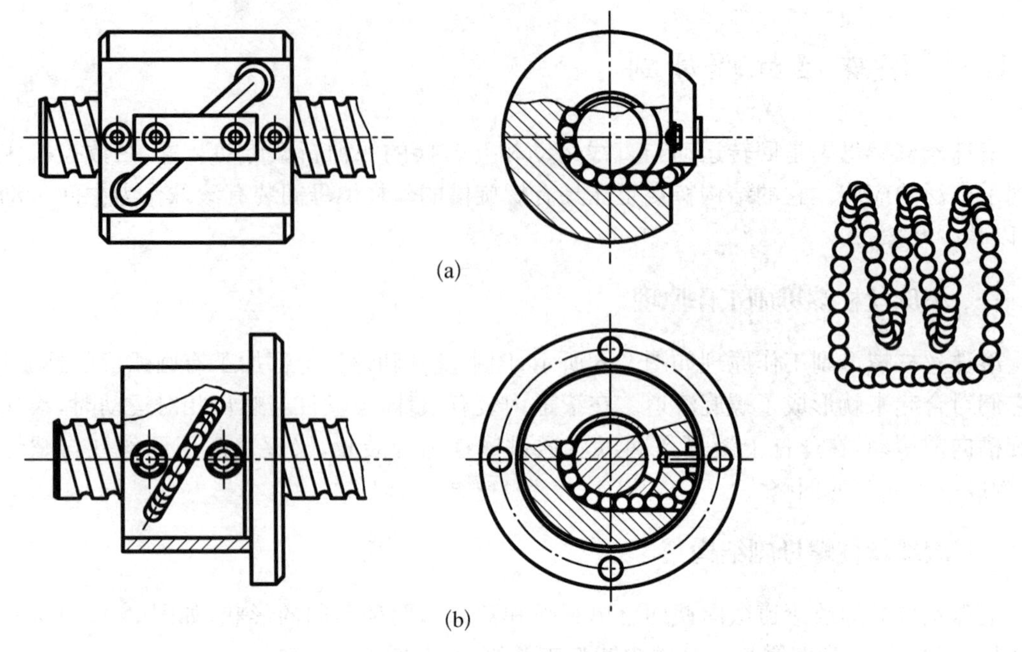

图 2.8 外循环滚珠丝杠

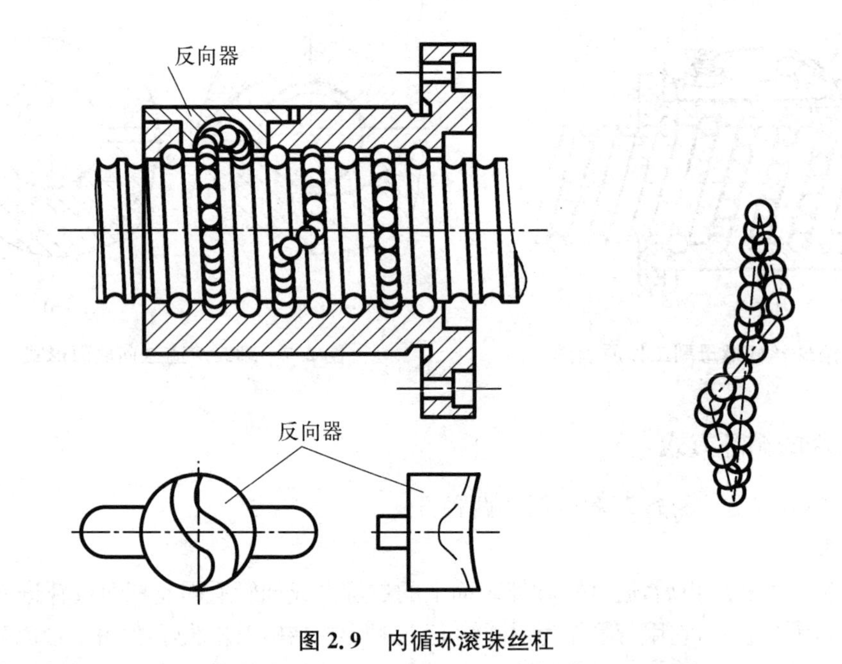

图 2.9 内循环滚珠丝杠

四、滚珠丝杠螺母副轴向间隙的调整

滚珠丝杠的传动间隙是轴向间隙。为了保证反向传动精度和丝杠的刚度，必须消除轴向间隙。消除间隙的方法常采用双螺母结构，利用两个螺母的相对轴向位移，使两个滚珠螺母中的滚珠分别贴紧在螺旋滚道的两个相反的侧面上。用这种方法预紧消除轴向间隙时，应注意预紧力不宜过大，预紧力过大会使空载力矩增加，从而降低传动效率，缩短使用寿命。

此外还要消除丝杠安装部分和驱动部分的间隙。

常用的螺母丝杠消除间隙方法有：

1. 垫片调隙式

如图 2.10 所示，调整垫片厚度使左右两螺母不能相对旋转，只产生轴向位移，即可消除间隙和产生预紧力。这种方式结构简单、刚性好，但调整时需要卸下调整垫圈修磨，滚道有磨损时不能随时消除间隙和进行预紧。

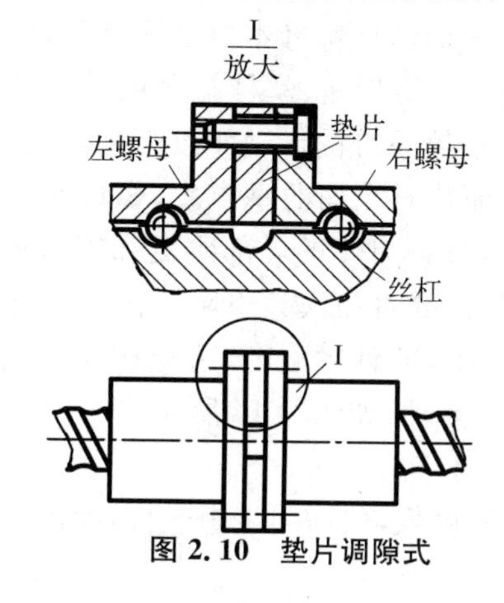

图 2.10　垫片调隙式

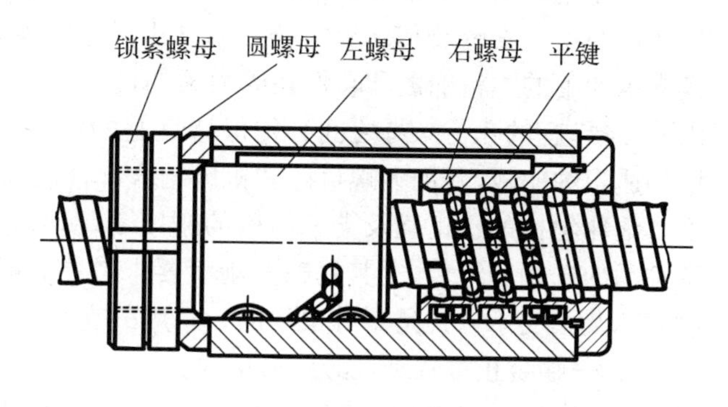

图 2.11　螺纹调隙式

2. 螺纹调隙式

如图 2.11 所示，滚珠丝杠左右两螺母副以平键与外套相连，用平键限制螺母在螺母座内的转动。调整时，只要拧动圆螺母即可消除间隙并产生预紧力，然后用锁紧螺母锁紧。这种调整方法具有结构简单、工作可靠、调整方便的优点，但预紧量不是很准确。

3. 齿差调隙式

如图 2.12 所示，在两个螺母的凸缘上各制有圆柱外齿轮，分别与固紧在套筒两端的内齿圈相啮合，其齿数分别为 z_1 和 z_2，并相差一个齿。调整时，先取下内齿圈，让两个螺母相对于套筒同方向都转动一个齿，然后再插入内齿圈，则两个螺母便产生相对角位移，其轴向位移量 $s=(1/z_1-1/z_2)t$。例如，$z_1=81$，$z_2=80$，滚珠丝杠的导程为 $t=6$ mm 时，$s=6/6\,480\approx 0.001$ mm。这种调整方法能精确调整预紧量，调整方便、可靠，但结构尺寸较大，多用于高精度的传动。

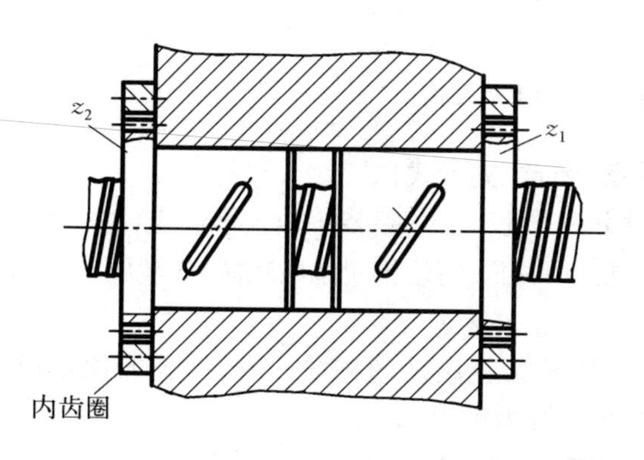

图 2.12　齿差调隙式

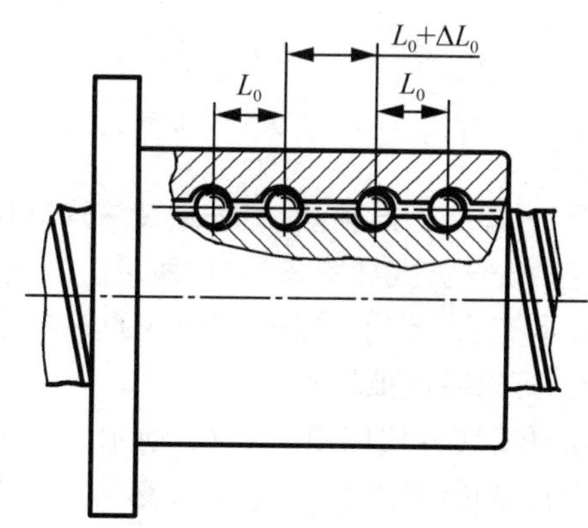

图 2.13　单螺母变位螺距式

4. 单螺母变位螺距预加负荷

如图 2.13 所示，它是在滚珠螺母体内的两列循环滚珠链之间使用螺纹滚道在轴向产生一个 ΔL_0 的导程突变量，从而使两列滚珠在轴向错位实现预紧。这种调隙方法结构简单，但负荷量需预先设定且不能改变。

五、滚珠丝杠的支承方式

数控机床的进给系统要获得较高的传动刚度，除了加强滚珠丝杠螺母本身的刚度外，滚珠丝杠的正确安装及其支承的结构刚度也是不可忽视的因素。螺母座、丝杠端部的轴承及其支承加工的不精确性和它们在受力后的过量变形，都会给进给系统的传动刚度带来影响。因此，螺母座的孔与螺母之间必须保持良好的配合，并应保证孔对端面的垂直度，螺母座应增加适当的肋板，并加大螺母座和机床结合部件的面积，以提高螺母座的局部刚度和接触刚度。滚珠丝杠的不正确及支承结构的刚度不足，会使滚珠丝杠的寿命大大下降。因此要注意轴承的选用和组合，尤其是轴向刚度要求较高，为了提高支承的轴向刚度，选择适当的滚动轴承及其支承方式是十分重要的。常用的支承方式有下列几种，如图 2.14 所示。

1. 一端装止推轴承（固定-自由式）

这种安装方式如图 2.14(a)所示。其承载能力小，轴向刚度低，仅适用于短丝杠，如用于数控机床的调整环节或升降台式数控机床的垂直坐标中。

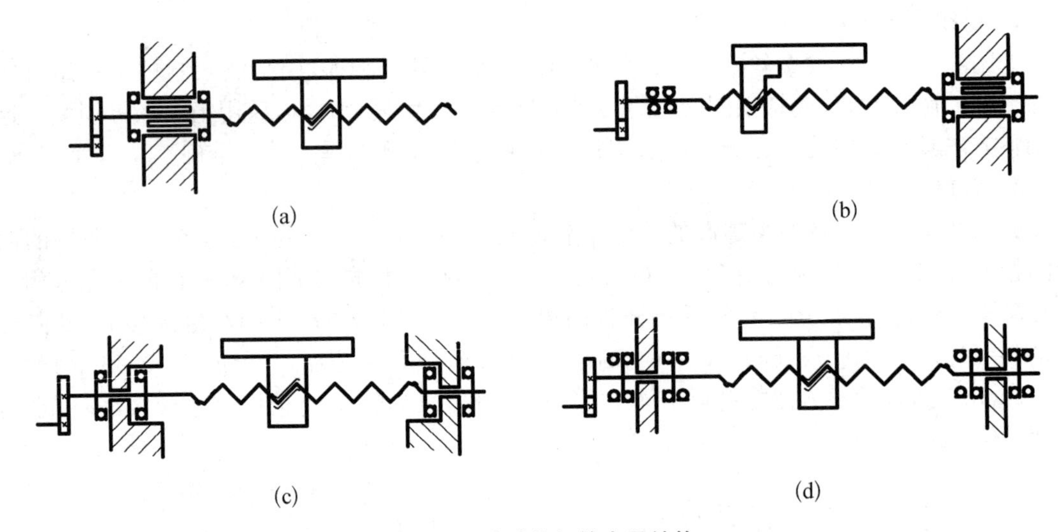

图 2.14 滚珠丝杠的支承结构

2. 一端装止推轴承，另一端装深沟球轴承（固定-支承式）

这种安装方式如图 2.14(b)所示。当滚珠丝杠较长时，一端装止推轴承固定，另一端由深沟球轴承支承。为了减小丝杠热变的影响，止推轴承的安装位置应远离热源（如液压马达）。

3. 两端装止推轴承

这种安装方式如图 2.14(c)所示。将止推轴承装在滚珠丝杠的两端，并施加预紧拉力，有助于提高传动刚度。但这种安装方式对热伸长较为敏感。

4. 两端装双重止推轴承及深沟球轴承（固定-固定式）

这种安装方式如图 2.14(d)所示。为了提高刚度，丝杠两端采用双重支承，如止推轴承和深沟球轴承,并施加预紧拉力。这种结构形式可使丝杠的热变形能转化为止推轴承的预紧力。

六、制动装置

由于滚珠丝杠副的传动效率高,无自锁作用,故必须装有制动装置(特别是滚珠丝杠处于垂直传动时)。

图 2.15 所示为数控卧式铣镗床主轴箱进给丝杠的制动装置示意图。当机床工作时,电磁铁线圈通电吸住压弹簧,打开摩擦离合器。此时步进电动机接受控制系统的指令脉冲后,通过液压转矩放大器及减速齿轮,带动滚珠丝杠转动,主轴线圈亦同时断电,在弹簧作用下摩擦离合器压紧,使得滚珠丝杠不能自由转动,主轴箱就不会因自重而下沉了。超越离合器也可用作滚珠丝杠的制动装置。

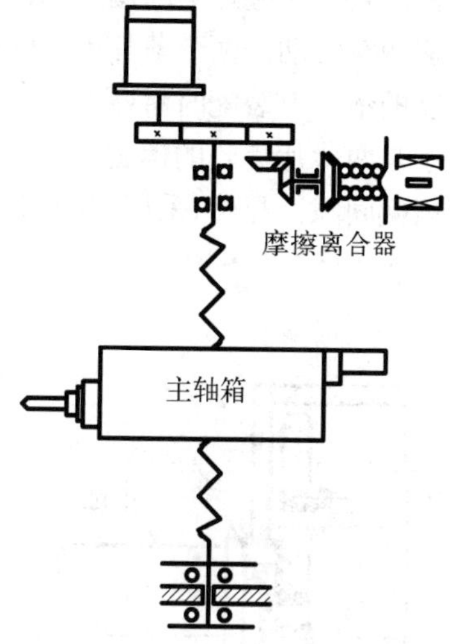

图 2.15　制动装置示意图

七、滚珠丝杠的保护

滚珠丝杠副可用润滑剂来提高耐磨性及传动效率。润滑剂分为润滑油及润滑脂两大类。润滑油用机油、90～180 号透平油或 140 号主轴油。润滑脂可采用锂基油脂。润滑脂加在螺纹滚道和安装螺母的壳体空间内,而润滑油通过壳体上的油孔注入螺母空间内。

滚珠丝杠副和其他滚动摩擦的传动元件,只要避免磨料微粒及化学活性物质进入,就可以认为这些元件几乎是在不产生磨损的情况下工作的。但如果在滚道上落入脏物,或使用肮脏的润滑油,不仅会妨碍滚珠的正常运转,而且使磨损急剧增加。

通常采用毛毡圈对螺母副进行密封,毛毡圈的厚度为螺距的 2～3 倍,而且内孔做成螺纹的形状,使之紧密地包住丝杠,并装入螺母或套筒两端的槽孔内。密封圈除了采用柔软的毛毡之外,还可以采用耐油橡胶或尼龙材料。由于密封圈和丝杠直接接触,因此防尘效果较好,但也增加了滚珠丝杠螺母副的摩擦阻力矩。为了避免这种摩擦阻力矩,可以采用由较硬塑料制成的非接触式迷宫密封圈,内孔做成与丝杠螺纹滚道相反的形状,并留有一定的间隙。

对于暴露在外面的丝杠,一般采用螺旋钢带、伸缩套筒、锥形套筒以及折叠式塑料或人造革等形式的防护罩,以防止尘埃和磨粒黏附到丝杠表面。除与导轨的防护罩相似外,这几种防护罩一端连接在滚珠螺母的端面,另一端固定在滚珠丝杠的支承座上。

2.3.4　进给系统传动间隙的补偿机构

一、齿隙补偿机构

数控机床进给系统由于经常处于自动变向状态,齿侧间隙会造成进给反向时丢失指令脉冲,并产生反向死区从而影响加工精度,因此必须采取措施消除齿轮传动中的间隙。

图 2.16 所示为圆柱齿轮间隙的几种调整结构。图 2.16(a)为偏心套间隙调整结构,将偏心套转过一定角度,可调整两齿轮的中心距,从而得以消除齿侧间隙。图 2.16(b)是带有锥度的齿轮间隙调整结构,两个相互啮合的齿轮都制成带有小锥度,使齿厚沿轴线方向稍有变化。

通过修磨垫片的厚度，调整两齿轮的轴向相对位置，即可消除齿侧间隙。图 2.16(c)为斜齿圆柱齿轮轴向垫片间隙调整结构，与宽齿轮同时啮合的两个薄片齿轮，用键与轴相连接，彼此不能相对转动。两个薄片齿轮的轮齿是拼装在一起进行加工的，加工时在它们之间垫入一定厚度的垫片。装配时将厚度比加工时所用垫片稍大或稍小的垫片垫入它们之间，并用螺母拧紧，于是两薄片齿轮的螺旋齿产生错位，分别与宽齿轮的左、右齿侧贴紧，从而消除了它们之间的齿侧间隙。显然，采用这种调整结构，无论齿轮正转或反转，都只有一个薄片齿轮承受载荷。

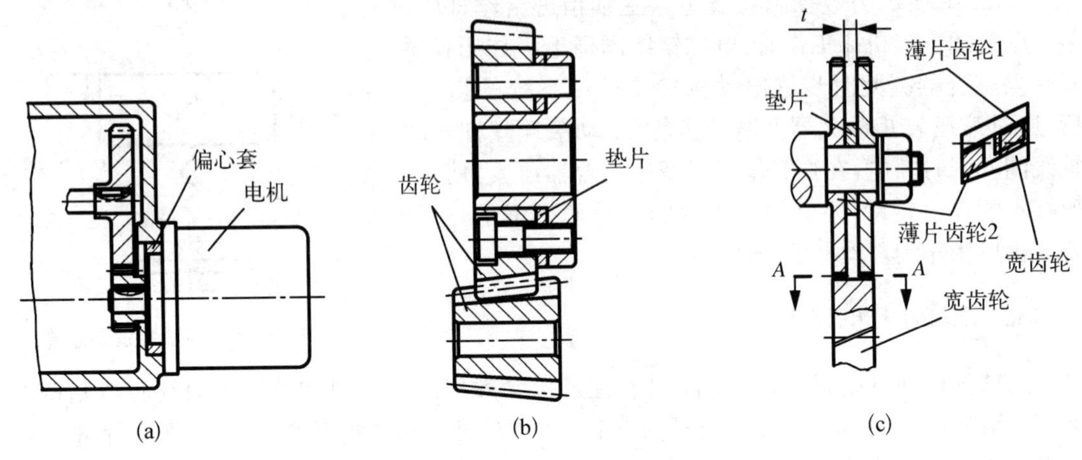

图 2.16 圆柱齿轮间隙的几种调整结构

上述几种齿侧间隙的调整方法，结构比较简单，传动刚性好，但调整之后间隙不能自动补偿，且必须严格控制齿轮的齿厚和齿距公差，否则将影响传动的灵活性。

齿侧间隙可自动补偿的调整结构如图 2.17 所示。相互啮合的一对齿轮中的一个做成两个薄片齿轮，两薄片齿轮套装在一起，彼此可作相对运动。两个齿轮的端面上，分别装有

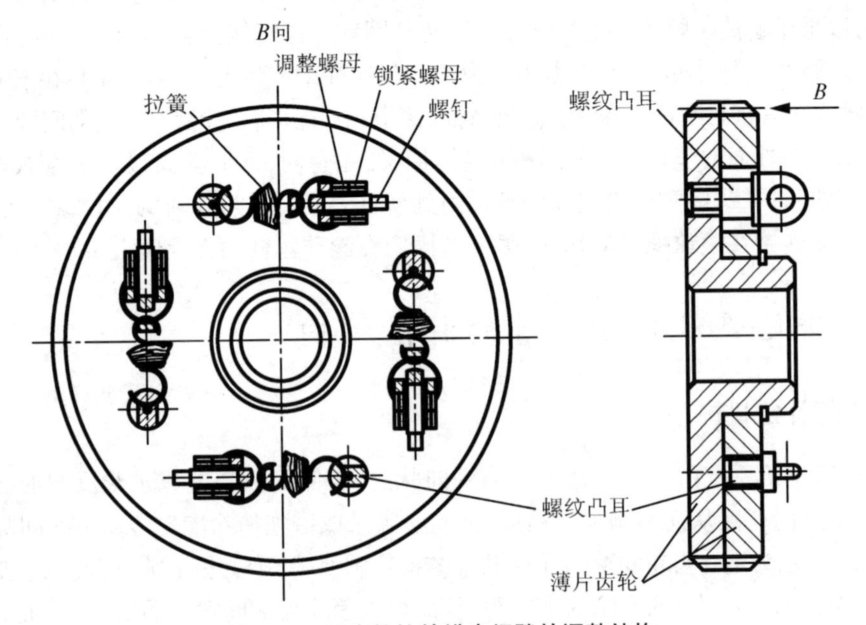

图 2.17 双齿轮拉簧错齿间隙的调整结构

螺纹凸耳,拉簧的一端钩在一个凸耳上,另一端钩在穿过另一个凸耳后的螺钉上,在拉簧的拉力作用下,两薄片齿轮的轮齿相互错位,分别贴紧在与之啮合的齿轮(图中未示出)左、右齿廓面上,消除了它们之间的齿侧间隙,拉簧的拉力大小可用调整螺母调整。这种调整方法能自动补偿间隙,但结构复杂,传动刚度差,能传递的转矩小。

二、键连接间隙补偿机构

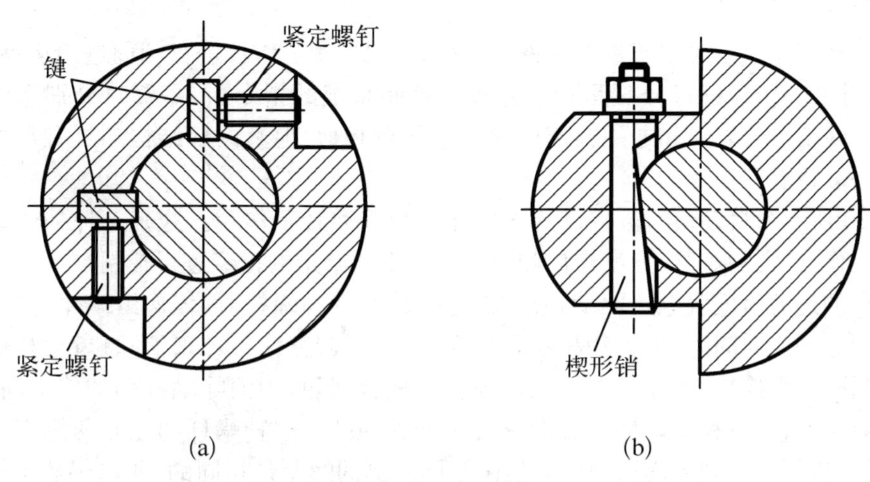

图 2.18　键连接间隙的消除方法

数控机床进给传动装置中,齿轮等传动件与轴键的配合间隙,如同齿侧间隙一样,也会影响工件的加工精度,需将其消除。图 2.18 所示为消除键连接间隙的两种方法。图 2.18(a)为双键连接结构,用紧定螺钉顶紧消除键的连接间隙。图 2.18(b)为楔形销键连接结构,用螺母拉紧楔形销以消除键的连接间隙。

图 2.19 所示为一种可获得无间隙传动的无键连接结构。内锥形胀套和外锥形胀套是一对相互配合、接触良好的弹性锥形胀套,当拧紧螺钉,通过两个圆环将它们压紧时,内锥形胀套的内孔缩小,外锥形胀套的外圆胀大,依靠摩擦力将传动件和轴连接在一起。锥形胀套的对数,根据所需传递的转矩大小,可以是一对或几对。

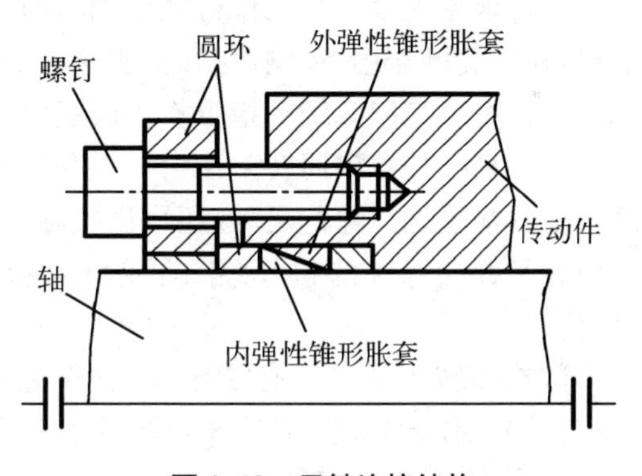

图 2.19　无键连接结构

2.4　回转工作台与导轨

2.4.1　回转工作台

为了提高生产效率,扩大工艺范围,数控机床除了沿 X、Y、Z 三个坐标轴的直线进给运动之外，往往还带有绕X、Y、Z轴的圆周进给运动。一般数控机床的圆周进给运动由回转工作台来实现。数控铣床的回转工作台除了用来进行各种圆弧加工或与直线进给联动进行曲面加工外，还可以实现精确的自动分度，这给箱体零件的加工带来了便利。对于自动换刀的多工序加工中心来说，回转工作台已成为一个不可缺少的部件。数控机床中常用的回转工作台有数控回转工作台和分度工作台两种。

一、数控回转工作台

数控回转工作台主要用于数控镗铣床，它的功用是使工作台进行圆周进给运动，以完成切削工作，并使工作台进行分度运动。它按照控制系统的指令，在需要时分别完成上述运动。数控回转工作台外形和通用机床的分度工作台相似，但其内部结构却具有数控进给驱动机构的许多特点。

图2.20所示为自动换刀数控卧式镗铣床的数控回转工作台。这是一种补偿型的开环数控回转工作台，它的进给、分度转位和定位锁紧都由给定的指令进行控制。

工作台的运动由伺服电机驱动，通过减速齿轮和带动蜗杆，再传递给蜗轮，使工作台回转。传动间隙和反向间隙，齿轮和相啮合的间隙，要靠调整偏心环来消除；齿轮与蜗杆是靠楔形拉紧圆柱销来连接的，此法能消除轴与套的配合间隙；为消除蜗杆副的传动间隙，采用双螺距渐厚蜗杆，通过移动蜗杆的轴向位置来调整间隙。这种蜗杆的左右两侧有不同的螺距，因此蜗杆齿厚从头到尾逐渐增厚。但由于同一侧的螺距是相同的，所以仍然保持着正常的啮合。

当工作台静止时，必须处于锁紧状态。工作台面用沿其圆周方向分布的8个夹紧液压缸进行夹紧。当工作台不回转时，夹紧液压缸的上腔进压力油，使活塞向下运动，通过钢球、夹紧瓦将蜗轮夹紧。当工作台需要回转时，数控系统发出指令，使夹紧液压缸上腔的油流回油箱，在弹簧的作用下，钢球抬起，夹紧瓦松开蜗轮，然后由伺服电机通过传动装置，使蜗轮和工作台按照控制系统的指令作回转运动。

开环系统的数字回转工作台的定位精度主要取决于蜗轮副的传动精度，因而必须采用高精度的蜗轮副。除此之外，还可以实际测量工作台静态定位误差之后，确定需要补偿的角度位置和补偿脉冲的符号（正向或反向），记忆在补偿回路中，由数控装置进行误差刀具补偿。

数控回转工作台设有零点，当它作返回零点运动时，先用挡块碰撞限位开关（图中未示出），使工作台降速，然后通过感应块和无触点开关，使工作台准确地停在零位。数控回转工作台在任意角度转位和分度时，由光栅进行读数控制，因此能够达到较高的分度精度。

二、分度工作台

数控机床的分度工作台与数控回转工作台不同，它只能够完成分度运动，而不能实现圆周进给。由于结构上的原因，通常分度工作台的分度运动只限于完成规定的角度（如90°、60°或45°等）。机床上的分度传动机构，本身很难保证工作台分度的高精度要求，常常需要将定位机构和分度机构结合起来，再用夹紧装置保证机床工作时的安全可靠。

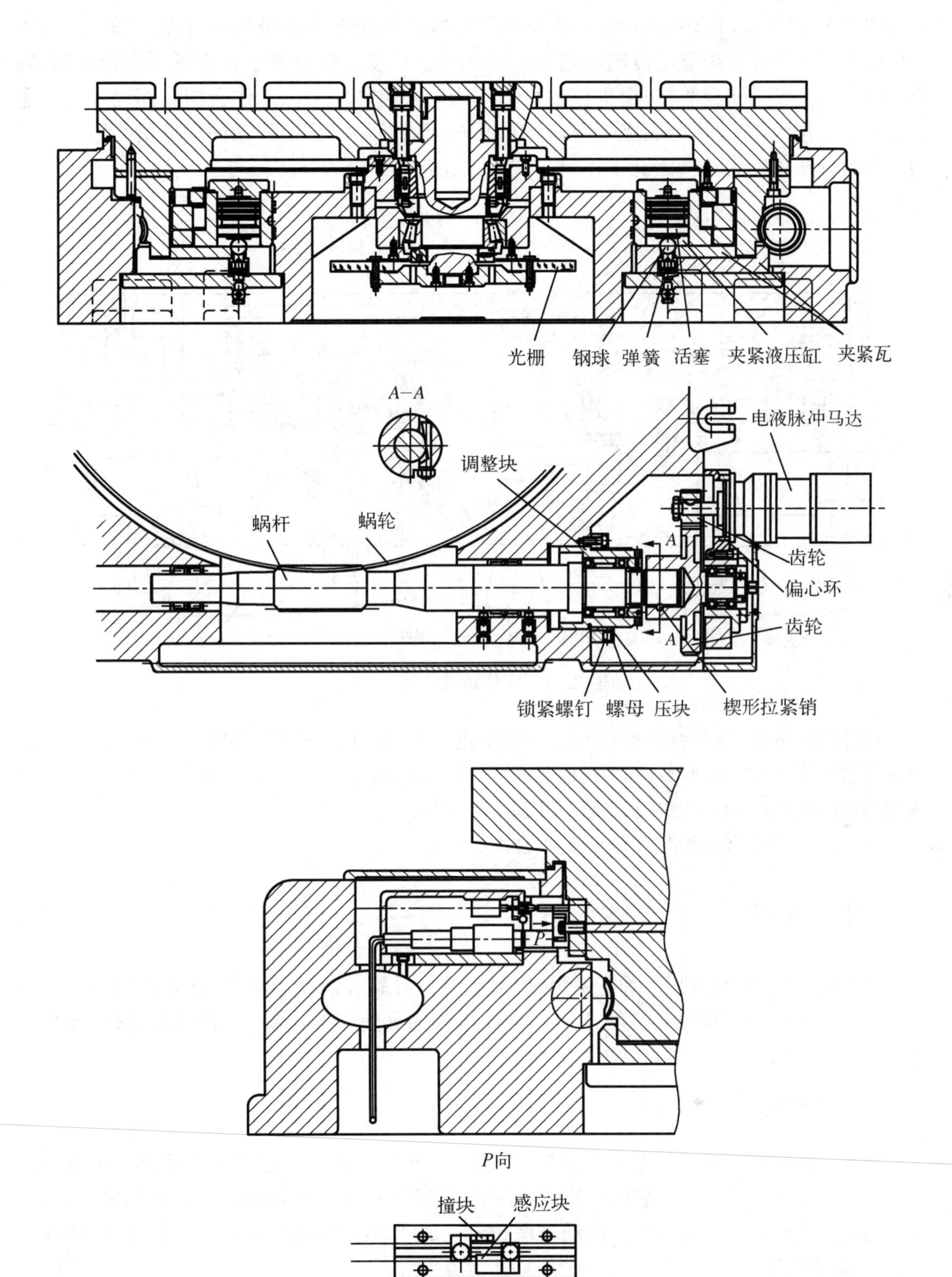

图 2.20　自动换刀数控卧式镗铣床的数控回转工作台

图 2.21 所示是 THK6380 型自动换刀数控卧式镗铣床的定位销式分度工作台。这种工作台的定位分度主要靠定位销和定位孔来实现。分度工作台置于长方形工作台中间，在不单独使用分度工作台时，两个工作台可以作为一个整体使用。工作台的底部均匀分布着削边圆柱定位销，在工作台底座上有一定位孔衬套以及供定位销移动的环形槽。因为定位销之间的分布角度为 45°，因此工作台只能作二、四、八等分的分度运动。

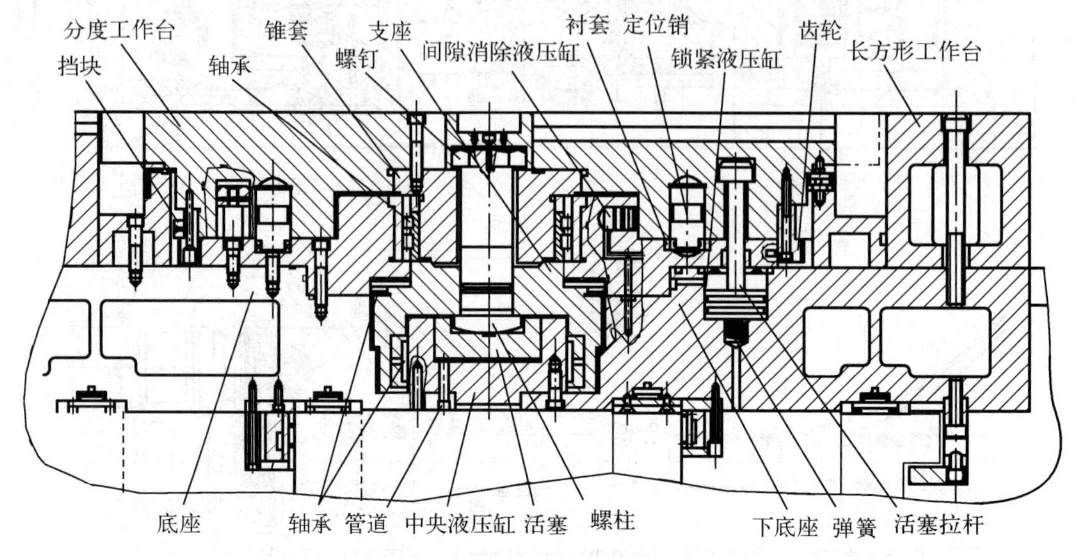

图 2.21 定位销式分度工作台

定位销式分度工作台的分度精度，主要由定位销和定位孔的尺寸精度及坐标精度决定，最高可达±5″。为适应大多数的加工要求，应当尽可能提高最常用的 180°分度销孔的坐标精度，而其他角度(如 45°、90°和 135°)可以适当降低。

分度工作台还有鼠齿盘式分度工作台。

2.4.2 导轨

数控机床使用的导轨，尽管还是滑动导轨、滚动导轨和静压导轨，但在导轨材料和结构上与普通机床的导轨有着显著的不同。数控机床的导轨对导向精度、精度保持性、摩擦特性、运动平稳性和灵敏性都有更高的要求。

一、滚动导轨

滚动导轨是在导轨工作面之间安排滚动件，使两导轨面之间形成滚动摩擦。摩擦系数很小(0.002 5～0.005)，动、静摩擦系数相差很小，运动轻便灵活，所需功率小，精度好，无爬行。为提高数控机床移动部件的运动精度和定位精度，数控机床的导轨广泛采用滚动导轨。

1. 滚动导轨块

由标准导轨块构成的滚动导轨具有效率高、灵敏性好、寿命长、润滑简单及装拆方便等优点。

标准滚动导轨块结构形式如图 2.22 所示，它多用于中等负荷的导轨。滚动导轨块由专业厂家生产，有多种规格、形式可供用户选用。使用时将导轨块用螺钉固定在机床的运动部件上，当运动部件移动时，滚柱在支承部件的导轨面与本体之间滚动，同时又绕本体循环滚动，与之相配的导轨多用钢淬硬导轨。

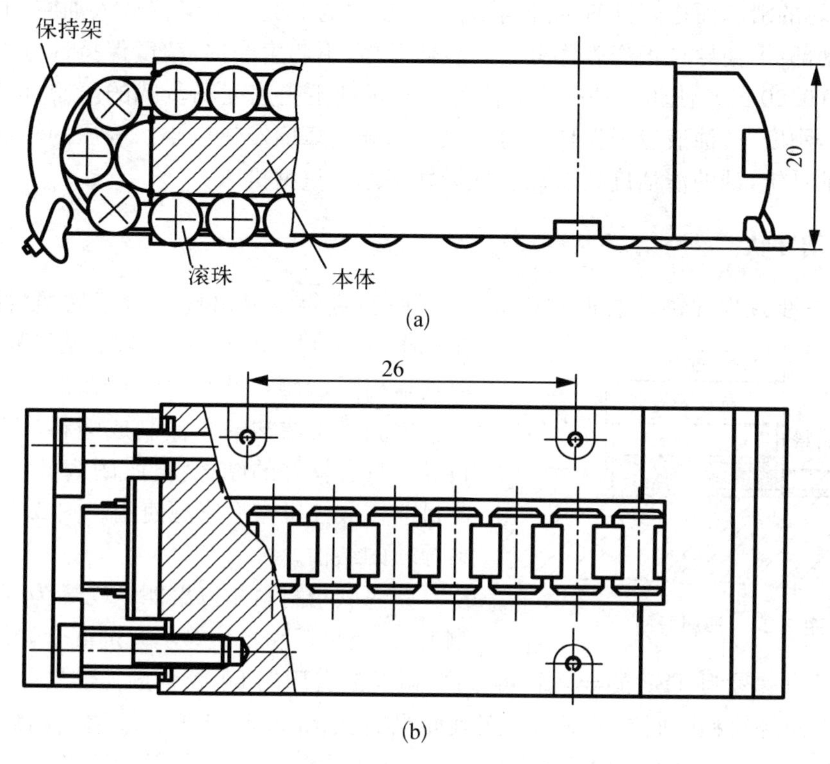

图 2.22　滚动导轨支承

2. 直线滚动导轨

直线滚动导轨是近年来新生产的一种滚动导轨，其突出的优点为无间隙，并且能够施加预紧力，导轨的结构如图 2.23 所示，由直线滚动导轨体、滑体、滚珠、保持器、端盖等组成。它由生产厂组装成，故又称单元式直线滚动导轨。使用时，导轨固定在不运动的部件上，滑块固定在运动的部件上。当滑块沿导轨体移动时，滚珠在导轨体和滑块之间的圆弧直槽内滚动，并通过端盖内的滚道，从工作负荷区到非工作负荷区，然后再滚回工作负荷区，不断循环，从而把导轨体和滑块之间的移动变成滚珠的滚动。目前在国内外的中小型数控机床上广泛采用这种导轨。

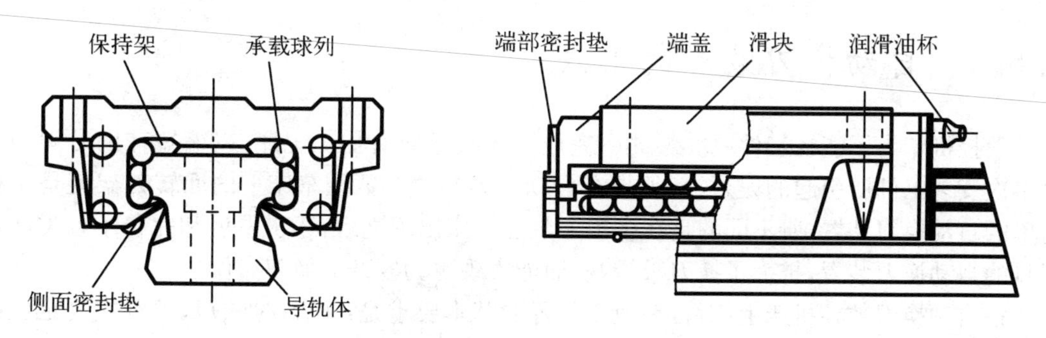

图 2.23　单元式直线滚动导轨

二、静压导轨

静压导轨的滑动面之间开有油腔，将有一定压力的油通过节流器输入油腔，形成压力油膜，浮起运动部件，使导轨工作表面处于纯液体摩擦，不产生磨损，精度保持性好。同时摩擦系数也极低(0.000 5)，使驱动功率大为降低。其运动不受速度和负载的限制，低速无爬行，承载能力大，刚度好，油液有吸振作用，抗震性好，导轨摩擦发热也小。静压的缺点是结构复杂，要有供油系统，油的清洁度要求高。此导轨多用于重型机床。

三、滑动导轨

为了进一步减少导轨的磨损和提高运动性能，近年来又出现了新型的塑料滑动导轨。在与床身导轨相配的滑动导轨上粘接静、动摩擦系数基本相同，耐磨、吸振的塑料软带，或者在定、动导轨之间采用注塑的方法制成塑料导轨。这种塑料导轨具有良好的摩擦特性、耐磨性及吸振性，因此目前在数控机床上广泛使用。图 2.24 所示为塑料导轨的结构。

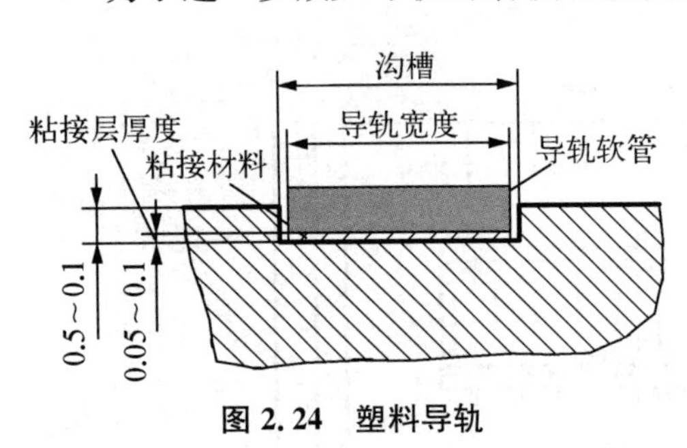

图 2.24 塑料导轨

塑料软带材料是以聚四氟乙烯为基体，加入青铜粉、二硫化钼和石墨等填充剂混合烧结并做成软带状，国内已有牌号为 TSF 的导轨软带生产，以及配套用的 DJ 胶合剂。导轨软带使用的工艺简单，只要将导轨粘贴面作半精加工至表面粗糙度 Ra 3.2～1.6 μm，清洗粘贴面后，用胶黏接剂黏合，加压固化后，再经精加工即可。由于这类导轨软带采用了黏接方法，故习惯上称为“贴塑导轨”。

导轨注塑的材料是以环氧树脂和二硫化钼为基体，加入增塑剂，混合成膏状为一组分和固化剂为另一组分的双组分塑料，国内牌号为 HNT。导轨注塑的工艺简单，在调整好固定导轨和运动导轨间相关位置精度后注入双组分塑料，固化后将定、动导轨分离即成塑料导轨副，这种方法制作的塑料导轨习惯上又称为“注塑导轨”。

2.5 数控机床的自动换刀装置

2.5.1 自动换刀装置的形式

数控机床为了能在工件一次装夹中完成多种甚至所有加工工序，以缩短辅助时间和减少多次安装工件所引起的误差，必须带有自动换刀装置。数控车床上的回转刀架就是一种简单的自动换刀装置，所不同的是在多工序数控机床出现之后，逐步发展和完善了各类回转刀具的自动换刀装置，扩大了换刀数量，从而能实现更为复杂的换刀操作。

在自动换刀数控机床上，对自动换刀装置的基本要求是：换刀时间短，刀具重复定位精度高，有足够的刀具存储量，刀库占地面积小及安全可靠等。

各类数控机床自动换刀装置的结构取决于机床的形式、工艺范围及其刀具的种类和数量，其基本类型有以下几种。

一、回转刀架换刀

回转刀架是一种最简单的自动换刀装置，常用于数控车床。可以设计成四方刀架、六角刀架或圆盘式轴向装刀刀架等多种形式。回转刀架上分别安装着 4 把、6 把或更多的刀具，并按数控装置的指令换刀。

回转刀架在结构上必须具有良好的强度和刚度，以承受粗加工时的切削抗力。由于车削加工精度在很大程度上取决于刀尖位置，对于数控车床来说，加工过程中刀具位置不进行人工调整，因此更有必要选择可靠的定位方案和合理的定位结构，以保证回转刀架在每次转位之后，具有尽可能高的重复定位精度(一般为 0.001～0.005 mm)。

一般情况下，回转刀架的换刀动作包括刀架抬起、刀架转位及刀架压紧等。回转刀架按其工作原理分为若干类型，如图 2.25 所示。

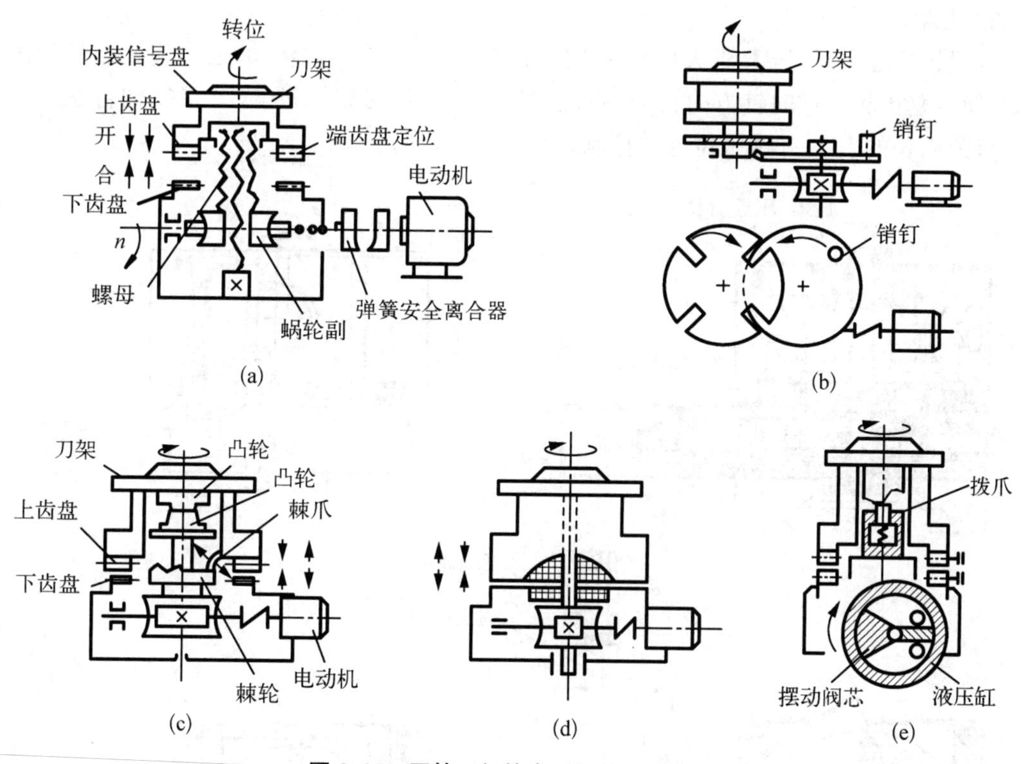

图 2.25　回转刀架的类型及其工作原理

图 2.25(a)所示为螺母升降转位刀架，电动机经弹簧安全离合器到蜗轮副带动螺母旋转，螺母举起刀架使上齿盘与下齿盘分离，随即带动刀架旋转到位，然后给系统发信号螺母反转锁紧。

图 2.25(b)所示为利用十字槽轮来转位及锁紧刀架(还要加定位销)，销钉每转一周，刀架便转 1/4 转(也可设计成六工位等)。

图 2.25(c)所示为凸台棘爪式刀架，蜗轮带动下凸轮台相对于上凸轮台转动，使其上、下

端齿盘分离，继续旋转，则棘轮机构推动刀架转 90°，然后利用一个接触开关或霍尔元件发出电动机反转信号，重新锁紧刀架。

图 2.25(d)所示为电磁式刀架，它利用了一个有 10 kN 左右拉紧力的线圈使刀架定位锁定。

图 2.25(e)所示为液压式刀架，它利用摆动液压缸来控制刀架转位，图中有摆动阀芯、拨爪、小液压缸；拨爪带动刀架转位，小液压缸向下拉紧，产生 10 kN 以上的拉紧力。这种刀架的特点是转位可靠，拉紧力可以再加大；其缺点是液压件难制造，还需多一套液压系统，有液压油泄漏及发热问题。

图 2.26 所示为数控车床的六角回转刀架，它适用于盘类零件的加工。这种刀架的全部动作由液压系统通过电磁换向阀和顺序阀进行控制，其换刀过程如下：

1. 刀架抬起

当数控装置发出换刀指令后，压力油由 A 进入压紧液压缸的下腔，活塞上升，刀架体抬起，使定位活动插销与固定插销脱离。同时，活塞杆下端的端齿离合器与空套齿轮结合。

2. 刀架转位

当刀架抬起之后，压力油从 C 孔转入液压缸左腔，活塞向右移动，通过连接板带动齿条移动，使空套齿轮作逆时针方向转动，通过端齿离合器使刀架转过 60°。活塞的行程应等于齿轮节圆周长的 1/6，并由限位开关控制。

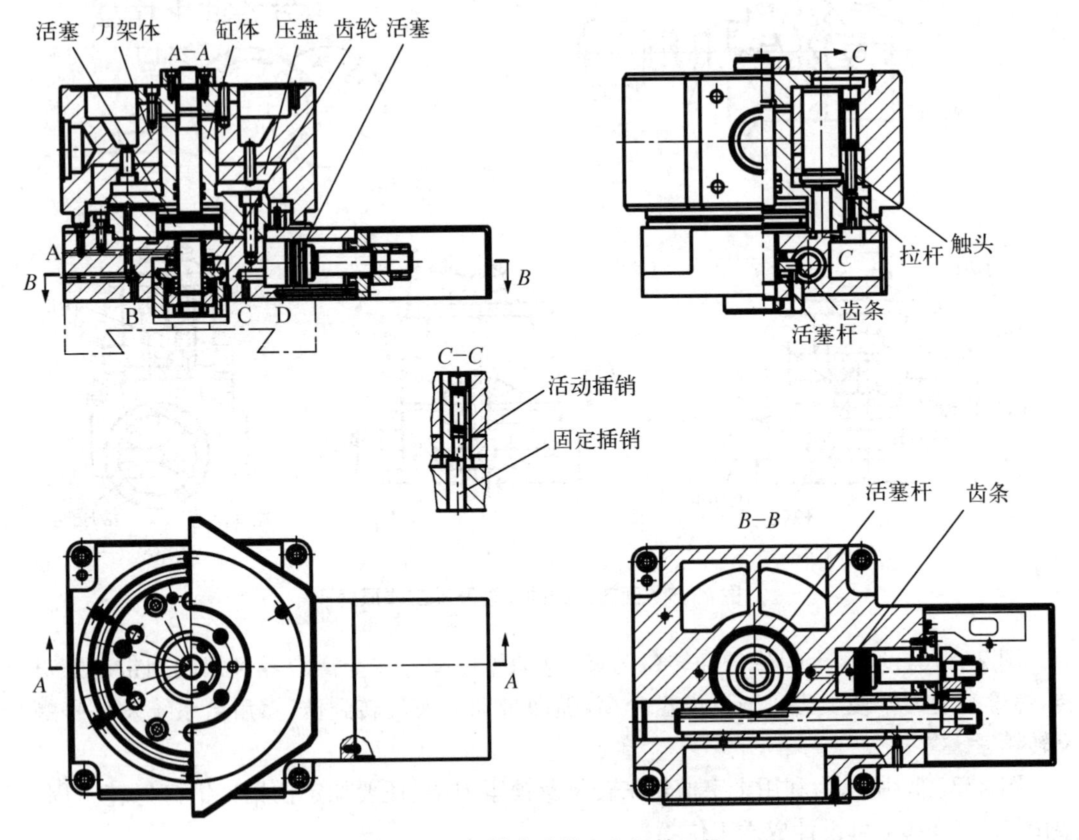

图 2.26 数控车床的六角回转刀架

3. 刀架压紧

刀架转位之后，压力油从B孔进入压紧液压缸的上腔，活塞带动刀架体下降。缸体的底盘上精确地安装6个带斜楔的圆柱固定插销，利用活动插销消除定位销与孔之间的间隙，实现反靠定位。刀架体下降时，定位活动插销与另一个固定插销卡紧，同时缸体与压盘的锥面接触，刀架在新的位置定位并压紧。这时，端齿离合器与空套齿轮脱开。

4. 转位液压缸复位

刀架压紧后，压力油从D孔进入转位油缸右腔，活塞带动齿条复位，由于此时端齿离合器已脱开，齿条带动齿轮在轴上空转。

如果定位和压紧动作正常，拉杆与相应的接触头接触，发出信号表示换刀过程已结束，可以继续进行切削加工。

回转刀架除了采用液压缸驱动转位和定位销定位外，还可以采用电动机-马氏机构转位和鼠盘定位，以及其他转位和定位机构。

二、更换主轴换刀

更换主轴换刀是带有旋转刀具的数控机床的一种比较简单的换刀方式。这种主轴头实际上就是一个转塔刀库，如图2.27所示。

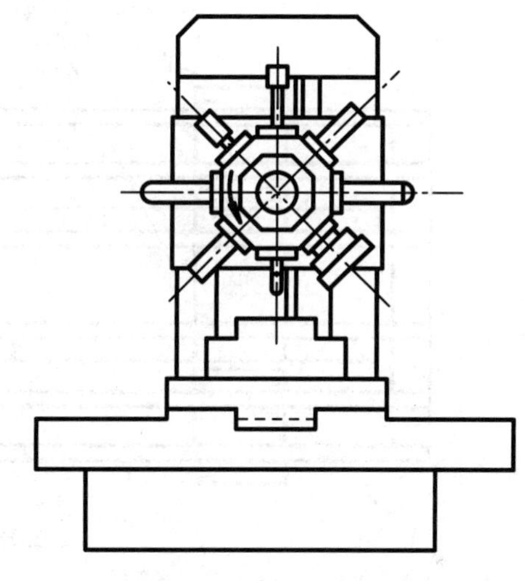

图2.27　更换主轴换刀

主轴头有卧式和立式两种，通常用转塔的转位来更换主轴头，以实现自动换刀。在转塔的各个主轴上，预先安装有各工序所需要的旋转刀具，当发出换刀指令时，各主轴头依次转到加工位置，并接通主运动，使相应的主轴带动刀具旋转。而其他处于不加工位置上的主轴都与主运动脱开。

这种更换主轴的换刀装置，省去了自动松、夹、卸刀、装刀以及刀具搬运等一系列的复杂操作，从而缩短了换刀时间，并提高了换刀的可靠性。但是由于空间位置的限制，使主轴部件结构尺寸不能太大，因而影响了主轴系统的刚性。为了保证主轴的刚性，必须限制主轴的数目，否则会使结构尺寸增大。因此，转塔主轴头通常只适用于工序较少、精度要求不太高的机床，例如数控钻、铣床等。

三、更换主轴箱换刀

有的数控机床像组合机床一样，采用多主轴箱，利用更换主轴箱达到换刀的目的，如图2.28所示。主轴箱库8吊挂着备用主轴箱2～7。主轴箱两端的导轨上，装有同步运行的小车Ⅰ和Ⅱ，它们在主轴箱库与机床动力头之间运送主轴箱。

根据加工要求，先选好所需的主轴箱，待两小车运行至该主轴箱处时，将它推到小车Ⅰ上，小车Ⅰ载着主轴箱与小车Ⅱ同时运动到机床动力头两侧的更换位置。当上一道工序完成后，动力头带着主轴箱1上升到更换位置，夹紧机构将主轴箱1松开，定位销从定位孔中拔出，推杆机构将主轴箱1推到小车Ⅱ上，同时又将小车Ⅰ上的待用主轴箱推到机床动力头上，并进行定位夹紧。与此同时，两小车返回主轴箱库，停在下次待换的主轴箱旁的空位。

也可通过机械手10在刀库9和主轴箱1之间进行刀具交换。这种换刀形式,对于加工箱体类零件可以提高生产率。

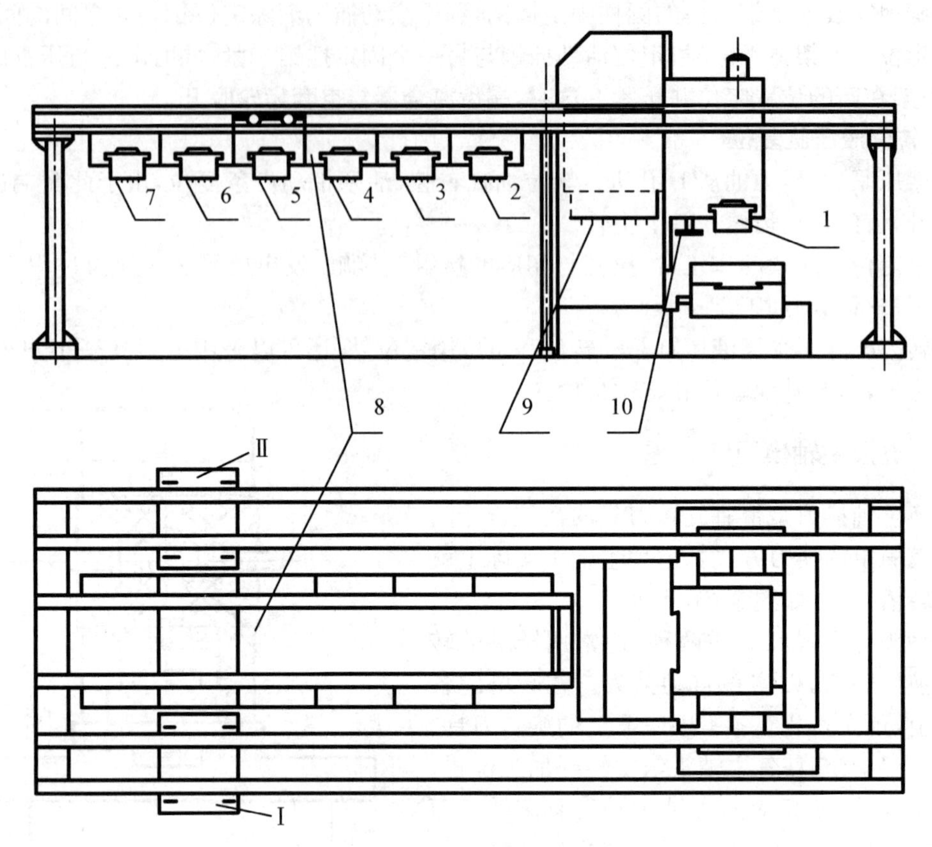

图2.28 更换主轴箱换刀

四、带刀库的自动换刀系统

此类换刀装置由刀库、选刀机构、刀具交换机构及刀具在主轴上的自动装卸机构4部分组成,应用最广泛。

图2.29所示为刀库装在机床工作台(或立柱)上的数控机床的外观图。

图2.30所示为刀库装在机床之外,成为一个独立部件的数控机床的外观图。此时,刀库容量大,刀具可以较重,常常要附加运输装置来完成刀库与主轴之间刀具的运输。

带刀库的自动换刀系统,整个换刀过程比较复杂。首先要把加工过程中要用的全部刀具分别安装在标准的刀柄上,在机床外进行尺寸预调整后,插入刀库中。换刀时根据选刀指令在刀库上选刀,由刀具交换装置从刀库和主轴上取出刀具进行刀具交换,然后将新刀具装入主轴,将用过的刀放回刀库。

采用这种自动换刀系统,需要增加刀具的自动夹紧、放松机构,刀库运动及定位机构,常常还需要有清洁刀柄及刀孔、刀座的装置,因而结构较复杂。其换刀过程动作多、换刀时间长。同时,影响换刀工作可靠性的因素也较多。

为了缩短换刀时间，可采用带刀库的双主轴或多主轴换刀系统，如图2.31所示。由图可知，当水平方向的主轴在加工位置时，待更换刀具的主轴处于换刀位置，由刀具交换装置预先换刀，待本工序加工完毕后，转塔头回转并交换主轴（即换刀）。这种换刀方式，换刀时间大部分和机加工时间重合，只需转塔头转位的时间，所以换刀时间短，转塔头上的主轴数目较少，有利于提高主轴的结构刚度，刀库上刀具数目也可增加，对多工序加工有利。但这种换刀方式难保证精镗加工所需要的主轴精度。因此，这种换刀方式主要用于钻床，也可以用于铣镗床和数控组合机床。

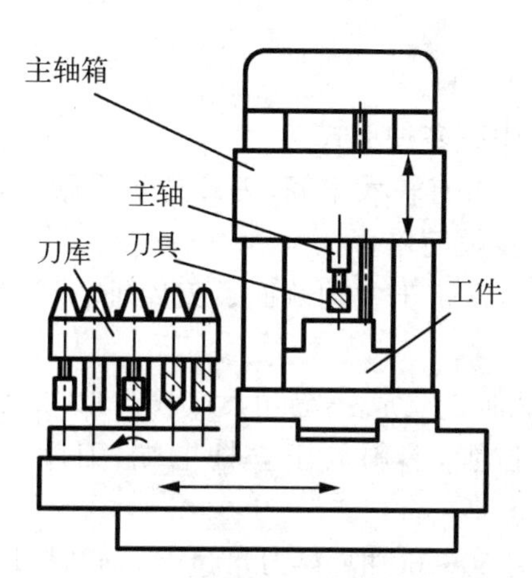

图2.29　刀库与机床为整体式的数控机床

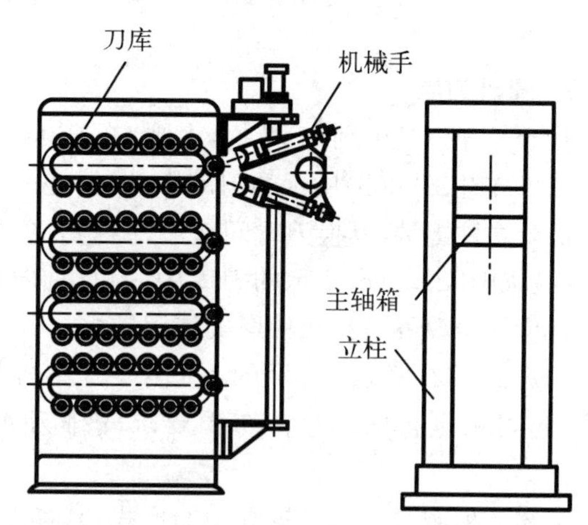

图2.30　刀库与机床为分体式的数控机床

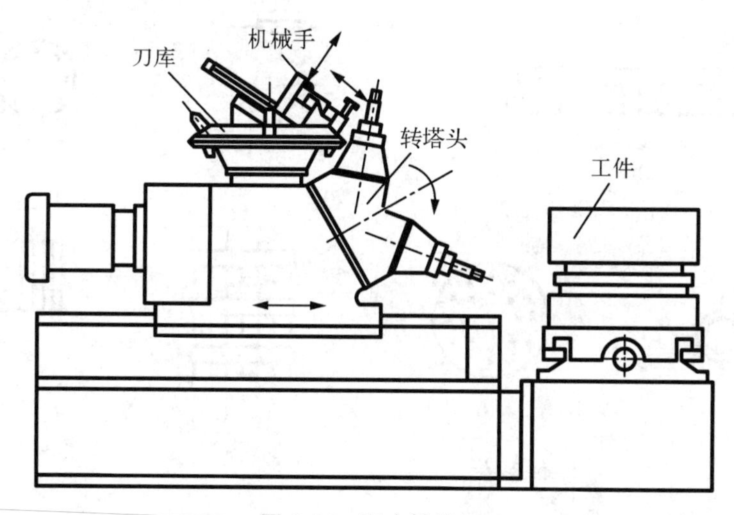

图2.31　双主轴换刀

2.5.2　刀库

一、刀库的功能

在自动换刀装置中，刀库是最主要的部件之一。刀库是用来贮存加工刀具及辅助工具的地方,其容量、布局以及具体结构,对数控机床的设计都有很大影响。

二、刀库的形式

根据刀库的容量和取刀的方式,可以将刀库设计成各种形式。常见的形式有如下几种。

1. 直线刀库

刀具在刀库中是直线排列的,如图 2.32(a)所示。其结构简单,刀库容量小,一般可容纳 8～12 把刀具,故较少使用。此形式多见于自动换刀数控车床,在数控钻床上也采用过此形式。

2. 圆盘刀库

此形式存刀具少则 6～8 把,多则 50～60 把,其中有多种形式。

(1) 如图 2.32(b)所示的刀库中,刀具径向布局,占有较大空间,刀库位置受限制,一般置于机床立柱上端,其换刀时间较短,使整个换刀装置较简单。

(2) 如图 2.32(c)所示的刀库中,刀具轴向布局,常置于主轴侧面。刀库轴心线可垂直放置,也可以水平放置,此种形式使用较多。

(3) 如图 2.32(d)所示的刀库中,刀具与刀库轴心线成一定角度(小于 90°)呈伞状布置,这可根据机床的总体布局要求安排刀库的位置,多斜放于立柱上端,刀库容量不宜过大。

上述 3 种圆盘刀库是较常用的形式,其存刀量为 50～60 把,存刀量过多,则结构尺寸庞大,与机床布局不协调。

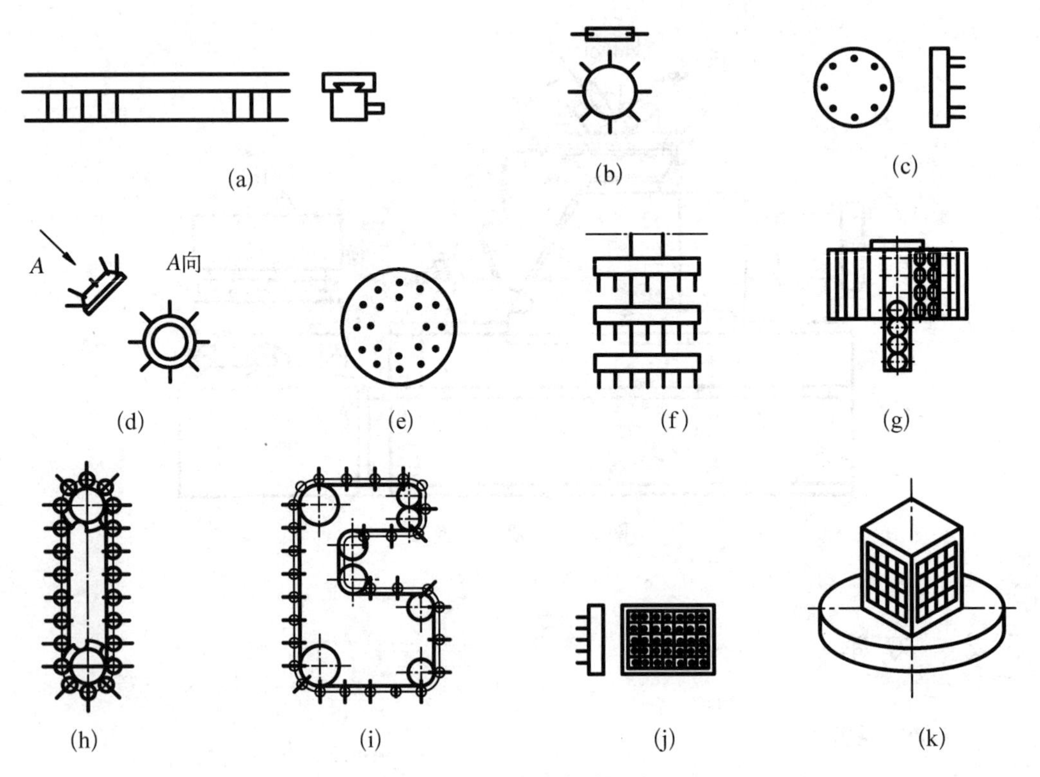

图 2.32 刀库的各种形式

为进一步扩大存刀量，有的机床使用多圈分布刀具的圆盘刀库，如图2.32(e)所示；多层圆盘刀库，如图2.32(f)所示；多排圆盘刀库，如图2.32(g)所示。多排圆盘刀库每排4把刀，可整排更换。后3种刀库形式使用较少。

3. 链式刀库

链式刀库是较常用的形式。这种刀库刀座固定在环形链节上。常用的有单排链式刀库，如图2.32(h)所示。这种刀库使用加长链条，让链条折叠回绕可提高空间利用率，进一步增加存刀量，如图2.32(i)所示。链式刀库结构紧凑，刀库容量大，链环的形状可根据机床的布局制成各种形状，同时也可以将换刀位突出以便于换刀。在一定范围内，需要增加刀具数量时，可增加链条的长度，而不增加链轮直径。因此，链轮的圆周速度(链条线速度)可不增加，刀库运动惯量的增加可不予考虑。这些为系列刀库的设计与制造提供了很多方便。一般当刀具数量在30～120把时，多采用链式刀库。

4. 其他刀库

刀库的形式还有很多，值得一提的是格子箱式刀库。图2.32(j)所示的为单面式，由于布局不灵活，通常刀库安置在工作台上，应用较少。图2.32(k)所示的为多面式，为减少换刀时间，换刀机械手通常利用前一把刀具加工工件的时间，预先取出要更换的刀具(所配数控系统应具备该项功能)。该刀库占地面积小，结构紧凑，在相同的空间内可以容纳的刀具数目较多。但由于它的选刀和取刀动作复杂，现已较少用于单机加工中心，多用于FMS(柔性制造系统)的集中供刀系统。

三、刀库的容量

刀库中的刀具并不是越多越好，太大的容量会增加刀库的尺寸和占地面积，使选刀时间增长，刀库的容量首先要考虑加工工艺的需要。根据以钻、铣为主的立式加工中心所需刀具数的统计，绘制出图2.33所示的曲线。曲线表明，用10把孔加工刀具可完成70%的钻削工艺，4把铣刀可完成90%的铣削工艺。据此可以看出，用14把刀具就可以完成70%以上的钻铣加工。若是从完成对被加工工件的全部工序进行统计，得到的结果是，大部分(超过80%)的工件完成全部加工过程只需40把刀具就够了。因此，从使用角度出发，刀库的容量一般取为10～40把，盲目地加大刀库容量，将会使刀库的利用率降低，结构过于复杂造成很大浪费。

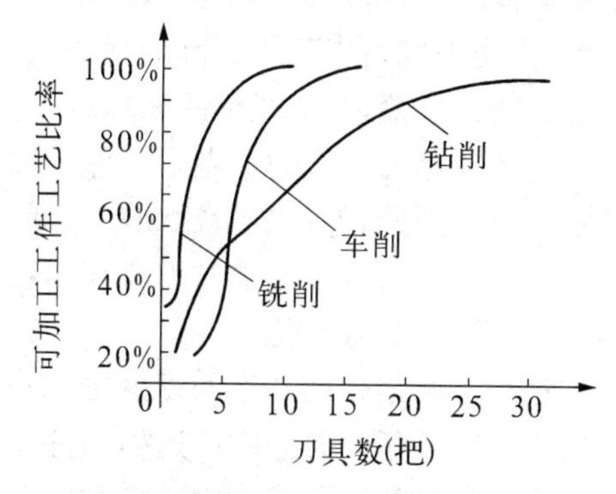

图2.33　加工工件与刀具数量的关系

2.5.3　刀具系统及刀具选择

一、刀具系统

数控机床所用的刀具，虽不是机床体的组成部分，但它是机床实现切削功能不可分割的部分，提高数控机床的利用率和生产效率，刀具是一个十分关键的因素，应选用适应高速切削的刀具材料和使用可转位刀片。为使刀具在机床上迅速地定位夹紧，数控机床普遍使用标准的刀具系统。数控车床、加工中心等带有自动换刀装置的机床所用的刀具，刀具与主轴连接部分和切削刀具部分都已标准化、系列化。我国在 20 世纪 70 年代制定了镗铣床用 TSG 刀具系统及刀柄标准(草案)。

TSG 刀具系统的刀柄标准为直柄及 7：24 锥度的锥柄两大类。直柄适用于圆柱形主轴孔，锥柄适用于圆锥形主轴孔。TSG 刀具系统中还设计了各种锥柄接长杆和各种直柄长杆。

二、刀具的选择方式

根据数控装置发出的换刀指令，刀具交换装置从刀库中将所需的刀具转换到取刀位置，称为自动选刀。自动选择刀具通常又有顺序选择和任意选择两种方式。

1. 顺序选择刀具

刀具的顺序选择方式是将刀具按加工工序的顺序，依次放入刀库的每一个刀座内。每次换刀时，刀库按顺序转动一个刀座的位置，并取出所需要的刀具。已经使用过的刀具可以放回到原来的刀座内，也可以按顺序放入下一个刀座内。采用这种方式的刀库，不需要刀具识别装置，而且驱动控制也比较简单，可以直接由刀库的分度机构来实现。因此刀具的顺序选择方式具有结构简单、工作可靠等优点。但由于刀库中刀具在不同的工序中不能重复使用，因而必须相应地增加刀具的数量和刀库的容量，这样就降低了刀具和刀库的利用率。此外，人工装刀操作必须十分谨慎，如果刀具在刀库中的顺序发生差错，将造成设备或质量事故。

2. 任意选择刀具

这种方式是根据程序指令的要求来选择所需要的刀具，采用任意选择方式的自动换刀系统中必须有刀具识别装置。刀具在刀库中不必按照工件的加工顺序排列，可任意存放。每把刀具(或刀座)都编上代码，自动换刀时，刀库旋转，每把刀具(或刀座)都经过"刀具识别装置"接受识别。当某把刀具的代码与数控指令的代码相符合时，该刀具就被选中，并将刀具送到换刀位置，等待机械手来抓取。

任意选择刀具法的优点是刀库中刀具的排列顺序与工件加工顺序无关，相同的刀具可重复使用。因此，刀具数量比顺序选择法的刀具可少一些，刀库也相应地小一些。

任意选择刀具法必须对刀具编码，以便识别。编码方式主要有 3 种：

(1) 刀具编码方式

这种方式是采用特殊的刀柄结构进行编码。由于每把刀具都有自己的代码，因此可以存放于刀库的任一刀座中。这样刀库中的刀具在不同的工序中也就可重复使用，用过的刀具也不一定要放回原刀座中，这对装刀和选刀都十分有利，刀库的容量也可以相应减少，而且还可避免由于刀具存放在刀库中的顺序差错而造成事故。

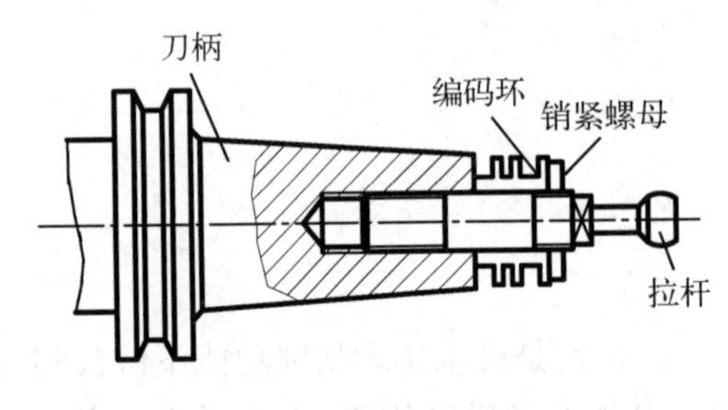

图 2.34 刀具编码的结构

刀具编码的具体结构如图 2.34 所示。在刀柄后端的拉杆上套装着等间隔的编码环，由锁紧螺母固定。编码环既可以是整体的，也可由圆环组装而成。编码环直径有大小两种，大直径的为二进制的"1"，小直径的为"0"。通过这两种圆环的不同排列，可以得到一系列代码。例如 6 个大小直径的圆环便可组成能区别 63($2^6-1=63$)种刀具的编码。通常全部为 0 的代码不许使用,以避免与刀座中没有刀具的状况相混淆。为了便于操作者的记忆和识别,也可采用二-八进制编码来表示。

(2) 刀座编码方式

这种编码方式对刀库中的每个刀座都进行编码,刀具也编码,并将刀具放到与其号码相符的刀座中。换刀时刀库旋转,使各个刀座依次经过识刀器,直至找到规定的刀座,刀库便停止旋转。由于这种编号方式取消了刀柄中的编码环,使刀柄结构大为简化。因此,刀具识别装置的结构不受刀柄尺寸的限制,而且可以放在较适当的位置。另外,在自动换刀过程中,必须将用过的刀具放回原来的刀座中,增加了换刀动作。与顺序选择刀具的方式相比,刀座编码方式的突出特点是刀具在加工过程中可以重复使用。

图 2.35 所示为圆盘刀库的刀座编码装置,图中在圆盘的圆周上均布若干个刀座识别装置。刀座编码的识别原理与刀具编码原理完全相同。

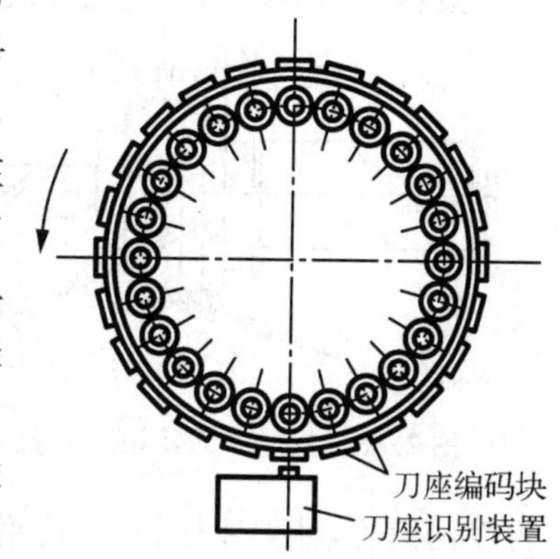

图 2.35　刀座编码的结构

(3) 编码附件方式

编码附件方式可分为编码钥匙、编码卡片、编码杆和编码盘等,其中应用最多的是编码钥匙。这种方式是先给各刀具都缚上一把表示该刀具号的编码钥匙,当把各刀具存放到刀库中时,将编码钥匙插进刀座旁边的钥匙孔中,这样就把钥匙的号码转记到刀座中,给刀座编上了号码。识别装置可以通过识别钥匙上的号码来选取该钥匙旁边刀座中的刀具。

编码钥匙的形状如图 2.36 所示,图中钥匙的两边最多可带有 22 个方齿,图中除导向用的两个方齿外,共有 20 个凸出或凹下的位置,可区别 99 999 把刀具。

图 2.37 为编码钥匙孔的剖面图,图中钥匙沿着水平方向的钥匙缝插入钥匙孔座,然后顺时针方向旋转 90°,处于钥匙代码突起的第一弹簧接触片被撑起,表示代码“1”;处于代码凹处的第二弹簧接触片保持原状,表示代码“0”。由于钥匙上每个凸凹部分的旁边各有相应的炭刷,故可将钥匙各个凸凹部分识别出来,即识别出相应的刀具。

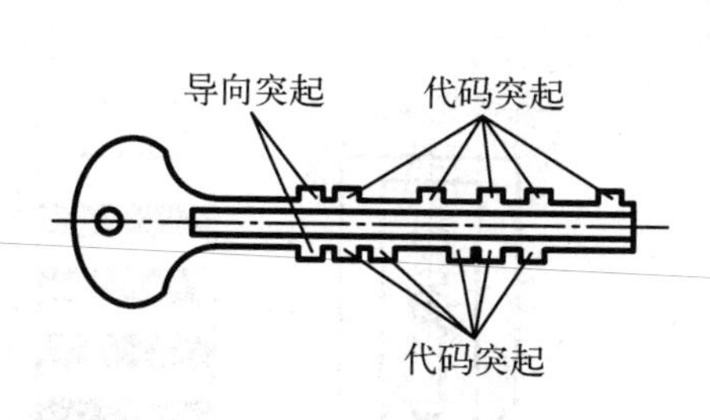

图 2.36　编码钥匙

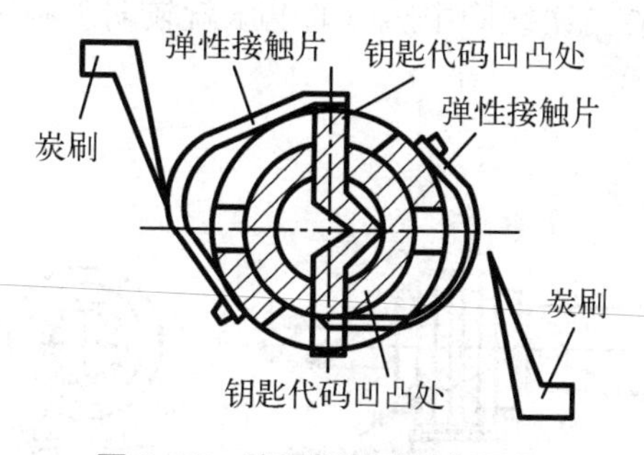

图 2.37　编码钥匙孔的剖面图

这种编码方式称为临时性编码,因为从刀座中取出刀具时,刀座中的编码钥匙也取出,刀座中原来的编码便随之消失。因此,这种方式具有更大的灵活性。采用这种编码方式用过的刀具必须放回原来的刀座中。

三、刀具识别装置

刀具(刀座)识别装置是可任意选择刀具的自动换刀系统中的重要组成部分,常用的有以下两种。

1. 接触式刀具识别装置

接触式刀具识别装置的原理如图 2.38 所示。在刀柄上装有两种直径不同的编码环,规定大直径的环表示二进制的“1”,小直径的环表示“0”,图中编码环有 5 个,在刀库附近固定一刀具识别装置,从中伸出几个触针,触针数量与刀柄上的编码环个数相等。每个触针与一个继电器相连,当编码环是大直径时与触针接触,继电器通电,其数码为“1”。当编码环是小直径时与触针不接触,继电器不通电,其数码为“0”。当各继电器输出的数码与所需刀具的编码一致时,由控制装置发出信号,使刀库停转,等待换刀。

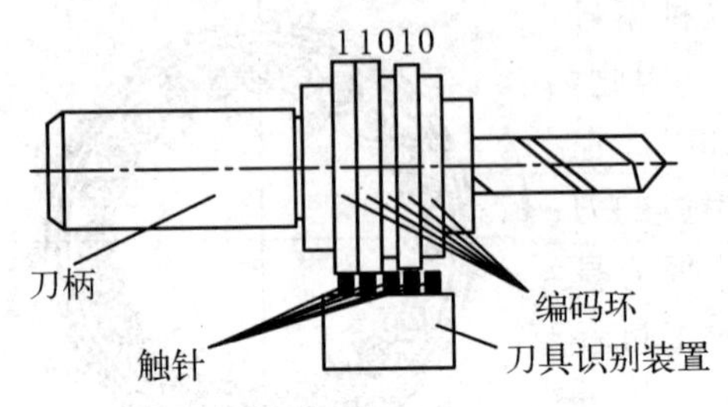

图 2.38　接触式刀具识别装置的原理

接触式刀具识别装置的结构简单,但由于触针有磨损,故其寿命较短,可靠性较差,且难以快速选刀。

2. 非接触式刀具识别装置

非接触式刀具识别装置没有机械直接接触,因而无磨损、无噪声、寿命长、反应速度快,适用于高速、换刀频繁的工作场合。常用的识别装置方法有磁性识别法和光电识别法。

(1) 非接触式磁性识别法

磁性识别法是利用磁性材料和非磁性材料磁感应强弱的不同,通过感应线圈读取代码。其编码环的直径相等,分别由导磁材料(如软钢)和非导磁材料(如黄铜、塑料等)制成,并规定前者编码为“1”,后者编码为“0”。图 2.39 所示为一种用于刀具编码的磁性识别装置,图中刀柄上装有非导磁材料编码环和导磁材料编码环,与编码环相对应的有一组检测线圈组成的非接触式识别装置。在检测线圈的一次线圈中输入交流电压时,如编码环为导磁材料,则磁感应较强,能在二次线圈中产生较大的感应电压。如编码环为非导磁材料,则磁感应较弱,在二次线圈中感应的电压就较弱。利用感应电压的强弱,就能识别刀具的号码。当编码

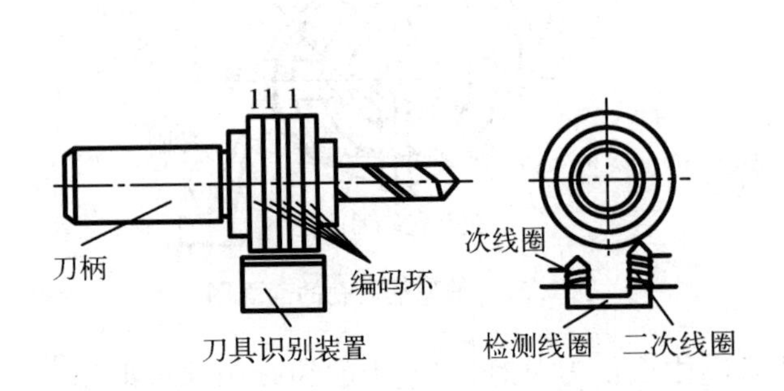

图 2.39　非接触式磁性识别原理图

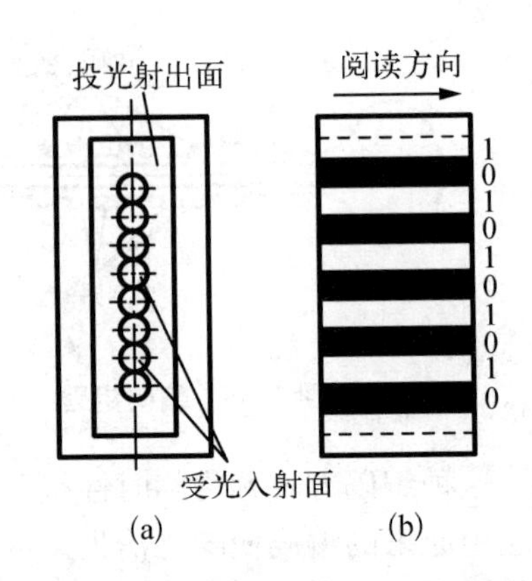

图 2.40　光导纤维刀具识别原理图

的号码与指令刀号相符时，控制电路便发出信号，使刀库停止运转，等待换刀。

(2) 非接触式光电识别法

非接触式光电识别法是利用光导纤维良好的光传导特性，采用多束光导纤维构成阅读机构。用靠近的二束光导纤维来阅读二进制编码的一位时，其中一束将光源投到能反光或不能反光(被涂黑)的金属表面上，另一束光导纤维将反射光送至光电转换元件转换成电信号，以判断正对这二束光导纤维的金属表面有无反射光，有反射光时(表面光亮)为"1"，无反射时(表面涂黑)为"0"，如图 2.40(b)所示。在刀具的某个磨光部位按二进制规律涂黑或不涂黑，就可给刀具编上号码。正当中的一小块反光部分用来发出同步增长信号。阅读头端面如图 2.40(a)所示，共用的投光射出面为一矩形框，中间嵌进一排共 9 个圆形的受光入射面。当阅读头端面正对刀具编码部位，沿箭头方向相对运动时，在同步信号的作用下，可将刀具编码读入，并与给定的刀具号进行比较而选刀。

四、刀具交换装置

1. 刀具的交换方式

数控机床的自动换刀装置中，实现刀库与机床主轴之间传递和装卸刀具的装置称为刀具交换装置。刀具的交换方式和它们的具体结构对机床的生产率和工作可靠性有着直接的影响。

刀具的交换方式很多，一般可分为以下两大类。

(1) 无机械手换刀

无机械手换刀，是由刀库和机床主轴的相对运动实现的刀具交换。换刀时，必须首先将用过的刀具送回刀库，然后再从刀库中取出新刀具，这两个动作不可能同时进行，因此，换刀时间长。图 2.29 所示的数控立式镗铣床就是采用这种换刀方式的实例。它的选刀和换刀由 3 个坐标轴的数控定位系统来完成，因此每交换一次刀具，工作台和主轴箱就必须沿着 3 个坐标轴作两次来回运动，因而增加了换刀时间。另外，由于刀库置于工作台上，减少了工作台的有效使用面积。

(2) 机械手换刀

由于刀库及刀具交换方式的不同，换刀机械手也有多种形式。因为机械手换刀有很大的灵活性，而且还可以减少换刀时间，应用最为广泛。

在各种类型的机械手中，双臂机械手全面地体现了以上优点，图 2.41 所示为双臂机械手中最常见的几种结构形式，分别是钩手，如图 2.41(a)所示；抱手，如图 2.41(b)所示；伸缩手，如图 2.41(c)所示；叉手，如图 2.41(d)所示。这几种机械手能够完成抓刀、拔刀、回转、插刀以及返回等全部动作。为了防止刀具掉落，各机械手的活动爪都必须带有自锁结构。双臂回转机械手(图 2.41(a)、(b)、(c))的动作比较简单，而且能够同时抓取和装卸机床主轴和刀库中的刀具，因此换刀时间可以进一步缩短。图 2.41(d)所示的双臂回转机械手，虽不是同时抓取主轴和刀库中的刀具，但是换刀准备时间及将刀具送回刀库的时间(图中实线所示位置)与机械加工时间重合，因而换刀(图中双点画线所示位置)时间较短。

2. 机械手形式

在自动换刀数控机床中，机械手的形式也是多种多样，常见的有以下几种形式。

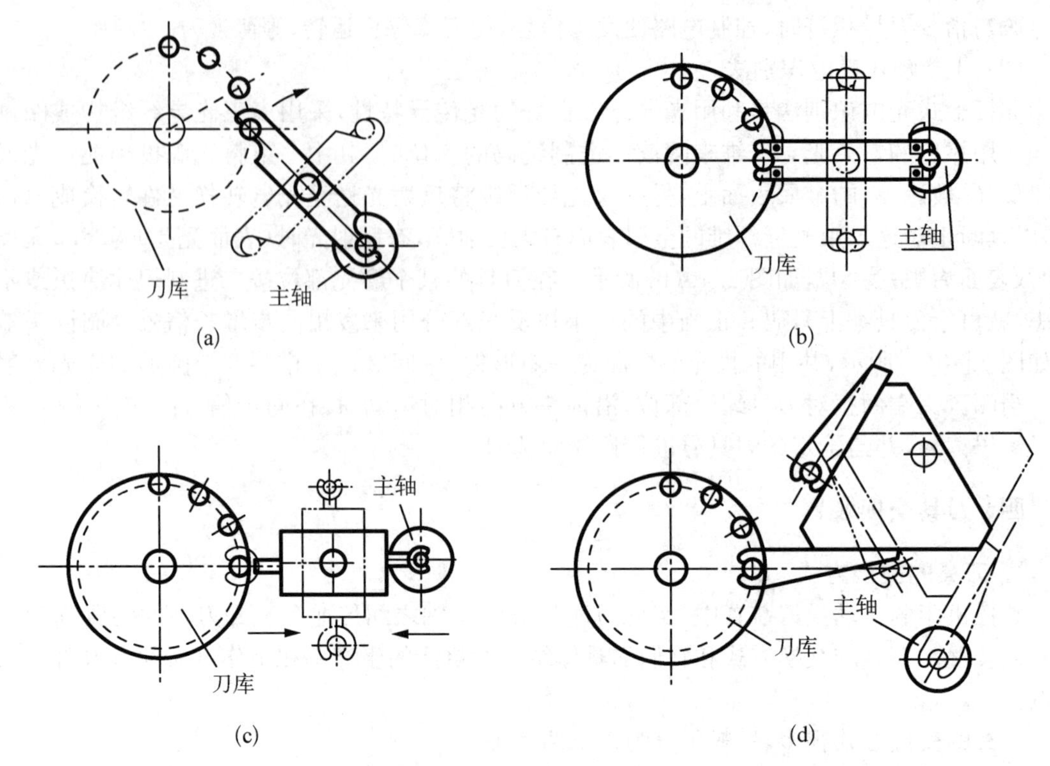

图 2.41 双臂机械手常见的结构形式

（1）单臂单爪回转式机械手

这种机械手的手臂可以回转不同的角度来进行自动换刀，其手臂上只有一个卡爪，不论在刀库上或是在主轴上，均靠这个卡爪来装刀及卸刀，因此换刀时间较长，如图 2.42(a)所示。

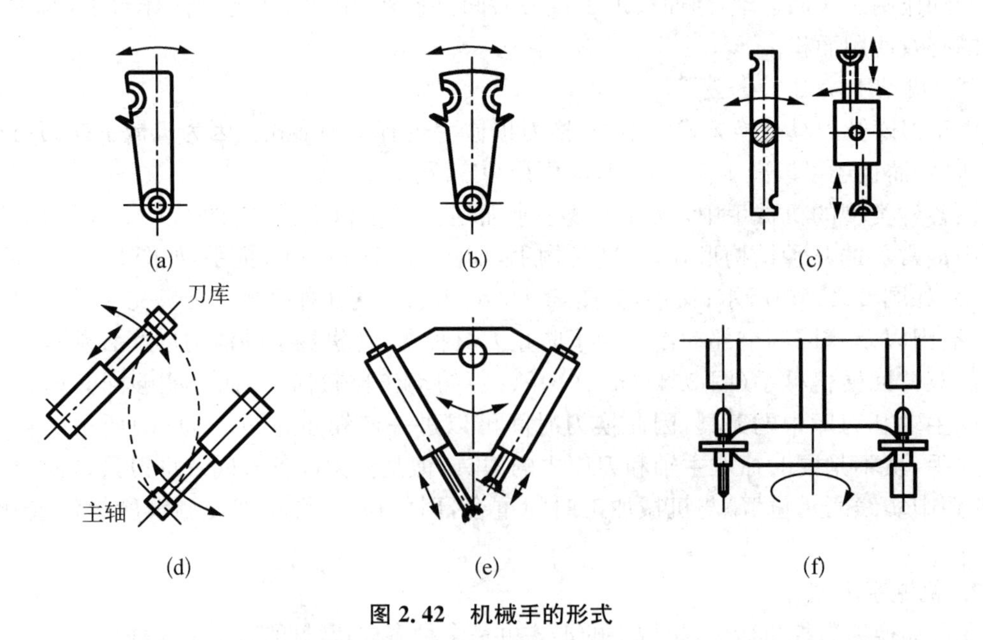

图 2.42 机械手的形式

(2) 单臂双爪回转式机械手

这种机械手的手臂上有两个卡爪,两个卡爪有所分工。一个卡爪只执行从主轴上取下“旧刀”送回刀库的任务,另一个卡爪则执行由刀库取出“新刀”送到主轴的任务。其换刀时间较上述单爪回转式机械手要少,如图 2.42(b)所示。

(3) 双臂回转式机械手

这种机械手的两臂上各有一个卡爪,两个卡爪可同时抓取刀库及主轴上的刀具,回转180°后又同时将刀具放回刀库及装入主轴。这种机械手换刀时间较以上两种单臂机械手均短,是最常用的一种形式。图 2.42(c)右边的机械手在抓取或将刀具送入刀库及主轴上,两臂可伸缩。

(4) 双机械手

这种机械手相当于两个单臂单爪机械手,它们互相配合进行自动换刀。其中一个机械手从主轴上取下“旧刀”送回刀库,另一个由刀库中取出“新刀”装入机床主轴,如图 2.42(d)所示。

(5) 双臂往复交叉式机械手

这种机械手的两手臂可以往复运动,并交叉成一定的角度。一个手臂从主轴上取下“旧刀”送回刀库,另一个手臂由刀库中取出“新刀”装入主轴。整个机械手可沿某导轨直线移动或绕某个转轴回转,以实现由刀库与主轴间的运刀工作,如图 2.42(e)所示。

(6) 双臂端面夹紧式机械手

这种机械手只是在夹紧部位上与前几种不同。前几种机械手均靠夹紧刀柄的外圆表面来抓取刀具,这种机械手则是靠夹紧刀柄的两个端面来抓取的,如图 2.42(f)所示。

3. 机械手夹持结构

在换刀过程中,由于机械手抓住刀柄要作快速回转,要作拔、插刀具的动作,还要保证刀柄键槽的角度位置对准主轴上的驱动键,因此,机械手的夹持部分要十分可靠,并保证有适当的夹紧力,其活动爪要有锁紧装置,以防止刀具在换刀过程中转动脱落。机械手夹持刀具的方法有以下两种。

(1) 柄式夹持

柄式夹持,也称轴向夹持或 V 形槽夹持。其刀柄前端有 V 形槽,供机械手夹持用,目前我国数控机床较多采用这种夹持方式。机械手手掌结构如图 2.43 所示,它由固定爪及活动爪组成,活动爪可绕轴回转,其一端在弹簧柱塞的作用下,支靠在挡销上,调整螺钉以保持手掌适当的夹紧力,锁紧销使活动爪牢固地夹持刀柄,防止刀具在交换过程中松脱。锁紧销还可轴向移动,使活动爪放松,以便权刀从刀柄 V 形槽中退出。

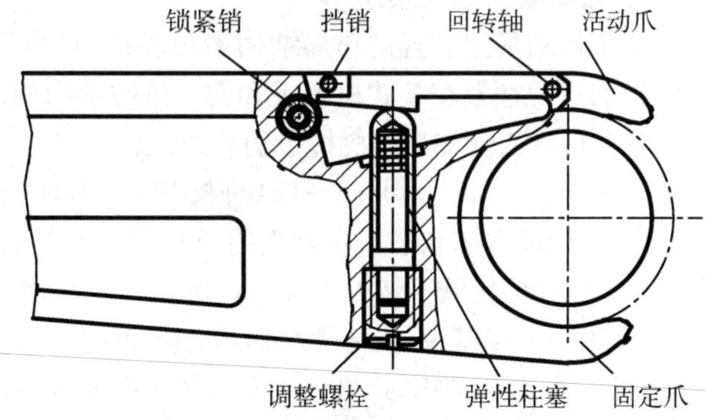

图 2.43　机械手手掌结构示意图

(2) 法兰盘式夹持

法兰盘式夹持,也称径向夹持或碟式夹持,如图 2.44 所示。刀柄的前端有供机械手夹持的法兰盘,如图 2.44(a)所示。图 2.44(c)的上图为机械手夹持松开状态,下图为机械手夹持夹紧状态。采用法兰盘式夹持的优点是:当采用中间搬运装置时,可以很方便地从一个机械手过渡到另一个辅助机械手上去,如图 2.44(d)所示。对于法兰盘式夹持方式,其换刀动作较多,不如柄式夹持方式应用广泛。

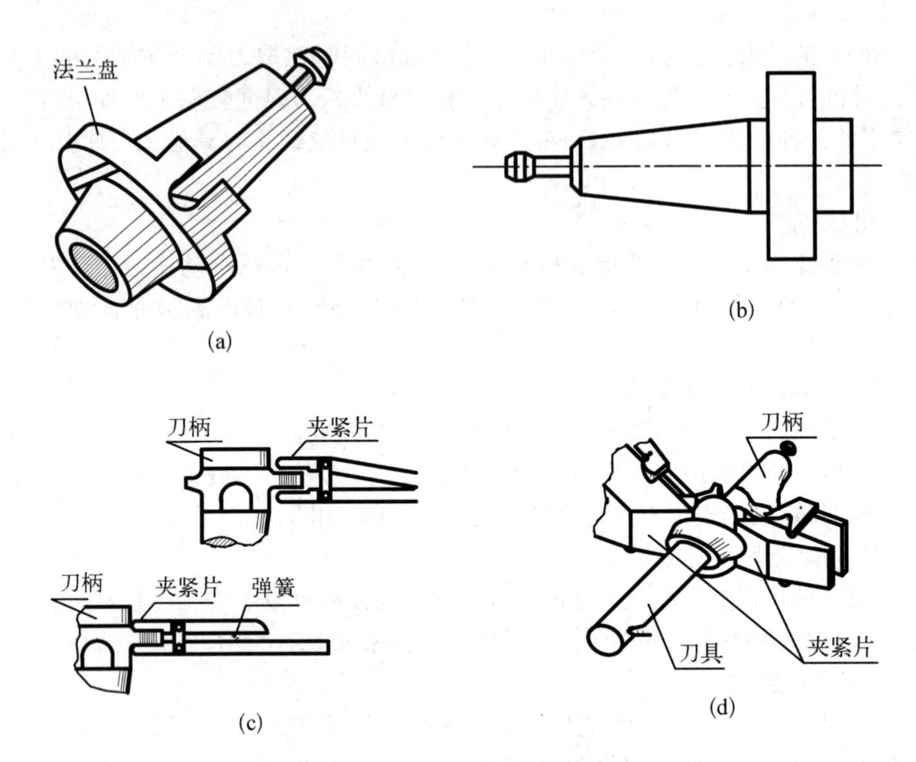

图 2.44 法兰盘夹持原理图

4. 自动换刀动作顺序

由于自动换刀装置的布局结构多种多样,其换刀过程动作顺序会不尽相同。下面分别以常见的双臂往复交叉式机械手和钩刀机械手为例用动作分图加以说明。

(1) 双臂往复交叉式机械手的换刀过程

现按照图 2.45 分图(a)~(e)的顺序逐一叙述换刀过程。

① 开始换刀前状态。主轴正用 T05 号刀具进行加工,装刀机械手已抓住下一工步需用的 T09 号刀具,机械手架处于最高位置,为换刀做好了准备。

② 上一工步结束,机床立柱后退,主轴箱上升,使主轴处于换刀位置。接着下一工步开始,其第一个指令是换刀,机械手架回转 180°转向主轴。

③ 卸刀机械手前伸,抓住主轴上已用过的 T05 号刀具。

④ 机械手架由滑座带动,沿刀具轴线前移,将 T05 号刀具从主轴上拔出。

⑤ 卸刀机械手缩回原位。

⑥ 装刀机械手前伸,使 T09 号刀具对准主轴。

⑦ 机械手架后移,将 T09 号刀具插入主轴。

⑧ 装刀机械手缩回原位。

⑨ 机械手架回转 180°,使装刀、卸刀机械手转向刀库。

⑩ 机械手架由横梁带动下降,找第二排刀套链,卸刀机械手将 T05 号刀具插回 P05 号刀套中。

⑪ 刀套链转动把下一个工步需用的 T46 号刀具送到换刀位置,机械手下降,找第三排刀链,由装刀机械手将 T46 号刀具取出。

⑫ 刀套链反转,把 P09 号刀套送到换刀位置,同时机械手架上升至最高位置,为再下一工步的换刀做好准备。

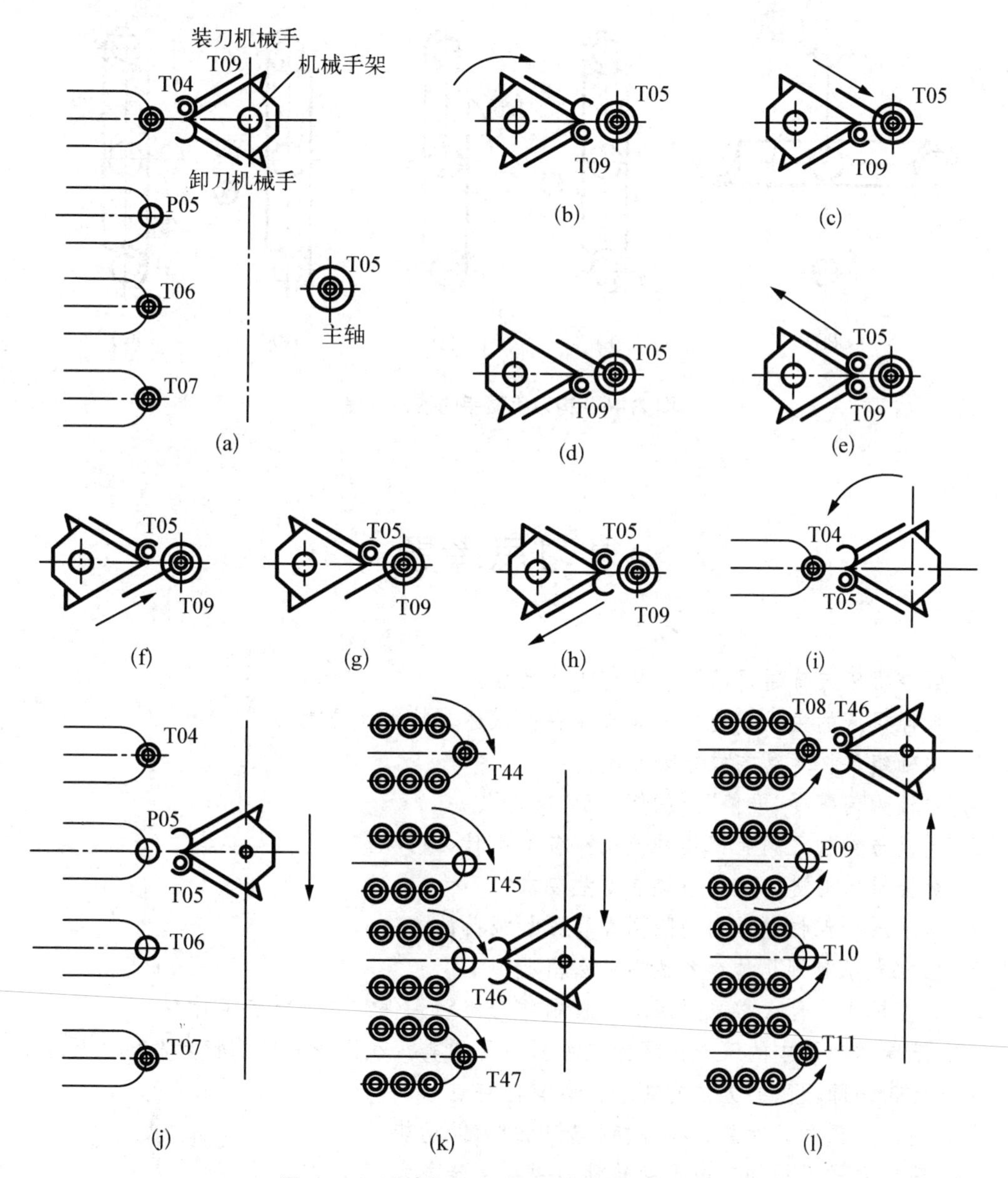

图 2.45　双臂往复交叉式机械手的换刀过程

(2) 钩刀机械手的换刀过程

作为最常用的一种换刀形式,钩刀机械手换刀过程如图 2.46 所示,换刀一次所需的基本动作如下：

① 抓刀。手臂旋转 90°，同时抓住刀库和主轴上的刀具。

② 拔刀。主轴夹头松开刀具，机械手同时将刀库和主轴上的刀具拔出。

③ 换刀。手臂旋转 180°，新、旧刀具更换。

④ 插刀。机械手同时将新、旧刀具分别插入主轴和刀库，然后主轴夹头夹紧刀具。

⑤ 复位。转动手臂，回到原始位置。

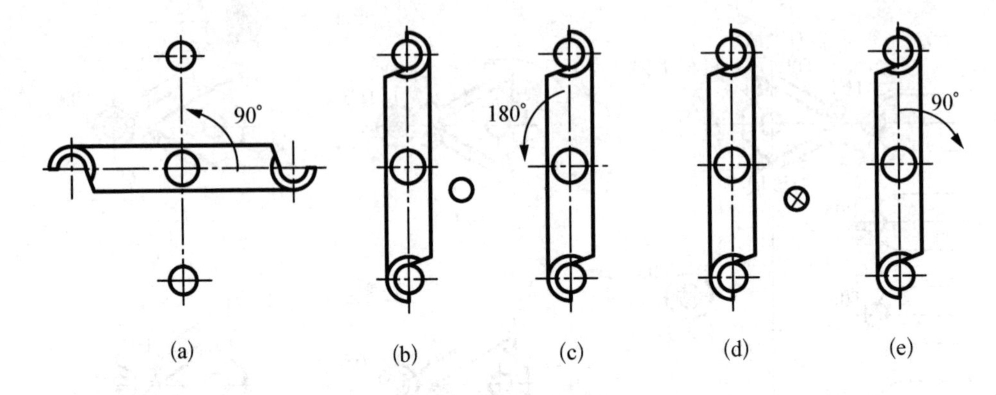

图 2.46　钩刀机械手的换刀过程

复习思考题

1. 数控机床与普通机床比较具有哪些特点？
2. 数控机床的主轴变速方式有哪几种？试述其特点及应用。
3. 主轴组件按运动方式分哪 5 类？
4. 主轴为何需要“准停”？如何实现“准停”？
5. 电机与丝杠之间有哪几种连接？各适用什么情况？
6. 数控机床对进给传动系统有哪些要求？
7. 试述滚珠丝杠螺母副消除间隙和预加载荷的方法。
8. 丝杠支承有哪几种？各适用什么情况？
9. 数控机床为什么常采用滚珠丝杠副作为传动元件？它的特点是什么？
10. 滚珠丝杠副中的滚珠循环方式可分为哪两类？试比较其结构特点及应用场合。
11. 齿轮消除间隙的方法有哪些？各有何特点？
12. 简述液压和气动装置在数控机床中的辅助功能。
13. 简述立式五轴加工中心回转轴的两种回转方式。
14. 何谓塑料滑动导轨？何谓滚动导轨？
15. 数控机床的自动换刀装置有哪几种形式？
16. 试述数控机床刀库的功用。

17. 数控机床的刀具由哪几部分组成？
18. 数控机床加工中心的选刀方式和识别方法有哪几种？各有何特点？
19. 试述自动换刀的动作顺序。
20. 螺旋升降式四方刀架有何特点？简述其换刀过程。
21. 转塔头式换刀装置有何特点？简述其换刀过程。
22. 工件自动交换工作台的作用如何？用于何种场合？
23. 常见的机械手有几种？各有何特点？
24. 数控回转工作台的功用如何？试述其工作原理。
25. 分度工作台的功用如何？试述其工作原理。

第3章　数控机床加工程序的编制

3.1　数控编程基础

3.1.1　数控编程的概念

我们都知道,在普通机床上加工零件时,一般是由工艺人员按照设计图样事先制定好零件的加工工艺规程。在工艺规程中给出零件的加工路线、切削参数、机床的规格及刀具、卡具、量具等内容。操作人员按工艺规程的各个步骤手工操作机床,加工出图样给定的零件。也就是说零件的加工过程是由工人手工操作的。

数控机床却不一样,它是按照事先编制好的加工程序,自动地对被加工零件进行加工。我们把零件的加工工艺路线、工艺参数、刀具的运动轨迹、位移量、切削参数(主轴转数、进给量、吃刀量等)以及辅助功能(换刀,主轴正转、反转,切削液开、关等),按照数控机床规定的指令代码及程序格式编写成加工程序单,再把这一程序单中的内容记录在控制介质上(如穿孔纸带、磁带、磁盘、磁泡存储器),然后输入到数控机床的数控装置中,从而指挥机床加工零件。这种从零件图分析到制成控制介质的全部过程叫数控程序的编制。

从以上分析可以看出,数控机床与普通机床加工零件的区别在于数控机床是按照程序自动进行零件加工的,而普通机床要由人来操作,我们只要改变控制机床动作的程序就可以达到加工不同零件的目的。因此,数控机床特别适用于加工小批量且形状复杂精度要求高的零件。

由于数控机床要按照预先编制好的程序自动加工零件,因此,程序编制的好坏直接影响数控机床的使用和数控加工特点的发挥。这就要求编程员具有比较高的素质,编程员应通晓机械加工工艺以及机床、刀夹具、数控系统的性能,熟悉工厂的生产特点和生产习惯。在工作中,编程员不但要责任心强、细心,而且还能和操作人员默契配合,不断吸取别人的编程经验、积累编程经验和编程技巧,并逐步实现编程自动化,以提高编程效率。

3.1.2　数控编程的内容和步骤

一、数控编程的内容

数控编程的主要内容包括:分析零件图样,确定加工工艺过程;确定走刀轨迹,计算刀位数据；编写零件加工程序；制作控制介质；校对程序及首件试加工。

二、数控编程的步骤

数控编程的一般步骤如图3.1所示。

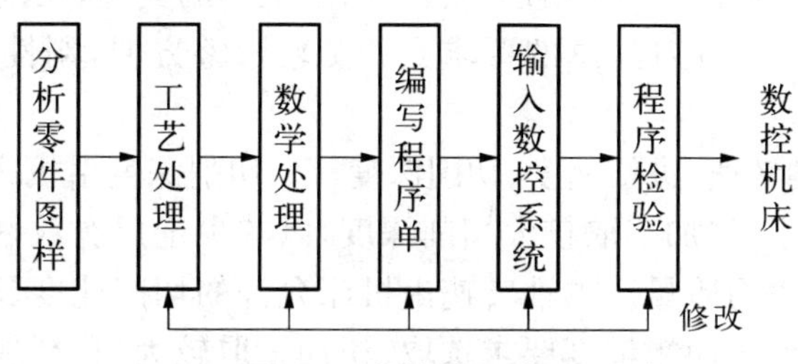

图3.1　数控编程过程

1. 分析零件图样和工艺处理

这一步骤的内容包括：对零件图样进行分析以明确加工的内容及要求，选择加工方案，确定加工顺序、走刀路线，选择合适的数控机床，设计夹具，选择刀具，确定合理的切削用量等。工艺处理涉及的问题很多，编程人员需要注意以下几点。

（1）工艺方案及工艺路线

应考虑数控机床使用的合理性及经济性，充分发挥数控机床的功能；尽量缩短加工路线，减少空行程时间和换刀次数，以提高生产率；尽量使数值计算方便，程序段少，以减少编程工作量；合理选取起刀点、切入点和切入方式，保证切入过程平稳，没有冲击；在连续铣削平面内外轮廓时，应安排好刀具的切入、切出路线，尽量沿轮廓曲线的延长线切入、切出，以免交接处出现刀痕，如图3.2所示。

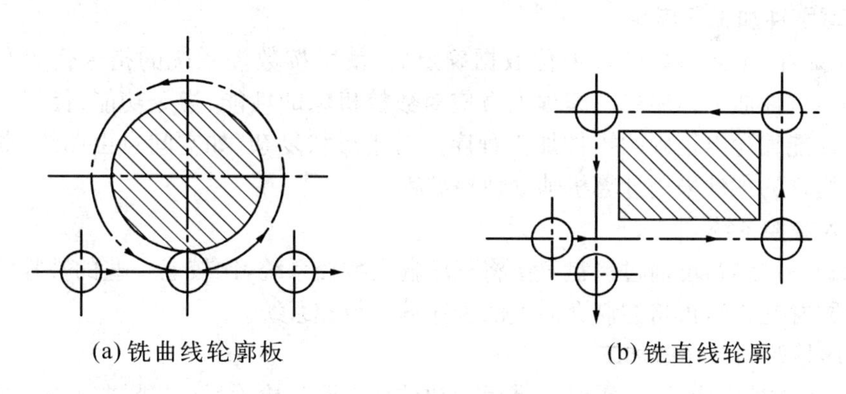

(a) 铣曲线轮廓板　(b) 铣直线轮廓

图3.2　刀具的切入、切出路线

（2）零件安装与夹具选择

尽量选择通用、组合夹具，一次安装中把零件的所有加工面都加工出来，零件的定位基准与设计基准重合，以减少定位误差；应特别注意，要迅速完成工件的定位和夹紧过程，以减少辅助时间，必要时可以考虑采用专用夹具。

（3）编程原点和编程坐标系

编程坐标系是指数控编程时，在工件上确定的基准坐标系，其原点也是数控加工的对刀点。要求所选择的编程原点及编程坐标系应使程序编制简单；编程原点应尽量选择在零件的工艺基准或设计基准上，并在加工过程中便于检查的位置；引起的加工误差要小。

(4) 刀具和切削用量

应根据工件材料的性能，机床的加工能力，加工工序的类型，切削用量以及其他与加工有关的因素来选择刀具。对刀具总的要求是：安装调整方便，刚性好，精度高，使用寿命长等。

切削用量包括主轴转速、进给速度、切削深度等。切削深度由机床、刀具、工件的刚度确定，在刚度允许的条件下，粗加工取较大切削深度，以减少走刀次数，提高生产率；精加工取较小切削深度，以获得表面质量。主轴转速由机床允许的切削速度及工件直径选取。进给速度则按零件加工精度、表面粗糙度要求选取，粗加工取较大值，精加工取较小值。最大进给速度受机床刚度及进给系统性能限制。

2. 数学处理

在完成工艺处理的工作以后，下一步需根据零件的几何形状、尺寸、走刀路线及设定的坐标系，计算粗、精加工各运动轨迹，得到刀位数据。一般的数控系统均具有直线插补与圆弧插补功能。对于点定位的数控机床(如数控冲床)一般不需要计算；对于由圆弧与直线组成的较简单的零件轮廓加工，需要计算出零件轮廓线上各几何元素的起点、终点、圆弧的圆心坐标、两几何元素的交点或切点的坐标值；当零件图样所标尺寸的坐标系与所编程序的坐标系不一致时，需要进行相应的换算；若数控机床无刀补功能，则应计算刀心轨迹；对于形状比较复杂的非圆曲线(如渐开线、双曲线等)的加工，需要用小直线段或圆弧段逼近，按精度要求计算出其节点坐标值；自由曲线、曲面及组合曲面的数学处理更为复杂，需利用计算机进行辅助设计。

3. 编写零件加工程序单

在加工顺序、工艺参数以及刀位数据确定后，就可按数控系统的指令代码和程序段格式，逐段编写零件加工程序单。编程人员应对数控机床的性能、指令功能、代码书写格式等非常熟悉，才能编写出正确的零件加工程序。对于形状复杂(如空间自由曲线、曲面)、工序很长、计算繁琐的零件采用计算机辅助数控编程。

4. 输入数控系统

程序编写好之后，可通过键盘直接将程序输入数控系统，比较老一些的数控机床需要制作控制介质(穿孔带)，再将控制介质上的程序输入数控系统。

5. 程序检验和首件试加工

程序送入数控机床后，还需经过试运行和试加工两步检验后，才能进行正式加工。通过试运行，检验程序语法是否有错，加工轨迹是否正确；通过试加工可以检验其加工工艺及有关切削参数指定得是否合理，加工精度能否满足零件图样要求，加工工效如何，以便进一步改进。

试运行方法对带有刀具轨迹动态模拟显示功能的数控机床，可进行数控模拟加工，检查刀具轨迹是否正确，如果程序存在语法或计算错误，运行中会自动显示编程出错报警，根据报警号内容，编程员可对相应出错程序段进行检查、修改。对无此功能的数控机床可进行空运转检验。

试加工一般采用逐段运行加工的方法进行，即每揿一次自动循环键，系统只执行一段程序，执行完一段停一下，通过一段一段的运行来检查机床的每次动作。不过，这里要提醒注意的是，当执行某些程序段，比如螺纹切削时，如果每一段螺纹切削程序中本身不带退刀功能，螺纹刀尖在该段程序结束时会停在工件中，因此，应避免由此损坏刀具。对于较复杂的零件，也可先采用石蜡、塑料或铝等易切削材料进行试切。

3.1.3　数控编程的方法

数控编程一般分为手工编程(Manual Programming)和自动编程(Automatic Programming)。

一、手工编程

从零件图样分析、工艺处理、数值计算、编写程序单、程序输入至程序校验等各步骤均由人工完成，称为手工编程。对于加工形状简单的零件，计算比较简单，程序不多，采用手工编程较容易完成，而且经济、省时，因此在点定位加工及由直线与圆弧组成的轮廓加工中，手工编程仍广泛应用。但对于形状复杂的零件，特别是具有非圆曲线、列表曲线及曲面的零件，用手工编程就有一定的困难，出错的几率增大，有的甚至无法编出程序，必须采用自动编程的方法编制程序。

二、自动编程

自动编程是利用计算机专用软件编制数控加工程序的过程。它包括数控语言编程和图形交互式编程。

数控语言编程，编程人员只需根据图样的要求，使用数控语言编写出零件加工源程序，送入计算机，由计算机自动进行编译、数值计算、后置处理，编写出零件加工程序单，直至自动穿出数控加工纸带，或将加工程序通过直接通信的方式送入数控机床，指挥机床工作。

数控语言编程为解决多坐标数控机床加工曲面、曲线提供了有效方法。但这种编程方法直观性差，编程过程比较复杂不易掌握，并且不便于进行阶段性检查。随着计算机技术的发展，计算机图形处理功能已有了极大的增强，图形交互式自动编程也应运而生。

图形交互式自动编程是利用计算机辅助设计(CAD)软件的图形编程功能，将零件的几何图形绘制到计算机上，形成零件的图形文件，或者直接调用由CAD系统完成的产品设计文件中的零件图形文件，然后再调用计算机内相应的数控编程模块，进行刀具轨迹处理，由计算机自动对零件加工轨迹的每一个节点进行运算和数学处理，从而生成刀位文件。之后，再经相应的后置处理(Postprocessing)，自动生成数控加工程序，并同时在计算机上动态地显示其刀具的加工轨迹图形。

图形交互式自动编程极大地提高了数控编程效率，它使从设计到编程的信息流成为连续，可实现CAD/CAM集成，为实现计算机辅助设计(CAD)和计算机辅助制造(CAM)一体化建立了必要的桥梁作用。因此，它也习惯地被称为CAD/CAM自动编程，详细内容见3.4节。

3.1.4 程序的结构与格式

每种数控系统，根据系统本身的特点及编程的需要，都有一定的程序格式。对于不同的机床，其程序格式也不尽相同。因此，编程人员必须严格按照机床说明书的规定格式进行编程。

一、程序结构

一个完整的程序由程序号、程序的内容和程序结束3部分组成。例如：

```
O0001                              程序号
N10 G92 X40 Y30;                   ┐
N20 G90 G00 X28 T01 S800 M03;      │
N30 G01 X-8 Y8 F200;               │
N40 X0 Y0;                         ├ 程序内容
N50 X28 Y30;                       │
N60 G00 X40;                       ┘
N70 M02;                           程序结束
```

1. 程序号

在程序的开头要有程序号，以便进行程序检索。程序号就是给零件加工程序一个编号，并说明该零件加工程序开始。如FUNUC数控系统中，一般采用英文字母O及其后4位十进制数表示(O××××)，4位数中若前面为0，则可以省略，如“O0101”等效于“O101”。而其他系统有时也采用符号“%”或“P”及其后4位十进制数表示程序号。

2. 程序内容

程序内容部分是整个程序的核心，它由许多程序段组成，每个程序段由一个或多个指令构成，它表示数控机床要完成的全部动作。

3. 程序结束

程序结束是以程序结束指令M02、M30或M99(子程序结束)，作为程序结束的符号，用来结束零件加工。

二、程序段格式

零件的加工程序是由许多程序段组成的，每个程序段由程序段号、若干个数据字和程序段结束字符组成，每个数据字都是控制系统的具体指令，它是由地址符、特殊文字和数字集合而成，它代表机床的一个位置或一个动作。

程序段格式是指一个程序段中字、字符和数据的书写规则。目前国内外广泛采用字-地址可变程序段格式。

所谓字-地址可变程序段格式，就是在一个程序段内数据字的数目以及字的长度(位数)都是可以变化的格式。不需要的字以及与上一程序段相同的续效字可以不写。一般的书写顺序按表3.1所示从左往右进行书写，对其中不用的功能应省略。

该格式的优点是程序简短、直观以及容易检验、修改。

表3.1　程序段书写顺序格式

<table>
<tr><td>1</td><td>2</td><td>3</td><td>4</td><td>5</td><td>6</td><td>7</td><td>8</td><td>9</td><td>10</td><td>11</td></tr>
<tr><td>N-</td><td>G-</td><td>X-
U-
P-
A-
D-</td><td>Y-
V-
Q-
B-
E-</td><td>Z-
W-
R-
C-</td><td>I-J-K-
R-</td><td>F-</td><td>S-</td><td>T-</td><td>M-</td><td>LF
(或CR)</td></tr>
<tr><td rowspan="2">程序段序号</td><td>准备功能</td><td colspan="4">坐标字</td><td>进给功能</td><td>主轴功能</td><td>刀具功能</td><td>辅助功能</td><td rowspan="2">结束符号</td></tr>
<tr><td colspan="9">数据字</td></tr>
</table>

例如：N20 G01 X25 Z－36 F100 S300 T02 M03。

程序段内各字的说明：

1. 程序段序号(简称顺序号)

用以识别程序段的编号。用地址码N和后面的若干位数字来表示。如N20表示该语句的语句号为20。

2. 准备功能G指令

是使数控机床作某种动作的指令，用地址码G和两位数字组成，从G00～G99共100种。G功能的代号已标准化。

3. 坐标字

由坐标地址符(如X、Y等)，＋、－符号及绝对值(或增量)数值组成，且按一定的顺序进行排列。坐标字的"＋"可省略。

其中坐标字的地址符含义如表3.2所示。

表3.2　地址符含义

地址码	意　　义	地址码	意　　义
X-　Y-　Z-	基本直线坐标轴尺寸	I-　J-　K-	圆弧圆心的坐标尺寸
U-　V-　W-	第一组附加直线坐标轴尺寸	D-　E-	附加旋转坐标轴尺寸
P-　Q-　R-	第二组附加直线坐标轴尺寸	R-	圆弧半径值
A-　B-　C-	绕 X、Y、Z 旋转坐标轴尺寸		

各坐标轴的地址符按下列顺序排列：

X、Y、Z、U、V、W、P、Q、R、A、B、C、D、E

4. 进给功能F指令

用来指定各运动坐标轴及其任意组合的进给量或螺纹导程。该指令是续效代码，有两种表示方法：

(1) 代码法。即F后跟两位数字,这些数字不直接表示进给速度的大小,而是机床进给速度数列的序号,进给速度数列可以是算术级数,也可以是几何级数。从F00～F99共100个等级。

(2) 直接指定法。即F后面跟的数字就是进给速度的大小。按数控机床的进给功能,它也有两种速度表示法。一是以每分钟进给距离的形式指定刀具切削进给速度(每分钟进给量),用F字母和它后跟的数值表示,单位为"mm/min",如F100表示进给速度为100 mm/min,对于回转轴如F12表示每分钟进给速度为12°。二是以主轴每转进给量规定的速度(每转进给量)表示,单位为"mm/r"。直接指定法较为直观,因此现在大多数机床均采用这一指定方法。

5. 主轴转速功能字S指令

用来指定主轴的转速,由地址码S和在其后的若干位数字组成。有恒转速(单位r/min)和表面恒线速(单位m/min)两种运转方式。如S800表示主轴转速为800 r/min;对于有恒线速度控制功能的机床,还要用G96或G97指令配合S代码来指定主轴的速度。如G96S200表示切削速度为200 m/min,G96为恒线速控制指令;G97S2000表示注销G96,主轴转速为2 000 r/min。

6. 刀具功能字T指令

主要用来选择刀具,也可用来选择刀具偏置和补偿,由地址码T和若干位数字组成。如T18表示换刀时选择18号刀具,如用作刀具补偿时,T18是指按18号刀具事先所设定的数据进行补偿。若用4位数码指令时,例如T0102,则前两位数字表示刀号,后两位数字表示刀补号。由于不同的数控系统有不同的指定方法和含义,具体应用时应参照所用数控机床说明书中的有关规定进行。

7. 辅助功能字M指令

辅助功能表示一些机床辅助动作及状态的指令。由地址码M和后面的两位数字表示。从M00～M99共100种。

8. 程序段结束

写在每个程序段之后,表示程序结束。当用EIA标准代码时,结束符为"CR",用ISO标准代码时为"NL"或"LF"。有的用符号";"或"*"表示。

3.1.5　数控机床坐标轴和运动方向

规定数控机床坐标轴及运动方向,是为了准确地描述机床的运动,简化程序的编制方法,并使所编程序有互换性。目前国际标准化组织已经统一了标准坐标系,我国机械工业部也颁布了JB 3051—82《数字控制机床坐标和运动方向的命名》的标准,对数控机床的坐标和运动方向作了明文规定。

一、坐标和运动方向命名的原则

数控机床的进给运动是相对的,有的是刀具相对于工件的运动(如车床),有的是工件相对于刀具的运动(如铣床)。为了使编程人员能在不知道是刀具移向工件,还是工件移向刀具的情况下,可以根据图样确定机床的加工过程,特规定:永远假定刀具相对于静止的工件坐标系而运动。

二、标准坐标系的规定

在数控机床上加工零件，机床的动作是由数控系统发出的指令来控制的。为了确定机床的运动方向和移动的距离，就要在机床上建立一个坐标系，这个坐标系就叫标准坐标系，也叫机床坐标系。在编制程序时，就可以以该坐标系来规定运动方向和距离。

数控机床上的坐标系采用右手直角笛卡儿坐标系，如图3.3所示。在图中，大拇指的方向为X轴的正方向，食指方向为Y轴的正方向。图3.4～图3.7分别示出了几种机床标准坐标系。

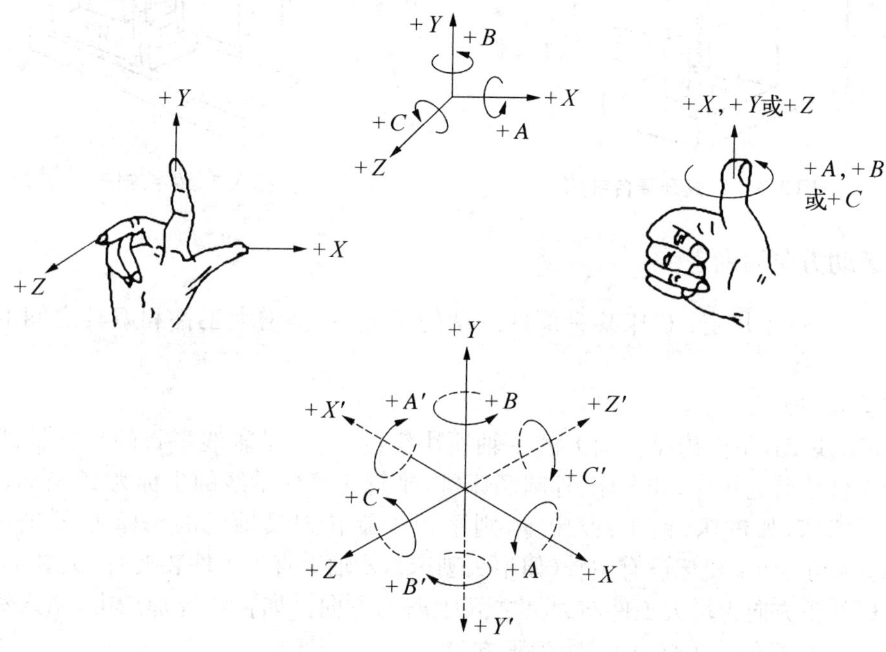

图3.3　右手直角笛卡儿坐标系统

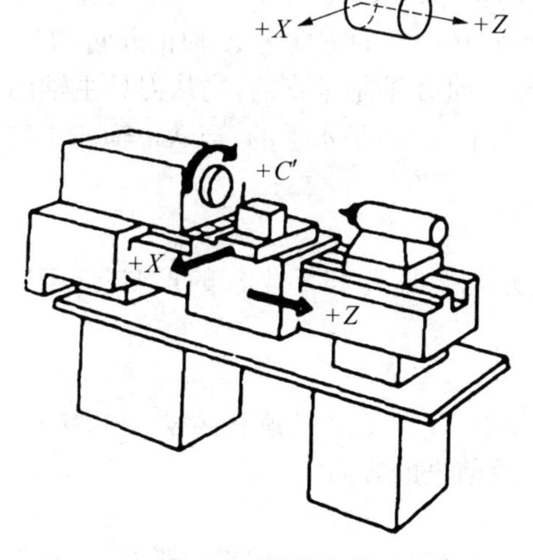

图3.4　卧式车床

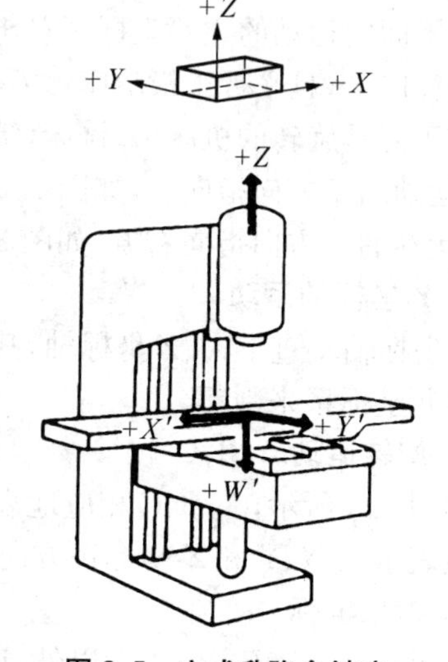

图3.5　立式升降台铣床

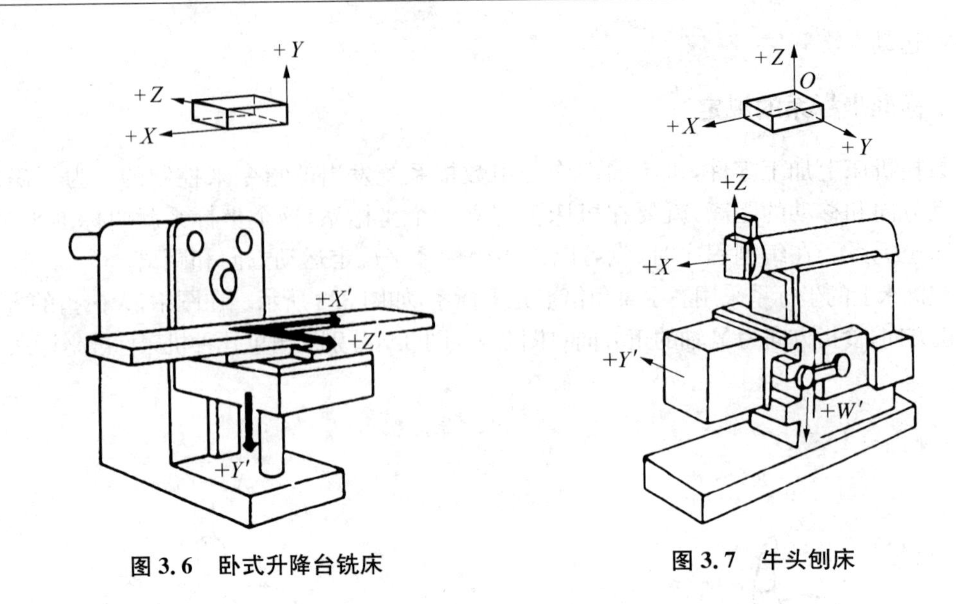

图 3.6 卧式升降台铣床

图 3.7 牛头刨床

三、运动方向的确定

JB 3051—82 中规定：机床某一部件运动的正方向，是增大工件和刀具之间的距离的方向。

1. *Z* 坐标的运动

Z 坐标的运动，是由传递切削力的主轴所决定的，与主轴轴线平行的坐标轴即为 *Z* 坐标。对于工件旋转的机床，如车床、外圆磨床等，平行于工件轴线的坐标为 *Z* 坐标。而对于刀具旋转的机床，如铣床、钻床、镗床等，则平行于旋转刀具轴线的坐标为 *Z* 坐标。如图 3.4、图 3.5 所示。如果机床没有主轴(如牛头刨床)，*Z* 轴垂直于工件装夹面，如图 3.7 所示。

Z 坐标的正方向为增大工件与刀具之间距离的方向。如在钻镗加工中，钻入和镗入工件的方向为 *Z* 坐标的负方向，而退出为正方向。

2. *X* 坐标的运动

规定 *X* 坐标为水平方向，且垂直于 *Z* 轴并平行于工件的装夹面。*X* 坐标是在刀具或工件定位平面内运动的主要坐标。对于工件旋转的机床(如车床、磨床等)，*X* 坐标的方向是在工件的径向上，且平行于横滑座。刀具离开工件旋转中心的方向为 *X* 轴正方向，如图 3.4 所示。对于刀具旋转的机床(如铣床、镗床、钻床等)，如 *Z* 轴是垂直的，当从刀具主轴向立柱看时，*X* 运动的正方向指向右，如图 3.5 所示；如 *Z* 轴(主轴)是水平的，当从主轴向工件方向看时，*X* 运动的正方向指向右方，如图 3.6 所示。

3. *Y* 坐标的运动

Y 坐标轴垂直于 *X*、*Z* 坐标轴，其运动的正方向根据 *X* 和 *Z* 坐标的正方向，按照右手直角笛卡儿坐标系来判断。

4. 旋转运动 *A*、*B*、*C*

如图 3.3 所示，*A*、*B*、*C* 相应地表示其轴线平行于 *X*、*Y*、*Z* 的旋转运动。*A*、*B*、*C* 正方向，相应地表示在 *X*、*Y* 和 *Z* 坐标正方向上，右旋螺纹前进的方向。

5. 附加坐标

如果在 *X*、*Y*、*Z* 主要坐标以外，还有平行于它们的坐标，可分别指定为 *U*、*V*、*W*。如还有第三组运动，则分别指定为 P、Q、R。

6. 对于工件运动的相反方向

对于工件运动而不是刀具运动的机床，必须将前述为刀具运动所作的规定，作相反的安排。用带“′”的字母，如 $+X'$，表示工件相对于刀具正向运动指令。而不带“′”的字母，如 $+X$，则表示刀具相对于工件的正向运动指令。二者表示的运动方向正好相反。如图3.4～图3.7所示。对于编程人员、工艺人员，只考虑不带“′”的运动方向。

7. 主轴旋转运动方向

主轴的顺时针旋转运动方向（正转），是按照右旋螺纹旋入工件的方向。

四、绝对坐标系与增量（相对）坐标系

1. 绝对坐标系

刀具（或机床）运动轨迹的坐标值是以相对于固定的坐标原点 O 给出的，即称为绝对坐标，该坐标系为绝对坐标系。如图3.8(a)所示，A、B 两点的坐标均是以固定的坐标原点 O 计算的，其值为：$X_A=10$，$Y_A=20$，$X_B=30$，$Y_B=50$。

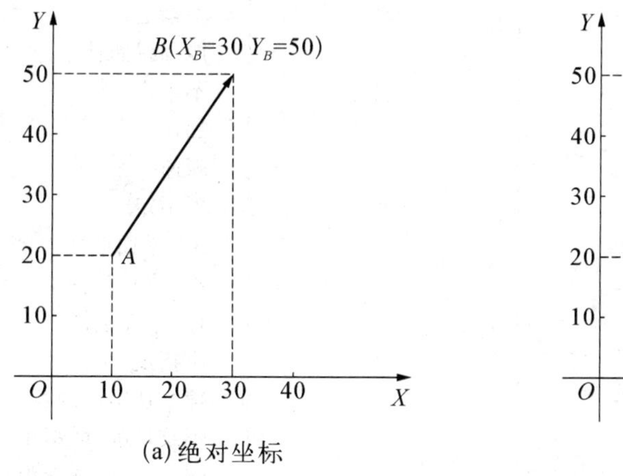

(a) 绝对坐标

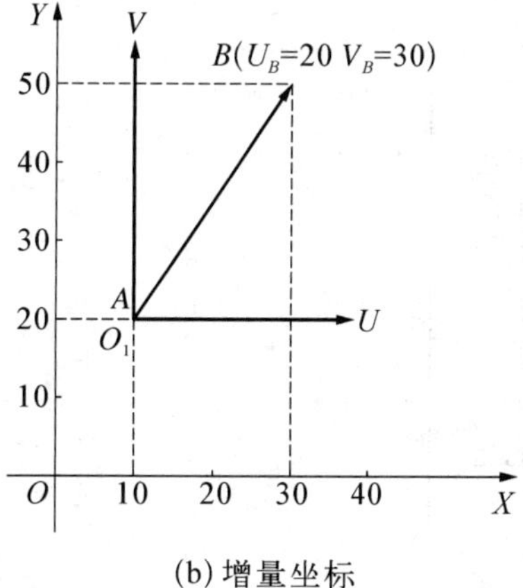

(b) 增量坐标

图3.8　绝对坐标与增量坐标

2. 增量（相对）坐标系

刀具（或机床）运动轨迹的坐标值是相对于前一位置（起点）来计算的，即称为增量（或相对）坐标，该坐标系称为增量坐标系。

增量坐标系常用 U、V、W 来表示。如图3.8(b)所示，B 点相对于 A 点的坐标（即增量坐标）为 $U=20$，$V=30$。

3.1.6　数控系统的准备功能和辅助功能

数控机床的运动是由程序控制的，而准备功能和辅助功能是程序段的基本组成部分，也是程序编制过程中的核心问题。目前国际上广泛应用的是ISO标准，我国根据ISO标准，制定了JB 3208—83《数控机床穿孔带程序段格式中的准备功能G和辅助功能M代码》。

一、准备功能

准备功能也叫 G 功能或 G 代码。它是使机床或数控系统建立起某种加工方式的指令。

G 代码由地址 G 和后面的两位数字组成，从 G00～G99 共 100 种。表 3.3 为我国 JB 3208—83标准中规定的 G 功能的定义。

表 3.3 JB 3208—83 准备功能 G 代码

代码 (1)	功能保持到被取消或被同样字母表示的程序指令所代替 (2)	功能仅在所出现的程序段内有作用 (3)	功能 (4)
G00	a		点定位
G01	a		直线插补
G02	a		顺时针方向圆弧插补
G03	a		逆时针方向圆弧插补
G04		*	暂停
G05	#	#	不指定
G06	a		抛物线插补
G07	#	#	不指定
G08		*	加速
G09		*	减速
G10～G16	#	#	不指定
G17	c		*XY* 平面选择
G18	c		*ZX* 平面选择
G19	c		*YZ* 平面选择
G20～G32	#	#	不指定
G33	a		螺纹切削，等螺距
G34	a		螺纹切削，增螺距
G35	a		螺纹切削，减螺距
G36～G39	#	#	永不指定
G40	d		刀具补偿/刀具偏置注销
G41	d		刀具补偿—左
G42	d		刀具补偿—右
G43	#(d)	#	刀具偏置—正
G44	#(d)	#	刀具偏置—负
G45	#(d)	#	刀具偏置+/+
G46	#(d)	#	刀具偏置+/−
G47	#(d)	#	刀具偏置−/−
G48	#(d)	#	刀具偏置−/+
G49	#(d)	#	刀具偏置 0/+
G50	#(d)	#	刀具偏置 0/−
G51	#(d)	#	刀具偏置+/0
G52	#(d)	#	刀具偏置−/0
G53	f		直线偏移，注销

续表

代　码 (1)	功能保持到被取消或被同样字母表示的程序指令所代替 (2)	功能仅在所出现的程序段内有作用 (3)	功　能 (4)
G54	f		直线偏移 X
G55	f		直线偏移 Y
G56	f		直线偏移 Z
G57	f		直线偏移 XY
G58	f		直线偏移 XZ
G59	f		直线偏移 YZ
G60	h		准确定位 1(精)
G61	h		准确定位 2(中)
G62	h		快速定位(粗)
G63		*	攻丝
G64～G67	#	#	不指定
G68	#(d)	#	刀具偏置,内角
G69	#(d)	#	刀具偏置,外角
G70～G79	#	#	不指定
G80	e		固定循环注销
G81～G89	e		固定循环
G90	j		绝对尺寸
G91	j		增量尺寸
G92		*	预置寄存
G93	k		时间倒数,进给率
G94	k		每分钟进给
G95	k		主轴每转进给
G96	I		恒线速度
G97	I		每分钟转数(主轴)
G98～G99	#	#	不指定

注：1. #号,如选作特殊用途,必须在程序格式说明中说明。
2. 如在直线切削中没有刀具补偿,则 G43 到 G52 可指定作其他用途。
3. 在表中左栏括号中的字母(d)表示,可以被同栏中没有括号的字母(d)所注销或代替,亦可被有括号的字母(d)所注销或代替。
4. G45 到 G52 的功能可用于机床上任意两个预定的坐标。
5. 控制机床上没有 G53 到 G59、G63 功能时,可以指定作其他用途。

G 代码分为模态代码(又称续效代码)和非模态代码。表中序号(2) 一栏中标有字母的所对应的 G 代码为模态代码,字母相同的为一组。模态代码表示该代码一经在一个程序段中指定(如 a 组的 G01),直到出现同组的(a 组)另一个 G 代码(如 G02)时才失效。表中序号(2)一栏中没有字母的表示对应的 G 代码为非模态代码,即只在有该代码的程序段中有效。

表中序号(4)栏中的"不指定"代码,用作将来修改标准,指定新标准时使用。"永不指定"代码,指的是即使修改标准时,也不指定新的功能。然而这两类 G 代码,可以由机床的设计者根据需要定义新的功能,但必须在机床说明书中予以说明。

二、辅助功能

辅助功能也叫M功能或M代码。它是控制机床开-关功能的一种命令。如开、停冷却泵;主轴正、反转;程序结束等。表3.4为我国JB 3208—83标准中规定的M代码。

表 3.4 JB 3208 辅助功能 M 功能

代码 (1)	功能开始时间		功能保持到被注销或被适当程序指令代替(4)	功能仅在所出现的程序段内有作用(5)	功能 (6)
	与程序段指令运动同时开始(2)	在程序段指令运动完成后开始(3)			
M00		*		*	程序停止
M01		*		*	计划停止
M02		*		*	程序结束
M03	*		*		主轴顺时针方向
M04	*		*		主轴逆时针方向
M05		*	*		主轴停止
M06	#	#		*	换刀
M07	*		*		2号冷却液开
M08	*		*		1号冷却液开
M09		*	*		冷却液关
M10	#	#	*		夹紧
M11	#	#	*		松开
M12	#	#	#	#	不指定
M13	*		*		主轴顺时针方向,冷却液开
M14	*		*		主轴逆时针方向,冷却液开
M15	*			*	正运动
M16	*			*	负运动
M17～M18	#	#	#	#	不指定
M19		*	*		主轴定向停止
M20～M29	#	#	#	#	永不指定
M30		*		*	纸带结束
M31	#	#		*	互锁旁路
M32～M35	#	#	#	#	不指定
M36	*		*		进给范围1
M37	*		*		进给范围2
M38	*		*		主轴速度范围1
M39	*		*		主轴速度范围2
M40～M45	#	#	#	#	如有需要作为齿轮换挡;此外不指定
M46～M47	#	#	#	#	不指定
M48		*	*		注销M49
M49	*		*		进给率修正旁路
M50	*		*		3号冷却液开

续表

代　码 (1)	功能开始时间		功能保持到被注销或被适当程序指令代替(4)	功能仅在所出现的程序段内有作用 (5)	功　　能 (6)
	与程序段指令运动同时开始 (2)	在程序段指令运动完成后开始(3)			
M51	*		*		4号冷却液开
M52～M54	#	#	#	#	不指定
M55	*		*		刀具直线位移,位置1
M56	*		*		刀具直线位移,位置2
M57～M59	#	#	#	#	不指定
M60		*		*	更换工件
M61	*		*		工件直线位移,位置1
M62	*		*		工件直线位移,位置2
M63～M70	#	#	#	#	不指定
M71	*		*		工件角度位移,位置1
M72	*		*		工件角度位移,位置2
M73～M89	#	#	#	#	不指定
M90～M99	#	#	#	#	永不指定

注：1. #号表示如选作特殊用途,必须在程序说明中说明。
　　2. M90～M99可指定为特殊用途。

由于数控机床的厂家很多,每个厂家使用的G功能、M功能与ISO标准并不完全相同,因此对于某一台数控机床,必须根据机床说明书的规定进行编程。

3.2 数控编程中的数值计算

根据零件图样,按照已确定的加工路线和允许的编程误差,计算出数控系统所需要的输入数据,称为数控加工的数值计算。具体地说,数值计算就是计算出零件轮廓上或刀具轨迹上一些点的坐标数据。

数值计算的内容繁简悬殊甚大。点位控制系统只需进行简单的尺寸计算,而轮廓控制系统将复杂得多。为了提高工效,降低出错率,有效的途径是计算机辅助完成坐标数据的计算,或直接采用自动编程。

3.2.1 基点与节点

一、基点

一个零件的轮廓曲线可能由许多不同的几何要素组成,如直线、圆弧、二次曲线等。各几何要素之间的连接点称为基点。如两条直线的交点,直线与圆弧的交点或切点,圆弧与二次曲线的交点或切点等。基点坐标是编程中需要的重要数据，可以直接作为其运动轨迹的起点或终点，如图 3.9(a)所示。

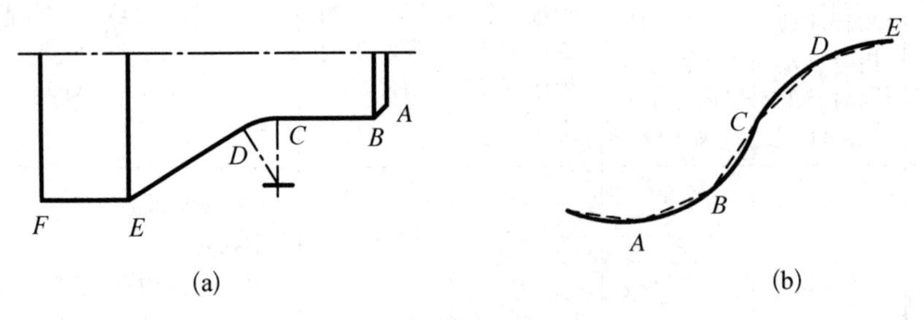

图 3.9 零件轮廓上的基点和节点

二、节点

当被加工零件轮廓形状与机床的插补功能不一致时，如在只有直线和圆弧插补功能的数控机床上加工椭圆、双曲线、抛物线、阿基米德螺旋线或用一系列坐标点表示的列表曲线时，就要用直线或圆弧去逼近被加工曲线。这时，逼近线段与被加工曲线的交点就称为节点。当如图 3.9(b)所示的曲线用直线逼近时，其交点 A、B、C、D、E 等即为节点。

3.2.2 坐标值计算的方法

在手工编程的数值计算工作中，除了非圆曲线的节点坐标值需要进行较复杂和繁琐的拟合计算及其误差的分析计算外，其余各种计算均比较简单，通常借助具有三角函数运算功能的计算器即可进行。所需数学基础知识也仅仅为代数、三角函数、平面几何、平面解析几何中较简单的内容。

坐标值计算的一般方法如图 3.10 所示。

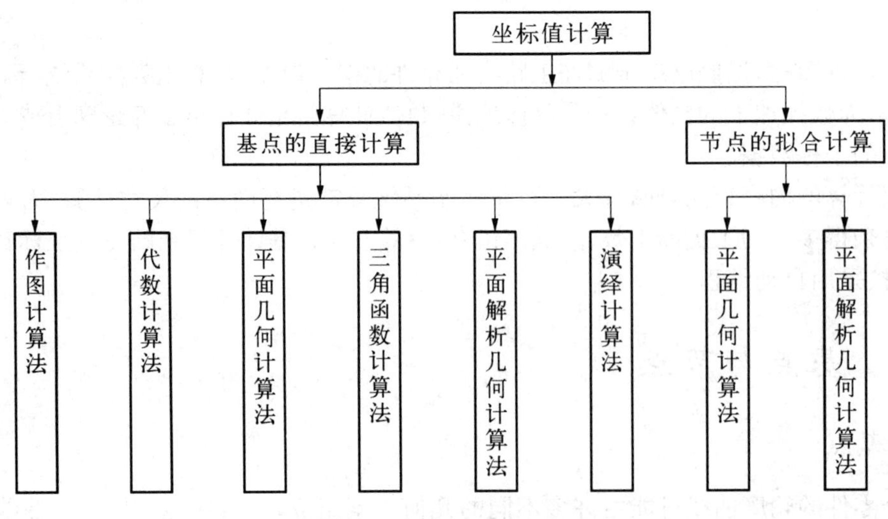

图 3.10 坐标值计算的一般方法

3.2.3 坐标值计算的基本环节

在数值计算工作中，无论采用哪种计算方法，其坐标值计算过程一般都包括以下6个基本环节，即计算分析、计算步骤、计算说明、计算结果、结果初验和初验处理。当熟练掌握了这些环节后，可对其中一些环节适当地进行删减或处理。

一、计算分析

计算分析是数值计算的首要环节，它对于顺利进行计算不仅十分必要，而且非常关键。该环节包括以下一些内容。

1. 图形各要素的分析

主要指分析零件图样上给定的各已知条件以及与求解计算要素之间的关系，为下一步将图示标注尺寸换算为编程尺寸做准备。

2. 对编程图形的描述

该描述工作即作图，其重要性如下：

(1) 根据图样给定的已知条件，并按一定比例绘制出编程部分的轮廓图（若为对称形状，则绘出其一半图形即可），以便于下一步骤的进行。

(2) 用计算方法求解几何图形的基础，是能够按原给定已知条件直接描绘出该轮廓图形。如果按其给定条件却无法绘出该图形，则可能是某已知条件有误，或缺少某个应已知的条件。

3. 确定几何关系

确定各几何图形关系主要包含以下工作。

(1) 确认已知图形各轮廓线间的几何关系，如相交关系等。

(2) 通过分析已知图形并结合求解需要，正确选定编程坐标系及其原点的位置，以便于列出数学方程；添加与已知条件或与解其点坐标有关的辅助线，同时将所绘轮廓图添加若干辅助线而形成计算分析图。

(3) 当分析图上添加的辅助线较多（包括必须要的和错误的），容易造成分析紊乱时，可将分析图上的某一部分移出，进行局部分析，或将移出部分再进行局部放大后继续分析，确定其中的几何关系。这样可使整个分析过程更加清晰、明了。

二、计算步骤

一般可根据轮廓中几何要素依次出现的顺序安排，也可将条件成熟（简单）的基点坐标先解出，然后再去分析、解决其几何关系暂不明朗的其他基点坐标。

在该环节中，应该尽量避免重复出现某一步骤，或用不同步骤及方法去解同一问题。由于分析方法和思路的不同，解同一题可能有多种不同步骤及方法，其计算步骤也不一定相同。

三、计算结果

计算结果应与机床位移的最小单位（即编程单位）相一致。计算结果一般保留两位或三位小数。为使其计算结果准确,在运算过程中,各中间结果(含角度值)至少应保留四到五位小数。当使用计算器进行计算时,宜始终保留机内全部小数值,从而保证最终结果的准确性。

四、结果初验

因计算结果可能受到多种因素的影响,故结果是否正确,还需从多方面进行检验。影响计算结果的主要因素有计算分析、运算过程的正确性以及对计算结果的尾数取舍等。所以对计算结果进行初步校验的环节是不可忽视的。

初验计算结果的主要方法是根据零件图样上整个加工轮廓的起、终点间其相互坐标位置在进给坐标轴方向的总增量,是否与各运动程序段中所填写的各增量之和相吻合。这一方法的实质可归纳为“计算回零”。

在不便采用“计算回零”方法进行结果初验时,可采用放大作图或其他计算方法进行对比校验。

即使初验结果已经“回零”,仍不能肯定其结果一定正确(如经错误的逻辑推理关系而得到的“假正确”结果等),尚需要留待在程序校验工作中加以证实。

五、初验处理

通过结果初验后,对已发现的问题应及时进行处理。除需要重新进行的分析、计算外,初验处理的方法将着重采取提高计算精度等办法进行。若提高计算精度后,校验结果仍不“回零”,则应对所得数值(按比规定小数位多一位)的尾数适当进行取、舍,不必受“四舍五入”原则的制约。

3.2.4 坐标值的常用计算方法

一、作图法

1. 作图计算法的实质

这种计算方法是以准确绘图为主,并辅以简单加、减运算的一种处理方法,因其实质为作图,故在习惯上也称为作图法。在绘图、计算后所得结果的准确程度,完全由绘图的精度确定。

2. 作图计算法的要求

(1) 要求绘图工具质量较高。要保证通过所绘图形而得其结果的准确性,就必须使用质量较高的绘图工具。如绘图板的板面应平整且不能太软,圆规和分规的铰链及螺纹连接不应过松,以及铅笔的软硬度适当等。

(2) 绘图应做到认真、仔细,并保证度量准确。

(3) 图线应尽量细而清晰,多次绘制同一个同心时,要避免圆心移位。

(4) 绘图要严格按比例进行,当采用坐标纸绘图时,可尽量选用较大的放大比例,并尽可能使基点落在坐标格的交点上。

目前作图法的分析都在计算机上运用 AutoCAD 软件完成。

二、三角函数计算法

三角函数计算法简称三角计算法。在手工编程工作中，因为这种方法比较容易被掌握，所以应用十分广泛，是进行数学处理时应重点掌握的方法之一。三角计算法主要应用三角函数关系式及部分定理，现将有关定理的表达式列出如下。

正弦定理：

$$\frac{a}{\sin A}=\frac{b}{\sin B}=\frac{c}{\sin C}=2R$$

式中，a,b,c——分别为角 A、B、C 所对应边的边长；

R——三角形外接圆半径。

余弦定理：

$$\cos A=\frac{b^2+c^2-a^2}{2bc}$$

三、平面解析几何法

三角计算法虽然在应用中具有分析直观、计算简便等优点，但有时为计算一个简单图形却需要添加若干条辅助线，并分析数个三角形间的关系后才能进行。而应用平面解析几何计算法可省掉一些复杂的三角形关系，用简单的数学方程即可准确地描述零件轮廓的几何图形，使分析和计算的过程都得到简化，并可减少多层次的中间运算，使计算误差大大减小，计算结果更加准确，且不易出错。在绝对编程坐标系中，应用这种方法所解出的坐标值一般不产生累积误差，减少了尺寸换算的工作量，还可提高计算效率等。因此，在数控机床的手工编程中，平面解析几何计算法是应用较普遍的计算方法之一。

3.2.5　基点坐标的计算

一个零件的轮廓往往是由许多不同的几何元素所组成的，如直线、圆弧、二次曲线和特形曲线等。各个几何元素间的联结点称为基点，如两直线间的交点，直线与圆弧或圆弧与圆弧间的交点或切点，圆弧与二次曲线的交点或切点等。计算的方法可以是联立方程组求解，也可以利用几何元素间的三角函数关系求解或采用计算机辅助计算编程求解。

3.2.6　非圆曲线节点坐标的计算

当被加工零件轮廓形状与机床的插补功能不一致时，如在只有直线和圆弧插补功能的数控机床上加工双曲线、抛物线、阿基米德螺旋线或列表曲线时，就要采用逼近法加工，用直线或圆弧去逼近被加工曲线。这时，逼近线段与被加工曲线的交点称为节点。如图 3.11 所示，图(a)为用直线段逼近非圆曲线的情况，图(b)为用圆弧段逼近非圆曲线的情况。

编写程序段时，应按节点划分程序段。逼近线段的近似区间愈大，则节点数目愈少，相应的程序段数目也会减少，但逼近线段的误差 δ 应小于或等于编程允许误差 $\delta_{允}$，即 $\delta\leqslant\delta_{允}$。考虑到工艺系统及计算误差的影响，一般取零件公差的 1/5～1/10。

非圆曲线轮廓零件的数值计算过程，一般可按以下步骤进行。

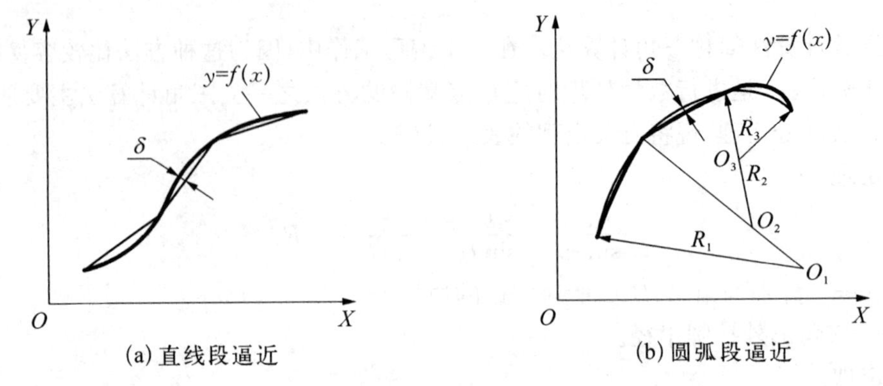

图 3.11　曲线逼近

(1) 选择插补方式，即采用直线还是圆弧逼近非圆曲线。采用直线段逼近，一般数学处理较简单，但计算的坐标数据较多，且各直线段间连接处存在尖角，由于在尖角处刀具不能连续地对零件进行切削，零件表面会出现硬点或切痕，使加工质量变差。采用圆弧段逼近的方式，可以大大减少程序段的数目，同时若采用彼此相切的圆弧段来逼近非圆曲线，可以提高零件表面的加工质量。但采用圆弧段逼近，其数学处理过程比直线要复杂一些。

(2) 确定编程允许误差，即使 $\delta \leqslant \delta_{允}$。

(3) 选择数学模型，确定计算方法。目前生产中采用的算法比较多，在决定采用什么算法时，主要考虑的因素有两条，一是尽可能按等误差的条件确定节点坐标位置，以便最大程度地减少程序段的数目；二是尽可能寻找一种简便的计算方法，以便于计算机程序的制作，及时得到节点坐标数据。

(4) 根据算法，画出计算机处理流程图。

(5) 用高级语言编写程序，上机调试，并获得节点坐标数据。

3.3　数控加工手工编程

3.3.1　数控手工编程的工艺处理

数控编程人员首先要是一个很好的工艺人员，在编程前要对所加工的零件进行工艺分析，拟订加工方案，选择合适的刀具，确定切削用量。在编程中，对一些工艺问题(如对刀点、加工路线等)也要做一些处理。

一、数控加工工艺的基本特点和基本内容

1. 基本特点

在普通机床上加工零件时，是用工艺规程或工艺卡片来规定每道工序的操作程序，

操作者按工艺卡上规定的“程序”加工零件。而在数控机床上加工零件时，要把被加工的全部工艺过程、工艺参数和位移数据编制成程序，并以数字信息的形式记录在控制介质（如穿孔纸带、磁盘等）上，用它控制机床加工。由此可见，数控机床加工工艺与普通机床加工工艺在原则上基本相同，但数控加工的整个过程是自动进行的，因而又有其特点。

（1）数控加工的工序内容比普通机床的工序加工内容复杂。由于数控机床比普通机床价格贵，若只加工简单工序在经济上不合算，所以在数控机床上通常安排较复杂的工序，甚至在普通机床上难以加工的工序。

（2）数控机床加工程序的编制比普通机床工艺规程的编制复杂。这是因为在普通机床的加工工艺中不必考虑的问题，如工序内工步的安排、对刀点、换刀点及走刀路线的确定等，在编制数控机床加工工艺时不能忽略。

2. 基本内容

实践证明，数控加工工艺主要包括以下几方面内容。

（1）选择适合在数控机床上加工的零件，确定工序内容。

（2）分析被加工零件图样，明确加工内容及技术要求，在此基础上确定零件的加工方案，制定数控加工工艺路线，如工序的划分、加工循序的安排、与传统加工工序的衔接等。

（3）设计数控加工工序，如工步的划分、零件的定位与夹具的选择、刀具的选择、切削用量的确定等。

（4）调整数控加工工序的程序，如对刀点、换刀点的选择，加工路线的确定，刀具的补偿。

（5）分配数控加工的容差。

（6）处理数控机床上部分工艺指令。

二、机床的合理选用

在数控机床上加工零件时一般有两种情况。一是有零件图样和毛坯，要选择适合该零件的数控机床；二是已经有了数控机床，要选择适合在该机床上加工的零件。无论哪种情况，考虑的因素都包括毛坯的材料和类型、零件轮廓形状复杂程度、尺寸大小、加工精度、零件数量、热处理要求等。概括起来有3点：

（1）要保证加工零件的技术要求，加工出合格的产品。

（2）有利于提高生产率。

（3）尽可能降低生产成本（加工费用）。

根据国内外数控机床应用实践，数控机床最适合加工轮廓形状复杂、对加工精度要求较高的零件；多品种、小批量生产的零件或新产品试制中的零件。

三、工序与工步的划分

1. 工序的划分

在数控机床上加工零件，工序可以比较集中，在一次装夹中尽可能完成大部分或全部工序，一般工序划分有以下几种方式。

（1）按零件装卡定位方式划分工序

由于每个零件结构形状不同，各加工表面的技术要求也有所不同，故加工时，其定位方式各有差异。一般加工外形时，以内形定位；加工内形时又以外形定位。因而可根据定位方式的不同来划分工序。

（2）按粗、精加工划分工序

根据零件的加工精度、刚度和变形等因素来划分工序时，可按粗、精加工分开的原则来划分工序，即先粗加工再精加工，此时可用不同的机床或不同的刀具进行加工。通常在一次安装中，不允许将零件某一部分表面加工完毕后，再加工零件的其他表面。

（3）按所用刀具划分工序

为了减少换刀次数，压缩空程时间，减少不必要的定位误差，可按刀具集中工序的方法加工零件，即在一次装夹中，尽可能用同一把刀具加工出可能加工的所有部位，然后再换另一把刀加工其他部位。在专用数控机床和加工中心上常采用这种方法。

2. 工步的划分

工步的划分主要从加工精度和效率两方面考虑。在一个工序内往往需要采用不同的刀具和切削用量对不同的表面进行加工。为了便于分析和描述较复杂的工序，在工序内又细分为工步，下面以加工中心为例来说明工步划分的原则。

（1）同一表面按粗加工、半精加工、精加工依次完成，或全部加工表面按先粗后精加工分开进行。

（2）对于既有铣面又有镗孔的零件，可先铣面后镗孔，使其有一段时间恢复，可减少由变形引起的对孔精度的影响。

（3）按刀具划分工步。某些机床工作台回转时间比换刀时间短，可采用按刀具划分工步，以减少换刀次数，提高加工生产率。

总之，工序与工步的划分要根据具体零件的结构特点、技术要求等情况综合考虑。

四、零件的安装与夹具的选择

1. 定位安装的基本原则

在数控机床上加工零件时，定位安装的基本原则是合理选择定位基准和夹紧方案，在选择时应注意以下几点。

（1）力求设计、工艺和编程计算的基准统一。

（2）尽量减少装夹次数，尽可能在一次定位装夹后，加工出全部待加工表面。

（3）避免采用占机人工调整式加工方案，以充分发挥数控机床的效能。

2. 选择夹具的基本原则

数控加工的特点对夹具提出了两个基本要求：一是要保证夹具的坐标方向与机床的坐标方向相对固定；二是要协调零件和机床坐标系的尺寸关系，除此之外，还要考虑以下几点。

（1）当零件加工批量不大时，应尽量采用组合夹具、可调式夹具及其他通用夹具，以缩短生产准备时间、节省生产费用。

（2）在成批生产时才考虑采用专用夹具，并力求结构简单。

（3）零件的装卸要快速、方便、可靠，以缩短机床的停顿时间。

(4) 夹具上各零部件应不妨碍机床对零件各表面的加工,即夹具要开敞,其定位、夹紧机构元件不能影响加工中的走刀(如产生碰撞等)。

五、刀具的选择与切削用量的确定

1. 刀具的选择

刀具的选择是数控加工工艺中重要内容之一,它不仅影响机床的加工效率,而且还直接影响加工质量。与传统的加工方法相比,数控加工对刀具的要求更高。不仅要求精度高、刚度好、耐用度高,而且要求尺寸稳定、安装调整方便。这就要求采用新型优质材料制造数控加工刀具,并优选刀具参数。

选取刀具时,要使刀具的尺寸与被加工工件的表面尺寸和形状相适应。生产中,平面零件周边轮廓的加工,常采用立铣刀。铣削平面时,应选用硬质合金刀片铣刀;加工凸轮、凹槽时,选高速钢立铣刀;加工毛坯表面或粗加工孔时,可选镶硬质合金的玉米铣刀。

对一些立体型面和变斜角轮廓外形的加工,常采用球头铣刀、环形铣刀、鼓形刀和锥形刀等,如图3.12所示。

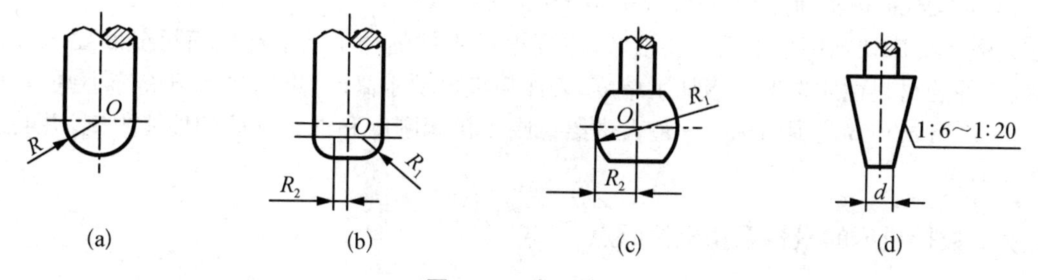

图3.12 常用铣刀

曲面加工常采用球头铣刀,但加工曲面较平坦部位时,刀具以球头顶端刃切削,切削条件较差,因而应采用环形刀。在单件或小批量生产中,为了取代多坐标联动机床,常采用鼓形刀或锥形刀来加工飞机上的一些变斜角零件,如图3.13所示。加镶齿盘铣刀,适用于在五坐标联动的数控机床上加工一些球面,其效率比用球头铣刀高近十倍,并可获得好的加工精度。

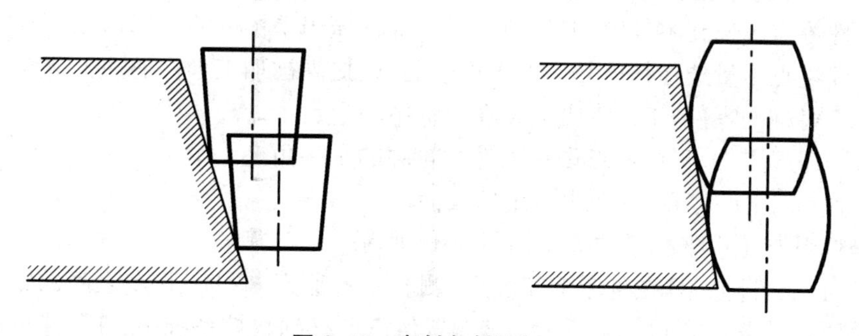

图3.13 变斜角斜面加工

2. 切削用量的确定

切削用量包括主轴转速(切削速度)、背吃刀量、进给量。对于不同的加工方法,需要选择不同的切削用量，并编入程序单内。

合理选择切削用量的原则是，粗加工时，一般以提高生产率为主，但也应考虑经济性和加工成本；半精加工和精加工时，应在保证加工质量的前提下，兼顾切削效率、经济性和加工成本。具体数值应根据机床说明书、切削手册并结合经验而定。

(1) 切削深度 a_p(mm)

主要根据机床、夹具、刀具和工件的刚度来决定。在刚度允许的情况下，应以最少的进给次数切除加工余量，最好一次切净余量，以便提高生产率。在数控机床上，精加工余量可小于普通机床，一般取 0.2～0.5 mm。

(2) 主轴转速 n(r/min)

主要根据允许的切削速度 v_c(m/min)选取。

$$n = 1\,000\,v_c/\pi D$$

式中，v_c——切削速度，由刀具的耐用度决定；

D——工件或刀具直径(mm)。

主轴转速 n 要根据计算值在机床说明书中选取标准值，并填入程序单中。

(3) 进给量(进给速度)f(mm/min 或 mm/r)

是数控机床切削用量中的重要参数，主要根据零件的加工精度和表面粗糙度要求以及刀具、工件的材料性质选取。当加工精度、表面粗糙度要求高时，进给量数值应选小些，一般在 20～50 mm/min 范围内选取。最大进给量则受机床刚度和进给系统的性能限制，并与脉冲当量有关。

六、数控机床的坐标系和坐标原点

数控机床的坐标系分为机床坐标系和工件坐标系(编程坐标系)。机床坐标系是机床固有的坐标系，它是制造和调整机床的基础，也是设置工件坐标系的基础。机床坐标系在出厂前已经调整好，一般情况下，不允许用户随意变动。机床原点为机床的零点，它是机床上的一个固定点，由生产厂家在设计机床时确定。

工件坐标系又称编程坐标系，是编程时使用的坐标系，用来确定工件几何形体上各要素的位置。工件坐标系的原点即为工件零点，工件零点的位置是任意的，它由编程人员在编制程序时根据零件的特点选定。在选择工件零点的位置时应注意：

(1) 工件零点应选在零件图的尺寸基准上，这样便于坐标值的计算，并减少错误。

(2) 工件零点尽量选在精度较高的工件表面，以提高被加工零件的加工精度。

(3) 对于对称的零件，工件零点应设在对称中心上。

(4) 对于一般零件，工件零点设在工件外轮廓的某一角上。

(5) Z 轴方向上的零点，一般设在工件表面。

机床坐标系与工件坐标系的关系如图 3.14 所示。

在加工时，工件随夹具在机床上安装后，测量工件原点与机床原点之间的距离，这个距离称为工件原点偏置，如图 3.14 所示。该偏置值需预存到数控系统中，在加工时，工件原点偏置值便能自动加到工件坐标系上，使数控系统可按机床坐标系确定加工时的绝对坐标值。因此，编程人员可以不必考虑工件在机床上的安装位置和安装精度，而利用数控系统的原点偏置功能，通过工件的原点偏置值，来补偿工件在工作台上的位置误差，使用起来十分方便，现在大多数数控机床均有这种功能。

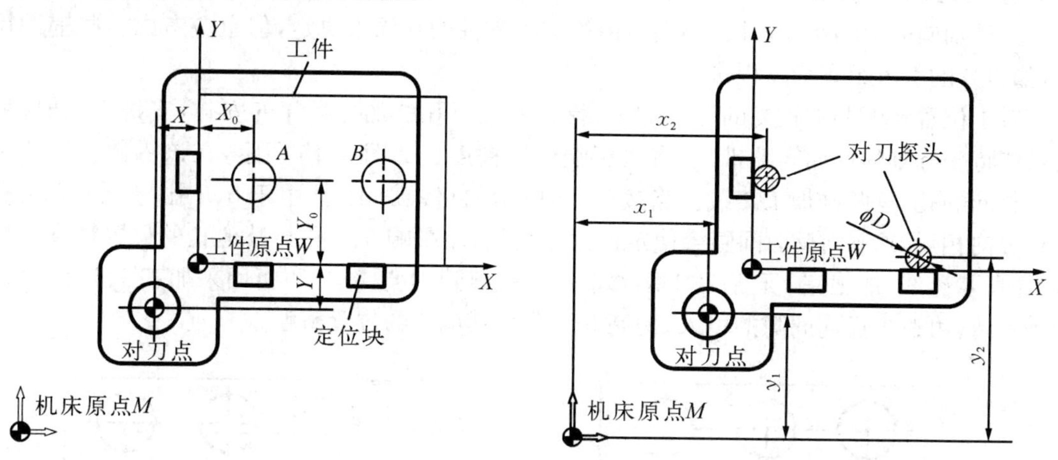

图 3.14　坐标原点、对刀点和换刀点

七、对刀点和换刀点的确定

在编程时，应正确地选择“对刀点”和“换刀点”的位置。“对刀点”就是在数控机床上加工零件时，刀具相对于工件运动的起点。由于程序段从该点开始执行，所以对刀点又称为“程序起点”或“起刀点”。对刀点可选在工件上，也可选在工件外面（如选在夹具上或机床上），但必须与零件的定位基准有一定的关系，如图 3.14 中的 x_0 和 y_0，这样才能确定机床坐标系与工件坐标系的关系。

若对刀精度要求不高时，可直接选用零件上或夹具上的某些表面作为对刀面。

若对刀精度要求较高时，对刀点应尽量选在零件的设计基准或工艺基准上。如以孔定位的工件，可选孔的中心作为对刀点。刀具的位置则以此孔来找正，使“刀位点”与“对刀点”重合。所谓“刀位点”是指车刀、镗刀的刀尖；钻头的钻尖；立铣刀、端铣刀刀头底面的中心；球头铣刀的球头中心。

对刀点既是程序的起点又是程序的终点。因此在成批生产中要考虑对刀点的重复精度，该精度可用对刀点相距机床原点的坐标值（x_0，y_0）来校核。

加工过程中需要换刀时，应规定换刀点。所谓“换刀点”是指刀架转位换刀时的位置。该点可以是某一固定点（如加工中心机床，其换刀机械手的位置是固定的），也可以是任意的一点（如车床）。换刀点应设在工件或夹具的外部，以刀架转位时不碰工件及其他部件为准。其设定值可用实际测量方法或计算确定。

八、工艺路线的确定

在数控加工中，刀具刀位点相对于工件运动的轨迹称为加工路线。编程时，加工路线的确定原则主要有以下几点。

（1）应能保证零件的加工精度和表面粗糙度的要求。

（2）应尽量缩短加工路线，减少刀具空程移动时间。

（3）应使数值计算简单，程序段数量少，以减少编程工作量。

对点位控制的数控机床，只要求定位精度较高，定位过程尽可能得快，而刀具相对于工件的运动路线是无关紧要的,因此这类机床应按空程最短来安排走刀路线。除此之外还要确定刀具轴向的运动尺寸,其大小主要由被加工零件的孔深来决定,但也应考虑一些辅助尺寸,如刀具的引入距离和超程量。

对于位置精度要求较高的孔系加工,特别要注意孔的加工顺序的安排,安排不当时,就有可能将坐标轴的反向间隙带入,直接影响位置精度。如图 3.15 所示,在该零件上镗 6 个尺寸相同的孔,有两种加工路线。当按(a)图所示的路线加工时,由于 5、6 孔与 1、2、3、4 孔定位方向相反,Y 方向反向间隙会使定位误差增加,而影响 5、6 孔与其他孔的位置精度。按(b)图所示路线,加工完 4 孔后往上多移动一段距离到 Q 点,然后再折回来加工 5、6 孔,这样方向一致,可避免反向间隙的引入,提高 5、6 孔与其他孔的位置精度。

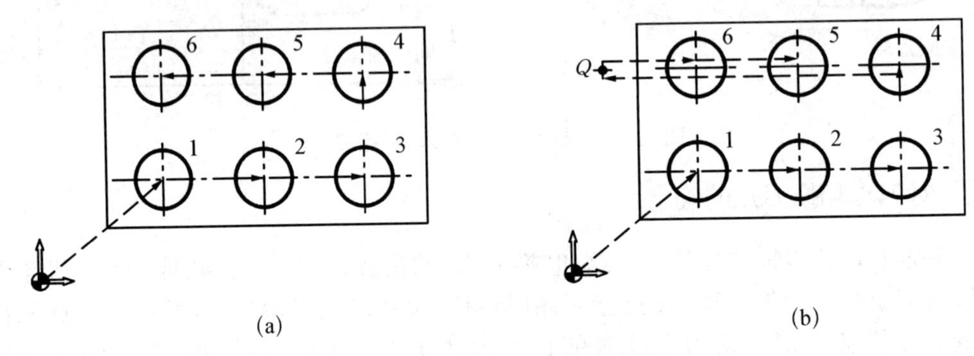

图 3.15 镗孔加工路线示意图

在数控机床上车螺纹时,沿螺距方向的 Z 向进给应和机床主轴的旋转保持严格的速比关系,因此应避免在进给机构加速或减速过程中切削,为此要有引入距离 δ_1 和超越距离 δ_2。如图 3.16 所示,δ_1 和 δ_2 的数值与机床拖动系统的动态特性有关,与螺纹的螺距和螺纹的精度有关。一般 δ_1 为 2~5 mm,对大螺距和高精度的螺纹取大值;δ_2 一般取 δ_1 的 1/4 左右。若螺纹收尾处没有退刀槽时,收尾处的形状与数控系统有关,一般按 45°退刀收尾。

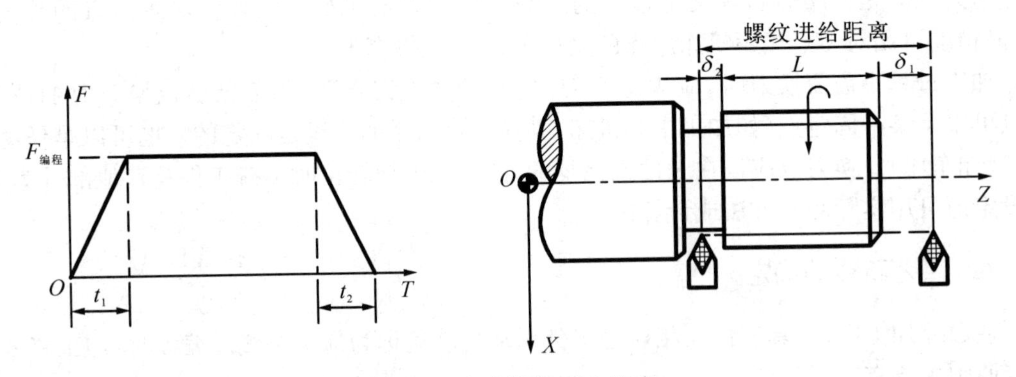

图 3.16 切削螺纹引入距离

铣削平面零件时,一般采用立铣刀侧刃进行切削。为减少接刀痕迹,保证零件表面质量,对刀具的切入和切出程序需要精心设计。如图 3.17 所示,铣削外表面轮廓时,铣刀的切入和切出点应沿零件轮廓曲线的延长线切向切入和切出零件表面,而不应沿法向直接切入零件，以避免加工表面产生划痕，保证零件轮廓光滑。

铣削内轮廓表面时，切入和切出无法外延，这时铣刀可沿零件轮廓的法线方向切入和切出，并将其切入、切出点选在零件轮廓两几何元素的交点处。图3.18所示为加工凹槽的3种加工路线。

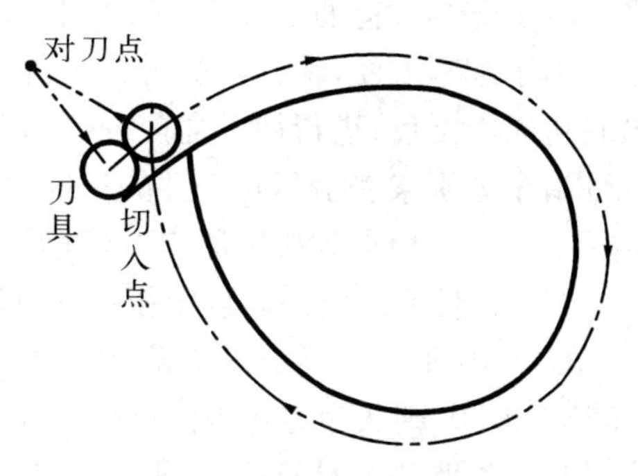

图3.17　切入切出方式

图3.18(a)和(b)分别为用行切法和环切法加工凹槽的走刀路线，图3.18(c)为先用行切法最后环切一刀光整轮廓表面。3种方案中，(a)图方案最差，(c)图方案最好。

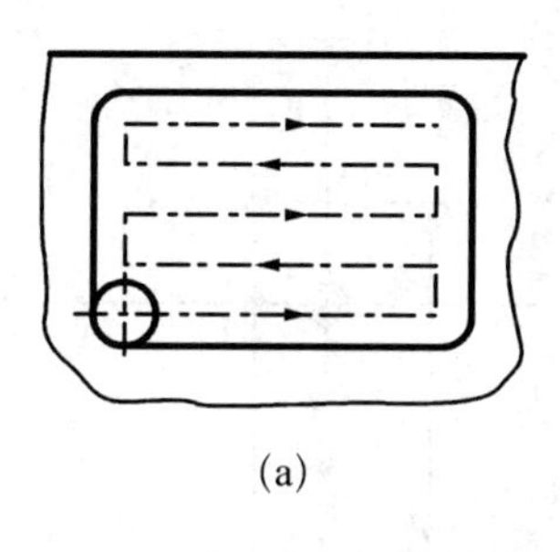
(a)

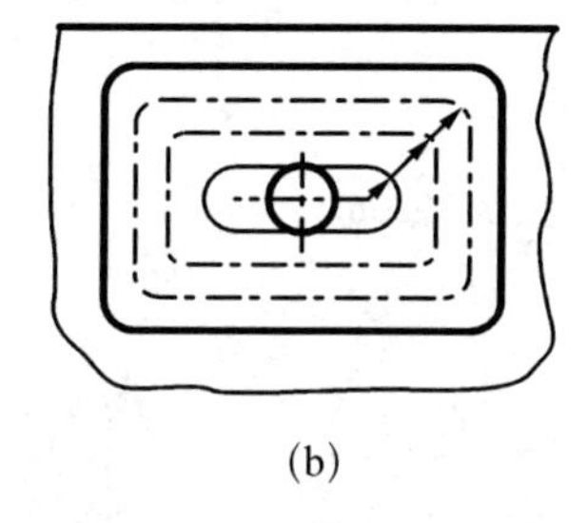
(b)

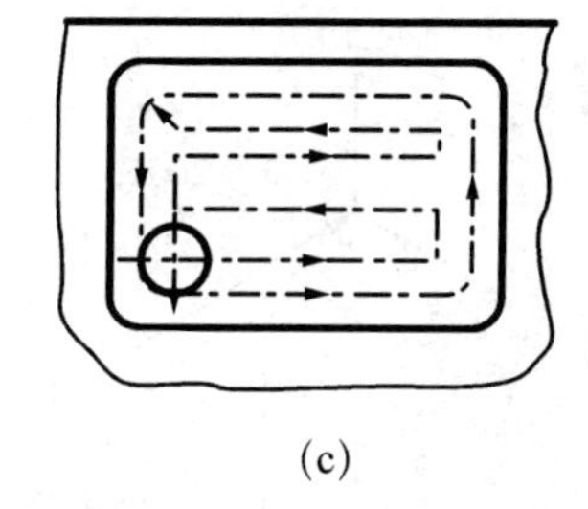
(c)

图3.18　凹槽加工路线

在轮廓铣削过程中要避免进给停顿，否则会因铣削力突然变化，而在停顿处轮廓表面上留下刀痕。

3.3.2　常用基本指令

手工编程中使用工艺指令，大体上分为两类。一类是准备性工艺指令，是在数控系统插补运算之前需要预先规定，为插补运算作好准备的工艺指令。另一类是辅助性工艺指令，这类指令与数控系统插补无关，而是根据操作机床的需要予以规定的工艺指令。

一、准备功能G指令

1. 与坐标系有关的指令

(1) 机床原点和工件原点及其设定

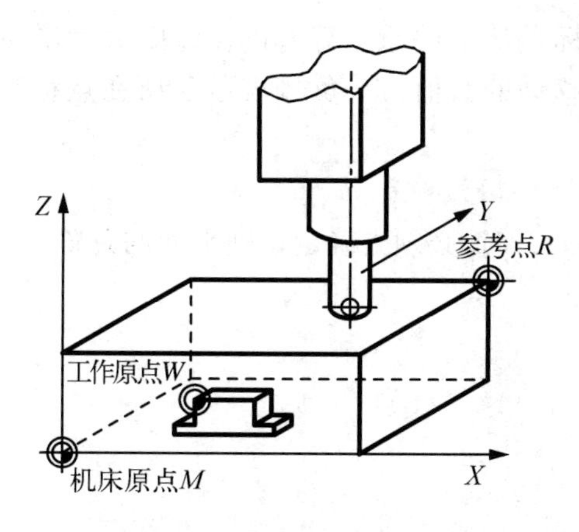

图3.19　机床原点与机床参考点

机床坐标系原点(也称为机床零点)，一般设在机床最大加工范围内平面的左前角，如图3.19所示。机床原点M是通过机床参考点R间接确定的。机床制造厂在机床装配时就已精确地确定了X_R、Y_R和Z_R三个坐标尺寸。对加工范围不大的机床，机床参考点可设在最大加工范围内的上极限平面的右后角；对机床加工范围比较大的机床，可设在距原点较近的适当位置。在机床每次通电之后、加工之前，必须访问机床参考点，数控装置才能通过参考点确认出机床原点位置，这样才能保证零件的加工精度。

为了编程方便，编程人员可在工件的适当位置确定工件原点（即编程原点）。当工件安装在机床上之后、进行加工之前，必须建立工件原点与机床原点之间的关系，一般用G54～G59指令分别来表示不同工件的工件原点，G54～G59实际上是6个存储器的地址，其中存储了6个工件原点到机床原点的坐标尺寸，如图3.20所示。

（2）工件原点的绝对设定指令（G92）

G92用于在工件坐标系中设定新的工件坐标原点。在程序中只写G92或写G92X0Y0Z0，则认为刀具当前所处的位置为新的编程原点，随后的各程序段是以G92所定义的编程原点进行计算的。假如在程序中写为G92X100Y90，则认为主轴当前所处的位置在以G92定义的新坐标系中为X100Y90，如图3.21所示。

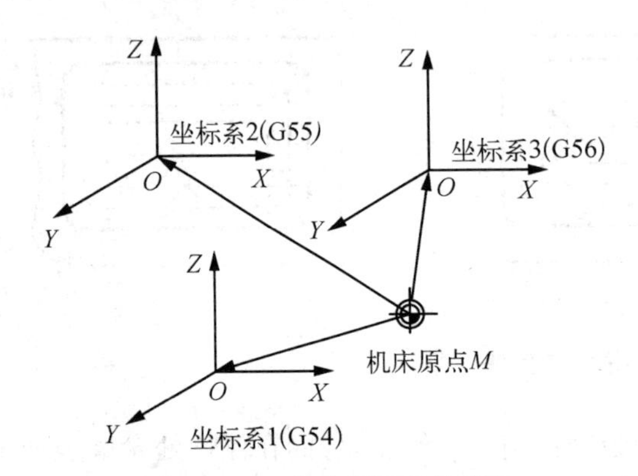

图3.20 工件坐标原点的设定

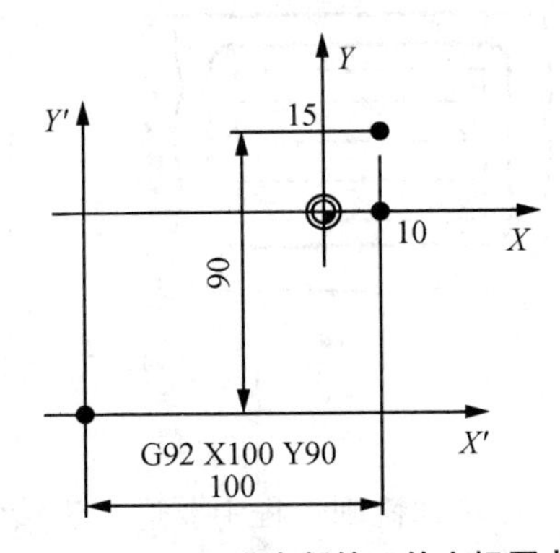

图3.21 G92设定新的工件坐标原点

若刀具在原坐标系中的位置为X10Y15，则此时执行G92X100Y90的结果是新坐标系的原点移到原坐标系的(−90，−75)处。应特别注意：执行G92指令后刀具并不移动。

（3）尺寸单位（G20、G21）

用G20表示以英寸为单位编程，用G21表示以毫米（公制）为单位编程，两者都是模态代码，可互相取代。G20、G21必须在程序前设定，用单独的程序段指定，当电源开时，CNC的状态与电源关前一样。

（4）绝对值、增量值编程（G90、G91）

G90表示绝对值编程，此时刀具运动的位置坐标是从工件原点算起的。G91表示增量值编程，此时编程的坐标值表示刀具从所在点出发移动的数值，正、负号表示从所在点移动的方向。G90和G91都是模态代码，可互相取代。

（5）平面选择（G17、G18、G19）

当进行圆弧切削（G02、G03）或刀具补偿（G41、G42）时，必须先确定切削平面的位置。

G17表示切削平面为X、Y轴所形成的平面；

G18表示切削平面为X、Z轴所形成的平面；

G19表示切削平面为Y、Z轴所形成的平面。

2. 切削用量

（1）主轴转速

主轴转速用S表示，如主轴转速为1 000 r/min，则可写为S1000。

（2）主轴旋转方向

M03 表示主轴顺时针旋转，M04 表示主轴逆时针旋转，这两个 M 指令规定在该程序段开始时执行。M05 表示主轴停止旋转运动，该指令在该程序段的最后执行。

（3）进给速度和进给量

G94 表示进给速度，单位是mm/min（或 in/min）。G95 表示进给量，单位是mm/rev（或 in/rev）。两者都是模态指令，可互相取代。对加工中心机床，开机后 G94 自动生效。

进给速度、进给量用 F 表示。当 G94 有效时，程序中出现 F100，表示进给速度为 100 mm/min。当 G95 有效时，程序中出现 F1.5，表示进给量为 1.5 mm/rev。

3. 换刀指令

换刀一般包括选刀指令（T）和换刀动作指令（M06）。选刀指令用 T 表示，其后是所选刀具的刀具号。如选用 2 号刀，写为“T02”。T 指令的格式为 T××，表示允许有两位数，即刀具最多允许有 99 把。

M06 是换刀动作指令，数控装置读入 M06 代码后，送出并执行 M05 等信息，接着换刀机构动作，完成刀具的自动转换。

4. 基本运动指令

（1）快速定位（G00）

格式：G00 X_ Y_ Z_

其中 X、Y、Z 为终点坐标（绝对值 G90）或距离（增量值 G91）。刀具按机床所提供的最快的速度运动到指定的坐标点。执行 G00，刀具所经过的路径不作严格的要求，可以是空间或平面的折线，也可以是空间或平面的直线，强调刀具必须准确地到达编程点。

（2）直线插补（G01）

格式：G01 X_ Y_ Z_ F_

其中 X、Y、Z 为终点坐标（绝对值 G90）或距离（增量值 G91）。刀具严格地沿起点到终点的连线以编程的进给速度（F）值作直线运动。

（3）圆弧插补（G02、G03）

G02 为刀具沿顺时针走刀切削圆弧。G03 为刀具沿逆时针走刀切削圆弧。

使用圆弧插补指令需先确定圆弧所在的平面，G17 表示插补平面为 X、Y 两轴所形成的平面，即为开机后的缺省平面；G18 为 X、Z 两轴所形成的平面；G19 为 Y、Z 两轴所形成的平面，如图 3.22 所示。当人们面对非插补轴的正方向看时，刀具沿顺时针方向运动为 G02，反之为 G03。

格式：$\text{G17G02/G03X\_Y\_}\left\{\begin{matrix}\text{R\_} \\ \text{I\_ J\_}\end{matrix}\right\}\text{F\_}$

$\text{G18G02/G03X\_Z\_}\left\{\begin{matrix}\text{R\_} \\ \text{I\_ K\_}\end{matrix}\right\}\text{F\_}$

$\text{G19G02/G03Y\_Z\_}\left\{\begin{matrix}\text{R\_} \\ \text{J\_ K\_}\end{matrix}\right\}\text{F\_}$

其中 X、Y、Z 为圆弧终点的坐标。

圆弧插补编程有两种情况：一种是用圆弧终点和圆心坐标编程，另一种是用圆弧终点和圆弧半径编程。

圆心坐标是由圆弧起点算起的,即用 I 表示圆弧起点到圆心的距离在 X 轴上的投影,J 表示圆弧起点到圆心的距离在 Y 轴上的投影,K 表示圆弧起点到圆心的距离在 Z 轴上的投影。I、J、K 均为增量值,I、J、K 的方向与 X、Y、Z 轴的正、负方向相对应,如图 3.22 所示。

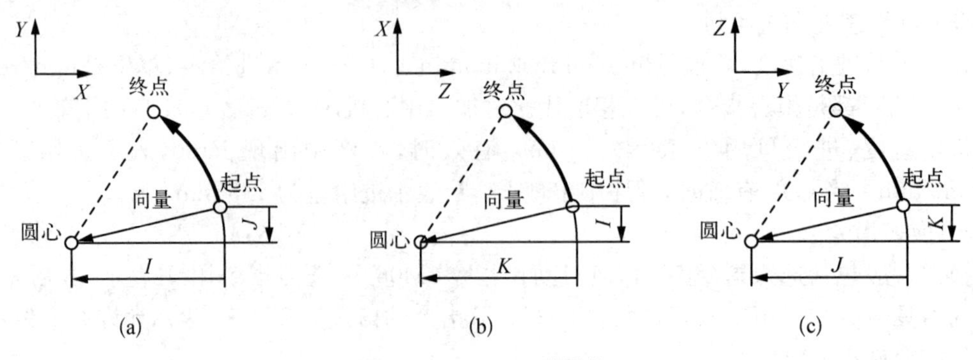

图 3.22 I、J、K 增量值

在已知圆弧的起点和终点的情况下,用半径编程,按几何作图会出现两段圆弧,如图 3.23所示。从 P_1 到 P_2 点用同样的半径 R 按顺时针方向可以作出一段圆心角 $\alpha>180°$ 的圆弧和一段圆心角 $\alpha<180°$ 的圆弧,为了不至于产生歧义,规定用 $R-$ 表示圆心角 $\alpha>180°$ 的圆弧,用 $R+$ 表示圆心角 $\alpha<180°$ 的圆弧。

圆弧 1 编程:G90G17G02X50Y28R22F120

圆弧 2 编程:G90G17G02X50Y28R－22F120

对于整圆,其起点和终点重合,用 R 编程无法定义,只能用圆心坐标编程。图 3.24 所示圆的编程为:G90G17G02I－40J0F150。

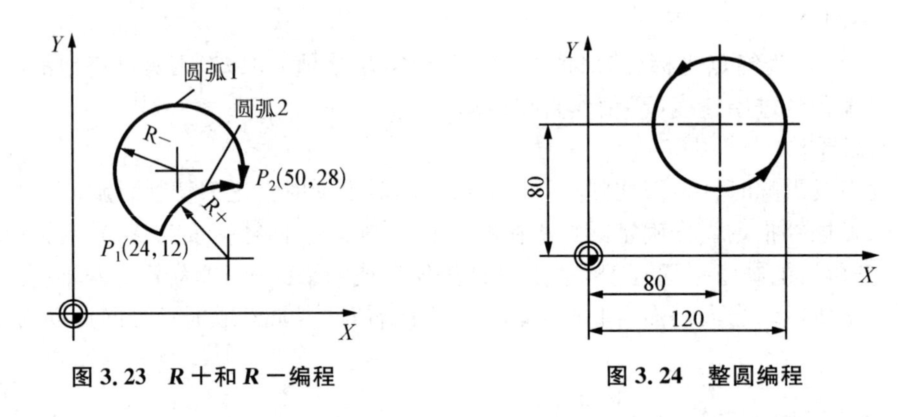

图 3.23 $R+$ 和 $R-$ 编程　　**图 3.24 整圆编程**

5. 刀具补偿

(1) 刀具长度补偿

① 刀具长度补偿的概念

刀具长度补偿值是当前刀具与标准刀具的长度差值,如图 3.25 所示。T01 为标准刀,L_0 为标准刀长度;T02、T03 为当前刀,L_2、L_3 为当前刀的长度;ΔL_2 为当前 2 号刀的长度补偿值,ΔL_3 为当前 3 号刀的长度补偿值。

设标准刀长为 L_0,当前刀长为 L_i,则当前刀的长度补偿值为 $\Delta L_i=L_i-L_0$。

若 $\Delta L_i>0$,表示当前刀比标准刀长;若 $\Delta L_i<0$,则表示当前刀比标准刀短。

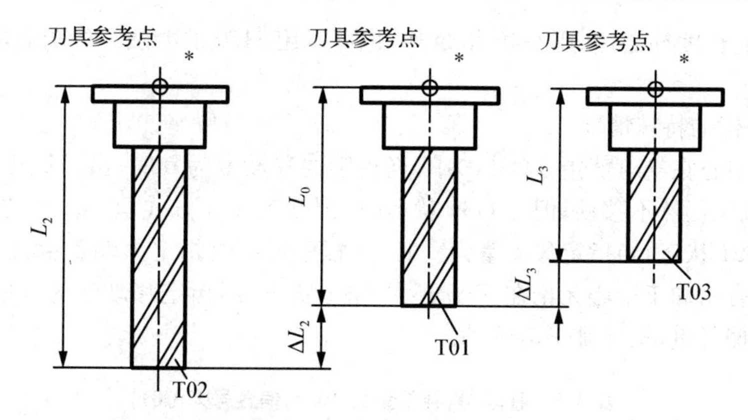

图 3.25　刀具长度补偿值

② 长度补偿值的获取方法

通过试切法，可获得当前刀具的长度补偿值。

在机床坐标系(H00)状态，分别使标准刀和当前刀轻微碰到坯料上表面，记下其 Z 坐标值 Z_0 和 Z_i，则当前刀的长度补偿值为 $\Delta L_i = Z_i - Z_0$，如图 3.26 所示。

在图 3.26 所示的机床坐标系(H00)状态下，标准刀和当前刀分别轻微碰到坯料的上表面，获得 CRT 动态坐标 Z_0 和 Z_i，其值均小于 0。图 3.26 所示当前刀的长度补偿值为 $\Delta L_i = Z_i - Z_0 < 0$，即当前刀比标准刀短。

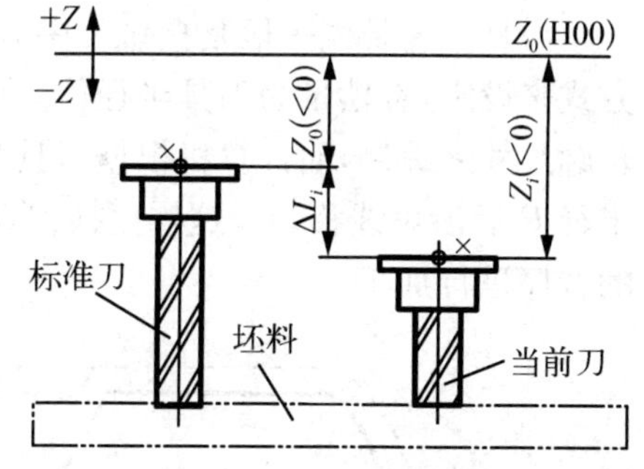

图 3.26　一种试切对刀方法

③ 刀具长度补偿偏置设置

刀具长度补偿是用来补偿刀具长度差值的，当实际刀具长度与编程的标准刀具长度不一致时，可以通过刀具的长度补偿功能实现对刀具长度差值的补偿，只要将实际刀具长度与编程的标准刀具长度之差作为偏置值存入刀具参数存储器中即可。

用长度补偿来进行修正可不必改变所编程序。用地址 H 来指定补偿量存储器的序号(偏置号)，补偿方式需在补偿量(偏置号)存储器中设定，这是一组模态 G 指令，一旦经过设定后，便一直有效，但必须由同组 G 指令来取代。

④ 建立长度补偿

格式：G43/G44 Z_ H_
　　　G43/G44 H_

说明：a. G43 为长度正向补偿；G44 为长度负向补偿。
　　　b. 机床通电后，其自然状态为取消长度补偿。
　　　c. 偏置号为 H00～H32 或 H00～H64。
　　　d. H00 的偏置量固定为 0。
　　　e. 长度补偿仅对 Z 坐标起作用。

⑤ 取消长度补偿

格式：G49

说明：取消长度补偿，除用 G49 指令外，也可以用 H00 的办法。机床通电后，其自然状态为 G49。

⑥ 长度补偿的特殊情况

有的加工中心在绝对值指令(G90)中，当指定的移动量为 0 时，虽然该程序段同时指定了偏置量，但机床仍然不移动；但在 G91 状态时，则按表 3.5 方式运动。有的加工中心无论在 G90 还是 G91 状态，当指定移动量为 0 时，若程序段同时指定了偏置量，机床将按表 3.5 方式运动。也有的加工中心无论在 G90 还是 G91 状态，当指定移动量为 0 时，不管程序段中是否指定了偏置量，机床都不会运动。

表 3.5 移动量(补偿量为 10.1，偏置号为 H01)

NC 指令	G43 G01 Z0 H01	G43 G01 Z−0 H01	G44 G01 Z0 H01	G44 G01 Z−0 H01
移动量	Z10.1	Z−10.1	Z−10.1	Z10.1

(2) 刀具半径补偿

刀具半径补偿一般是指铣刀中心轨迹与工件实际尺寸之间的距离，且采用半径补偿的方式来设定，补偿量为刀具半径值。如图 3.27 所示，图样上的尺寸是零件轮廓尺寸，程序按轮廓尺寸来编制，而计算机根据刀具半径的数值自动计算，控制刀具中心向外移动一个刀具半径 R 后沿虚线移动。这样更换刀具或刀具破损后，只需改变刀具半径补偿值，仍可用原来的程序进行加工。

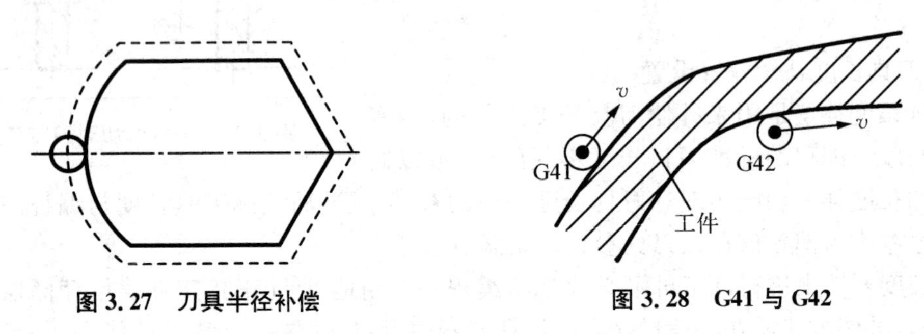

图 3.27 刀具半径补偿

图 3.28 G41 与 G42

补偿量可以在补偿量存储器中设定(32 个或 64 个)，地址为 D。

① 建立刀具半径补偿指令

格式：G41/G42 G01 α_ β_ F_

其中 α、β 为 X、Y、Z 中的任意一根轴，F 为进给速度。

说明：(a) G41 为刀具左侧补偿，G42 为刀具右侧补偿。如图 3.28 所示，根据刀具走刀的方向，当刀具在轮廓的左边时为左侧补偿，刀具在轮廓的右边时为右侧补偿。

(b) 执行 G41/G42 事先一定要将刀具半径值存入参数表中，补偿只能在所选定的插补平面内(G17、G18、G19)进行。

(c) G41/G42 后用 G01，但有的加工中心用 G01/G00 均可。

(d) 刀具补偿指令的起点一般不能写在 G02/G03 程序段中，即必须在直线插补方式中加入 G41 或 G42。

(e) 刀具半径补偿用D代码来指定偏置量,D代码是模态值,一经指定后长期有效,必须由另一个D代码来取代或者使用G40或D00来取消(D00的偏置量永远为0)。

(f) 刀具半径补偿(G41/G42)和刀具偏置(G45～G48)不能在一个程序段中同时存在。

(g) D代码的数据有正、负符号,在G41/G42方式中,其关系如表3.6所示。

表3.6　D代码的数据正、负符号

	+(正)	-(负)
G41	往前进左方偏置	往前进右方偏置
G42	往前进右方偏置	往前进左方偏置

由此可见,由于D代码数据正、负符号的变化,G41与G42的功能可以互换。

(h) 在更换刀具时,一般应取消原来的偏置量,如果在原偏置状态下改变偏置量,则会得到如图3.29所示的轨迹。在N_2段,A点按N_1段偏置量计算转角向量,从N_3段开始,B点按N_2段偏置量计算转角向量。

(i) 加工小于刀具半径的内角或小于刀具半径的沟槽会产生过切,连续进给时在发生过切的程序段刚开始处会停止,数控装置同时发出警报。如果运行单程序段,则在过切发生处发出警报。

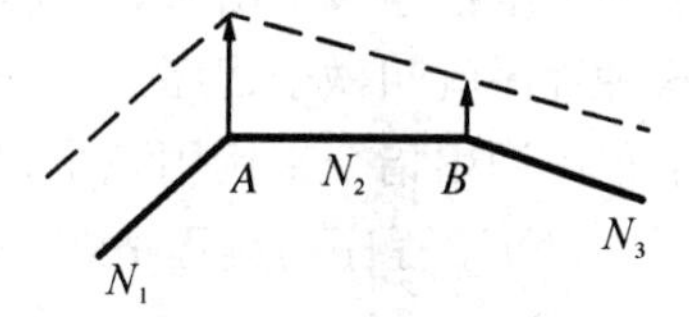

图3.29　偏差不合理造成的轨迹偏差

② 取消刀具补偿指令

格式:G40 G01 α_ β_ F_

说明:系统刚接通或执行过"复位"动作及程序终结(M02或M30)时,半径补偿均处于取消状态。此时刀具中心轨迹与编程轨迹一致。一个程序中,在程序终结之前,必须用G40指令来取消刀具半径补偿方式,否则在程序结束后,刀具将偏离编程终点一个向量值的距离。

③ 刀具半径补偿的其他用途

如果人为地让刀具中心与工件轮廓相距的不是一个刀具半径,则可以用来处理粗、精加工问题。刀具补偿值的输入,在粗加工时输入刀具和精加工余量,而在精加工时只输入刀具半径,这样粗、精加工就可以用同一程序。

其他准备功能指令还有很多,不同数控系统也略有不同,读者可以参考机床编程说明书。

二、辅助功能M功能

1. 程序停止功能M00

在完成程序段的其他指令后用以停止主轴、冷却液,使程序停止。如编程者想要在加工中使机床暂停(检验工件、调整、排屑等),使用M00指令,重新启动程序后,才能继续执行后续程序。

2. 选择停止指令M01

M01指令的功能与M00相似。但与M00指令不同的是:只有操作面板上的"选择停开关"处于接通状态时,M01指令才起作用。M01指令常用于关键尺寸的检验或临时暂停。

3. 主轴控制指令 M03、M04、M05

M03、M04 和 M05 指令的功能分别为控制主轴顺时针方向转动、逆时针方向转动和停止。

4. 换刀指令 M06

常用于加工中心刀库的自动换刀时使用。

5. 冷却液控制指令 M07、M08、M09

M07——2 号冷却液开。用于雾状冷却液开。

M08——1 号冷却液开。用于液状冷却液开。

M09——冷却液关。注销 M07、M08、M50、M51(M50、M51 为 3 号、4 号冷却液开)。

6. 程序结束 M02 和 M30

M02 表明主程序结束,是在完成程序段的所有指令后,使主轴、进给和冷却液停止。表示加工结束,但该指令并不返回程序起始位置。

M30 与 M02 同样,也是表示主程序结束,区别是 M30 执行后使程序返回到开始状态。

7. 程序调用指令 M98 和子程序结束指令 M99

若一组程序段在一个程序中多次出现,或在几个程序中都要使用它,为了简化程序,可以把这组程序段抽出来,按规定的格式写成一个新的程序单独存储,以供另外的程序调用,这种程序就叫做子程序。主程序执行过程中如果需要某一个子程序,可以通过一定格式的子程序调用指令来调用该子程序,执行完后返回到主程序,继续执行后面的程序段。

(1) 子程序的编程格式

O××××

……

M99;

在子程序的开头编制子程序号,在子程序的结尾用 M99 指令。

(2) 子程序的调用格式

M98P××× ××××

P 后面的前 3 位为重复调用次数,省略时为调用一次;后 4 位为子程序号。

(3) 子程序嵌套

子程序执行过程中也可以调用其他子程序,这就是子程序嵌套。子程序嵌套的次数由具体控制系统规定。编程中使用较多的是二重嵌套,其程序执行过程如图 3.30 所示。

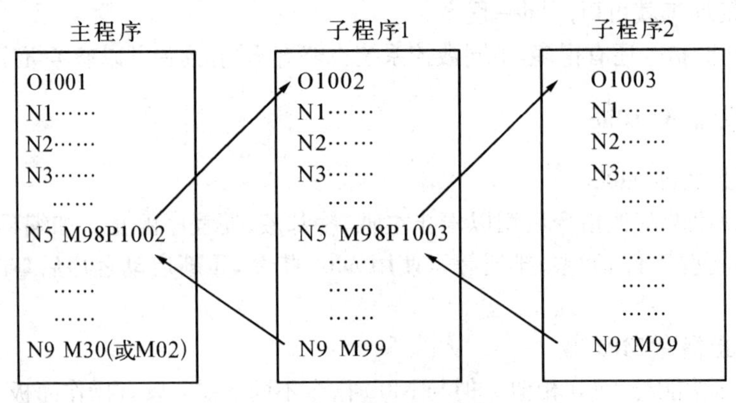

图 3.30 子程序的嵌套

3.3.3　程序编制举例

【例 1】　平面凸轮零件如图 3.31 所示，工件的上、下底面及内孔、端面已加工。要求完成凸轮轮廓的程序编制。

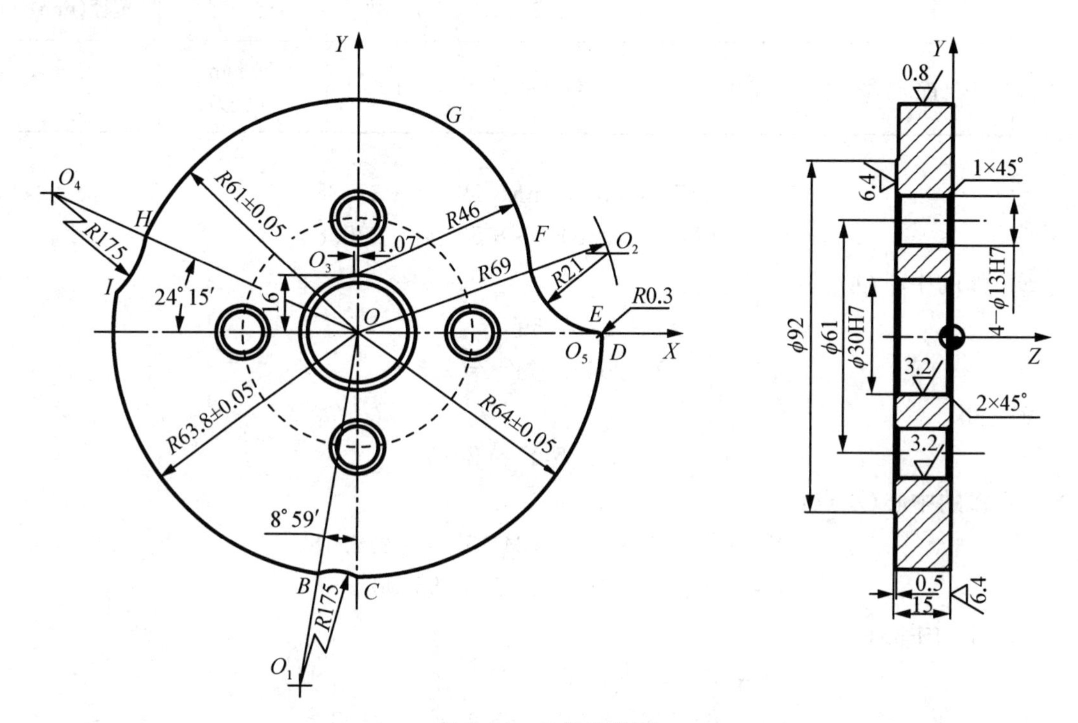

图 3.31　凸轮零件图

解：(1) 工艺分析

从图 3.28 的要求可以看出，凸轮曲线分别由几段圆弧组成，内孔为设计基准，其余表面包括 4－ϕ13H7 孔均已加工。故取内孔和一个端面为主要定位面，在连接孔 ϕ13 的一个孔内增加削边销，在端面上用螺母垫圈压紧。

因为孔是设计和定位的基准，所以对刀点选在孔中心线与端面的交点上，这样很容易确定刀具中心与零件的相对位置。

(2) 加工调整

零件加工坐标系 X、Y 位于工作台中间，在 G53 坐标系中取 $X=-400$，$Y=-100$。Z 坐标可以按刀具长度和夹具、零件高度决定，如选用 ϕ20 的立铣刀，零件上端面为 Z 向坐标零点，该点在 G53 坐标系中的位置为 $Z=-80$ 处，将上述 3 个数值设置到 G54 加工坐标系中。凸轮轮廓加工工序卡见表 3.7。

(3) 数学处理

该凸轮加工的轮廓均为圆弧组成，因而只要计算出基点坐标，就可编制程序。在加工坐标系中，各点的计算坐标如下：

BC 弧的中心 O_1 点：

表 3.7 铣凸轮轮廓加工工序卡

材料	$45^{\#}$	零件号	812		程序号	8121
操作序号	内容	主轴转速(r/min)	进给速度(m/min)	刀具		
				号数	类型	直径(mm)
1	铣凸轮轮廓	2 000	80、200	1	20 mm 立铣刀	20

$$X=-(175+63.8)\sin 8°59'=-37.28$$
$$Y=-(175+63.8)\cos 8°59'=-235.86$$

EF 弧的中心 O_2 点：

$$X^2+Y^2=69^2$$
$$(X-64)^2+Y^2=21^2$$

解之得

$$X=65.75, Y=20.93$$

HI 弧的中心 O_4 点：

$$X=-(175+61)\cos 24°15'=-215.18$$
$$Y=(175+61)\sin 24°15'=96.93$$

DE 弧的中心 O_5 点：

$$X^2+Y^2=63.7^2$$
$$(X-65.75)^2+(Y-20.93)^2=21.30^2$$

解之得

$$X=63.70, Y=-0.27$$

B 点：

$$X=-63.8\sin 8°59'=-9.96$$
$$Y=-63.8\cos 8°59'=-63.02$$

C 点：

$$X^2+Y^2=64^2$$
$$(X+37.28)^2+(Y+235.86)^2=175^2$$

解之得

$$X=-5.57, Y=-63.76$$

D 点：

$$(X-63.70)^2+(Y+0.27)^2=0.3^2$$
$$X^2+Y^2=64^2$$

解之得

$$X=63.99, Y=-0.28$$

E 点：

$$(X-63.7)^2+(Y+0.27)^2=0.3^2$$
$$(X-65.75)^2+(Y-20.93)^2=21^2$$

解之得

$$X=63.72, Y=-0.03$$

F 点：

$$(X+1.07)^2+(Y-16)^2=46^2$$
$$(X-65.75)^2+(Y-20.93)^2=21^2$$

解之得

$$X=44.79, Y=19.6$$

G 点：

$$(X+1.07)^2+(Y-16)^2=46^2$$
$$X^2+Y^2=61^2$$

解之得

$$X=14.79, Y=59.18$$

H 点：

$$X=-61\cos 24°15'=-55.62$$
$$Y=61\sin 24°15'=25.05$$

I 点：

$$X^2+Y^2=63.80^2$$
$$(X+215.18)^2+(Y-96.93)^2=175^2$$

解之得

$$X=-63.02, Y=9.97$$

根据上面的数值计算，可画出凸轮加工走刀路线图，如图 3.32 所示。

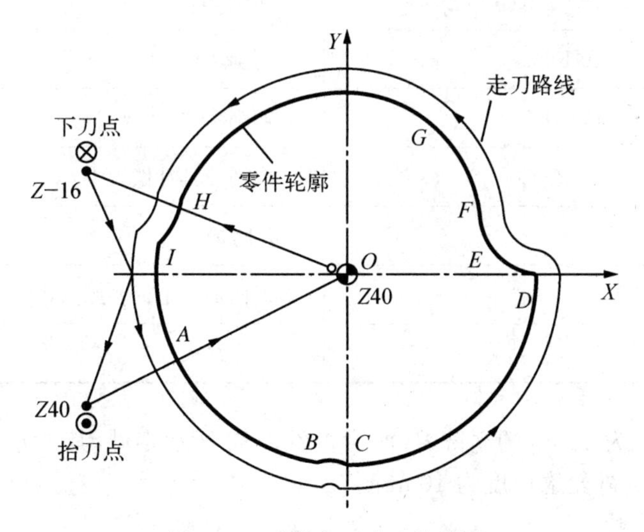

图 3.32　凸轮加工走刀路线图

(4) 编写加工程序

凸轮加工的程序及说明见表 3.8。

表 3.8　凸轮加工的程序

程　　序	说　　明
N10 G54 X0 Y0 Z40	进入加工坐标系
N20 G90 G00 G17 X－73.8 Y20	由起刀点到加工开始点
N30 M03 S1000	启动主轴，主轴正转(顺铣)
N40 G00 Z0	下刀至零件上表面
N50 G01 Z－16 F200	下刀切入工件，深度为工件厚度＋1 mm
N60 G42 G01 X－63.8 Y10 F80 H01	刀具半径右补偿
N70 G01 X－63.8 Y0	切入零件至 *A* 点
N80 G03 X－9.96 Y－63.02 R63.8	切削 *AB*
N90 G02 X－5.57 Y－63.76 R175	切削 *BC*
N100 G03 X63.99 Y－0.28 R64	切削 *CD*
N110 G03 X63.72 Y0.03 R0.3	切削 *DE*
N120 G02 X44.79 Y19.6 R21	切削 *EF*
N130 G03 X14.79 Y59.18 R46	切削 *FG*
N140 G03 X－55.26 Y25.05 R61	切削 *GH*
N150 G02 X－63.02 Y9.97 R175	切削 *HI*
N160 G03 X－63.80 Y0 R63.8	切削 *IA*
N170 G01 X－63.80 Y－10	切削零件
N180 G01 G40 X－73.8 Y－20	取消刀具补偿
N190 G00 Z40	*Z* 向抬刀
N200 G00 X0 Y0 M05	返回加工坐标系原点，并停住轴
N210 M30	程序结束

【例 2】 用直径为 5 mm 的立铣刀，加工如图 3.33 所示零件，其中方槽的深度为 5 mm，圆槽的深度为 4 mm，外轮廓厚度为 10 mm。

解：(1) 工艺分析

该零件的工艺过程由 3 个独立的工序组成，为了便于程序的检查、修改和工序的优化，把各工序的加工轨迹编写成子程序，主程序按工艺过程分别调用各子程序，设零件上表面的对称中心为工件坐标系的原点。

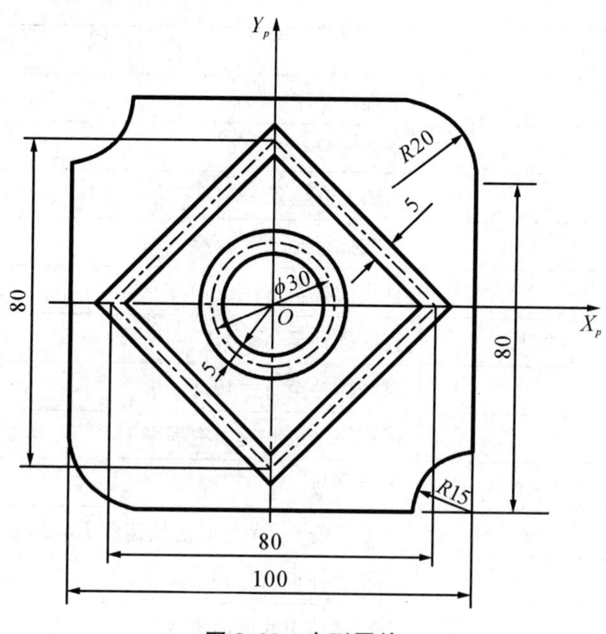

图 3.33　方形零件

(2) 编写加工程序

方形零件的程序及说明见表 3.9。

表 3.9　方形零件加工程序

程　　序	说　　明
O1100	程序号
N010 G90 G92 X0 Y0 Z20	使用绝对坐标方式编程,建立工件坐标系
N020 G00 X40 Y0 Z2 S800 M03	快速进给至 $X=40$,$Y=0$,主轴正转,转速 800 r/min
N030 M98 O1010	调用子程序 O1010
N040 G00 Z2	Z 轴快移至 $Z=2$
N050 X15 Y0	快速进给至 $X=15$,$Y=0$
N060 M98 O1020	调用子程序 O1020
N070 G00 Z2	Z 轴快移至 $Z=2$
N080 X60 Y−60	快速进给至 $X=60$,$Y=-60$
N090 M98 O1030	调用子程序 O1030
N100 G00 Z20	Z 轴快移至 $Z=20$
N110 X0 Y0 M05	快速进给至 $X=0$,$Y=0$,主轴停

续表

程序	说明
N120 M30	主程序结束
O1010	子程序号
N010 G01 Z−5 F100	Z 轴工进至 $Z=-5$，进给速度 100 mm/min
N020 X0 Y−40	直线插补至 $X=0, Y=-40$
N030 X−40 Y0	直线插补至 $X=-40, Y=0$
N040 X0 Y40	直线插补至 $X=0, Y=40$
N050 X40 Y0	直线插补至 $X=40, Y=0$
M99	子程序结束并返回主程序
O1020	子程序号
N010 G01 Z−4 F150	Z 轴工进至 $Z=-4$，进给速度 150 mm/min
N020 G02 X15 Y0 R15	顺圆插补至 $X=15, Y=0$
N030 M99	子程序结束并返回主程序
O1030	子程序号
N010 G00 Z−10	Z 轴快移至 $Z=-10$
N020 G41 G01 X35 Y−50 F80 H05	直线插补至 $X=35, Y=-50$，刀具半径左补偿 H05=2.5 mm
N030 X−30	直线插补至 $X=-30$
N040 G02 X−50 Y−30 R20	顺圆插补至 $X=-50, Y=-30$
N050 G01 Y35	直线插补至 $Y=35$
N060 G03 X−35 Y50 R15	逆圆插补至 $X=-35, Y=50$
N070 G01 X30	直线插补至 $X=30$
N080 G02 X50 Y30 R20	顺圆插补至 $X=50, Y=30$
N090 G01 Y−35	直线插补至 $Y=-35$
N100 G03 X−35 Y−50 R15	逆圆插补至 $X=-35, Y=-50$
N110 G40 G01 X−60 Y−60	直线插补至 $X=-60, Y=-60$，取消刀具半径补偿
N120 M99	子程序结束并返回主程序

3.4 数控自动编程

如何进行数控加工程序的编制是进行数控加工的关键，传统的手工编程方法复杂、繁琐，易于出错，难以检查，不能充分发挥数控加工的优势。尤其对某些形状复杂的零件，如自由曲面零件的编程问题，手工编程是根本无法实现的。所以，手工编程一般只用在形状简单的零件加工中，而对于形状复杂的零件，则需要用计算机进行辅助处理和计算。

3.4.1　自动编程概述

一、自动编程的基本原理

手工编程中的几何计算、编写加工程序单、程序校核，甚至工艺处理等由计算机自动处理完成的编程方法称为“计算机自动编程”，简称“自动编程”。自动编程是通过数控自动程序编制系统实现的。它包括硬件及软件两部分，硬件主要由计算机及绘图仪、扫描仪等一些外围设备组成；软件即计算机编程系统，又称编译软件，它的主要作用是使计算机具有处理工件源程序并自动输出具体数控机床加工程序的能力。

自动编程的工作过程如图 3.34 所示。

1. 准备原始数据

自动编程系统不会自动地编制出完美的数控程序。首先，人们必须给计算机送入必要的原始数据，这些原始数据描述了被加工零件的所有信息，包括零件的几何形状、尺寸和几何要素之间的相互关系，刀具运动轨迹和工艺参数，等等。原始数据的表现形式随着自动编程技术的发展越来越多样化，它可以是用数控语言编写的零件源程序，也可以是零件的图形信息，还可以是操作者发出的声音，等等。一些原始数据是由人工准备的，当然它比直接编制数控程序要简单、方便得多。

2. 输入翻译

原始数据以某种方式输入计算机后，计算机并不立即识别处理，必须通过一套预先存放在计算机中的编程系统软件，将它翻译成计算机能够识别和处理的形式。由于它的翻译功能，故又称编译软件。计算机编程系统品种繁多，原始数据的输入方式不同，编程系统就不一样，即使是同一种输入方式，也有很多种不同的编程系统。

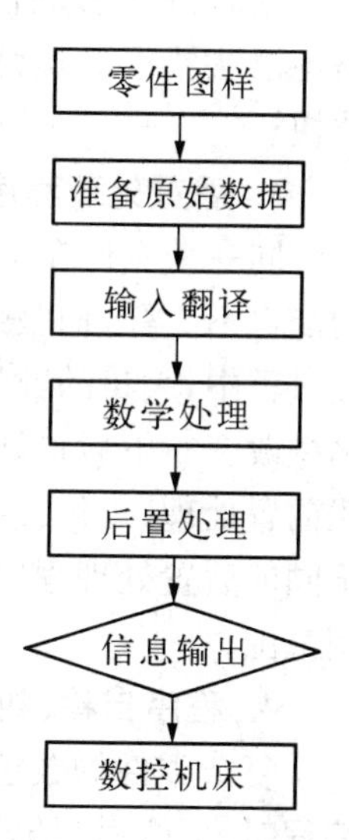

图 3.34　自动编程的工作过程

3. 数学处理

这部分是根据已经翻译的原始数据计算出刀具相对于工件的运动轨迹。编译和计算合称为前置处理。

4. 后置处理

后置处理就是编程系统将前置处理的结果处理成具体的数控机床所需要的输入信息，即形成零件加工的数控程序。

5. 信息的输出

将后置处理得到的程序信息通过控制介质（如磁盘、纸带等）或通过计算机与机床的通信接口，输入到数控机床，控制数控机床加工，或边输入，边加工。

二、自动编程的主要特点

与手工编程相比，自动编程的速度快、质量好，这是因为自动编程具有以下主要特点。

1. 数学处理能力强

对轮廓形状不是由简单的直线、圆弧组成的复杂零件，特别是空间曲面零件，以及几何要素虽不复杂，但程序量很大的零件，计算则相当繁琐，采用手工程序编制是难以完成的。例如，对一般二次曲线轮廓形状，手工编程必须采取直线或圆弧逼近的方法，算出各节点的坐标值，其中列算式、解方程，虽说能借助计算器进行计算，但工作量之大是难以想象的。而自动编程借助于系统软件强大的数学处理能力，人们只需给计算机输入该二次曲线的描述语句，计算机就能自动计算出加工该曲线的刀具轨迹，快速而准确。功能较强的自动编程系统还能处理手工编程难以胜任的二次曲面和特种曲面。

2. 能快速、自动生成数控程序

对非圆曲线的轮廓加工，手工编程即使解决了节点坐标的计算，也往往因为节点数过多，程序段很大而使编程工作又慢又容易出错。自动编程的一大优点就是在完成计算刀具运动轨迹之后，后置处理程序能在极短的时间内自动生成数控程序，且该数控程序不会出现语法错误。当然自动生成程序的速度还取决于计算机硬件的档次，档次越高，速度越快。

3. 后置处理程序灵活多变

同一个零件在不同的数控机床上加工，由于数控系统的指令形式不尽相同，机床的辅助功能也不一样，伺服系统的特性也有差别，因此，数控程序也应该是不一样的。但在前置处理过程中，大量的数学处理、轨迹计算却是一致的。这就是说，前置处理可以通用化。只要稍微改变一下后置处理程序，就能自动生成适用于不同数控机床的数控程序来，后置处理相比前置处理，工作量要小得多，程序简单得多，因而它灵活多变。对于不同的数控机床，取用不同的后置处理程序，等于完成了一个新的自动编程系统，极大地扩展了自动编程系统的使用范围。

4. 程序自检、纠错能力强

复杂零件的数控加工程序往往很长，要一次编程成功，不出一点错误是不现实的。手工编程时，可能书写笔误，可能算式有问题，也可能程序格式出错，靠人工检查一个个错误是困难的，费时又费力。采用自动编程，程序有错主要是原始数据不正确而导致刀具运动轨迹有误，或刀具与工件干涉，或刀具与机床相撞，等等。自动编程能够借助于计算机在屏幕上对数控程序进行动态模拟，连续、逼真地显示刀具加工轨迹和零件加工轮廓，发现问题及时修改，快速又方便。现在，往往在前置处理阶段，计算出刀具轨迹后立即进行动态模拟检查，确定无误再进入后置处理，编写出正确的数控程序来。

5. 便于实现与数控系统的通信

手工编程生成的数控程序，一般必须手工一次性输入到数控系统，控制数控机床进行加工。如果数控程序很长，而数控系统的容量有限，不足以一次容纳整个数控程序，必须对数控程序进行分段处理、分批输入，比较麻烦，且容易出错。而自动编程系统可以利用计算机和数控系统的通信接口，实现编程系统和数控系统的通信。编程系统可以把自动生成的数控程序经通信接口或通过通信介质直接输入到数控系统控制数控机床加工，还可以做到边输入边加工，不必忧虑数控系统内存不够大，免除了将数控程序分段。自动编程的通信功能进一步提高了编程效率，缩短了生产周期。

3.4.2　自动编程的现状和发展

近年来,计算机交互自动编程技术日渐成熟,这种方法以其速度快、精度高、直观、使用简便、便于检查等特点,使它在工业发达国家得到广泛使用。在国内自动编程的重要性也得到普遍认同,其应用越来越普及,已成为一种必然趋势。

一、数控语言自动编程

这是目前应用最广泛的自动编程系统。目前世界上实际应用的数控语言系统有100余种,其中最主要的是美国APT(Automatically Programmed Tools)语言系统。它是一种发展早、容量大、功能全面的广泛应用的数控编程语言,能用于点位、连续控制系统以及2～5坐标数控机床,可以加工极为复杂的空间曲面。

数控语言编程的过程,通常为编程员用数控语言将加工零件的有关信息(如零件几何形状、材料、加工要求或切削参数、走刀路线、刀具等)编制成零件源程序,通过适当的媒介(如穿孔带、穿孔卡、磁带、磁盘、键盘等)输入到计算机中,计算机则通过预先存入的自动编程系统处理程序(编译程序)对其进行前置处理及后置处理。前置处理用以对由数控语言编写的零件源程序进行翻译并计算出刀具中心轨迹,即刀位数据。这一部分独立于具体的数控机床,具有通用性。后置处理则是将刀位数据、刀具命令及各种功能转换成某台数控机床能够接受的指令字集。因此,后置处理程序需要根据具体数控机床控制的要求进行设计,具有专用性。经后置处理后可以通过打印机打印出数控加工程序单,也可以通过穿孔机制成穿孔纸带,还可以通过通信接口将后置处理的输出直接输入至CNC系统的存储器中。经计算机处理的数据,可以通过屏幕图形显示或由绘图仪自动给出刀具运动的轨迹图形,用以检查处理数据的正确性。用APT语言编程的不足之处是需要配备大型计算机(如IBM4341、IBM3031等),某些算法尚未采用计算几何学的最新理论,工艺处理还得靠编程员脱机确定,零件源程序的编写、编辑、修改等还不够方便直观。

二、自动编程的发展趋向

随着计算机技术及信息处理技术的发展,自动编程趋向于实用及高度自动化。

1. 小型的语言编程系统

为适应中、小工厂使用小型或微型计算机编程的需要,自动编程向着小型而专用的方向发展,例如德国的EXAPT(Extended Automatically Programmed Tools)语言系统,分EXAPT-1(点位加工)、EXAPT-2(车削加工)以及EXAPT-3(铣削加工)3个小系统。这种系统针对性强,往往具有工艺处理和一些专用功能。在系统的内存中存有机床、刀具、材料、切削用量等工艺文件,可自动确定工步以及工艺参数,因此编程方便,价廉,易于普及推广。

2. 图像编程

采用人机交互功能的计算机图形显示器,在图形显示系统软件和图像编程应用软件的支持下,只要给出一些必要的工艺参数,发出相应的命令或"指点"菜单,然后根据应用软件提示的操作步骤,实时"指点"被加工零件的图形元素,就能得到零件各轮廓点的位置坐标值，并立即在图像显示屏上显示出刀具加工轨迹，再连接适当的后置处理程序，就能输出数控加工程序单和穿孔纸带。这种编程方法称为计算机图像数控编程(Computer Graphics Aided NC Programming)，简称图像编程。

图像编程是目前主要的自动编程方式，国内外图形交互自动编程软件很多，流行的集成CAD/CAM(Computer Aided Design/Computer Aided Manufacturing)系统大都具有图形自动编程功能。以下是目前市面上流行的几种CAD/CAM系统软件。

(1) Pro/Engineer(简称Pro-E)软件

Pro-E是美国PTC公司开发的机械设计自动化软件，也是最早实现参数化技术商品化的软件，在全球拥有广泛影响，在我国也是使用最为广泛的CAD/CAM软件之一。

(2) UG软件

UG是美国EDS公司的产品，多年来，该软件汇集了美国航空航天以及汽车工业丰富的设计经验，发展成为一个世界一流的集成化CAD/CAE/CAM系统，在世界和我国都占有重要的市场份额。现在UG软件已并购到西门子工业自动化业务部旗下机构，改名为Siemens PLM Software。

(3) Solidworks软件

Solidworks公司的CAD/CAM系统从一开始就是面向微机系统，并基于窗口风格设计的，同时它采用了著名的Parasolid为造型引擎，因此该系统的性能先进，主要功能几乎可以和上述大型CAD/CAM系统相媲美。

(4) MasterCAM软件

MasterCAM是美国CNC Software NC公司研制开发的一套PC级套装软件，可以在一般的计算机上运行。它既可以设计绘制所要加工的零件，也可以产生加工这个零件的数控程序，还可以将AutoCAD、CADKEY、Solidworks、Pro/E、CATIA等CAD软件绘制的图形调入到MasterCAM中进行数控编程。

(5) CATIA软件

CATIA是法国达索公司的产品开发旗舰解决方案。作为PLM协同解决方案的一个重要组成部分，它可以帮助制造厂商设计他们未来的产品，并支持从项目前阶段以及具体的设计、分析、模拟、组装到维护的全部工业设计流程。

(6) 国内市场信誉较好的CAD/CAM软件

主要有北航海尔软件有限公司开发CAXA系统和广州红地公司推出的金银花系统。

3. 语音编程

语音数控自动编程是利用人的声音作为输入信息，并与计算机和显示器直接对话，令计算机编出加工程序的一种方法。语音编程系统的构成如图3.35所示。编程时，编程员只需对着话筒讲出所需的指令即可。编程前应使系统“熟悉”编程员的“声音”，即首次使用该系统时，编程员必须对着话筒讲该系统约定的各种词汇和数字，让系统记录下来并转换成计算机可以接受的数字指令。语音自动编程的主要优点是：便于操作，未经训练的人员也可使用语音编程系统；可免除打字错误，编程速度快，编程效率高。

4. 视觉系统编程

是指采用计算机视觉系统来自动阅读、理解图样，由编程员在编辑过程中实时给定起刀点、下刀点和退刀点，然后自动计算出刀位点的有关坐标值，并经后置处理，最后输出数控加工的程序单或穿孔纸带。视觉系统编程首先由图样扫描器(常用的有CCD传感器扫描器和扫描鼓两种)扫描图样,取得一幅图像,对该图像进行预处理是为了校正图像的几何畸变和灰度畸变,并将它转化为易处理的二值图像,同时作断口校正、几何交点部分检测、细线化处理,以消除输入部分分辨率的影响;然后分离并识别图样上的文字、符号、线画等元素,并记忆它们之间的关系,对线画还需进行矢量化处理,并用直线或曲线拟合,得到端点和分支点;将这些信息综合处理,确定图样中每条线的意义及其尺寸大小,最后作编辑处理及刀位点坐标计算。再连接适当的后置处理,就能输出数控加工程序单或穿孔纸带。视觉系统在编程时不需要零件源程序和编程员,只要事先输入工艺参数即可,操作简单,能直接与CAD的数据相连接,实现高度自动化。

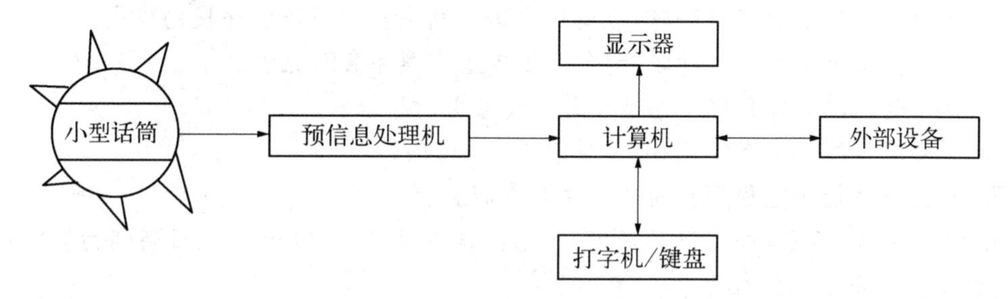

图3.35　语音编程系统的构成

5. 后置处理程序模块化、通用化

后置处理程序的功能是将计算机阶段算出的刀位数据及有关信息,变成特定数控机床控制机的输入信息,所以,后置处理程序应根据所使用数控机床的不同,分别相应地作出。为此,APT系统配有上千种后置处理程序。

现在正在发展一种"模块式后置处理程序",是将各种不同控制机的一些共同功能研制成"标准模块",用户要一个新的后置处理程序时,只要研制一个"驱动程序",选用一些"标准模块"加以组合即可。我国已在20世纪70年代开发了几种类似APT的数控语言系统,如SKC、ZCX等系统,在推动我国自动编程系统的开发与应用方面,发挥了良好的作用。近年来,在微型计算机上开发的各种小而专的编程系统也已初具规模,并正在发展大型的集成化计算机软件系统;语音编程及视觉编程系统国内已进入试验、研制阶段。但到目前为止,真正成为编程机产品,并在生产中大面积推广应用的还很少,有待进一步完善和推广,特别是应研究和推广在微型计算机上能实现CAD/CAM一体化的软件系统,以适应中、小企业的普及应用,对我国机械工业的发展将起到很大的推动作用。

复习思考题

1. 什么是数控编程?数控编程分为哪几类?
2. 手工编程的步骤是什么?
3. 数控机床的坐标轴与运动方向是怎样规定的?
4. 画出下列机床的机床坐标系。

(1) 卧式车床 (2) 卧式铣床 (3) 牛头刨床 (4) 立式铣床 (5) 平面磨床

5. 什么是程序段？什么是程序段格式？数控系统现常用的程序段格式是什么？为什么？

6. 解释名词：刀位点，对刀点，换刀点，机床原点，工件零点，参考点。

7. 什么是数控加工的走刀路线？确定走刀路线时通常要考虑哪些问题？

8. G代码表示什么功能？M代码表示什么功能？

9. 绝对编程法与增量编程法有什么不同？试举例说明。

10. 数控铣床编程时，在有圆弧指令的程序段中，R在什么情况下取正？什么情况下取负？

11. 在数控铣床上加工整圆时，应用什么编程指令？试写出程序段的格式。

12. 在数控铣床上加工零件时，为什么要使用刀具半径补偿？

13. 什么是自动编程系统？它用于什么场合？

14. 自动编程的种类有哪几种？

15. 什么是后置处理程序？简述其主要内容。

16. 如图3.36所示，加工刀具采用立铣刀，铣刀直径为20 mm，主轴转速为500 r/min，试编制该工件的精铣加工程序。

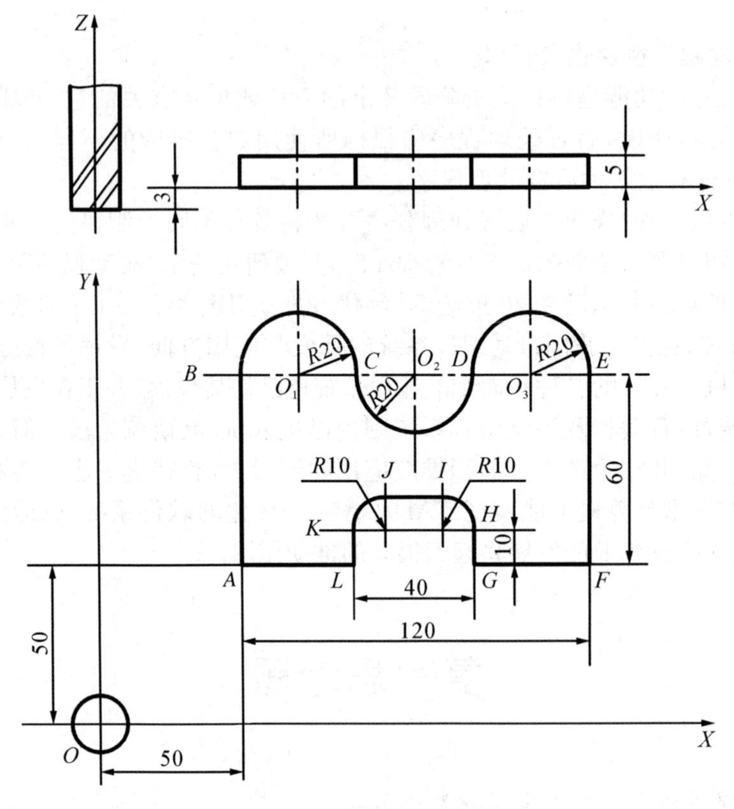

图3.36 精铣加工零件

第4章　数控系统的加工控制原理

4.1　数控装置的工作过程

CNC装置的工作是在硬件的支持下执行软件的过程，下面简要说明CNC装置的工作情况。

一、程序输入

将编写好的数控加工程序输入给CNC装置的方式有纸带阅读机输入、键盘输入、磁盘输入、通信接口输入及连接上一级计算机的DNC(Direct Numerical Control)接口输入。CNC装置在输入过程中还要完成校验和代码转换等工作，输入的全部信息都放到CNC装置的内部存储器中。

二、译码

在输入的工件加工程序中含有工件的轮廓信息(起点、终点、直线、圆弧等)、加工速度(F代码)及其他辅助功能(M、S、T)信息等，译码程序以一个程序段为单位，按一定规则将这些信息翻译成计算机内部能识别的数据形式，并以约定的格式存放在指定的内存区间。

三、数据处理

数据处理程序一般包括刀具半径补偿、速度计算以及辅助功能处理。刀具半径补偿是把零件轮廓轨迹转化成刀具中心轨迹，编程员只需按零件轮廓轨迹编程，减轻了工作量。速度计算是解决该加工程序段以什么样的速度运动的问题。编程所给的进给速度是合成速度，速度计算是根据合成速度来计算各坐标运动方向的分速度。另外对机床允许的最低速度和最高速度的限制进行判断并处理。辅助功能诸如换刀、主轴启停、切削液开关等一些开关量信号也在此程序中处理。辅助功能处理的主要工作是识别标志，在程序执行时发出信号，让机床相应部件执行这些动作。

四、插补

插补的任务是通过插补计算程序在已知有限信息的基础上进行"数据点的密化"工作，即在起点和终点之间插入一些中间点。针对数据采样插补，它是把加工一段直线或圆弧的整段时间细分为许多相等的时间间隔，称为单位时间间隔(或称插补周期)。在每个插补周期内，根据指令进给速度计算出一个微小的直线数据段。通常经过若干个插补周期后，插补加工完成一个程序段,即从数据段的起点走到终点。CNC 数控系统一边插补,一边加工,是一种典型的实时控制方式。

五、位置控制

位置控制可以由软件实现,也可以由硬件实现。它的主要任务是在每个采样周期内,将插补计算的理论位置与实际反馈位置相比较,用其差值去控制进给电动机,进而控制工作台或刀具的位移。插补周期可以与系统的位置控制采样周期相同,也可以是位置控制采样周期的整数倍。这是由于插补运算比较复杂,处理时间较长,而位置控制算法比较简单,处理时间较短,所以,插补运算的结果可供位置环多次使用。

六、输入/输出(I/O)处理控制

I/O 处理主要处理 CNC 装置和机床之间来往信号的输入和输出控制。

七、显示

CNC 装置的显示主要是为操作者了解系统运行状态提供方便,通常有零件程序显示、参数设置、刀具位置显示、机床状态显示、报警显示、刀具加工轨迹动态模拟显示以及在线编程时的图形显示等。

八、诊断

主要是指 CNC 装置利用内装诊断程序进行自诊断,主要有启动诊断和在线诊断。启动诊断是指 CNC 装置每次从通电开始进入正常的运行准备状态中,系统相应的内装诊断程序通过扫描自动检查系统硬件、软件及有关外设是否正常。只有当检查的每个项目都确认正确无误之后,整个系统才能进入正常的准备状态。否则,CNC 装置将通过报警方式指出故障的信息,此时,启动诊断过程不能结束,系统不能投入运行。在线诊断程序是指在系统处于正常运行状态中,由系统相应的内装诊断程序,通过定时中断周期扫描检查 CNC 装置本身以及各外设。只要系统不停电,在线诊断就不会停止。

4.2 CNC 装置的插补原理

4.2.1 概述

实际加工中,零件的轮廓形状是由各种线型(如直线、圆弧、螺旋线、抛物线、自由曲线)构成的,其中最主要的是直线和圆弧。用户在零件加工程序中,一般仅提供描述该线型所必需的相关参数,如对直线,提供其起点和终点;对圆弧,提供起点、终点、顺圆或逆圆以及圆心相对于起点的位置。为满足零件几何尺寸精度要求,必须在刀具(或工件)运动过程中实时计算出满足线型和进给速度要求的若干中间点(在起点和终点之间)。这就是数控技术中插补(Interpolation)的概念。据此,对插补定义如下:所谓插补就是根据给定进给速度和给定轮廓

线型的要求，在轮廓已知点之间，确定一些中间点的方法，这种方法称为插补方法或插补原理。而对每种方法（原理）又可能用不同的计算方法来实现，这种具体的计算方法称为插补算法。

插补计算就是对数控系统输入基本数据（如直线的起点和终点，圆弧的起点、终点、圆心坐标等），运用一定的算法进行计算，并根据计算结果向相应的坐标发出进给指令。对应每一进给指令，机床在相应的坐标方向移动一定的距离，从而将工件加工出所需的轮廓形状。实现这一插补运算的装置，称为插补器。控制刀具或工件的运动轨迹是数控机床轮廓控制的核心，无论是硬件数控（NC）系统，还是计算机数控（CNC）系统，都有插补装置。在 CNC 中，以软件（即程序）插补或者以硬件和软件联合实现插补；而在 NC 中，则完全由硬件实现插补。无论哪种方式，其插补原理都是相同的。

数控系统中常用的插补算法有逐点比较法、数字积分法、时间分割法及最小偏差法等。

本节主要介绍逐点比较法。逐点比较法就是刀具（或工件）每走一步，控制系统都要将加工点与给定的图形轨迹相比较，以决定下一步的进给方向，使之逼近加工轨迹。逐点比较法是以折线来逼近直线或圆弧，其最大误差不超过一个设定单位（脉冲当量）。

4.2.2　逐点比较法直线插补

一、直线插补计算原理

如图 4.1 所示，第一象限直线 OE，起点为坐标原点 O，终点 $E(X_e, Y_e)$。$P(X_i, Y_i)$点为加工时刀具中心的动点。直线方程可表示为：

$$\frac{X-0}{0-X_e}=\frac{Y-0}{0-Y_e}$$

即有

$$Y_eX = X_eY$$

令 $F = X_eY - Y_eX$ 为偏差判别函数。

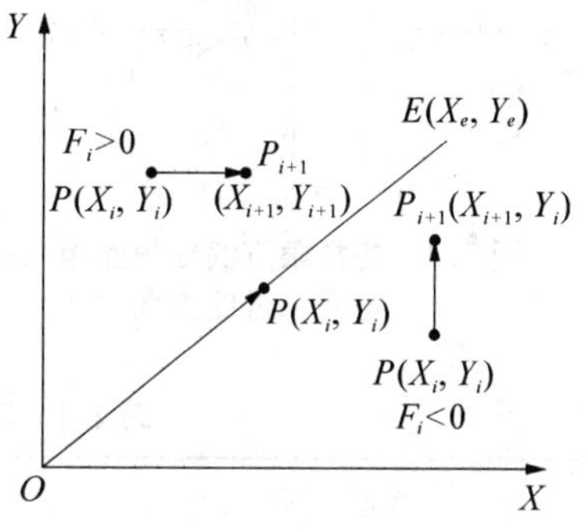

图 4.1　第一象限直线插补

1. 偏差判别

若 $F_i = 0$ 时，动点 P 在直线上（起始时，动点在直线上，$F_i = 0$）；

$F_i > 0$ 时，动点 P 在直线上方；

$F_i < 0$ 时，动点 P 在直线下方。

2. 坐标进给

当点 P 在直线上方时，应向 $+X$ 方向进给一步，以逼近直线 OE；同理，当 P 点在直线下方时，应向 $+Y$ 方向进给一步；通常，将点 P 在直线上的情况与 P 在直线上方归为一类。所以：

$F_i \geqslant 0$ 时，向 $+X$ 方向进给一步；

$F_i < 0$ 时，向 $+Y$ 方向进给一步。

3. 新偏差计算

当 $F_i \geqslant 0$ 时，动点 P 向 $+X$ 方向进给一步，进给后的新坐标为

$$X_{i+1} = X_i + 1,\ Y_{i+1} = Y_i$$

新点偏差为

$$F_{i+1} = X_eY_{i+1} - Y_eX_{i+1} = X_eY_i - Y_e(X_i + 1)$$
$$= X_eY_i - Y_eX_i - Y_e = F_i - Y_e \tag{4.1}$$

当 $F_i < 0$ 时,动点 P 向 $+Y$ 方向进给一步,同理可得

$$F_{i+1} = F_i + X_e \tag{4.2}$$

4. 终点判别法

逐点比较法的终点判断有多种方法,下面介绍两种:

(1) 第一种方法

设置 X、Y 两个减法计数器,加工开始前,在 X、Y 计数器中分别存入终点坐标 x_e、y_e,X 坐标(或 Y 坐标)进给一步,就在 X 计数器(或 Y 计数器)中减去 1,直到这两个计数器中的数都减到零时,便到达终点。

(2) 第二种方法

用一个终点计数器寄存 X 和 Y 两个坐标从起点到达终点的总步数 $\sum$,X、Y 坐标每进一步,$\sum$ 减去 1,直到 $\sum$ 为零时,就到了终点。

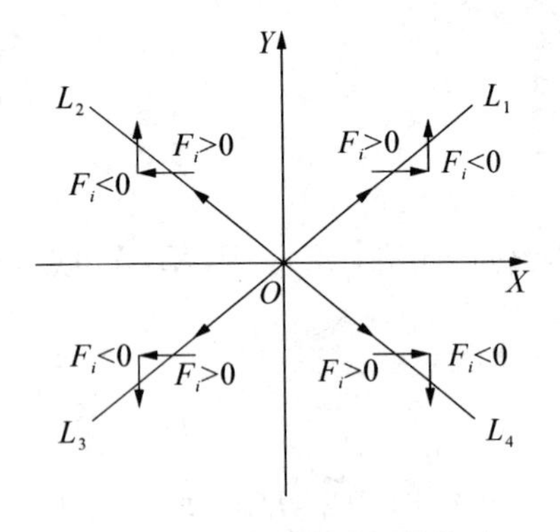

图 4.2 各象限直线插补偏差符号和进给方向

二、插补计算过程

插补计算时,每走一步,都要进行以下 4 个步骤(又称 4 个节拍)的逻辑运算和算术运算,即偏差判别、坐标计算和进给、偏差计算、终点判别。

三、不同象限的直线插补计算

前面所述均为第一象限的直线插补方法,其余三象限直线插补的计算方法与第一象限类似,偏差计算公式中 X_e、Y_e 均代入绝对值。图 4.2 为 4 个不同象限直线插补偏差符号和进给方向,表 4.1 为直线插补偏差计算式。

表 4.1 不同象限直线插补计算公式及进给方向

$F_i \geqslant 0$			$F_i < 0$		
直线象限	进给方向	偏差计算	直线象限	进给方向	偏差计算
L_1、L_4	$+X$	$F_{i+1} = F_1 - \lvert Y_e \rvert$	L_1、L_2	$+Y$	$F_{i+1} = F_i + \lvert X_e \rvert$
L_2、L_3	$-X$		L_3、L_4	$-Y$	

四、直线插补计算流程

逐点比较法直线插补的运算流程可归纳为图 4.3 所示。

【例 1】 设欲加工第一象限直线 OE,终点坐标为 $x_e = 4$,$y_e = 3$,用逐点比较法插补之。

解:总步数 $\sum = 4 + 3 = 7$。

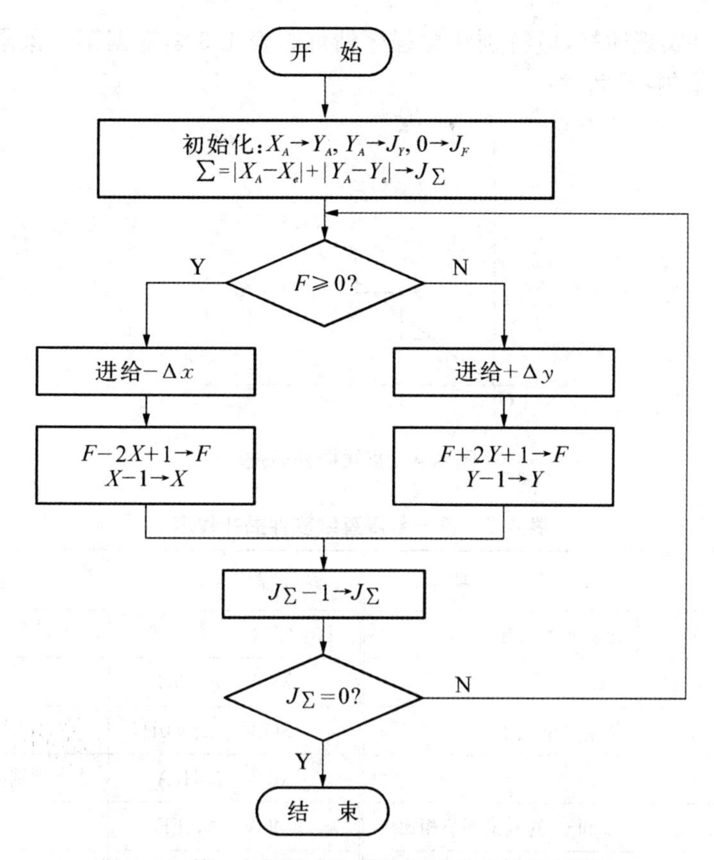

图 4.3　第一象限逐点比较法直线插补的运算流程

开始时刀具在直线起点，即在直线上，故 $F_0=0$，插补运算过程如表 4.2 所示，插补轨迹如图 4.4 所示。

表 4.2　直线插补的运算过程

序号	偏差进给	进给	偏　差　计　算	终　点　判　别
1	$F_0=0$	$+\Delta x$	$F_1=F_0-y_e=0-3=-3$	$\sum_1=\sum_0-1=7-1=6$
2	$F_1=-3<0$	$+\Delta y$	$F_2=F_1+x_e=-3+4=1$	$\sum_2=\sum_1-1=6-1=5$
3	$F_2=1>0$	$+\Delta x$	$F_3=F_2-y_e=1-3=-2$	$\sum_3=\sum_2-1=5-1=4$
4	$F_3=-2<0$	$+\Delta y$	$F_4=F_3+x_e=-2+4=2$	$\sum_4=\sum_3-1=4-1=3$
5	$F_4=2>0$	$+\Delta x$	$F_5=F_4-y_e=2-3=-1$	$\sum_5=\sum_4-1=3-1=2$
6	$F_5=-1<0$	$+\Delta y$	$F_6=F_5+x_e=-1+4=3$	$\sum_6=\sum_5-1=2-1=1$
7	$F_6=3>0$	$+\Delta x$	$F_7=F_6-y_e=3-3=0$	$\sum_7=\sum_6-1=1-1=0$，终点

五、直线插补的软件实现

实现逐点比较法直线插补可以采用硬件，也可以利用软件。软件插补灵活可靠，但速度较硬件慢。用软件实现插补，应特别注意程序精炼。表 4.3 是根据第一象限直线插补的计算图（图 4.4）写出的插补程序。

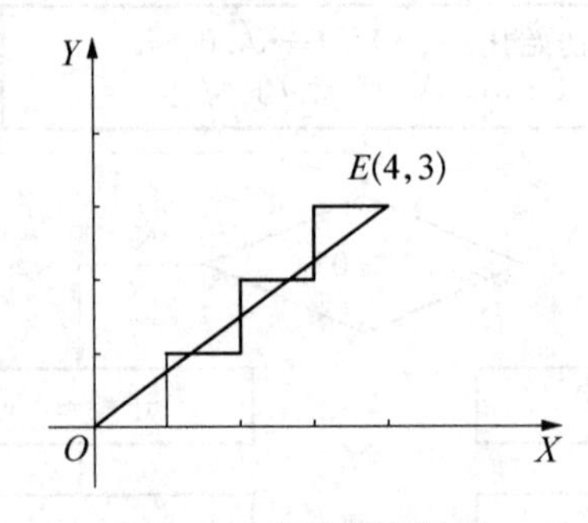

图 4.4　直线插补轨迹

表 4.3　第一象限直线软件插补程序

程　序	说　明	程　序	说　明
LP：MOV SP，#60H	定义堆栈指针	LP3：CLR C	
MOV 4AH，#00H		MOV A，50H	
MOV 49H，#00H	清偏差单元 J_F	SUBB A，#01H	
MOV A，4EH		MOV 50H，A	终点判别值减 1
ADDC A，4CH	x_e 和 y_e 的低位字节相加	MOV A，4FH	
MOV 50H，A	计算终判值	SUBB A，#00H	
MOV A，4DH		MOV 4FH，A	
ADD A，4BH	x_e 和 y_e 的高位字节相加	ORL A，50H	
MOV 4FH，A	以上为初始化	JNZ LP2	判零，未完继续
ACALL DL0	DL0 为延时子程序，延时 1 ms	LJMP 0000H	插补结束返回
LP2：MOV A，49H	取 J_F 的高 8 位	LP4：ACALL YMP	$F_m<0$，走一步 $+\Delta y$。YMP 为 Y 向进给子程序
JB ACC.7，LP4	$F<0$，转 Y 进给处理程序	MOV A，4AH	
ACALL XMP	$F\geqslant 0$，走一步 $+\Delta x$。XMP 为 X 向进给子程序	ADD A，4EH	
CLR C		MOV 4AH，A	计算 $F+x_e\rightarrow F$
MOV A，4AH		MOV A，49H	
SUBB A，4CH	计算 $F-y_e\rightarrow F$	ADDC A，4DH	
MOV 4AH，A		MOV 49H，A	
MOV A，49H		SJMP LP3	
SUBB A，4BH			
MOV 49H，A			

插补用到的各寄存器在内部RAM中的分配如图4.5所示，其中终判值为绝对值，x_e、y_e和F为二进制补码，低位在上，高位在下，高位的D_7位为符号位。

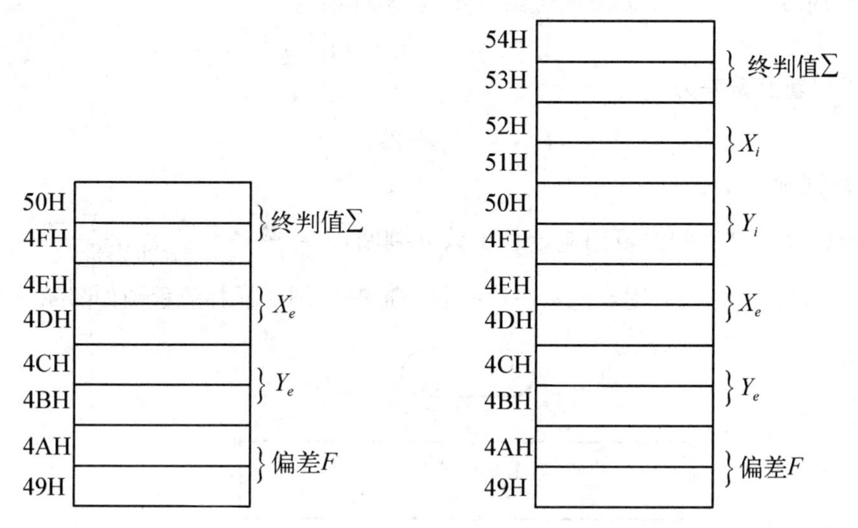

图4.5 地址分配

4.2.3 圆弧插补计算原理

一、圆弧插补计算原理

如图4.6所示，第一象限逆圆弧AB，圆心为坐标原点，半径为R，起点$A(X_0, Y_0)$，终点$B(X_e, Y_e)$，$P(X_i, Y_i)$点为加工时刀具中心的动点。因圆AB的方程可表示为$X^2+Y^2=R^2$，则令偏差判别函数$F=X^2+Y^2-R^2$。

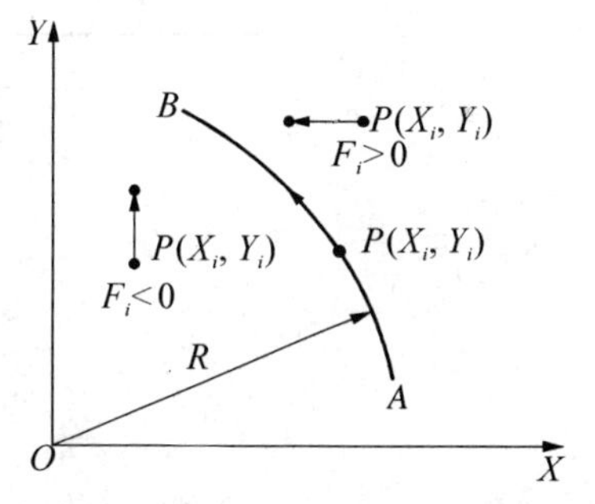

图4.6 第一象限逆时针圆弧插补

1. 偏差判别

若$F_i=0$时，动点P在圆弧上（起始时，加工点在圆弧上，$F_i=0$）；

$F_i>0$时，动点P在圆弧外；

$F_i<0$时，动点P在圆弧内。

2. 坐标进给

当P点在圆弧外，应向$-X$方向进给一步，以逼近圆弧；同理，当P点在圆弧内时，应向$+Y$方向进给一步。通常将点P在圆弧上的情况与P在圆弧外归为一类，所以：

$F_i\geqslant 0$时，向$-X$方向进给一步；

$F_i<0$时，向$+Y$方向进给一步。

3. 新偏差计算

当$F_i\geqslant 0$时，动点P向$-X$方向进给一步，进给后新坐标为

$$X_{i+1}=X_i-1, Y_{i+1}=Y_i$$

新点偏差为

$$F_{i+1}=X_{i+1}^2+Y_{i+1}^2-R^2=(X_i-1)^2+Y_i^2-R^2$$
$$=X_i^2-2X_i+1+Y_i^2-R^2=F_i-2X_i+1 \tag{4.3}$$

$F_i<0$ 时,动点 P 向 $+Y$ 方向进给一步,新坐标值为

$$X_{i+1}=X_i,\ Y_{i+1}=Y_i+1$$

同理可得新点偏差为

$$F_{i+1}=F_i+2Y_i+1 \tag{4.4}$$

4. 终点判别

圆弧插补终点判别同样可用应走总步数 n 判断,$n=\dfrac{|X_e-X_0|+|Y_e-Y_0|}{\text{脉冲当量}}$,每走一步,$n=n-1$,直到 $n=0$。逐点比较法第一象限逆时针圆弧插补流程图如图 4.7 所示。

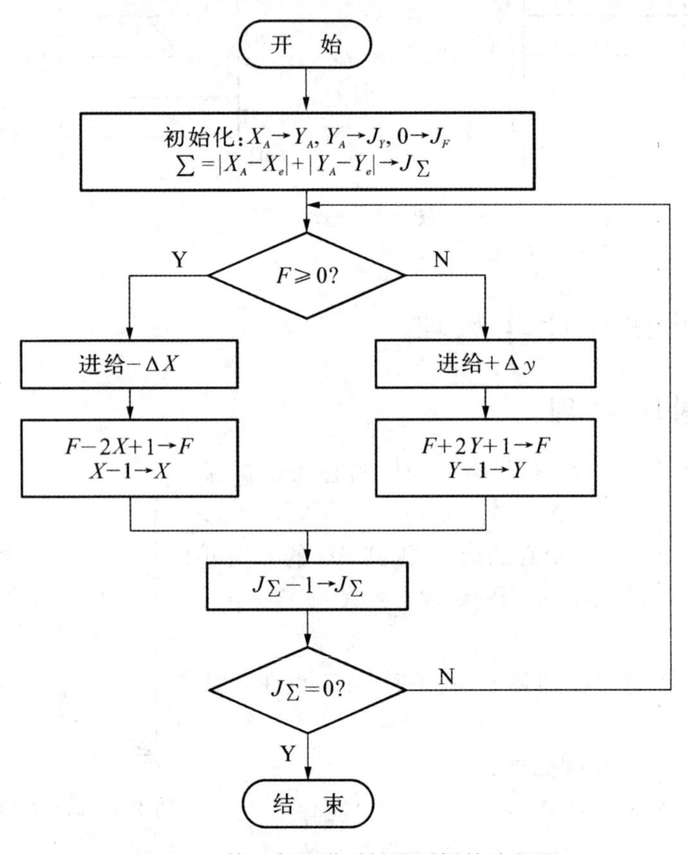

图 4.7 第一象限逆时针圆弧插补流程图

二、插补计算过程

圆弧插补计算过程和直线插补计算过程相同,但是偏差计算公式不同。

三、4 个象限圆弧插补计算公式

以上所述为第一象限逆圆弧插补方法,其余不同象限顺、逆圆弧插补的插补符号、计算公式和进给方向参见图 4.8 和表 4.4。

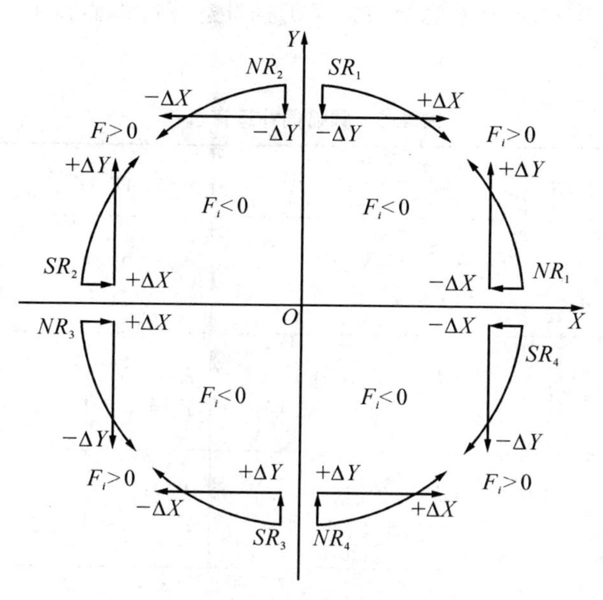

图 4.8　不同象限圆弧插补偏差符号及进给方向

表 4.4　不同象限圆弧插补计算公式及进给方向

线　　型	偏　　差	偏差计算	进给方向
NR_3、SR_2	$F_i \geqslant 0$	$F_{i+1} = F_i + 2X_i + 1$ $X_{i+1} = X_i + 1$	$+X$
SR_1、NR_4	$F_i < 0$		
NR_1、SR_4	$F_i \geqslant 0$	$F_{i+1} = F_i - 2X_i + 1$ $X_{i+1} = X_i - 1$	$-X$
SR_3、NR_2	$F_i < 0$		
SR_3、NR_4	$F_i \geqslant 0$	$F_{i+1} = F_i + 2Y_i + 1$ $Y_{i+1} = Y_i + 1$	$+Y$
NR_1、SR_2	$F_i < 0$		
SR_1、NR_2	$F_i \geqslant 0$	$F_{i+1} = F_i - 2Y_i + 1$ $Y_{i+1} = Y_i - 1$	$-Y$
NR_3、SR_4	$F_i < 0$		

四、圆弧插补计算流程

逐点比较法圆弧插补每进给一步也需要经过4个工作节拍，如图4.7所示。

【例2】　设欲加工第一象限逆时针走向的圆弧 AE，起点 $A(6,0)$，终点 $E(0,6)$，用逐点比较法插补之。

解：终点判别值为总步长

$$\sum_0 = |6-0| + |0-6| = 12$$

开始时刀具在起点 A,即在圆弧上,$F_0=0$。插补运算过程如表 4.5 所示,插补轨迹如图 4.9 所示。

表 4.5 圆弧插补运算过程

序号	偏差判别	进给	偏差计算	坐标计算	终点判别
1	$F_0=0$	$-\Delta x$	$F_1=F_0-2X_0+1$ $=0-2\times6+1=-11$	$X_1=6-1=5$ $Y_1=0$	$\sum_1=\sum_0-1$ $=12-1=11$
2	$F_1=-11<0$	$+\Delta y$	$F_2=F_1+2Y_1+1$ $=-11+2\times0+1=-10$	$X_2=5$ $Y_2=0+1=1$	$\sum_2=\sum_1-1$ $=11-1=10$
3	$F_2=-10<0$	$+\Delta y$	$F_3=F_2+2Y_2+1$ $=-10+2\times1+1=-7$	$X_3=5$ $Y_3=1+1=2$	$\sum_3=\sum_2-1$ $=10-1=9$
4	$F_3=-7<0$	$+\Delta y$	$F_4=F_3+2Y_3+1$ $=-7+2\times2+1=-2$	$X_4=5$ $Y_4=2+1=3$	$\sum_4=\sum_3-1$ $=9-1=8$
5	$F_4=-2<0$	$+\Delta y$	$F_5=F_4+2Y_4+1$ $=-2+2\times3+1=5$	$X_5=5$ $Y_5=3+1=4$	$\sum_5=\sum_4-1$ $=8-1=7$
6	$F_5=5>0$	$-\Delta x$	$F_6=F_5-2X_5+1$ $=5-2\times5+1=-4$	$X_6=5-1=4$ $Y_6=4$	$\sum_6=\sum_5-1$ $=7-1=6$
7	$F_6=-4<0$	$+\Delta y$	$F_7=F_6+2Y_6+1$ $=-4+2\times4+1=5$	$X_7=4$ $Y_7=4+1=5$	$\sum_7=\sum_6-1$ $=6-1=5$
8	$F_7=5>0$	$-\Delta x$	$F_8=F_7-2X_7+1$ $=5-2\times4+1=-2$	$X_8=4-1=3$ $Y_8=5$	$\sum_8=\sum_7-1$ $=5-1=4$
9	$F_8=-2<0$	$+\Delta y$	$F_9=F_8+2Y_8+1$ $=-2+2\times5+1=9$	$X_9=3$ $Y_9=5+1=6$	$\sum_9=\sum_8-1$ $=4-1=3$
10	$F_9=9>0$	$-\Delta x$	$F_{10}=F_9-2X_9+1$ $=9-2\times3+1=4$	$X_{10}=3-1=2$ $Y_{10}=6$	$\sum_{10}=\sum_9-1$ $=3-1=2$
11	$F_{10}=4>0$	$-\Delta x$	$F_{11}=F_{10}-2X_{10}+1$ $=4-2\times2+1=1$	$X_{11}=2-1=1$ $Y_{11}=6$	$\sum_{11}=\sum_{10}-1$ $=2-1=1$
12	$F_{11}=1>0$	$-\Delta x$	$F_{12}=F_{11}-2X_{11}+1$ $=1-2\times1+1=0$	$X_{12}=1-1=0$ $Y_{12}=6$	$\sum_{12}=\sum_{11}-1$ $=0$,到终点

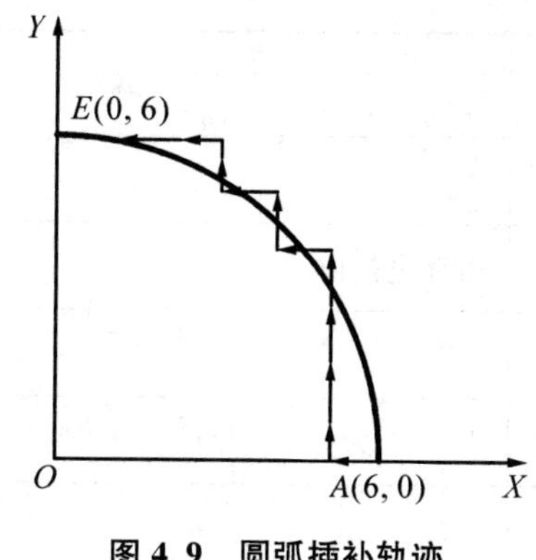

图 4.9　圆弧插补轨迹

五、圆弧插补的软件实现

用与直线插补相似的原理也可设计出圆弧插补软件。动点坐标修正和偏差公式中的乘2及加1运算用软件实现时用几条指令即可完成，例2的软件插补程序如表4.6所示。

表 4.6　第一象限圆弧软件插补程序

程　序	说　明
RP：MOV　SP，#60H	定义堆栈指针
MOV　4AH，#00H	
MOV　49H，#00H	清偏差单元 J_F
CLR　C	以下计算终点判别值
MOV　A,52H	
SUBB　A,4EH	
MOV　54H,A	
MOV　A,51H	
SUBB　A,4DH	
MOV　53H,A	
CLR　C	
MOV　A,4CH	
SUBB　A,50H	
MOV　20H,C	暂存借位位

续表

程　　序	说　　明
ADD A,54H	
MOV 21H,C	暂存进位位
MOV A,4BH	
MOV C,20H	
SUBB A,4FH	
MOV C,21H	
ADD A,53H	
MOV 53H,A	终点判别值为起点至终点的总数 $\sum = \vert x_e - x_i \vert + \vert y_e - y_i \vert$
RP2：ACALL DL0	DL0
MOV A,49H	
JB ACC7,RP6	$F<0$,转 Y 向进给处理程序
ACALL XMP	X 方向进给一步 $-\Delta x$。XMP 为 X 向进给处理程序
CLR C	
MOV A,4AH	
SUBB A,52H	
XCH A,B	
MOV A,49H	
SUBB A,51H	$F-X$
XCH A,B	低位在 A,高位在 B
CLR C	
SUBB A,52H	
XCH A,B	
SUBB A,51H	
XCH A,B	$F-2X$
ADD A,#01H	

续表

程　　序	说　　明
MOV　4AH,A	
XCH　A,B	
ADDC　A,#00H	
MOV　49H,A	完成 $F-2X_i+1\rightarrow F$
CLR　C	
MOV　A,52H	
SUBB　A,#01H	
MOV　52H,A	
MOV　A,51H	
SUBB　A,#00H	
MOV　51H,A	$X_i-1\rightarrow X_i$
RP4：CLR　C	
MOV　A,54H	
SUBB　A,#01H	
MOV　54H,A	
MOV　A,53H	
SUBB　A,#00H	
MOV　53H,A	终值减 1
ORL　A,54H	
JNZ　RP2	判零,未完继续
LJMP　0000	插补结束返回
RP6：ACALL　YMP	Y 方向进给一步 $-\Delta y$。YMP 为 Y 向进给子程序
MOV　R6,#02H	置循环次数为 2
RP7：MOV　A,4AH	
ADD　A,50H	

续表

程序	说明
MOV 4AH,A	
MOV A,49H	
ADDC A,4FH	
MOV 49H,A	
DJNZ R6,RP7	$F+2Y_i$
MOV A,4AH	
ADD A,#01H	
MOV 4AH,A	
MOV A,49H	
ADDC A,#00H	
MOV 49H,A	完成 $F+2Y_i+1\rightarrow F$
MOV A,50H	
ADD A,#01H	
MOV 50H,A	
MOV A,4FH	
ADDC A,#00H	
MOV 4FH,A	$Y_i+1\rightarrow Y_i$
AJMP RP4	

4.3 刀具半径补偿原理

4.3.1 概述

数控机床在加工过程中,它所控制的是刀具中心的轨迹。用户总是按零件轮廓编制加工程序,为了加工所需的零件轮廓,在进行内轮廓加工时,刀具中心必须向零件的内侧偏移

一个偏置量 r(粗加工时,其偏置量是刀具半径与加工裕量之和);在进行外轮廓加工时,刀具中心必须向零件的外侧偏移一个偏置量,如图4.10所示。这种根据按零件轮廓编制的程序和预先设定的偏置参数数控装置能实时自动生成刀具中心轨迹的功能称为刀具半径补偿功能。

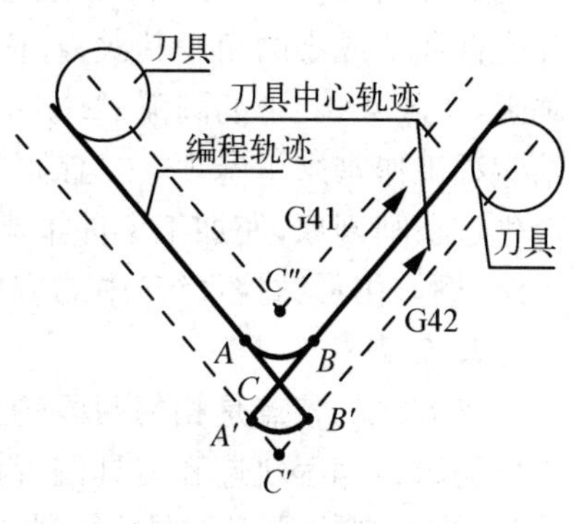

图4.10　刀具半径补偿示意图

应用刀具补偿功能,NC系统可对刀具半径进行自动校正,使编程人员可以直接根据零件图纸进行编程,不必考虑刀具的尺寸因素。它的优点体现在以下两个方面:第一,当刀具磨损或因换刀而引起刀具半径变化时,不必重新编程,只需修改相应的偏置参数即可。第二,当轮廓加工需要多个工序完成时,在粗加工时要为精加工工序预留加工余量。加工余量的预留可通过修改偏置参数实现,而不必为粗、精加工各编制一个程序,即粗、精加工程序一样,只需输入新的刀具参数即可。

在图4.10中,实线为所需加工的零件轮廓,虚线为刀具中心轨迹。根据ISO标准,当刀具中心轨迹在编程轨迹(零件轮廓)前进方向的右边时,称为右刀补,用G42指令实现;反之称为左刀补,用G41指令实现。

在零件加工过程中,采用刀具半径补偿功能,可大大简化编程的工作量。

4.3.2　刀具半径补偿的工作过程和常用方法

一、刀具半径补偿的工作过程

刀具半径补偿执行的过程一般可分为3步,如图4.11所示。

1. 刀补建立

刀具从起刀点接近工件,并在原来编程轨迹基础上,刀具中心向左(G41)或向右(G42)偏移一个偏置量(图4.11中的粗虚线)。在该过程中不能进行零件加工。

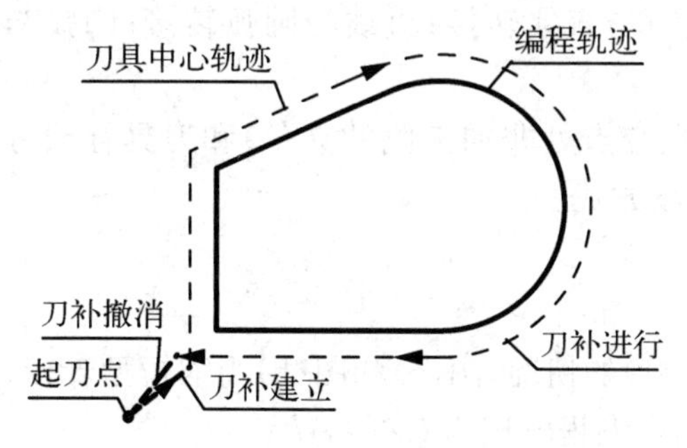

图4.11　刀具半径补偿的工作过程

2. 刀补进行

刀具中心轨迹(图4.11中的虚线)与编程轨迹(图4.11中的实线)始终偏离一个刀具偏置量的距离。

3. 刀补撤消

刀具撤离工件,使刀具中心轨迹终点与编程轨迹的终点(如起刀点)重合(图4.11中的粗虚线)。它是刀补建立的逆过程。同样,在该过程中不能进行零件加工。

二、刀具半径补偿的常用方法

1. B刀补

该方法的特点是刀具中心轨迹的段间连接都是以圆弧进行的。其算法简单,容易实现,如图 4.10 所示。由于段间过渡采用圆弧，这就产生了一些无法避免的缺点：首先，当加工外轮廓尖角时，由于刀具中心通过连接圆弧轮廓尖角处时始终处于切削状态，要求的尖角往往会被加工成小圆角。其次，在内轮廓加工时，要由程序员人为地编进一个辅助加工的过渡圆弧，如图 4.10 中的圆弧 AB。并且还要求这个过渡圆弧的半径必须大于刀具的半径，这就给编程工作带来了麻烦，一旦疏忽，使过渡圆弧的半径小于刀具半径时，就会因刀具干涉而产生过切削现象，使加工零件报废。这些缺点限制了该方法在一些复杂的、要求较高的数控系统（例如仿形数控系统）中的应用。

2. C 刀补

该方法的特点是相邻两段轮廓的刀具中心轨迹之间用直线进行连接，由数控系统根据工件轮廓的编程轨迹和刀具偏置量直接计算出刀具中心轨迹的转接交点 C' 点和 C'' 点，如图 4.10 所示，然后再对刀具中心轨迹作伸长或缩短的修正。这就是 C 功能刀具半径补偿（简称 C 刀补）。它的主要特点是采用直线作为轮廓之间的过渡，因此，该刀补法的尖角工艺性较 B 刀补的要好，其次在内轮廓加工时，它可实现过切（干涉）自动预报，从而避免过切的产生。

两种刀补的处理方法有很大的区别：B 刀补法在确定刀具中心轨迹时，采用的是读一段，算一段，再走一段的处理方法。这样，就无法预计到由于刀具半径所造成的下一段加工轨迹对本段加工轨迹的影响。于是，对于给定的加工轮廓轨迹来说，当加工内轮廓时，为了避免刀具干涉，合理地选择刀具的半径以及在相邻加工轨迹转接处选用恰当的过渡圆弧等问题，就不得不靠程序员来处理。在解决下段加工轨迹对本段加工轨迹是否有影响时，C 刀补用的方法是，一次对两段进行处理，即先预处理本段，再根据下一段的方向来确定其刀具中心轨迹的段间过渡状态，从而便完成了本段的刀补运算处理，然后从程序段缓冲器再读一段，用于计算第二段的刀补轨迹，以后按照这种方法进行下去，直至程序结束为止。

4.3.3 程序段间转接情况分析

在普通的 CNC 系统中，实际所能控制的轮廓只有直线段和圆弧。随着前后两段编程轨迹的连接方式不同，相应有以下几种转接方式：直线与直线转接；直线与圆弧转接；圆弧与圆弧转接等。

根据两段程序轨迹的矢量夹角 α（两编程轨迹在交点处非加工侧的夹角）和刀具补偿方向的不同，可以有缩短型、伸长型、插入型转接等过渡方式。

一、直线与直线转接

图 4.12 是直线与直线转接进行左刀具补偿（G41）的情况，图(a)和图(b)为缩短型转接；图(c)为伸长型转接；图(d)、图(e)为插入型转接，图中编程轨迹为 $OA \to AF$。

图 4.13 是直线与直线转接进行右刀具补偿（G42）的情况，图(a)为伸长型转接；图(b)、图(c)为缩短型转接；图(d)、图(e)为插入型转接。

在同一坐标平面内直线转接直线时，当第一段编程矢量逆时针旋转到第二段编程矢量的夹角 α 在 $0° \sim 360°$ 范围内变化时，相应刀具中心轨迹的转接将顺序地按上述 3 种类型的方式进行。

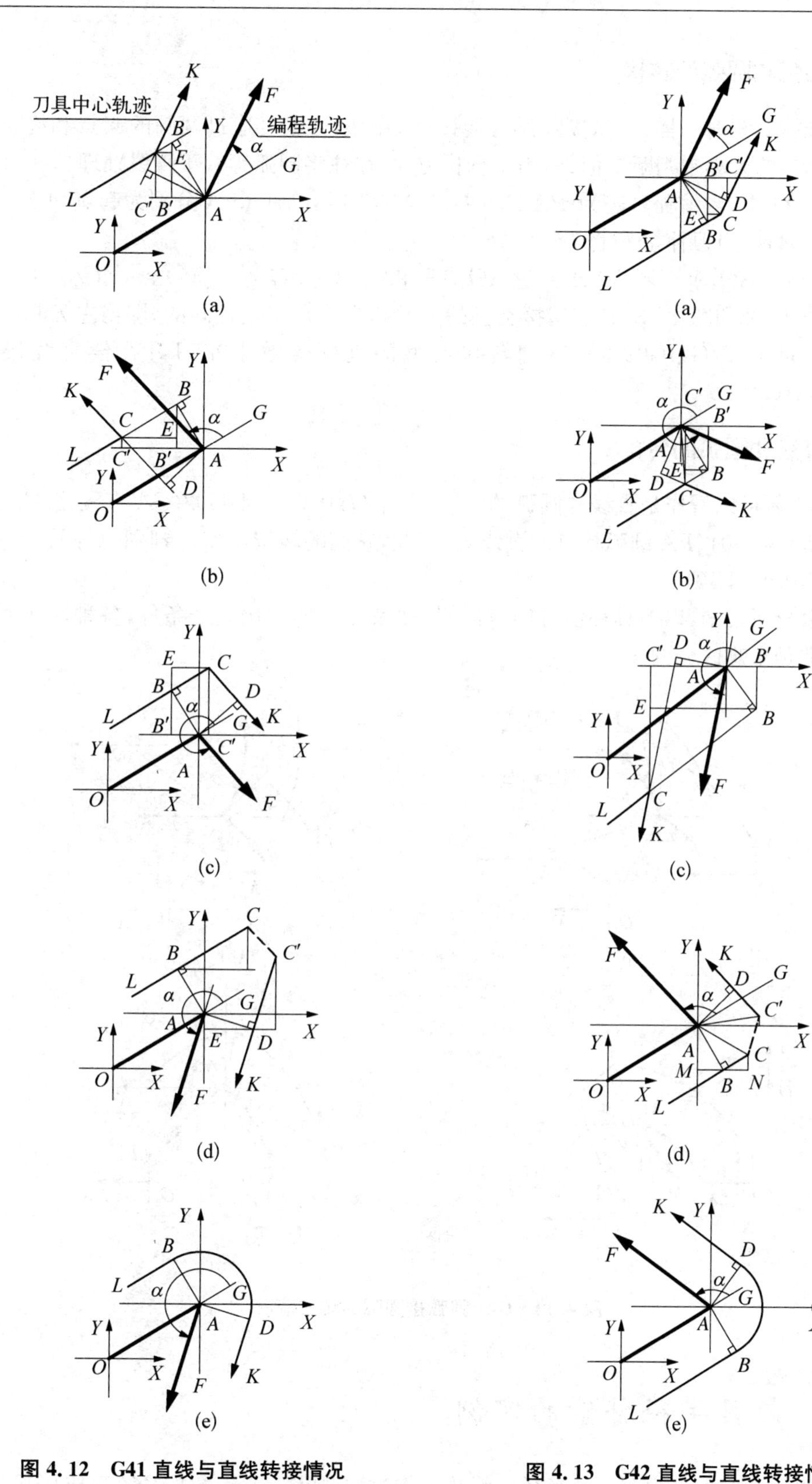

图 4.12　G41 直线与直线转接情况

图 4.13　G42 直线与直线转接情况

二、圆弧和圆弧的转接

同直线接直线时一样，圆弧接圆弧时转接类型的区分也可通过两圆的起点和终点半径矢量的夹角 α 的大小来判断。但是，为了分析方便，往往将圆弧等效于直线处理。

在图 4.14 中，当编程轨迹为 PA 圆弧接 AQ 圆弧时，O_1A、O_2A 分别为起点和终点半径矢量，若为 G41(左)刀补，α 角将为 $\angle GAF$，即

$$\alpha = \angle XO_2A - \angle XO_1A = \angle XO_2A - 90° - (\angle XO_1A - 90°) = \angle GAF$$

比较图 4.12 和图 4.13，它们转接类型的分类和判别是完全相同的，即当左刀具补偿顺圆接顺圆 G41G02/G41G02 时，它们转接类型的判别等效于左刀具补偿直线接直线 G41G01/G41G01。

三、直线和圆弧的转接

图 4.14 还可以看作是直线与圆弧的转接，亦即 G41G01/G41G02(OA 直线接 AQ 圆弧)和 G41G02/G41G01(PA 圆弧接 AF 直线)。因此，它们的转接类型的判别也等效于直线接直线 G41G01/G41G01。

按以上分析可知，以刀具补偿方向、等效规律及 α 角的变化 3 个条件，各种轨迹间的转接型式分类是不难区分的。

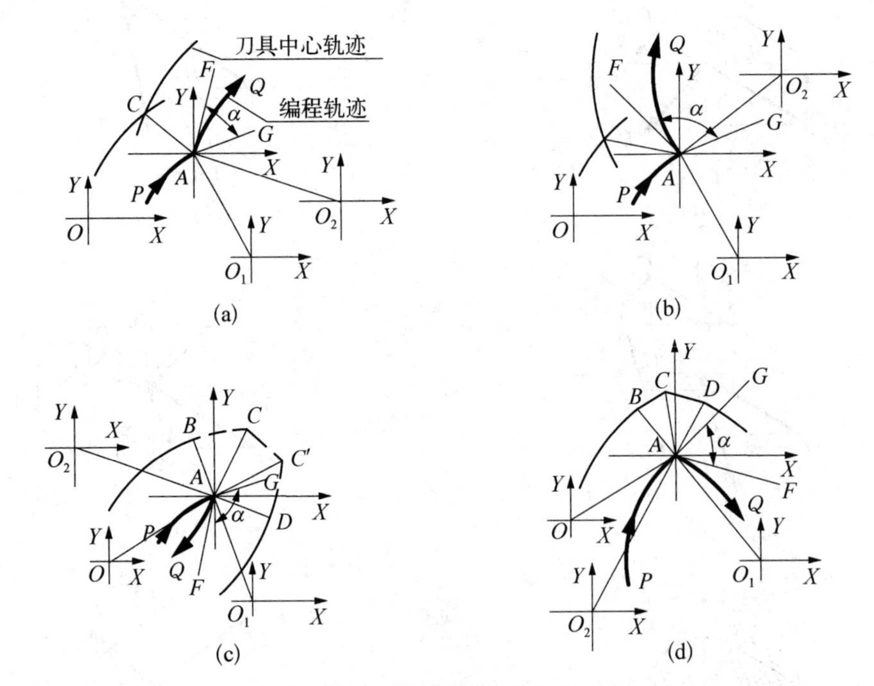

图 4.14　G41 圆弧接圆弧的转接情况

4.3.4　刀具半径补偿的实例

下面以一个实例来说明刀具半径补偿的工作过程，如图 4.15，数控系统完成从 O 点到 E

点的编程轨迹的加工步骤如下：

(1) 读入OA，判断出是刀补建立，继续读下一段。

(2) 读入AB，因为矢量夹角$\angle OAB<90°$，且又是右刀补(G42)，由图4.13(e)可知，此时段间转接的过渡形式是插入型。则计算出a、b、c的坐标值，并输出直线段Oa、ab、bc，供插补程序运行。

(3) 读入BC，因为矢量夹角$\angle ABC<90°$，同理，由图4.13(e)可知，该段间转接的过渡形式也是插入型。则计算出d、e点的坐标值，并输出直线段cd、de。

(4) 读入CD，因为矢量夹角$\angle BCD>180°$，由图4.13(c)可知，该段间转接的过渡形式是缩短型。则计算出f点的坐标值，由于是内侧加工，需进行过切判别(过切判别的原理和方法后述)，若过切则报警，并停止输出，否则输出直线段ef。

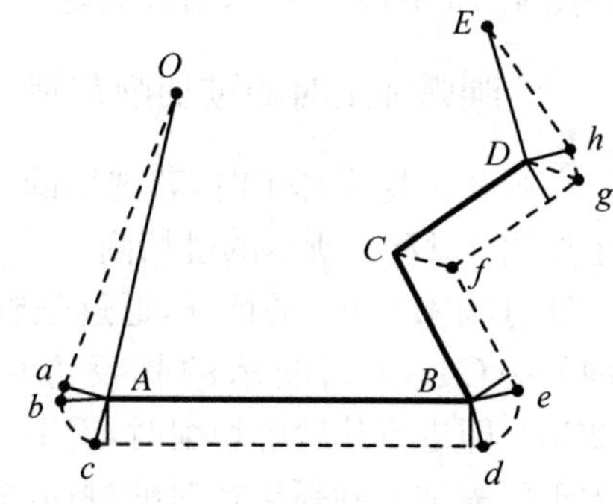

图4.15　刀具半径补偿的实例

(5) 读入DE(假定有撤消刀补的G40命令)，因为矢量夹角$90°<CDE<180°$，尽管是刀补撤消段，由图4.13(d)可知，该段间转接的过渡形式是伸长型。则计算出g、h点的坐标值，然后输出直线段fh、gh、hE。

(6) 刀具半径补偿处理结束。

刀具补偿计算时，首先要判断矢量夹角α的大小，然后确定过渡方式和求算交点坐标。α角可以根据两相邻编程矢量(即轨迹)的矢量角来决定。

4.3.5　加工过程中的过切判别原理

C刀补能避免过切现象，是指若编程人员因某种原因编制出了肯定要产生过切的加工程序时，系统在运行过程中能提前发出报警信号，避免过切事故的发生。下面将就过切判别原理进行讨论。

一、直线加工时的过切判别

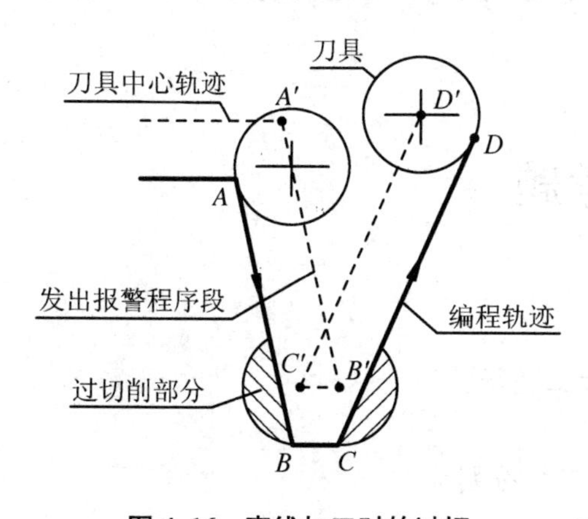

图4.16　直线加工时的过切

如图4.16所示，当被加工的轮廓是直线段时，若刀具半径选用过大，就将产生过切削现象。在图4.16中，编程轨迹为$AB\to BC\to CD$，B'为对应于AB、BC的刀具中心轨迹的交点。当读入编程轨迹CD时，就要对上段轨迹BC进行修正，确定刀具中心应从B'点移到C'点。显然，这时必将产生如图阴影部分所示的过切削。

在直线加工时，是否会产生过切削，可以简单地通过编程矢量与其相对应的刀具中心矢量的标量积的正负来进行判别。具体做法是：

在图 4.16 中,BC 为编程矢量,$B'C'$ 为 BC 相对应的刀具中心矢量,α 为它们之间的夹角,则标量积

$$\boldsymbol{BC}\cdot\boldsymbol{B'C'}=|\boldsymbol{BC}|\ |\boldsymbol{B'C'}|\cos\alpha$$

显然,当 $\boldsymbol{BC}\cdot\boldsymbol{B'C'}<0$(即 $90°<\alpha<270°$)时,刀具就要背向编程轨迹移动,造成过切削。图 4.16 中,$\alpha=180°$,所以必定产生过切削。

二、圆弧加工时的过切削判别

在圆弧内轮廓加工时,若选用的刀具半径过大,超过了所需加工的圆弧半径,那么就会产生如图 4.17(a)所示的过切削。

针对图 4.17(a)的情况,通过分析可知,只有当圆弧加工的命令为 G41G03(图示的加工方向)或 G42G02(图示的相反方向)时,才会产生过切削现象;若命令为 G41G02 或 G42G03,即进行外轮廓切削时,就不会产生过切削的现象。分析这两种情况,可得到刀具半径大于所需加工圆弧半径时的过切削判别流程,如图 4.17(b)所示。

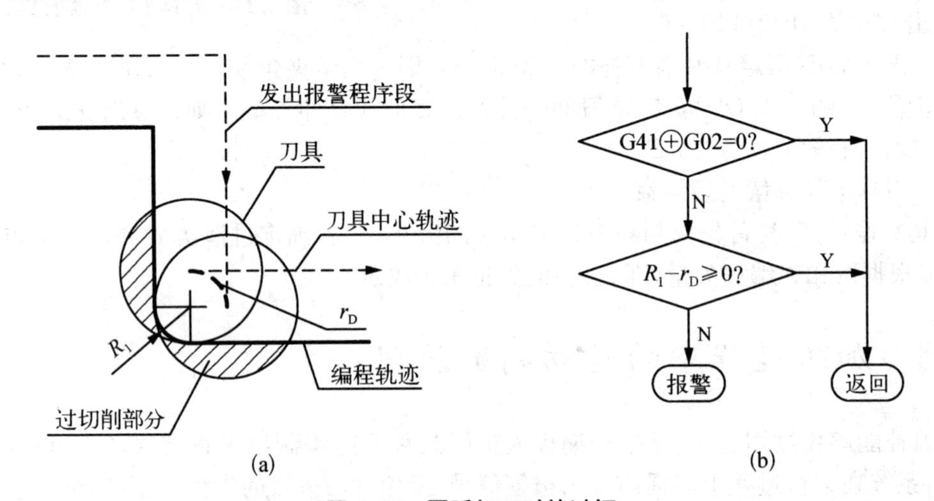

图 4.17 圆弧加工时的过切

在实际加工中,还有各种各样的过切削情况。通过上面的分析可知,过切削现象都发生在过渡形式为缩短型的情况下,因而可以根据这一原则来判断发生过切削的条件,并据此设计过切削判别程序。

复习思考题

1. 什么是插补?
2. 逐点比较直线插补时,怎样判断直线是否加工完毕?
3. 圆弧插补时,如何判别终点?
4. 直线的起点坐标在原点 $O(0,0)$,终点 A 的坐标分别为

(1) $A(10,10)$　　(2) $A(5,10)$

(3) $A(12,5)$　　　　(4) $A(9,4)$

试用逐点比较法对这些直线进行插补,并画出插补轨迹。

5. 欲加工第一象限逆圆 AE,起点 $A(5,0)$,终点 $E(0,5)$,用逐点比较法对圆弧进行插补,并画出插补轨迹。

6. 顺圆的起、终点坐标如下:$A(0,10)$、$B(8,6)$,试用逐点比较法对这个顺圆进行插补,并画出刀具轨迹。

7. 什么是刀具半径补偿?其执行过程如何?

8. 刀具半径补偿常用的方法有哪些?C 刀补法有什么特点?

9. 程序段间的转接方式有哪几种?各在什么情况下发生?

第5章　计算机数控系统(CNC系统)

5.1　概　述

5.1.1　CNC系统的组成

CNC系统主要由硬件和软件两大部分组成,其核心是计算机数字控制装置。它通过系统控制软件配合系统硬件,合理地组织、管理数控系统的输入、数据处理、插补和输出信息,控制执行部件,使数控机床按照操作者的要求进行自动加工。CNC系统采用了计算机作为控制部件,通常由常驻在其内部的数控系统软件实现部分或全部数控功能,从而对机床运动进行实时控制。只要改变计算机数控系统的控制软件就能实现一种全新的控制方式。CNC系统有很多种类型,有车床、铣床、加工中心等的CNC系统。各种数控机床的CNC系统一般都包括以下几个部分:中央处理单元CPU、存储器(ROM/RAM)、输入输出设备(I/O)、操作面板、显示器和键盘、纸带穿孔机、可编程控制器等。图5.1所示为CNC系统的一般结构框图。

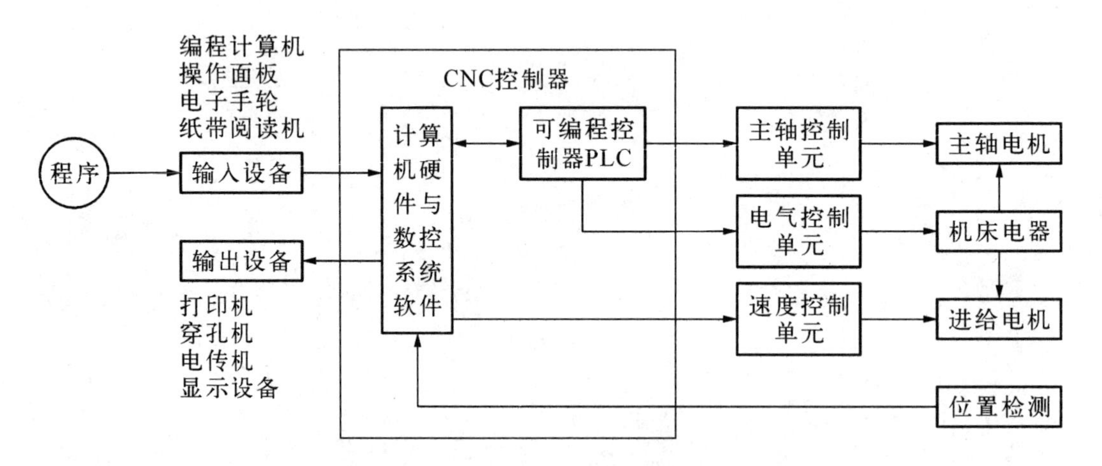

图5.1　CNC系统的结构框图

在图5.1所示的整个计算机数控系统的结构框图中,数控系统主要是指图中的CNC控制器。CNC控制器由专用计算机(由计算机硬件、系统软件和相应的I/O接口构成)与可编程控制器PLC组成,前者处理机床的轨迹运动的数字控制,后者处理开关量的逻辑控制。

5.1.2　CNC系统的功能和一般工作过程

一、CNC系统的功能

CNC系统现在普遍采用了微处理器,通过软件可以实现很多功能。数控系统有多种系列,性能各异。数控系统的功能通常包括基本功能和选择功能。基本功能是数控系统必备的功能,选择功能是供用户根据机床特点和用途进行选择的功能。CNC系统的功能主要反映在准备功能G指令代码和辅助功能M指令代码上。根据数控机床类型、用途、档次的不同,CNC系统的功能有很大差别,下面介绍其主要功能。

1. 控制功能

CNC系统能控制的轴数和能同时控制(联动)的轴数是其主要性能之一。控制轴有移动轴和回转轴,有基本轴和附加轴。通过轴的联动可以完成轮廓轨迹的加工。一般数控车床只需二轴控制,二轴联动;一般数控铣床需要三轴控制、三轴联动或$2\frac{1}{2}$轴联动;一般加工中心为多轴控制,三轴联动。控制轴数越多,特别是同时控制的轴数越多,要求CNC系统的功能就越强,同时CNC系统也就越复杂,编制程序也越困难。

2. 准备功能

准备功能也称G指令代码,它用来指定机床运动方式,包括基本移动、平面选择、坐标设定、刀具补偿、固定循环等指令。对于点位式的加工机床,如钻床、冲床等,需要点位移动控制系统。对于轮廓控制的加工机床,如车床、铣床、加工中心等,需要控制系统有两个或两个以上的进给坐标具有联动功能。

3. 插补功能

CNC系统是通过软件插补来实现刀具运动轨迹控制的。由于轮廓控制的实时性很强,软件插补的计算速度难以满足数控机床对进给速度和分辨率的要求,同时由于CNC不断扩展其他方面的功能也要求减少插补计算所占用的CPU时间,因此CNC的插补功能实际上被分为粗插补和精插补。插补软件每次插补一个小线段的数据为粗插补,伺服系统根据粗插补的结果,将小线段分成单个脉冲的输出称为精插补。有的数控机床采用硬件进行精插补。

4. 进给功能

根据加工工艺要求,CNC系统的进给功能用F指令代码直接指定数控机床加工的进给速度。

(1) 切削进给速度

以每分钟进给的毫米数指定刀具的进给速度,如100 mm/min。对于回转轴,表示每分钟进给的角度。

(2) 同步进给速度

以主轴每转进给的毫米数规定的进给速度,如0.02 mm/r。只有主轴上装有位置编码器的数控机床才能指定同步进给速度，用于切削螺纹的编程。

(3) 进给倍率

操作面板上设置了进给倍率开关，倍率可以在0～200%之间选择，每挡间隔10%。使用倍率开关不用修改程序就可以改变进给速度，并可以在试切零件时随时改变进给速度或在发生意外时随时停止进给。

5. 主轴功能

主轴功能就是指定主轴转速的功能。

(1) 转速的编码方式

用S指令代码指定。一般用地址符S后加两位数字或4位数字表示，单位分别为r/min和mm/min。

(2) 指定恒定线速度

该功能可以保证车床和磨床加工工件端面质量和不同直径外圆的加工时具有相同的切削速度。

(3) 主轴定向准停

该功能使主轴在径向的某一位置准确停止，有自动换刀功能的机床必须选取有这一功能的CNC装置。

6. 辅助功能

辅助功能用来指定主轴的启、停和转向，切削液的开和关，刀库的启和停等，一般是开关量的控制，用M指令代码表示。各种型号的数控装置具有的辅助功能差别很大，而且有许多是自定义的。

7. 刀具功能

刀具功能用来选择所需的刀具。刀具功能字以地址符T为首，后面跟两位或4位数字，代表刀具的编号。

8. 补偿功能

补偿功能是通过输入到CNC系统存储器的补偿量，根据编程轨迹重新计算刀具的运动轨迹和坐标尺寸，从而加工出符合要求的工件。补偿功能主要有以下种类：

(1) 刀具的尺寸补偿

如刀具长度补偿、刀具半径补偿和刀尖圆弧补偿。这些功能可以补偿刀具磨损以及在换刀时对准正确位置，简化编程。

(2) 丝杠的螺距误差补偿和反向间隙补偿或者热变形补偿

通过事先检测出丝杠螺距误差和反向间隙，并输入到CNC系统中，在实际加工中进行补偿，从而提高数控机床的加工精度。

9. 字符、图形显示功能

CNC控制器可以配置单色或彩色CRT或LCD，通过软件和硬件接口实现字符和图形的显示。通常可以显示程序、参数、各种补偿量、坐标位置、故障信息、人机对话编程菜单、零件图形及刀具实际移动轨迹的坐标等。

10. 自诊断功能

为了防止故障的发生或在发生故障后可以迅速查明故障的类型和部位，以减少停机时间,CNC 系统中设置了各种诊断程序。不同的 CNC 系统设置的诊断程序是不同的,诊断的水平也不同。诊断程序一般可以包含在系统程序中,在系统运行过程中进行检查和诊断;也可以作为服务性程序,在系统运行前或故障停机后进行诊断,查找故障的部位。有的 CNC 可以进行远程通信诊断。

11. 通信功能

为了适应柔性制造系统(FMS)和计算机集成制造系统(CIMS)的需求,CNC 装置通常具有 RS-232C 通信接口,有的还备有 DNC 接口,还有的 CNC 可以通过制造自动化协议(MAP)接入工厂的通信网络。

12. 人机交互图形编程功能

为了进一步提高数控机床的编程效率,对于 NC 程序,特别是较为复杂零件的 NC 程序的编制,都要通过计算机辅助编程,尤其是利用图形进行自动编程,以提高编程效率。因此,对于现代 CNC 系统,一般要求具有人机交互图形编程功能。有这种功能的 CNC 系统可以根据零件图直接编制程序,即编程人员只需送入图样上简单表示的几何尺寸就能自动地计算出全部交点、切点和圆心坐标,生成加工程序。有的 CNC 系统可根据引导图和显示说明进行对话式编程,并具有自动工序选择、刀具和切削条件的自动选择等智能功能;有的 CNC 系统还具备用户宏程序功能(如日本 FANUC 系统),这些功能有助于那些未受过 CNC 编程专门训练的机械工人很快地进行程序编制工作。

二、CNC 系统的一般工作过程

1. 输入

输入 CNC 控制器的通常有零件加工程序、机床参数和刀具补偿参数。机床参数一般在机床出厂时或在用户安装调试时已经设定好,所以输入 CNC 系统的主要是零件加工程序和刀具补偿数据。输入方式有纸带输入、键盘输入、磁盘输入、上级计算机 DNC 通信输入等。CNC 输入工作方式有存储方式和 NC 方式。存储方式是将整个零件程序一次全部输入到 CNC 内部存储器中,加工时再从存储器中把程序一个一个调出,存储方式应用较多。NC 方式是 CNC 一边输入一边加工的方式,即在前一程序段加工时,输入后一个程序段的内容。

2. 译码

译码是以零件程序的一个程序段为单位进行处理,把其中零件的轮廓信息(起点、终点、直线或圆弧等),F、S、T、M 等信息按一定的语法规则解释(编译)成计算机能够识别的数据形式,并以一定的数据格式存放在指定的内存专用区域。编译过程中还要进行语法检查,发现错误立即报警。

3. 刀具补偿

刀具补偿包括刀具半径补偿和刀具长度补偿。为了方便编程人员编制零件加工程序,编程时零件程序是以零件轮廓轨迹来编程的,与刀具尺寸无关。程序输入和刀具参数输入分别进行。刀具补偿的作用是把零件轮廓轨迹按系统存储的刀具尺寸数据自动转换成刀具中心(刀位点)相对于工件的移动轨迹。

刀具补偿包括B机能和C机能刀具补偿功能。在较高档次的CNC中一般应用C机能刀具补偿,C机能刀具补偿具有程序段之间的自动转接和过切削判断等功能。

4. 进给速度处理

数控加工程序给定的刀具相对于工件的移动速度是在各个坐标合成运动方向上的速度,即F代码的指令值。速度处理首先要进行的工作是将各坐标合成运动方向上的速度分解成各进给运动坐标方向上的分速度,为插补时计算各进给坐标的行程量做准备;另外,对于机床允许的最低和最高速度限制也在这里处理。有的数控机床的CNC软件的自动加速和减速也放在这里。

5. 插补

零件加工程序程序段中的指令行程信息是有限的。如加工直线的程序段仅给定起、终点坐标;加工圆弧的程序段除了给定起、终点坐标外,还给定圆心坐标或圆弧半径。要进行轨迹加工,CNC必须对一条已知起点和终点的曲线自动进行"数据点密化"的工作,这就是插补。插补在每个规定的周期(插补周期)内进行一次,即在每个周期内,按指令进给速度计算出一个微小的直线数据段。通常经过若干个插补周期后,插补完一个程序段,也就完成了从起点到终点的"数据点密化"工作。

6. 位置控制

位置控制装置位于伺服系统的位置环上,如图5.2所示。它的主要工作是在每个采样周期内,将插补计算出的理论位置与实际反馈位置进行比较,用其差值控制进给电动机。位置控制可由软件完成,也可由硬件完成。在位置控制中,通常还要完成位置回路的增益调整、各坐标方向的螺距误差补偿和反向间隙补偿等,以提高机床的定位精度。

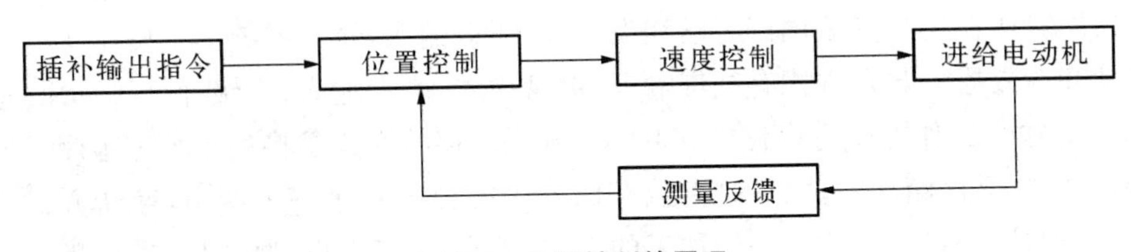

图5.2　位置控制的原理

7. I/O处理

CNC的I/O是CNC与机床之间信息传递和变换的通道。I/O处理的作用一方面是将机床运动过程中的有关参数输入到CNC中;另一方面是将CNC的输出命令(如换刀、主轴变速换挡、加冷却液等)变为执行机构的控制信号,实现对机床的控制。

8. 显示

CNC系统的显示主要是为操作者提供方便。显示装置有CRT显示器或LCD数码显示器,一般位于机床的控制面板上。通常有零件程序的显示、参数的显示、刀具位置显示、机床状态显示、报警信息显示等。有的CNC装置中还有刀具加工轨迹的静态和动态模拟加工图形显示。

CNC的工作流程如图5.3所示。

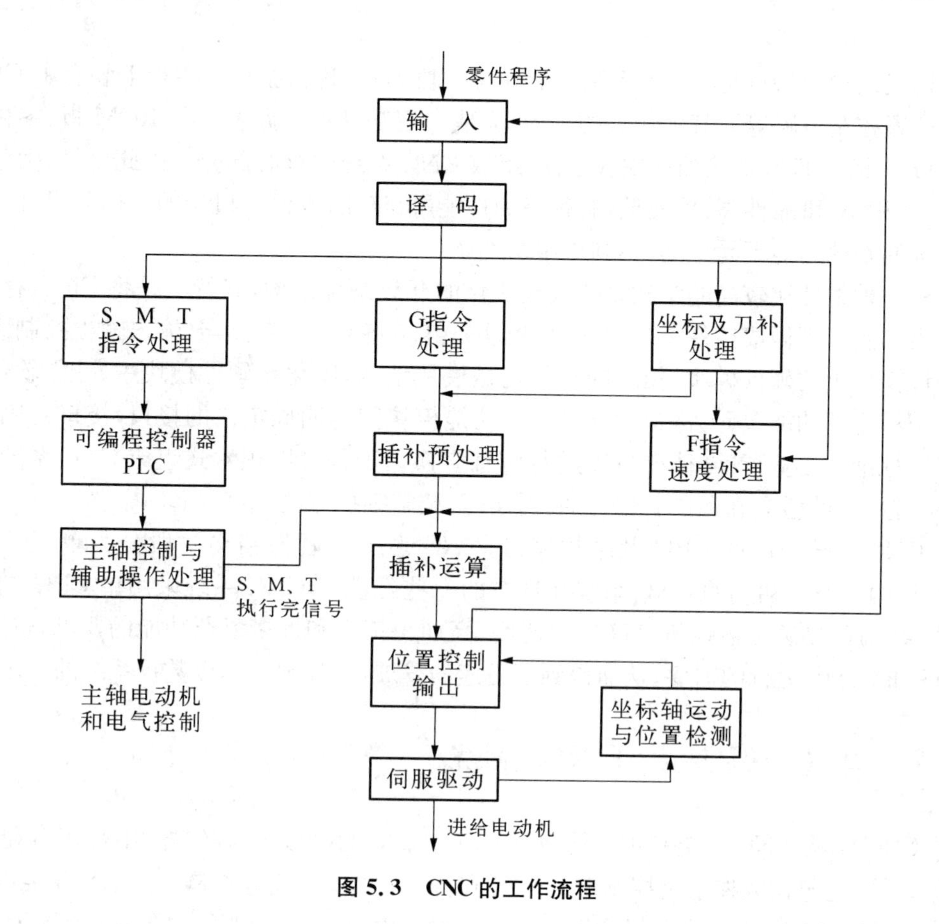

图 5.3　CNC 的工作流程

5.2　CNC 系统的硬件结构

5.2.1　CNC 系统的硬件构成特点

随着大规模集成电路技术和表面安装技术的发展,CNC 系统硬件模块及安装方式不断改进。从 CNC 系统的总体安装结构看,有整体式结构和分体式结构两种。

所谓整体式结构,是把 CRT 和 MDI 面板、操作面板以及功能模块组成的电路板等安装在同一机箱内。这种方式的优点是结构紧凑,便于安装,但有时可能造成某些信号连线过长。分体式结构通常把 CRT 和 MDI 面板、操作面板等做成一个部件,而把功能模块组成的电路板安装在一个机箱内,两者之间用导线或光纤连接。许多 CNC 机床把操作面板也单独做成一个部件,这是由于所控制机床的要求不同,操作面板相应地要改变,做成分体式有利于更换和安装。

CNC 操作面板在机床上的安装形式有吊挂式、床头式、控制柜式、控制台式等多种。

从组成 CNC 系统的电路板的结构特点来看,有两种常见的结构,即大板式结构和模块化结构。

大板式结构的特点是，一个系统一般都有一块大板，称为主板。主板上装有主CPU和各轴的位置控制电路等。其他相关的子板(完成一定功能的电路板)，如ROM板、零件程序存储器板和PLC板都直接插在主板上面，组成CNC系统的核心部分。由此可见，大板式结构紧凑、体积小、可靠性高、价格低，有很高的性能/价格比，也便于机床的一体化设计。但大板式结构的硬件功能不易变动，不利于组织生产。

另外一种柔性比较高的结构是总线模块化的开放系统结构，其特点是将CPU、存储器、输入输出控制分别做成插件板(称为硬件模块)，甚至将CPU、存储器、输入输出控制组成独立微型计算机级的硬件模块，相应的软件也是模块结构，固化在硬件模块中。硬、软件模块形成一个特定的功能单元，称为功能模块。功能模块间有明确定义的接口，接口是固定的，成为工厂标准或工业标准，彼此可以进行信息交换。于是可以积木式组成CNC系统，使设计简单，有良好的适应性和扩展性，试制周期短，调整维护方便，效率高。

从CNC系统使用的CPU及结构来分，CNC系统的硬件结构一般分为单CPU和多CPU结构两大类。初期的CNC系统和现在的一些经济型CNC系统采用单CPU结构，而多CPU结构可以满足数控机床高进给速度、高加工精度和许多复杂功能的要求，也适应并入FMS和CIMS运行的需要，从而得到了迅速的发展，它反映了当今数控系统的新水平。

5.2.2 单CPU结构CNC系统

单CPU结构CNC系统基本结构包括CPU、总线、I/O接口、存储器、串行接口和CRT/MDI接口等，还包括数控系统控制单元部件和接口电路，如位置控制单元、PLC接口、主轴控制单元、速度控制单元、穿孔机和纸带阅读机接口以及其他接口等。图5.4所示为一种单CPU结构的CNC系统框图。

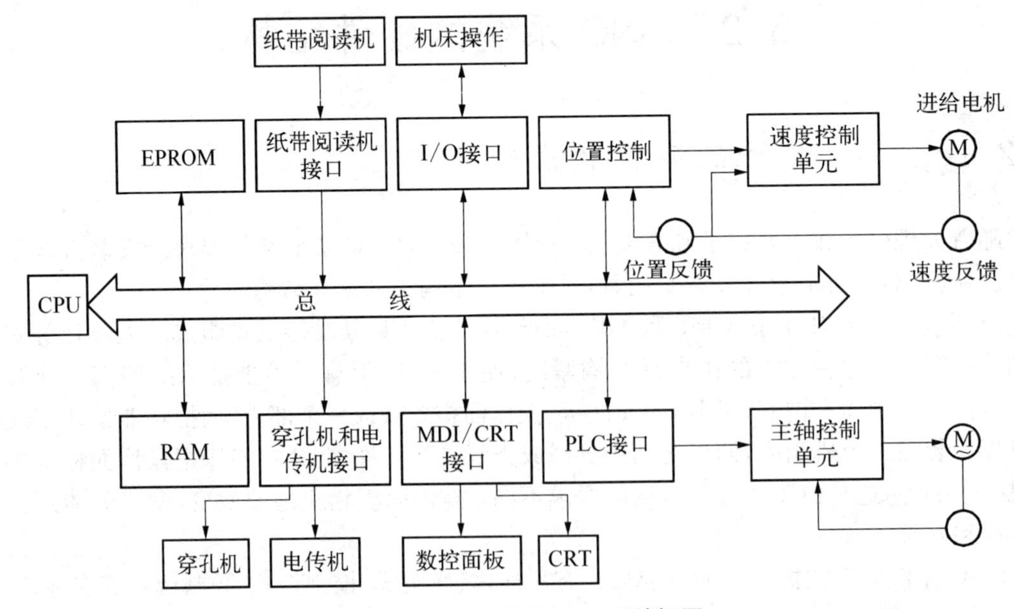

图5.4 单CPU结构CNC系统框图

CPU主要完成控制和运算两方面的任务。控制功能包括内部控制,对零件加工程序的输入、输出控制,对机床加工现场状态信息的记忆控制等。运算任务是完成一系列的数据处理工作:译码、刀补计算、运动轨迹计算、插补运算和位置控制的给定值与反馈值的比较运算等。在经济型CNC系统中,常采用8位微处理器芯片或8位、16位的单片机芯片。中高档的CNC通常采用16位、32位甚至64位的微处理器芯片。

在单CPU的CNC系统中通常采用总线结构。总线是微处理器赖以工作的物理导线,按其功能可以分为3种,即数据总线(DB)、地址总线(AD)、控制总线(CB)。

CNC装置中的存储器包括只读存储器(ROM)和随机存储器(RAM)两种。系统程序存放在只读存储器EPROM中,由生产厂家固化,即使断电,程序也不会丢失。系统程序只能由CPU读出,不能写入。运算的中间结果,需要显示的数据,运行中的状态、标志信息等存放在随机存储器RAM中。RAM可以随时读出和写入,但断电后其中存储的信息消失。加工的零件程序、机床参数、刀具参数等存放在有后备电池的CMOS RAM中,或者存放在磁泡存储器中,这些信息在这种存储器中能随时读出,还可以根据操作需要写入或修改,断电后信息仍然保留。

CNC装置中的位置控制单元主要对机床进给运动的坐标轴位置进行控制。位置控制的硬件一般采用大规模专用集成电路位置控制芯片或控制模板实现。

CNC接受指令信息的输入有多种形式,如光电式纸带阅读机、磁带机、磁盘、计算机通信接口等,以及利用数控面板上的键盘操作的手动数据输入(MDI)和机床操作面板上手动按钮、开关量信息的输入。所有这些输入都要由相应的接口来实现。

CNC的输出也有多种,如程序的穿孔机、电传机输出,字符与图形的阴极射线管CRT输出,位置伺服控制和机床强电控制指令的输出等。输出同样要由相应的接口来执行。

单CPU结构CNC系统的特点是:CNC的所有功能都是通过一个CPU进行集中控制、分时处理来实现的;该CPU通过总线与存储器、I/O控制元件等各种接口电路相连,构成CNC的硬件;结构简单,易于实现;由于只有一个CPU的控制,功能受字长、数据宽度、寻址能力和运算速度等因素的限制。

5.2.3　多CPU结构CNC系统

多CPU结构CNC系统是指在CNC系统中有两个或两个以上的CPU能控制系统总线或主存储器进行工作的系统结构。该结构有紧耦合和松耦合两种形式。紧耦合是指两个或两个以上的CPU构成的处理部件之间采用紧耦合(相关性强),有集中的操作系统,共享资源。松耦合是指两个或两个以上的CPU构成的功能模块之间采用松耦合(相关性弱或具有相对的独立性),由多重操作系统实现并行处理。

现代的CNC系统大多采用多CPU结构。在这种结构中,每个CPU完成系统规定的一部分功能,独立执行程序,故比单CPU结构处理速度快。多CPU结构的CNC系统采用模块化设计,将软件和硬件模块结合在一起形成一定的功能模块。模块间有明确的符合工业标准的接口,彼此间可以进行信息交换。这样可以形成模块化结构,缩短了设计制造周期,并且具有良好的适应性和扩展性,结构紧凑。多CPU结构CNC系统中的每个CPU各自有自己的任务，形成若干个模块，如果某个模块出了故障，其他模块仍能照常工作，并且插件模块更换方便，可以使故障对系统的影响减少到最小，提高了可靠性。多CPU结构CNC系统性能价格比高，适合于多轴控制、高进给速度、高精度的数控机床。

1. 多CPU结构CNC系统的典型结构

(1) 共享总线结构

在这种结构的CNC系统中，只有主模块有权控制系统总线，且在任一时刻只能有一个主模块占有总线，如有多个主模块同时请求使用总线会产生竞争总线问题。

共享总线结构各模块之间的通信主要依靠存储器实现，采用公共存储器的方式。公共存储器直接插在系统总线上，有总线使用权的主模块都能访问，可供任意两个主模块之间交换信息。共享总线结构如图5.5所示。

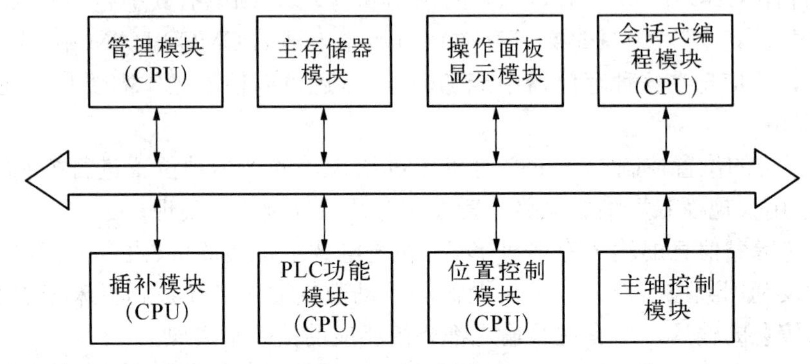

图5.5　共享总线多CPU结构的CNC系统框图

(2) 共享存储器结构

在该结构中，采用多端口存储器来实现各CPU之间的互联和通信，每个端口都配有一套数据、地址、控制线，以供端口访问，由多端控制逻辑电路解决访问冲突。共享存储器结构如图5.6所示。

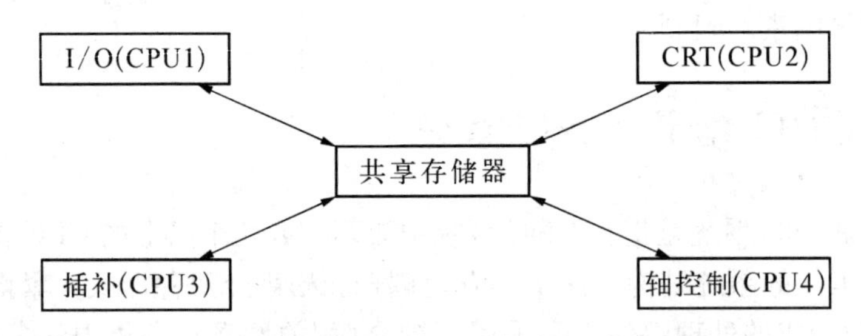

图5.6　共享存储器多CPU结构的CNC系统框图

对共享存储器结构，当CNC系统功能复杂要求CPU数量增多时，会因争用共享存储器而造成信息传输的阻塞，降低系统的效率，功能扩展较为困难。

2. 多CPU结构CNC系统基本功能模块

(1) 管理模块

该模块管理和组织整个CNC系统的工作，主要包括初始化、中断管理、总线裁决、系统出错识别和处理、系统硬件与软件诊断等功能。

(2) 插补模块

在完成插补前,进行零件程序的译码、刀具补偿、坐标位移量计算、进给速度处理等预处理,然后进行插补计算,并给定各坐标轴的位置值。

(3) 位置控制模块

对坐标位置给定值与由位置检测装置测到的实际位置值进行比较并获得差值,进行自动加减速、回基准点、对伺服系统滞后量的监视和漂移补偿,最后得到速度控制的模拟电压(或速度的数字量)去驱动进给电动机。

(4) PLC模块

零件程序的开关量(S、M、T)和机床面板来的信号在这个模块中进行逻辑处理,实现机床电气设备的启、停,刀具交换,转台分度,工件数量和运转时间的计数等。

(5) 命令与数据输入/输出模块

指零件程序、参数和数据、各种操作指令的输入/输出,以及显示所需要的各种接口电路。

(6) 存储器模块

是程序和数据的主存储器,或是功能模块数据传送用的共享存储器。

5.3　CNC系统的软件结构

CNC系统的软件是为完成CNC系统的各项功能而专门设计和编制的,是数控加工系统的一种专用软件,又称为系统软件(系统程序)。CNC系统软件的管理作用类似于计算机的操作系统。不同的CNC装置,其功能和控制方案不同,因而各系统软件在结构上和规模上差别较大,各厂家的软件互不兼容。现代数控机床的功能大都采用软件来实现,所以系统软件的设计及功能是CNC系统的关键。

数控系统是按照事先编制好的控制程序来实现各种控制的,而控制程序是根据用户对数控系统所提出的各种要求进行设计的。在设计系统软件之前必须细致地分析被控制对象的特点和对控制功能的要求,然后决定采用哪一种计算方法。在确定好控制方式、计算方法和控制顺序后,将其处理顺序用框图描述出来,使系统设计者对所设计的系统有一个明确而清晰的轮廓。

5.3.1　CNC装置软、硬件的界面

在CNC系统中,软件和硬件在逻辑上是等价的,即由硬件完成的工作原则上也可以由软件来完成。但是它们各有特点:硬件处理速度快,造价相对较高,适应性差;软件设计灵活,适应性强,但是处理速度慢。因此,CNC系统中软、硬件的分配比例是由性能价格比决定的,这也在很大程度上涉及软、硬件的发展水平。一般来说,软件结构要受到硬件的限制,但软件结构也有相对独立性:对于相同的硬件结构,可以配备不同的软件结构。实际上,现代CNC系统中的软、硬件界面并不是固定不变的,而是随着软、硬件的水平和成本,以及

CNC 系统所具有的性能不同而发生变化。图 5.7 给出了不同时期和不同产品中的 3 种典型 CNC 系统软、硬件界面。

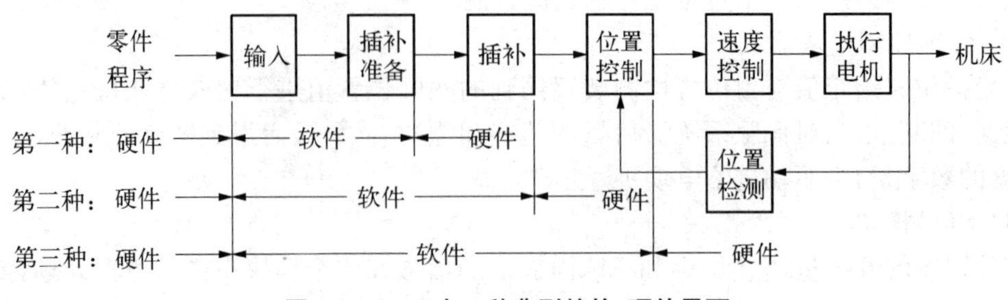

图 5.7　CNC 中 3 种典型的软、硬件界面

5.3.2　CNC 系统控制软件的结构特点

1. CNC 系统的多任务性

CNC 系统作为一个独立的过程数字控制器应用于工业自动化生产中，其多任务性表现在它的管理软件必须完成管理和控制两大任务。其中系统管理包括输入、I/O 处理、通信、显示、诊断以及加工程序的编制管理等程序，系统控制部分包括译码、刀具补偿、速度处理、插补和位置控制等软件，如图 5.8 所示。

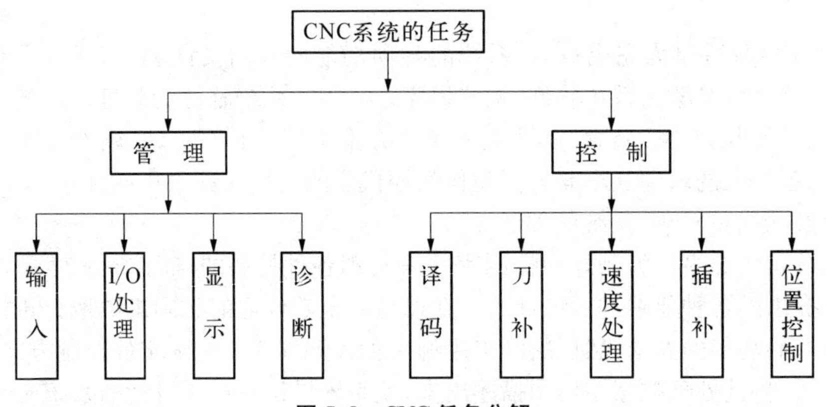

图 5.8　CNC 任务分解

同时，CNC 系统的这些任务必须协调工作，也就是在许多情况下，管理和控制的某些工作必须同时进行。例如，为了便于操作人员能及时掌握 CNC 的工作状态，管理软件中的显示模块必须与控制模块同时运行；当 CNC 处于 NC 工作方式时，管理软件中的零件程序输入模块必须与控制软件同时运行。而控制软件运行时，其中一些处理模块也必须同时进行。如为了保证加工过程的连续性，即刀具在各程序段间不停刀，译码、刀补和速度处理模块必须与插补模块同时运行，而插补又必须要与位置控制同时进行等。这种任务并行处理关系如图 5.9 所示。

事实上，CNC 系统是一个专用的实时多任务计算机系统，其软件必然会融合现代计算机软件技术中的许多先进技术，其中最突出的是多任务并行处理和多重实时中断技术。

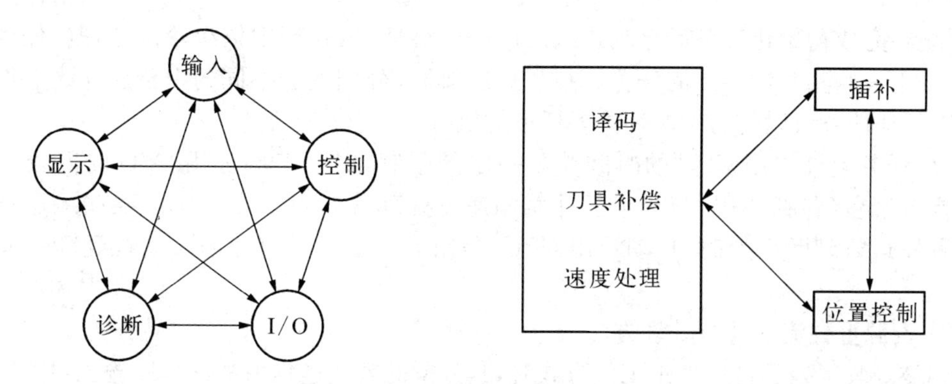

图5.9　CNC的任务并行处理关系需求

2. 并行处理

并行处理是指计算机在同一时刻或同一时间间隔内完成两种或两种以上性质相同或不相同的工作。并行处理的优点是提高了运行速度。

并行处理分为"资源重复"法、"时间重叠"法和"资源共享"法等方法。

资源重复是用多套相同或不同的设备同时完成多种相同或不同的任务。如在CNC系统硬件设计中采用多CPU的系统体系结构来提高处理速度。

资源共享是根据"分时共享"的原则,使多个用户按照时间顺序使用同一套设备。

时间重叠是根据流水线处理技术,使多个处理过程在时间上相互错开,轮流使用同一套设备的几个部分。

目前CNC装置的硬件结构中,广泛使用"资源重复"的并行处理技术,如采用多CPU的体系结构来提高系统的速度。而在CNC装置的软件中,主要采用"资源分时共享"和"资源重叠的流水处理"方法。

(1) 资源分时共享并行处理方法

在单CPU的CNC装置中,要采用CPU分时共享的方法来解决多任务的同时运行问题。各个任务何时占用CPU及各个任务占用CPU时间的长短,是首先要解决的两个问题。在CNC装置中,各任务占用CPU是用循环轮流和中断优先相结合的办法来解决的。图5.10所示为一个典型的CNC装置各任务分时共享CPU的并行处理过程。

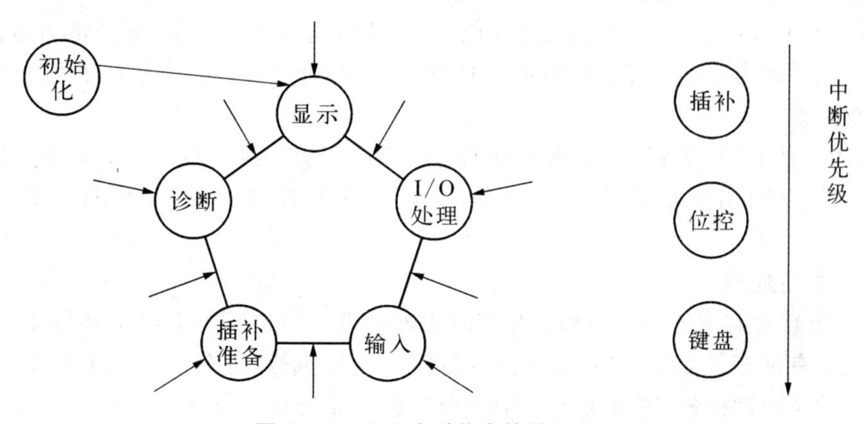

图5.10　CPU分时共享的并行处理

系统在完成初始化任务后自动进入时间分配循环中，在环中依次轮流处理各任务。而对于系统中一些实时性很强的任务则按优先级排队，分别处于不同的中断优先级上作为环外任务，环外任务可以随时中断环内各任务的执行。

每个任务允许占用CPU的时间受到一定的限制，对于某些占用CPU时间较多的任务，如插补准备（包括译码、刀具半径补偿和速度处理等），可以在其中的某些地方设置断点，当程序运行到断点处时，自动让出CPU，等到下一个运行时间内自动跳到断点处继续运行。

(2) 资源重叠流水并行处理方法

当CNC装置处于自动加工工作方式时，其数据的转换过程由零件程序输入、插补准备、插补、位置控制4个子过程组成。如果每个子过程的处理时间分别为Δt_1、Δt_2、Δt_3、Δt_4，那么一个零件程序段的数据转换时间将是$t=\Delta t_1+\Delta t_2+\Delta t_3+\Delta t_4$。如果以顺序方式处理每个零件的程序段，则第一个零件程序段处理完以后再处理第二个程序段，依此类推。图5.11(a)表示了这种顺序处理方式的时间空间关系。从图中可以看出，两个程序段的输出之间将有一个时间为t的间隔，这种时间间隔反映在电动机上就是电动机的时停时转，反映在刀具上就是刀具的时走时停，这种情况在加工工艺上是不允许的。

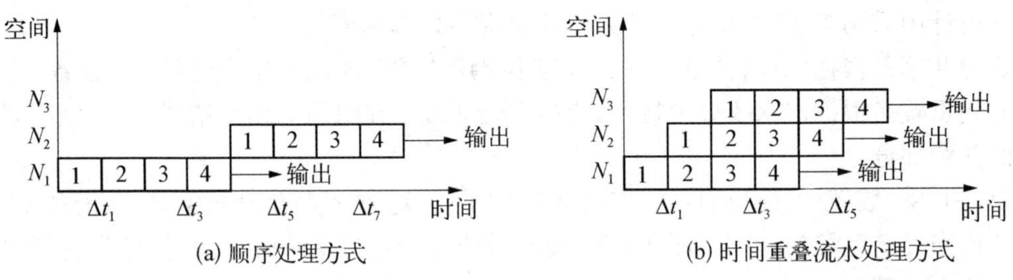

图5.11 两种处理方式

消除这种间隔的方法是未用时间重叠流水处理技术。采用流水处理后的时间空间关系如图5.11(b)所示。

流水处理的关键是时间重叠，即在一段时间间隔内不是处理一个子过程，而是处理两个或更多的子过程。从图中可以看出，经过流水处理以后，从时间Δt_4开始，每个程序段的输出之间不再有间隔，从而保证了刀具移动的连续性。流水处理要求处理每个子过程的运算时间相等，然而CNC装置中每个子过程所需的处理时间都是不同的，解决的方法是取最长的子过程处理时间为流水处理时间间隔。这样在处理时间间隔较短的子过程时，处理完后要进入等待状态。

在单CPU的CNC装置中，流水处理的时间重叠只有宏观上的意义，即在一段时间内，从宏观上看是CPU并行处理多个子过程，但从微观上看，每个子过程是分时占用CPU时间。

3. 实时中断处理

CNC系统软件结构的另一个特点是实时中断处理。CNC系统程序以零件加工为对象，每个程序段中有许多子程序，它们按照预定的顺序反复执行，各个步骤间关系十分密切，有许多子程序的实时性很强，这就决定了中断成为整个系统不可缺少的重要组成部分。CNC系统的中断管理主要由硬件完成，而系统的中断结构决定了软件结构。

CNC的中断类型如下：

(1) 外部中断

主要有纸带光电阅读机中断、外部监控中断(如紧急停、量仪到位等)和键盘操作面板输入中断。前两种中断的实时性要求很高，将它们放在较高的优先级上。键盘和操作面板的输入中断则放在较低的中断优先级上，在有些系统中，甚至用查询的方式来处理它。

(2) 内部定时中断

主要有插补周期定时中断和位置采样定时中断，有些系统中将这两种定时中断合二为一。处理时，总是先处理位置控制，然后处理插补运算。

(3) 硬件故障中断

它是各种硬件故障检测装置发出的中断，如存储器出错、定时器出错、插补运算超时等。

(4) 程序性中断

它是程序中出现的异常情况的报警中断，如各种溢出、除零错误等。

5.3.3　常规CNC系统的软件结构

CNC系统的软件结构决定于系统采用的中断结构。在常规CNC系统中，已有的结构模式有中断型和前后台型两种结构模式。

1. 中断型结构模式

中断型软件结构的特点是除了初始化程序之外，整个系统软件的各种功能模块分别安排在不同级别的中断服务程序中，整个软件就是一个大的中断系统，管理功能主要通过各级中断服务程序之间的相互通信来解决。

一般在中断型结构模式的CNC软件体系中，控制CRT显示的模块为低级中断(0级中断)，只要系统中没有其他中断级别请求，总是执行0级中断，即系统进行CRT显示。其他程序模块，如译码处理、刀具中心轨迹计算、键盘控制、I/O信号处理、插补运算、终点判别、伺服系统位置控制等，分别具有不同的中断优先级别。开机后，系统程序首先进入初始化程序，进行初始化状态的设置、ROM检查等工作。初始化后，系统转入0级中断CRT显示处理。此后系统就进入各种中断的处理，整个系统的管理通过中断服务程序之间的通信来实现。

例如，FANUC-BESK 7CM CNC系统是一个典型的中断型软件结构，整个系统的各个功能模块被分为8级不同优先级的中断服务程序，如表5.1所示。其中伺服系统位置控制被安排成很高的级别，因为机床的刀具运动实时性很强。CRT显示被安排的级别最低，即0级，其中断请求通过硬件接线始终保持存在，只要0级以上的中断均未发生，就一直进行CRT显示。1级中断相当于后台程序的功能，为进行插补前的准备工作。1级中断有13种功能，对应着口状态字中的13个位，每位对应一个处理任务。进入1级中断服务时，先依次查询口状态字0～12位的状态，再转入相应的中断服务，具体如表5.2所示。其处理过程见图5.12。口状态字的置位有两种情况：一是由其他中断根据需要置1级中断请求的同时置相应的口状态字；二是在执行1级中断的某个口的处理时，置口状态字的另一位。某一口的处理结束后，程序将口状态字的对应位清除。

表 5.1 FANUC - BESK 7CM CNC 系统的各级中断功能

中断级别	主要功能	中断源
0	控制 CRT 显示	硬件
1	译码,刀具中心轨迹计算,显示器控制	软件,16 ms 定时
2	键盘监控,I/O 信号处理,穿孔机控制	软件,16 ms 定时
3	操作面板和电传机处理	硬件
4	插补运算,终点判别和转段处理	软件,8 ms 定时
5	纸带阅读机读纸带处理	硬件
6	伺服系统位置控制处理	4 ms 实时钟
7	系统测试	硬件

表 5.2 FANUC - BESK 7CM CNC 系统 1 级中断的 13 种功能

口状态字	对应口的功能
0	显示处理
1	公英制转换
2	部分初始化
3	从存储区(MP、PC 或 SP 区)读一段数控程序到 BS 区
4	轮廓轨迹转换成刀具中心轨迹
5	“再启动”处理
6	“再启动”开关无效时,刀具回到断点“启动”处理
7	按“启动”按钮时,要读一段程序到 BS 区的预处理
8	连续加工时,要读一段程序到 BS 区的预处理
9	纸带阅读机反绕或存储器指针返回首址的处理
A	启动纸带阅读机使纸带正常进给一步
B	置 M、S、T 指令标志及 G96 速度换算
C	置纸带反绕标志

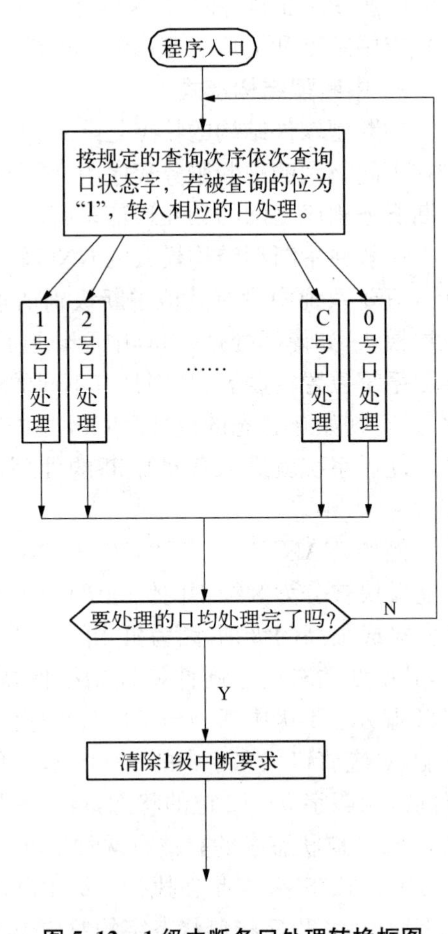

图 5.12 1 级中断各口处理转换框图

2 级中断服务程序的主要工作是对数控面板上的各种工作方式和 I/O 信号进行处理。

3 级中断是对用户选用的外部操作面板和电传机进行处理。

4 级中断最主要的功能是完成插补运算。7CM 系统中采用了“时间分割法”(数据采样法)插补,此方法经过 CNC 插补计算输出的是一个插补周期 T(8 ms)的 F 指令值,这是一个粗插补进给量,精插补进给量则由伺服系统的硬件与软件来完成。一次插补处理分为速度计算、插补计算、终点判别和进给量变换 4 个阶段。

5 级中断服务程序主要对纸带阅读机读入的孔信号进行处理。这种处理基本上可以分为输入代码的有效性判别、代码处理和结束处理 3 个阶段。

6 级中断主要完成位置控制、4 ms 定时计时和存储器奇偶校验工作。

7 级中断用于工程师的系统调试工作,机床正式工作时一般不使用。

中断请求的发生,除了第 6 级中断是由 4 ms 时钟发生之外,其余的中断均靠别的中断设置,即依靠各中断程序之间的相互通信来解决。例如,第 6 级中断程序每两次设置一次第 4 级中断请求(8 ms),每 4 次设置一次第 1、2 级中断请求;第 4 级中断的插补运算在完成一个程序段后,要从缓冲器中取出一段并做刀具半径补偿,这时就置第 1 级中断请求,并把 4 号口置 1。

下面具体介绍 FANUC - BESK 7CM 中断型 CNC 系统的工作过程及其各中断程序之间的相互关联。

(1) 开机

开机后,系统程序首先进入初始化程序,进行初始化状态的设置、ROM 检查工作。初始化结束后,系统转入 0 级中断服务程序,进行 CRT 显示处理。每间隔 4 ms,进入 6 级中断。由于 1 级、2 级和 4 级中断请求均按 6 级中断的定时设置运行,故此后系统进入轮流对这几种中断的处理。

(2) 启动纸带阅读机输入纸带

做好纸带阅读机的准备工作后,将操作方式置于“数据输入”方式,按下面板上的主程序 MP 键。再按下纸带输入键,控制程序在 2 级中断“纸带输入键处理程序”中启动一次纸带阅读机。纸带上的同步孔信号读入时产生 5 级中断请求,系统响应 5 级中断处理,从输入存储器中读入孔信号,并将其送入 MP 区。然后再继续启动纸带阅读机,直到纸带结束。

(3) 启动机床加工

① 当按下机床控制面板上的“启动”按钮后,在 2 级中断中,判定“机床启动”为有效信息,置 1 级中断 7 号口状态,表示“启动”按钮被按下,要将一个程序段从 MP 区读入 BS 区中。

② 程序转入 1 级中断,在处理到 7 号口状态时,置 3 号口状态,表示允许进行“数控程序从 MP 区读入 BS 区”的操作。

③ 在 1 级中断依次处理完毕后,返回 3 号口处理,把一数控程序段读入 BS 区,同时置“已有新加工程序段读入 BS 区”标志。

④ 程序进入 4 级中断,根据“已有新加工程序段读入 BS 区”标志,置“允许将 BS 内容读入 AS”标志,同时置 1 级中断 4 号口状态。

⑤ 程序再转入 1 级中断,在 4 号口处理中,把 BS 内容读入 AS 区中,并进行插补轨迹计

算,计算后置相应的标志。

⑥ 程序再进入4级中断处理,进行插补预处理,处理结束后置“允许插补开始”标志。同时由于BS内容已读入AS,因此置1级中断的8号口,表示要求从MP区读一段新程序段到BS区。此后转入速度计算→插补计算→进给量处理,完成第一次插补工作。

⑦ 程序进入6级中断,把4级中断送出的插补进给量分两次进给。

⑧ 再进入1级中断,8号口处理中允许再读入一段,置3号口。在3号口处理中把新程序段从MP区读入BS区。

⑨ 反复进行4级、6级、1级等中断处理,机床在系统的插补计算中不断进给,显示器不断显示出新的加工位置值。整个加工过程就是按照以上流程进行若干次处理后完成的。

由上述加工过程可见,整个系统的管理是通过中断程序间的各种通信实现的,具体通信方式包括:

① 设置软件中断。第1、2、4级中断由软件定时实现,第6级中断由时钟定时发生,每4 ms中断一次。每发生两次6级中断,设置一次4级中断请求;每发生4次6级中断,设置一次1、2级中断请求。这样就将1、2、4、6级中断联系起来。

② 口状态字。每个中断服务程序自身的连接依靠每个中断服务程序的“口状态字”位。如1级中断分成13个口,每个口对应“口状态字”的一位,每一位对应处理一个任务。进行1级中断某口的处理时可以设置“口状态字”的其他位,以便处理完某口的操作后立即转入到其他口的处理。

③ 标志。标志是各中断程序之间通信的有效手段,具体可参见上述加工过程中的步骤③、④、⑤。

2. 前后台型结构模式

前后台型结构模式CNC系统的软件分为前台程序和后台程序。前台程序是指实时中断服务程序,实现插补、伺服、机床监控等实时功能,这些功能与机床的动作直接相关。后台程序是一个循环运行程序,完成管理功能和输入、译码、数据处理等非实时性任务,也叫背景程序,管理软件和插补准备在这里完成。后台程序运行中,实时中断程序不断插入,与后台程序相配合,共同完成零件加工任务。图5.13所示为前后台软件结构中,实时中断程序与后台程序的关系图。这种前后台型的软件结构一般适合单处理器集中式控制,对CPU的性能要求较高。程序启动后先进行初始化,再进入后台程序环,同时开放实时中断程序,每隔一定的时间中断发生一次,执行一次中断服务程序,此时后台程序停止运行,实时中断程序执行后,再返回后台程序。

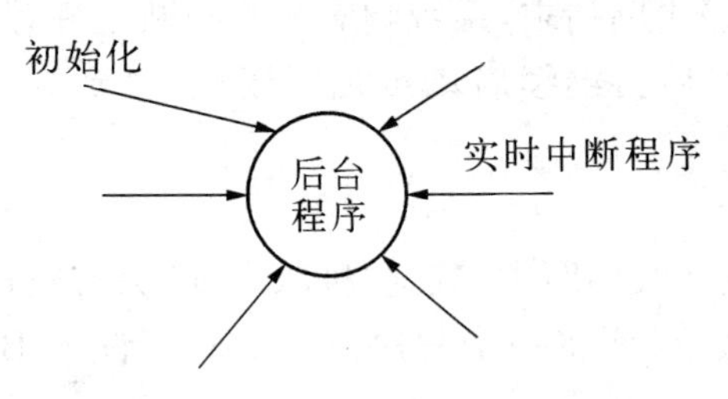

图5.13 实时中断程序与后台程序

美国的A-B7360 CNC软件是一种典型的前后台型软件,其结构框图如图5.14所示,图的右侧是实时中断程序处理的任务,左侧是背景程序处理的任务。主要的可屏蔽中断有10.24 ms实时时钟中断、阅读机中断和键盘中断。其中阅读机中断优先级最高,10.24 ms实时时钟中断优先级次之,键盘中断优先级最低。阅读机中断仅在输入零件程序时启动阅读机后发生,键盘中断仅在键盘方式下发生,而10.24 ms中断总是定时发生。背景程序是一个循环执行的主程序,实时中断程序按其优先级随时插入到背景程序中。

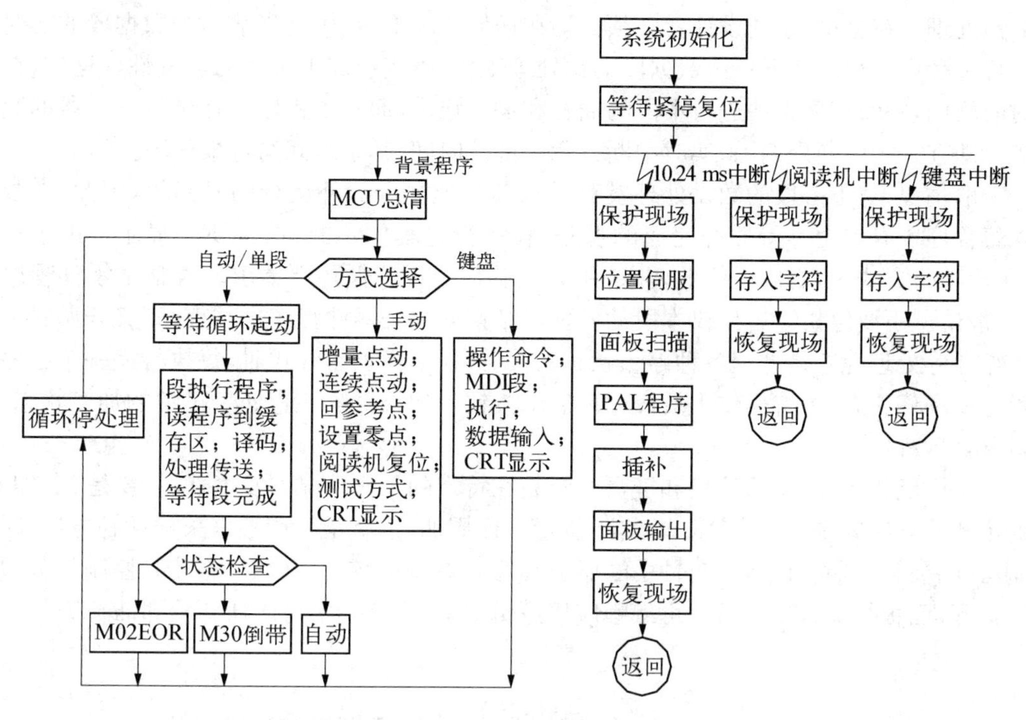

图5.14　A-B 7360 CNC软件结构框图

A-B7360 CNC控制系统接通电源或复位后，首先运行初始化程序，设置系统有关的局部标志和全局标志；设置机床参数；预清机床逻辑I/O信号在RAM中的映象区；设置中断向量并开放10.24 ms实时时钟中断，最后进入紧停状态。此时，机床的主轴和坐标轴伺服系统的强电是断开的，程序处于对"紧停复位"的等待循环中。

由于10.24 ms时钟中断定时发生，控制面板上的开关状态随时被扫描，并设置了相应的标志，以供主程序使用。一旦操作者按了"紧停复位"按钮，接通机床强电时，程序下行，背景程序起动。首先进入MCU总清(即清除零件程序缓冲区、键盘MDI缓冲区、暂存区、插补参数区等)，并使系统进入约定的初始控制状态(如G01、G90等)，接着根据面板上的方式进行选择，进入相应的方式服务环中。各服务环的出口又循环到方式选择例程，一旦10.24 ms时钟中断程序扫描到面板上的方式开关状态发生了变化，背景程序便转到新的方式服务环中。无论背景程序处于何种方式服务中，10.24 ms时钟中断总是定时发生。

在背景程序中，自动/单段是数控加工中最主要的工作方式，这种工作方式下的核心任务是进行一个程序段的数据预处理，即插补预处理——一个数据段经过输入译码、数据处理后，进入就绪状态，等待插补运行。所以图5.14中段执行程序的功能是将数据处理结果中的插补用信息传送到插补缓冲器，并把系统工作寄存器中的辅助信息(S、M、T代码)送到系统标志单元，以供系统全局使用。在完成了这两种传送之后，背景程序设立一个数据段传送结束标志及一个开放插补标志。这两个标志的设置体现了背景程序对实时中断程序的控制和管理。在这两个标志建立之前，定时中断程序尽管照常发生，但是不执行插补及辅助信息处理等工作，仅执行一些例行的扫描、监控等功能。这两个标志建立后，实时中断程序即开始执行插补、伺服输出、辅助功能处理；同时，背景程序开始输入下一程序段，并进行新数据段的预处理。在这里，系统设计者必须保证在任何情况下，在执行当前一个数据段的实时插补运行过程中必须结束下一个数据段的预处理工作，以实现加工过程的连续性。这样，在同一时间段内，中断程序正在进行本段的插补和伺服输出，而背景程序正在进行下一段的数据处理。即在一个中断周期内，实时中断开销一部分时间，其余时间给背景程序。

一般情况下，下一段的数据处理及其结果传送比本段插补运行的时间短，因此，在数据段执行程序中有一个等待插补完成的循环，在等待过程中不断进行 CRT 显示。由于在自动/单段工作方式中，有段后停的要求，所以在软件中设置循环停请求。若整个零件程序结束，一般情况下要停机。若仅仅本段插补加工结束而整个零件程序未结束，则又开始新的循环。循环停处理程序是处理各种停止状态的，例如在单段工作方式时，每执行完一个程序段就设立循环停状态，等待操作人员按循环启动按钮。如果系统一直处于正常的加工状态，则跳过该处理程序。

关于中断程序，除了阅读机和键盘中断是在特定的工作情况下发生外，主要是 10.24 ms 定时中断。该时间是 7360 CNC 的实际位置采样周期，也就是采用数据采样插补方法（时间分割法）的插补周期。该实时时钟中断服务程序是系统的核心。CNC 的实时控制任务包括位置伺服、面板扫描、机床逻辑（可编程应用逻辑 PAL 程序）、实时诊断和轮廓插补等。

5.4 CNC 系统的输入输出与通信功能

5.4.1 CNC 装置的输入输出和通信要求

CNC 装置控制独立的单台机床设备时，通常需要与下列设备相接进行数据的输入、输出和信息的交换与传递：

① 数据输入输出设备。如光电纸带阅读机（PTR）、纸带穿孔机（PP）、零件的编程机和可编程控制器（PLC）的编程机等。

② 外部机床控制面板，包括键盘和终端显示器。特别是大型数控机床，为了操作方便，往往在机床一侧设置一个外部的机床控制面板。其结构可以是固定的，或者是悬挂式的。它往往远离 CNC 装置。早期 CNC 装置采用专用的远距离输入输出接口，近来采用标准的 RS-232C/20 mA 电流环接口。

③ 通用的手摇脉冲发生器。

④ 进给驱动线路和主轴驱动线路。一般情况下，主轴驱动和进给驱动线路与 CNC 装置装在同一机柜或相邻机柜内，通过内部连线相连，它们之间不设置通用输入输出接口。

例如，西门子公司的 Sinumerik3 或 8 系统设有 V24（RS-232C）/20 mA 接口供程序输入输出之用。Sinumerik810/820 设有两个通用 V24/20 mA 接口，可用以连接数据输入输出设备。而外部机床控制面板通过 I/O 模块相连。规定 V24 接口传输距离不大于 50 m，20 mA电流环接口可达 1 000 m。

随着工厂自动化（FA）和计算机集成制造系统（CIMS）的发展，CNC 装置作为 FA 或 CIMS 结构中的一个基础层次，用作设备层或工作站层的控制器时，可以是分布式数控系统

(DNC或称群控系统)、柔性制造系统(FMS)的有机组成部分。一般通过工业局部网络相连。

CNC装置除了要与数据输入输出设备等外部设备相连接外,还要与上级主计算机或DNC计算机直接通信或通过工厂局部网络相连,具有网络通信功能。CNC装置与上级计算机或单元控制器间交换的数据要比单机运行时多得多,例如机床起停信号、操作指令、机床状态信息、零件程序的传送、其他CNC数据的传送等。为此,传送的速率也要高些,一般RS-232c/20 mA接口的传送速率不超过9 600 bit/s。

美国A-B公司的8600系统为满足CIMS通信要求,配置如下3种接口:小型DNC接口;远距离输入输出接口;数据高速通道(Data Highway),相当于工业局部网络的通信接口。FANUC15系统也有类似接口功能。CNC装置通过专用通信处理机、远程缓冲存储器、RS-422接口,采用通信协议Protocol A或B,传送速率可达86.4 Kbit/s;若采用HDLC协议,传送速率可达920 Kbit/s。为了满足工厂自动化和CIMS的需要还可配置MAP3.0接口板,以便接入工业局部网络。

Sinumerik850/880系统除配置有标准的RS-232C接口外,还设置有SINEC H1网络接口和MAP(Manufacturing Automation Protocol,制造自动化协议)网络接口(或称SINEC H2接口)。通过网络接口可将CNC连至西门子的SINEC H1网络和MAP工业局部网络中。SINEC H1网络类似Ethernet(以太网),遵循CSMA/CD(载波侦听多路存取/冲突检测)控制方式的IEEE802.3。SINEC H2工业局部网络(LAN)遵循MAP3.0协议,以令牌通行(Token Passing)方式的IEEE802.4对分布式总线结构的LAN进行控制。

5.4.2 CNC系统常用外设及接口

CNC系统的外部设备是指为了实现机床控制任务而配置的输入与输出装置。我们知道,不同的数控设备配备外部设备(简称外设)的类型和数量都不一样。大体来说,外设包括输入设备和输出设备。输入设备常见的有自动输入的纸带阅读机、磁带机、磁盘驱动器、光盘驱动器,手动输入的键盘、手动操作的各种控制开关等。零件的加工程序、各种补偿的数据、开关状态等都要通过输入设备送入数控系统。输出设备常见的有通用显示器(如指示灯)、外部位置显示器(如CRT显示器、发光二极管(LED)显示器等)、纸带穿孔机、电传打字机、行式打印机等。

下面介绍一些常见的外部设备和相应接口。

一、纸带阅读机输入及工作原理

读入纸带信息的设备称为纸带阅读机或读带机,早期的数控机床多配有这种装置。它把纸带上有孔和无孔的信息逐行地转换为数控装置可以识别和处理的逻辑信号。读带机通常有机械式和光电式两种。机械式阅读机是利用接触转换原理来识别出两种信号,纸带在行进的过程中,有孔触点接合,无孔触点不接合。由于机械式阅读机纸带传送速度较低;易产生接触不良,影响信息的可靠性;纸带在行进过程中一直与触点接触,容易磨损,影响纸带使用寿命;纸带还容易变形,不易保存,因此后来发展出光电式阅读机。光电式阅读机有多种型号,但其原理和结构大致相同,都是采用光敏元件来识别程序纸带上有孔和无孔的信息，反应速度快，具有较强的抗干扰能力和较高的阅读速度(一般约为 300 行/秒)。

不论是哪种形式的纸带阅读机，目前已经基本上被淘汰，取而代之的是计算机用磁盘和光盘驱动器等。

二、键盘输入及接口

键盘是数控机床最常用的输入设备，是实现人机对话的一种重要手段，通过键盘可以向计算机输入程序、数据及控制命令。键盘有两种基本类型：全编码键盘和非编码键盘。

全编码键盘每按下一键，由键盘的硬件逻辑自动提供被按键的 ASCII 代码或其他编码，并产生一个选通脉冲向 CPU 申请中断，CPU 响应后将键的代码输入内存，通过译码执行该键的功能。此外还有消除抖动、多键和串键的保护电路。这种键盘的优点是使用方便，不占用 CPU 的资源，但价格昂贵。非编码键盘，其硬件上仅提供键盘的行和列的矩阵，其他识别、译码等工作都由软件来完成，所以非编码键盘结构简单，是较便宜的输入设备。这里主要介绍非编码键盘的接口技术和控制原理。

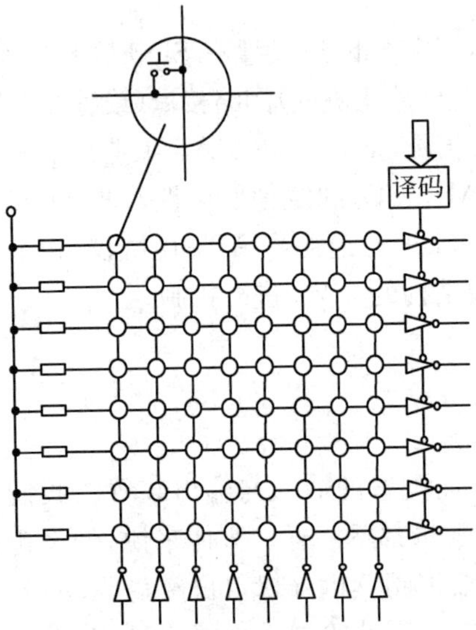

非编码键盘在软件设计过程中必须解决的问题有：识别键盘矩阵中被按下的键，产生与被按键对应的编码，消除按键时产生的抖动干扰，防止键盘操作中的串键错误(同时按下一个以上的键)。图 5.15 是一般微机系统常用的键盘结构线路。它是一个 8 行×8列的矩阵，有 64 个键可供使用。行线和列线的交点是单键按钮的接点，键按下，行线和列线接通。CPU 的 8 条低位地址线通过反相驱动器接至矩阵的列线，矩阵的行线经反相三态缓冲器接至 CPU 的数据总线，CPU 的高位地址通过译码接至反相三态缓冲器的控制端，所以 CPU 访问键盘是通过地址线，与访问其他内存单元相同。键盘也占用了内存空间，若高位地址译码的信号是 38H，则 3800H～38FFH 的存储空间为键盘所占用。

图 5.15 8×8 键盘矩阵

键盘输入信息的过程具体如下：

① 操作者按下一个键；

② 查出按下的是哪一个键，称为键扫描；

③ 给出该键的编码，即键译码。

以上过程中，键的识别(键扫描)和译码(键译码)是由软件来实现的，采用程序查询方式来扫描键盘。扫描的具体步骤如下：

平时三态缓冲器的输入端是高电平，扫描键盘是否有键按下时，首先访问键盘所占用的空间地址，高位地址选通，经译码器打开三态缓冲器的控制端，低位地址 A_0～A_7 全为高电平，然后检查行线，用读入数据的方法判断 D_0～D_7 是否全为零，若全为零，则表示没有键按下。程序反复扫描，直到输入的信息不是零，某一根数据线为高电平，表示键盘上有一个键按下，根据数据的值可以知道按键是在哪一行。查到有键按下后，还必须找出键在哪一列上：CPU 逐列扫描地址线，其方法是使第 1 列地址线为高，其他 7 列为低，然后再读入数据检查行线是否有一根数据线为高，若不为高，则使第 2 列为高，其余列为低，再读入数据，是否不是全零，依此类推，一直到读入数据不是全零，即可找出所按下的键在哪一列。

找到按下的键所属的行、列，就知道按下的是什么键，通过程序处理即可执行按键的功能。以 Z80CPU 为例，键盘扫描参考程序如下(键盘占用存储空间为 3800H～38FFH)：

```
      ORG     3 000
KEY:  LD      A,(38FFH)    ;列线全为高、读行线
      CP      0
      JR      Z,KEY        ;无键按下重复扫描
      LD      B,A          ;有键按下保存行值
      CALL    D20 ms       ;消除抖动
      LD      A,(3801H)    ;使第 1 列为高，逐列检查
      CP      0
      JR      NZ,KEY1      ;是第 1 列，转键功能处理
      LD      A,(3802H)    ;不是第 1 列，检查第 2 列
      CP      0
      JR      NZ,KEY2      ;是第 2 列，转键功能处理
      LD      A,(3803H)
      ……
```

注意，当按下按键时，由于键是机械触点，因此键在闭合过程中会产生抖动。抖动时间一般在十几毫秒之内，在抖动期间，开关多次闭合和断开，造成输入信息的不可靠。消除抖动影响最简单的办法是在键按下稳定后再查键的信息。克服抖动的常见方法有：① 用硬件滤波；② 用软件延迟程序(如上面程序中的子程序 D20 ms)，即用软件延时待键稳定后再读键的代码。此外，对于多键和串键问题，一般也是通过软件进行处理：当多键或串键按下时，由于扫描后读入数据信息不是一根数据线为高，按下键作无效处理。

三、显示

CNC 系统接收到操作者输入的信息以后，往往还要把接收到的信息告知操作者，以便进行下一步的操作。例如，操作者用按键选择了 CNC 的某种工作方式，CNC 系统就要用文字把当前的状态显示出来，告知操作者是否已经接收到了正确的信息；在零件程序的输入过程中，每输入一个字符，CNC 系统也都要将其显示出来，以使操作者可以很方便地知道正在输入的当前位置；已经在内存的零件程序如果需要修改，也要显示出来，以便操作者找到修改的位置。所有这些，都要求 CNC 系统具有显示数据和其他信息的功能。因此，显示是数控机床最常用的输出设备，也是实现人机对话的一个重要手段。尤其是现代 CNC 系统采用的 CRT 显示，大大扩展了显示功能，它不仅能显示字符，还能显示图形。在 CNC 系统中，常采用各种显示方式以简化操作和丰富操作内容，用来显示编制的零件加工程序，显示输入的数据、参数，加工过程的状态(动态坐标值等)以及加工过程的动态模拟等，使操作既直观又方便。早期的 CNC 系统多采用发光二极管(LED)显示器，现代 CNC 系统都配有阴极射线管(CRT)显示器，最新的还采用液晶显示器。下面仅对 LED 和 CRT 显示器做简单介绍。

1. 发光二极管(LED)显示器

(1) 七段LED显示器的结构原理

LED显示器有多种形式,如七段、八段、米字形显示器等,各种显示器采用的基本LED单元如图5.16所示。其中以七段LED显示器的应用最为广泛,它既可显示0～9的数字,也可显示大部分的英文字母。例如,若要显示数字"5",则选择a、c、d、f、g段发光;要显示英文字母"H",则选择b、c、e、f、g段发光,其余类推。

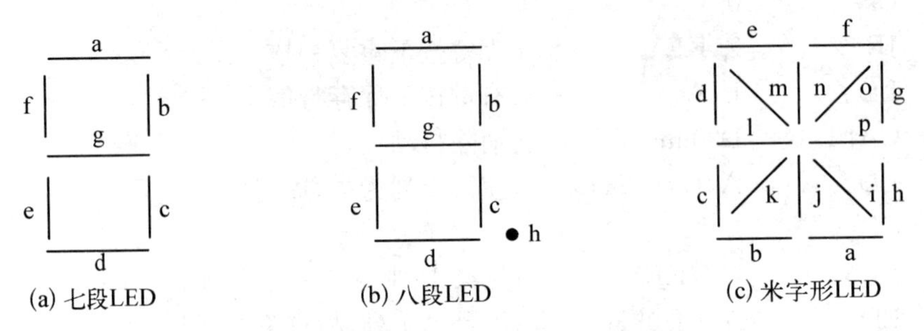

图5.16 LED显示器

每个发光二极管通常需2～20 mA的正向驱动电流才能发光,因此每个七段LED显示单元都需要有7个驱动器才能正常工作。电路连接如图5.17所示。当输入端QA为低电平且发光二极管的P端也为低电平时,驱动三极管T_1导通,有一定的正向电流从驱动管T_1流向a段,使a管发光。反之,若输入端为高电位或P端为高电位则该段不发光。

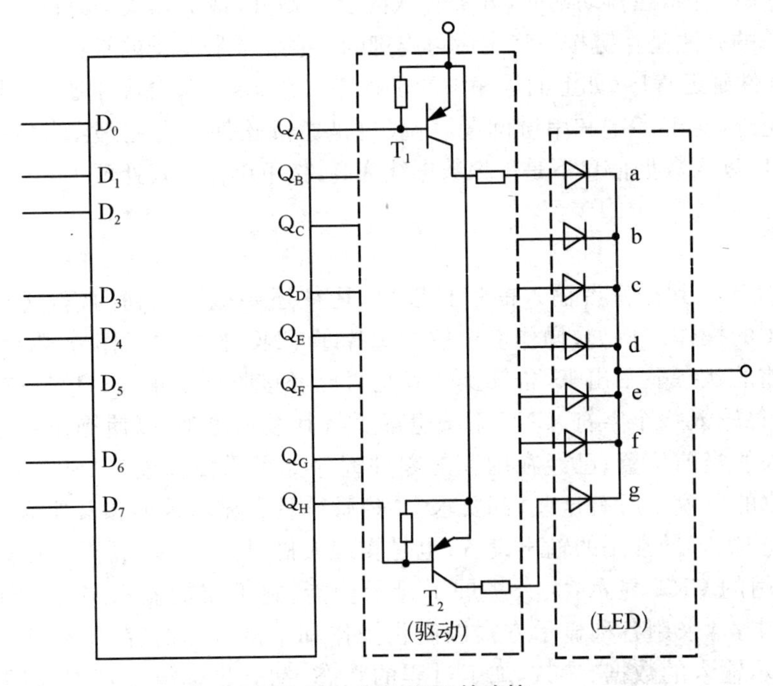

图5.17 七段LED的连接

字形的显示取决于数码管相应段的发光,所以在输入端需要有一个数据锁存器(称字形锁存器)输出相应的数码来保持字形的显示。每一个七段LED显示单元都应带一个字形锁存器及相应的三极管驱动电路,所有的 P 端均接地,这样,各单元所显示的字形只取决于相应的字形锁存器所存储的数据,而各显示单元之间互不干扰。显示内容由 CPU 向各字形锁存器送出相应编码,当显示内容不变时,不需 CPU 服务。

(2) 显示器的扫描

每一位 LED 显示器独占一个数据锁存器及一套驱动器,若需显示的位数很多,硬件将大大增加。为了节省硬件费用,可以采用多路复用的方法,如图 5.18 所示。图中各 LED 显示器通过两个接口与 CPU 相连接,它们共用一个数据锁存器(字形锁存器)存放字形代码,共用一套驱动器,还共用另一个数据锁存器来控制由哪一位 LED 显示器显示字形,此锁存器又称字位锁存器。字位锁存器控制 LED 显示器的 P 端,所置的数可使某一个 P 端为低电平而其他为高电平。字位锁存器控制 P_1 为低电平时 LED1 显示,P_2 为低电平时 LED2 显示,其余类推。如要保持各位都显示字形,必须由程序周期性地轮流循环接通各显示器,这个过程称为显示器的扫描。

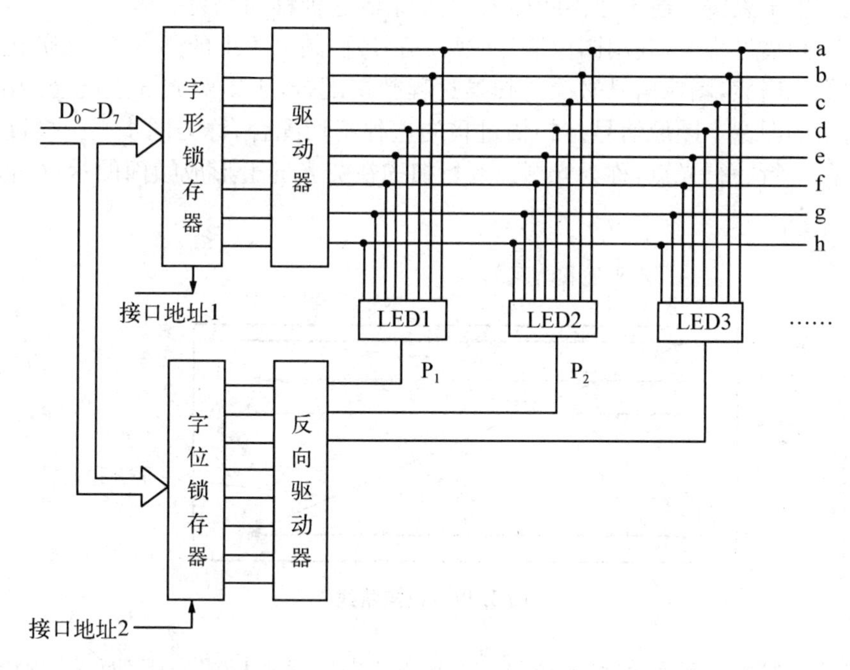

图 5.18　LED 的多路复用电路

若要使 LED1～LED8 分别显示不同的 8 个数字或字母,则只要使字形锁存器依次置相应的 8 个数码,而字位锁存器依次置数且不断循环往复控制 LED1～LED8 轮流显示。所以,要稳定地显示一组字形,CPU 要不断循环扫描,在两个锁存器中有规律地置数。由于 CPU 循环置数只要几微秒就可改变一次,发光二极管达不到此响应速度,所以改变数据后在软件上应设计成延迟一段时间(约几十毫秒)再改变数据。但延迟时间也不能太长,否则会导致人眼感觉显示闪烁。

由上可知,为了能连续显示,CPU 要不断扫描,即使显示内容不变,也得扫描。由于字形消失后,人眼感觉还能滞留 1/10 s,假若显示器每位置数后延迟 5 ms,8 位显示器共需 40 ms,这样 40 ms 扫描一遍,还剩 60 ms 时间,CPU 可安排做其他工作,只要保证在1/10 s

内扫描一遍,CPU 就能在处理扫描显示的同时处理其他工作。

2. 阴极射线管(CRT)显示器

CRT 显示器是中、高档数控机床常用的输出设备,能较直观地显示各种信息。CRT 显示器有两种类型:一类是只能显示数字和文字的字符显示器,大都是单色显示;另一类是既可显示字符又能显示图形的图形显示器,大都是彩色显示。字符显示器的结构比较简单,用途广泛,可以作为信息输入/输出显示,有屏幕编辑能力。图形显示器可以显示几何图形,可实现动态轨迹模拟,具有较强的直观显示功能。下面主要介绍字符显示器的工作原理,对图形显示器仅做一简述。

(1) CRT 显示器的基本原理

CRT 显示器显示图像是利用阴极射线管中高速电子束的不断扫描来实现的。高速电子束撞击荧光屏表面的磷光物,对应点的位置就出现光点,光点的亮度取决于电子束的强度。为了使电子束能够有规律地从左到右、自上而下地移动以构成一帧完整的画面,必须有偏转电路控制电子束按上述规律不断移动,电子束的这种移动称为扫描。

在电子束扫描过程中,利用图像信号(视频信号)控制电子束的强度,于是荧光屏上就显示出黑白图像。当然,图像信号必须与扫描过程密切配合,否则荧光屏上就会杂乱无章,无法显示出清晰的图像。图像信号与扫描过程的这种密切配合,称为同步。扫描过程在荧光屏上所形成的一行一行光点,称为光栅。逐行扫描在荧光屏上形成帧面的示意图如图 5.19 所示。

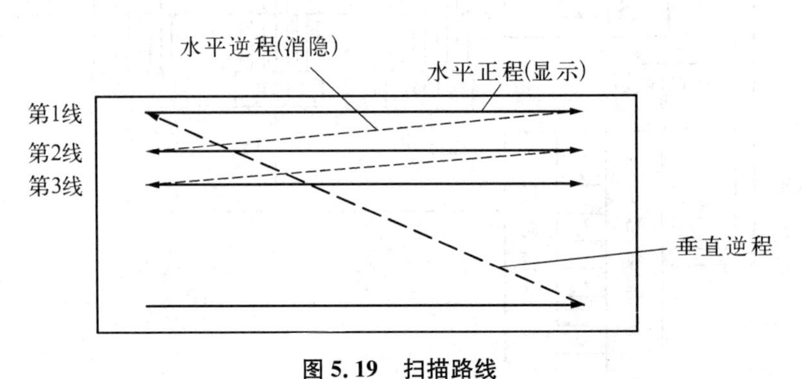

图 5.19　扫描路线

水平扫描包括水平正程和水平逆程。水平正程在屏面上形成光栅,而逆程则是回扫线,通常都是用消隐信号,使它不在屏面上留下痕迹。

当电子束自上而下扫描到最后一行的右端时,垂直正程结束,开始垂直逆程。垂直逆程同样用消隐信号,使光点重新回到原点,开始新的一帧扫描。

根据人的视觉特性,这种帧扫描至少每秒钟进行 50 次,才能避免闪烁的感觉。

一条电子束只能在荧光屏上形成单一颜色的画面,使用多条电子束就可实现彩色画面。现在常用的彩色 CRT 的扫描过程与上述的单色 CRT 一样,其形成彩色的原理是这样的;3 个电子枪发出 3 条电子束,这 3 条电子束由一个共同的偏转线圈来控制;荧光屏上由红、蓝、绿 3 种荧光物质组成许多小点,小点的数目一般在一百万个以上,有规则地交错排列在屏面上;3 条电子束分别轰击到相应颜色的荧光点上,从而发出各自颜色的辉光。由于这 3 种颜色的荧光点互相靠得很近,点之间距离很小,人眼分不开,人所感受到的就是这 3 种基色合成的某种颜色。至于看到的是什么颜色,则要由红、蓝、绿 3 种基色的相对分量而定(如红与绿可配成黄色)。

(2) 字符的产生

数控系统中用一般阴极射线管做成的显示器,显示屏幕的图像区是一个 384×192 的点阵,如图 5.20 所示,其余为消隐区。显示字符时,常用的显示格式是每个字为 5×7 点阵,两个字符间的间隔为 1 个点,各行间的间隔为 5 个点,所以每行显示 64 个字符,共显示 16 行。

用 5×7 点阵显示字符,如图 5.21 所示,图中分别显示了字符"A"和"E"。用这种含有亮暗点的阵列可以显示各种常用字符,而在显示处理系统中,这些亮暗点分别对应二进制的 0、1 代码,每条线所对应的代码称为字符点阵的线代码。实际上,为了得到良好的视觉效果,在字符的上下方还要留出一定的空白,所以一般需要 10 条线来显示一个字符,通过逐行扫描的方法在荧光屏上显示出来。

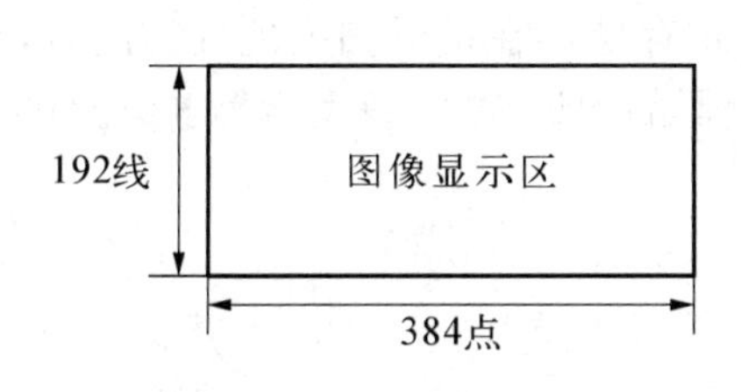

图 5.20　显示区

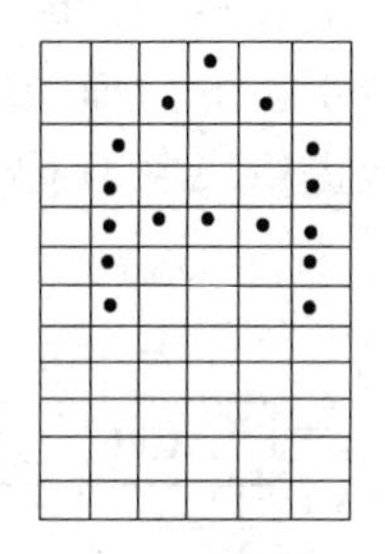

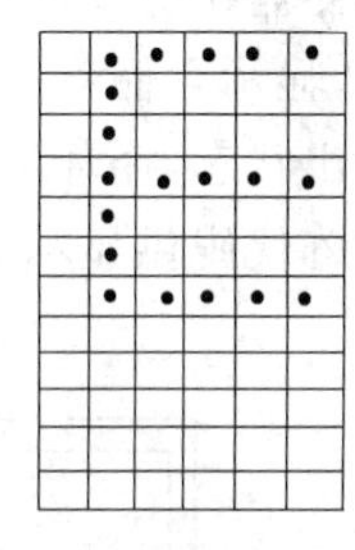

图 5.21　字符点阵显示

字符信息的读出必须与光栅扫描位置一致。字符点阵的线代码表明了要控制的电子束强度,从而在幕面上形成亮点或暗点。在 7 根扫描线扫过后,就显示出一行字符来。

各个字符的点阵图形都是预先固化在 ROM 中的,称字符发生器。例如,MCM6674 是掩膜编程的只读存储器,其中包含全部 ASCII 码字符。MCM6674 的容量为 128×7×5 位,其中 5 位为一个字节作为某一线的点阵,如图 5.22 中字符"A"的第一线点阵代码为 04H;每 7 个字节为一个字符的点阵代码,共 128 个字符。字符发生器中代码的地址由两部分组成:一部分是 $A_0 \sim A_6$,即字符的 7 位 ASCII 码;另一部分是 L_1、L_2、L_3 线地址,指明该字符的哪一线的码点输出。例如,字符发生器的 $A_0 \sim A_6$ 地址线输入 41H,则选中字符"A"的字形,在线地址的控制下不断从 $D_0 \sim D_4$ 数据线输出相应的码点代码,该码点代码经移位寄存器串行输出作为视频信号,显示相应的光点,就形成字符"A"。

	L_1	L_2	L_3						
第1线	0	0	0			●			04H
第2线	0	0	1		●		●		0AH
第3线	0	1	0	●				●	11H
第4线	0	1	1	●				●	11H
第5线	1	0	0	●	●	●	●	●	1FH
第6线	1	0	1	●				●	11H
第7线	1	1	1	●				●	11H

图 5.22　字符与码点代码

(3) 显示存储器

显示屏幕需要逐帧重复显示,才能形成稳定的帧面。为了实现帧面信号的重复再生,CRT显示器设有一个显示存储器,提供ASCII码来产生字符发生器的地址。显示存储器的每个存储单元对应屏幕上的一个字符位置,所以若需将某字符显示在屏幕的某一位置上,只要选中与屏幕位置相对应的显示存储器地址,在该地址中写入字符的ASCII码即可。当屏幕显示格式规定为16行、每行64个字符时,显示存储器必须具有64×16个存储单元,共需1 K RAM存放1 024个字符的ASCII代码。要形成一帧图像,凡是需要显示的字符,都必须将该字符的ASCII码存入显示存储器相应的存储单元中。

如图5.23所示为显示器硬件框图。显示存储器必须接受两种访问:一种是CPU的访问;另一种是由硬件电路中的分频器产生的10条地址线($C_1 \sim C_6$, $R_1 \sim R_4$)的访问。这两种访问通过多路转换器来实现。当CPU要访问时,由地址线产生VID=0信号,CPU可以向显示存储器执行写操作,将要显示字符的ASCII码写入相应地址的显示存储器中。除CPU访问外,显示存储器一直处于接受扫描地址的访问。显示存储器在接受扫描地址访问时,总处于读出状态,循环反复地提供ASCII码送入字符发生器的地址线,字符发生器连续提供字符的点阵代码供显示。

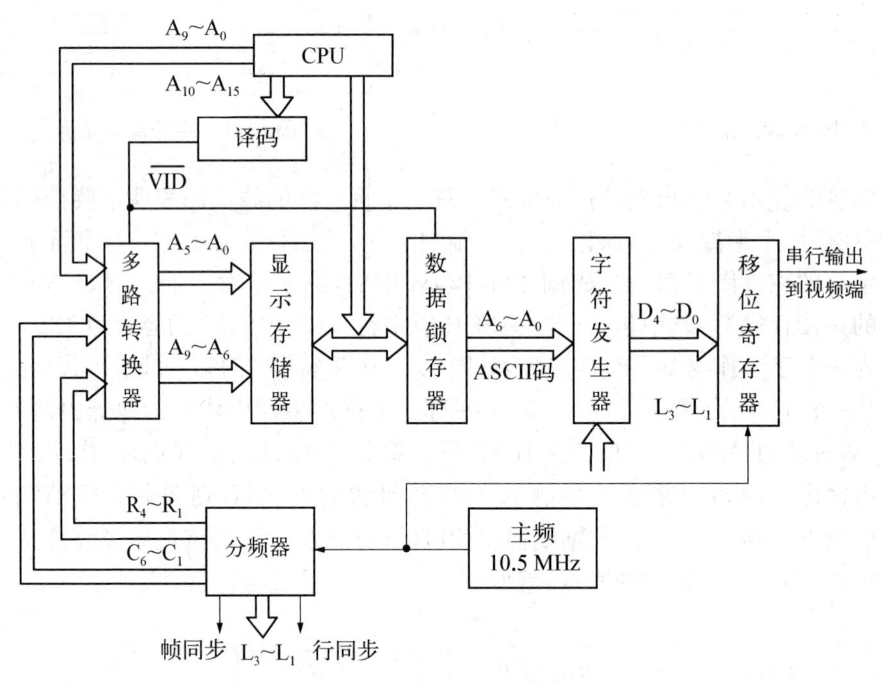

图5.23 显示器硬件框图

当需要显示信息时,启动显示信息子程序,将要显示的信息从计算机内存送到CRT内的显示存储器(即缓冲存储器)。由于显示存储器和CRT屏幕是一一对应的,一经输入即按新的内容显示。如果没有新的内容输入,则按原有信息重复刷新。

(4) 图形显示

图形显示具有直观、形象的特点,配有图形功能的CNC系统会给操作者带来很大的方便。例如,利用CRT的图形功能可对零件程序进行仿真,显示零件轮廓,显示刀具轨迹,检查加工程序是否合格,判别会不会出现干涉现象等。总之,CNC系统配上图形功能后,面目为之一新。下面简单介绍一下CRT的图形显示原理。

图形显示扫描过程与字符显示扫描过程基本相同,两者最大的区别在于显示存储器中的映像信息。字符显示时,显示存储器中存储的是屏幕上某个位置要显示字符的ASCII码;图形显示时,存储的则是若干个像素。所谓像素,是指显示图形时所采用的点(或称为最小画图单位)。为了显示一幅图形,需要有成千上万个像素来构成这幅图。把CRT设置成图形显示方式,则要把整个CRT看作一个像素矩阵。人们常用分辨率来描述一个CRT的像素数,例如,640×480表示CRT有480条扫描线,每线上有640个像素。通过软件控制CRT上像素的色彩(如亮与灭),就可以作出各种需要的图形。

四、异步串行接口

数据在设备间的传送可以采用串行方式或并行方式。所谓并行方式(或并行接口)是指输入输出数据按字节传送,一位数据有一根传输线。所谓串行方式(或串行接口)是指进行数据传送的只有一根线,数据按通信规程所约定的编码格式沿一根线逐位依次传送。相距较远设备间的数据传送采用串行传送方式比较经济。

但串行接口需要有一定的逻辑,发送时要将机内的并行数据转换成串行信息,接收时也要将收到的串行信号经过缓冲转换成并行数据再送至机内处理。现已有集成电路专用接口器件来实现这些功能,如Intel 8251A,Motolora的MC6850、6852等,价格都比较便宜。

为了保证数据传送的正确和一致,接收和发送双方对数据的传送应确定一致的并相互遵守的约定,包括定时、控制、格式化和数据表示方法等。这种约定称为通信规程(Procedure)或通信协议(Protocol),通常应遵循标准化的通信协议。串行传送一般分为异步协议和同步协议两大类。

异步协议将8位的字符看作一个独立信息,字符在传送的数据流中出现的相对时间是任意的,然而每一字符中的各位却以预定的时钟频率传送,即字符内部是同步的,字符间是异步的。异步协议的特征是字符间的异步定时。

异步传送时,在字符前加一个起始位,其作用是使接收端将其本地时钟与新传来的字符同步,以便正确采样,接收到信号。在字符的结尾要加1、$1\frac{1}{2}$或2位终止位以标志一个字符传送的结束。接收端每接收一个字符同步一次,这样异步串行传送每一字符要增加约20%的额外费用。

同步协议以固定的时钟产生数据流,将要传送的字符组成字符块发送,在字符块的开始和末尾增加控制信息组。这样同步协议比异步协议的额外费用低得多,可充分利用传送的带宽,实现较快的传送速率。传送大量数据时同步协议省时间,但其接口的结构要复杂得多,成本也较高。通常网络接口采用同步协议。此外,异步协议的检错主要利用字符中的奇偶校验位;而同步协议可利用较复杂的方法,如循环冗余码校验(CRC),其检错能力很强,但也使同步协议发送和接收机构复杂化。

异步协议通用的定时规定只有一种起止式异步串行传送格式,如图5.24所示。其电气连接标准常用的有RS-232C(V24)、20 mA电流环、RS-422、RS-449等。

RS-232C(V24)标准串行接口采用25芯双排针式插座,连接比较可靠。在数控系统中,RS-232C主要用于:

① 与光电纸带阅读机(PTR)、纸带穿孔机(PP)、打印和穿复校设备(TTY)等相连接，将数控机床的各种参数、加工程序等信息通过该接口穿成纸带，保存起来，以备以后使用；或将纸带信息通过PTR送往机床。

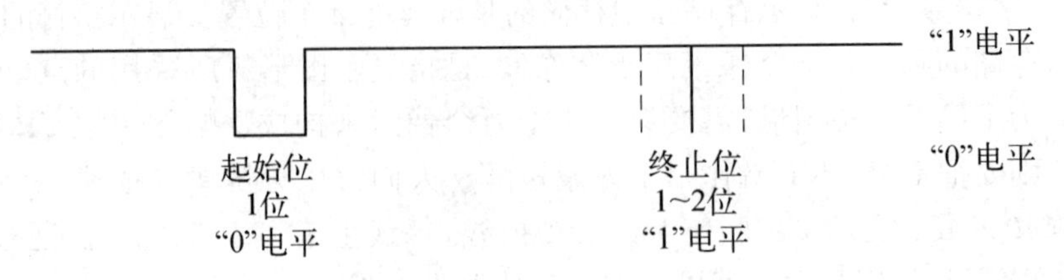

图5.24 起止式异步串行传送格式

② 与磁泡盒或磁带相连接，将零件加工程序送入数控机床。

③ 与通用计算机相连进行通信，实现编程控制一体化。通过计算机中的自动编程软件得出的数控加工程序指令不需要穿成纸带，而通过直接通信将加工指令送入数控系统进行加工，从而省掉了制备穿孔纸带、输送纸带的环节，提高了系统的可靠性和信息的输送效率。

④ 与上一级计算机相连接，实现CAD/CAM一体化。

下面主要介绍使用RS-232C接口时应注意的问题：

① 数据通信领域中，将相互通信的设备分成DTE(数据终端设备)和DCE(数据通信设备)两类。计算机或终端设备是DTE，自动呼叫设备、调制解调器(Modem)、中间设备等是DCE。RS-232C规定了DTE与DCE间连接的信号关系，因此在连接设备时一定要区分设备是DTE还是DCE，信号的详细情况可参看有关资料。将计算机与计算机或终端设备连接时，即DTE和DTE相连时，要注意接线的信号关系以免出现差错。

② RS-232C规定的电平与TTL和MOS电路的电平不同。RS-232C规定逻辑"0"至少为3 V，逻辑"1"为−3 V或更低。电源通常采用±12 V或±15 V。输出驱动器通常采用74188或MC1488，输入接收器采用74189或MC1489。传送频率不超过20 kHz，最大距离为30 m(参见图5.25)。

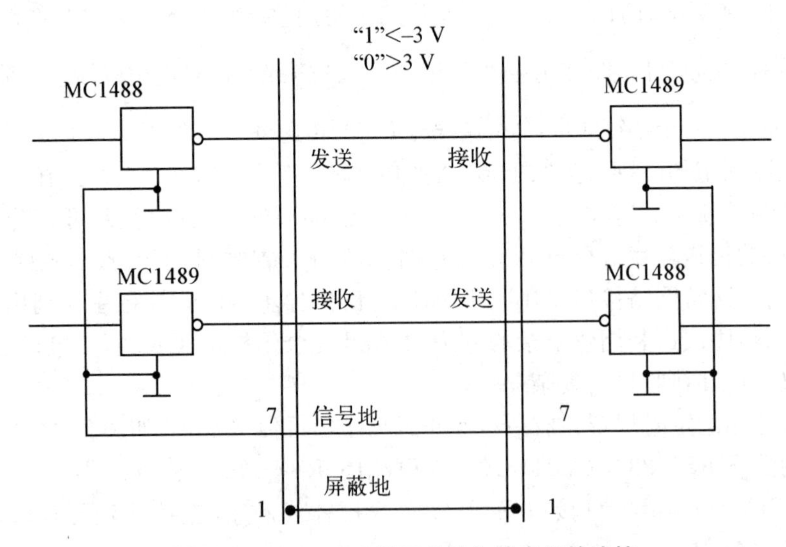

图5.25 RS-232C接口的输入输出门的连接

③ RS-232C有两个地。一个是机壳地(插头座脚1),它直接连到系统屏蔽罩上,只有在把机壳连在一起是安全的情况下,两个相连设备的机壳地才能连接在一起。另一个是信号地(插头座脚7),这个地必须连接在一起,对所有信号提供一个公共参考点。但信号地不一定与机壳绝缘,因此它有一个潜在的接地问题未解决好,造成长距离传送的不可靠。公布的RS-232C标准协议中,一对器件间电缆总长不得超过30 m。

在CNC装置中,RS-232C接口用以连接输入输出设备(PTR、PP或TTY)、外部机床控制面板或手摇脉冲发生器。传输速率不超过9 600 bit/s。西门子的CNC中规定连接距离不得超过50 m。CNC装置中标准的RS-232C/20 mA接口结构如图5.26所示。

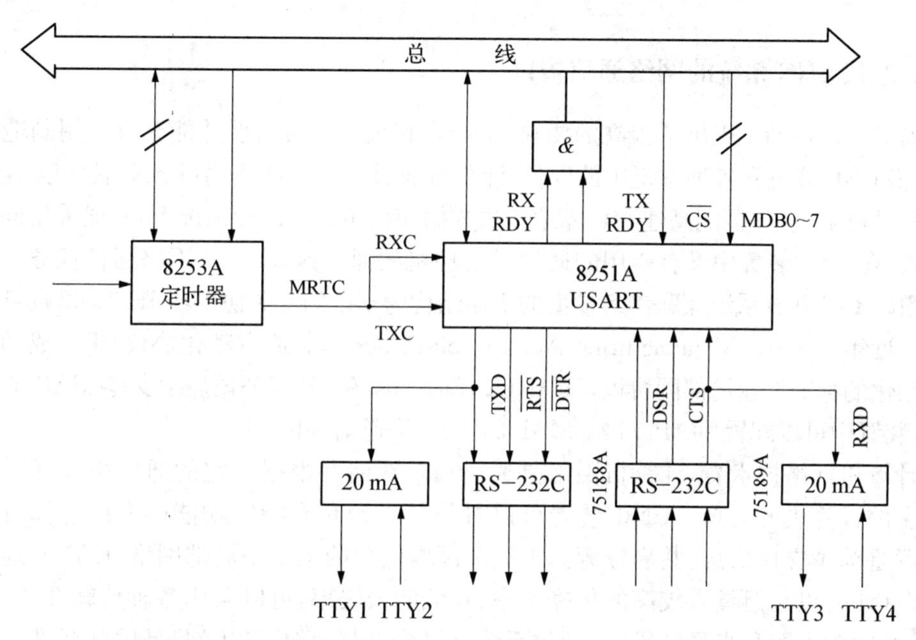

图5.26 CNC装置中标准的RS-232C/20 mA接口结构示意图

在CNC装置中,20 mA电流环通常与RS-232C一起配置。过去,20 mA电流环主要用于连接电传打印机和纸带穿复校设备,其特点是电流控制,以20 mA电流作为逻辑“1”,零电流为逻辑“0”。在环路中只能有一个电流源。

电流环内在的双端传输特性对共模干扰有抑制作用,并可采用隔离技术消除接地回路引起的干扰。传输距离比RS-232C远得多,可达1 000 m。

为了弥补RS-232C的不足,出现了新的接口标准RS-422/RS-449,RS-422标准规定了双端平衡电气接口模块,RS-449规定了这种接口的机械连接标准,即采用37脚的连接器。与RS-232C的25脚插座不同,这种平衡发送能保证更可靠、更快速的数据传送。它采用双端驱动器发送信号,用差分接收器接收信号,能抗传送过程中的共模干扰,还允许线路有较大信号衰减,这样可使传送频率高得多,传送距离也比RS-232C远得多。

RS-422平衡传送如图5.27所示。常用的器件有驱动器75175或MC3487,接收器75174或MC3486。最近出现了一种新的集成电路——双RS-422/423收发器MC34050、MC34051,每一器件上有两个独立的驱动器和两个独立的接收器,MC34050具有DRIVEENABLE及RECEIVERENABLE的非信号,而MC34051的每一驱动器都有单独的DRIVEENABLE信号。

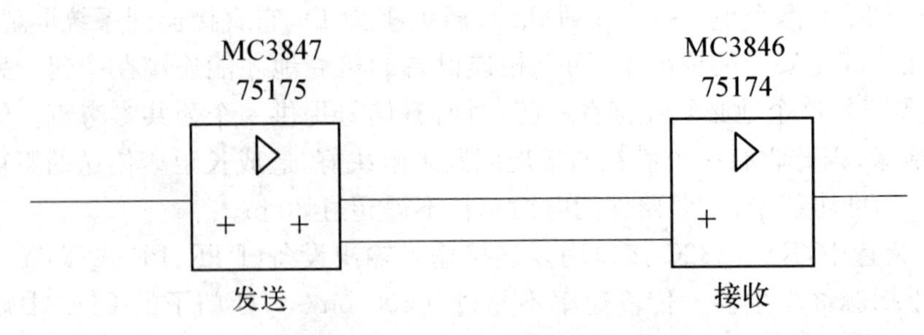

图 5.27 RS-422 平衡传送示意图

五、近代 CNC 系统的网络通信接口

当前对生产自动化提出了很高的要求，生产要有很高的灵活性并能充分利用制造设备资源，为此将 CNC 装置和各种系统中的设备、计算机通过工业局部网络(LAN)联网以构成 FMS 或 CIMS。联网时应保证能高速和可靠地传送数据和程序。在这种情况下，一般采用同步串行传送方式，在 CNC 装置中设有专用的通信微处理机的通信接口，担负网络通信任务。其通信协议采用以 ISO 开放系统互联参考模型的 7 层结构为基础的有关协议或 IEEE802 局部网络有关协议。近年来 MAP(Manufacturing Automation Protocol，制造自动化协议)很快成为应用于工厂自动化的标准工业局部网协议。FANUC，Siemens，A-B 等公司表示支持 MAP，它们生产的 CNC 装置中可以配置 MAP2.1 或 MAP3.0 的网络通信接口。

从计算机网络技术看，计算机网络是通过通信线路并根据一定的通信协议互联起来的独立自主的计算机的集合。CNC 装置可以看作是一台具有特殊功能的专用计算机。计算机的互联是为了交换信息，共享资源。工厂范围内应用的主要是局部网络(LAN)，通常它有距离限制(几公里)，但具有较高的传输速率、较低的误码率，可以采用各种传输介质(如电话线、双绞线同轴电缆和光导纤维)。开放系统互联参考模型(OSI/RM)是国际标准组织提出的分层结构计算机通信协议的模型。提出这一模型是为了使世界各国不同厂家生产的设备能够互联，它是网络的基础。OSI/RM 在系统结构上具有 7 个层次，如图 5.28 所示。

通信一定是在两个系统之间进行的，而且两个系统必须具有相同的层次功能，因此通信可以认为是在两个系统的对应层次(同等层 Peer)内进行的。同等层间通信必须遵循一系列规则或约定，这些规则和约定称为协议。OSI/RM 最大的作用在于有效地解决了异种机之间的通信问题。不管两个系统之间的差异有多大，只要具有下述特点就可以相互有效地通信：

① 它们完成一组同样的通信功能；

② 这些功能分成相同的层次，对等层提供相同的功能；

③ 同等层共享共同的协议。

局部网络标准由 IEEE802 委员会提出建议，并已被 ISO 采用，它只规定了数据链路层和物理层的协议。数据链路层分成逻辑链路控制(LLC)和介质存取控制(MAC)两个子层，其中 MAC 根据采用的 LAN 技术可分成 CSMA/CD(IEEE 802.3)、令牌总线(Token Bus 802.4)、令牌环(Token Ring 802.5)等类型。物理层也分成两个子层：介质存取单元(MAU)和传输载体(Carrier)。MAU 分基带、载带和宽带传输；传输载体有双绞线、同轴电缆、光导纤维，如图 5.29 所示。

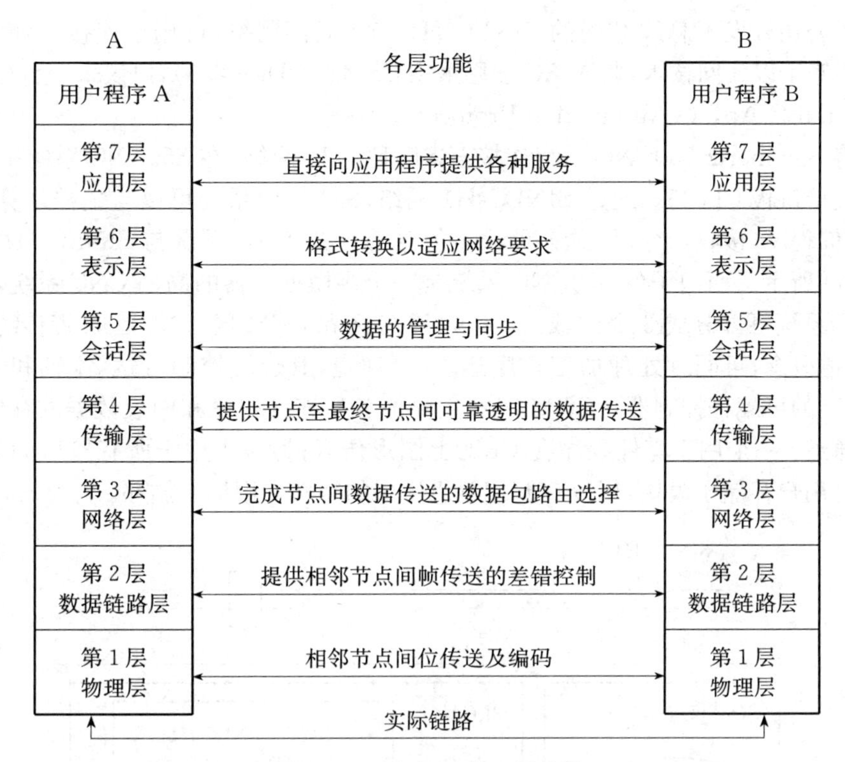

图 5.28　OSI/RM 的 7 层结构

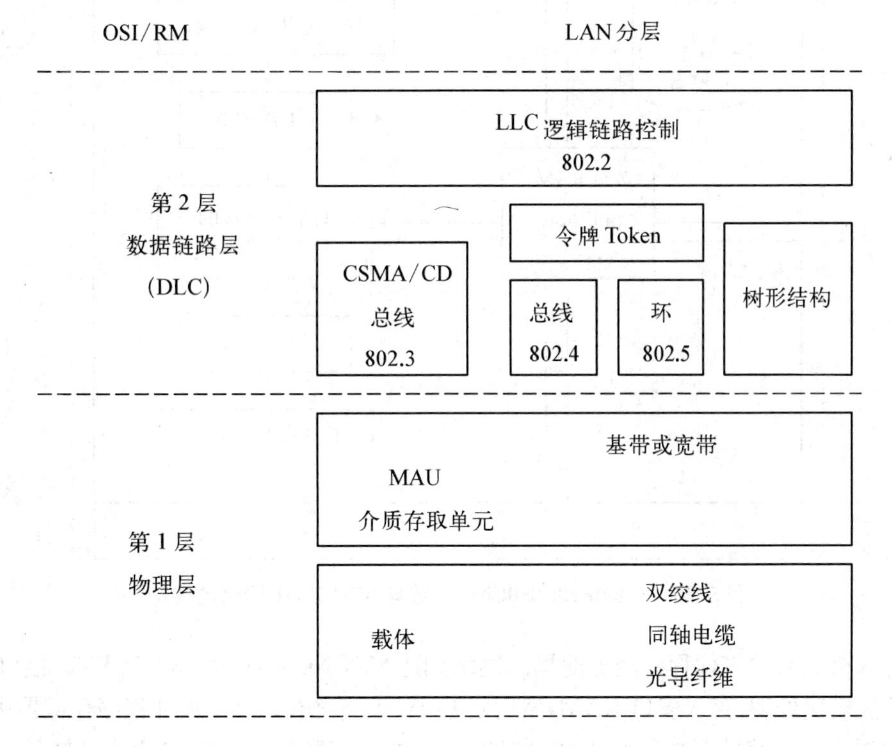

图 5.29　LAN 的分层结构

西门子公司开发了总线结构的 SINEC H1 工业局部网络，可用于连接 FMC 和 FMS。SINEC H1 基于以太网技术，其 MAC 子层采用 CSMA/CD(802.3)，协议采用自行研制的自动化协议 SINEC Ap1.0(Automation Protocol)。

为了将 Sinumerik 850CNC 系统连接至 SINEC H1 网络，在 850CNC 系统中插入专用的工厂总线接口板 CP535。通过 SINEC H1 网络，850CNC 系统可以与主控计算机交换信息，传送零件程序，接收指令，传送各种状态信息等。850CNC 系统与 SINEC H1 网络的连接如图 5.30 所示。西门子的 850CNC 系统是一个多微处理器的高档 CNC 系统，从结构上看 850CNC 系统可以分成 3 个区域：NC 区、PLC 区和 COM 区。NC 区负责传统的数控功能，采用通道概念，可同时处理加工程序达 16 个通道，其位置控制可达 24 轴和 6 个主轴。PC 区是内装的可编程控制器。COM 区的主要任务是零件程序和中央数据的存储和管理。它有两个通道：一个用于零件程序在 CRT 上图形仿真；另一个用于所有接口的 I/O 处理。它还包含有用户存储子模块，用以存储配置机床用的特殊专用加工循环。

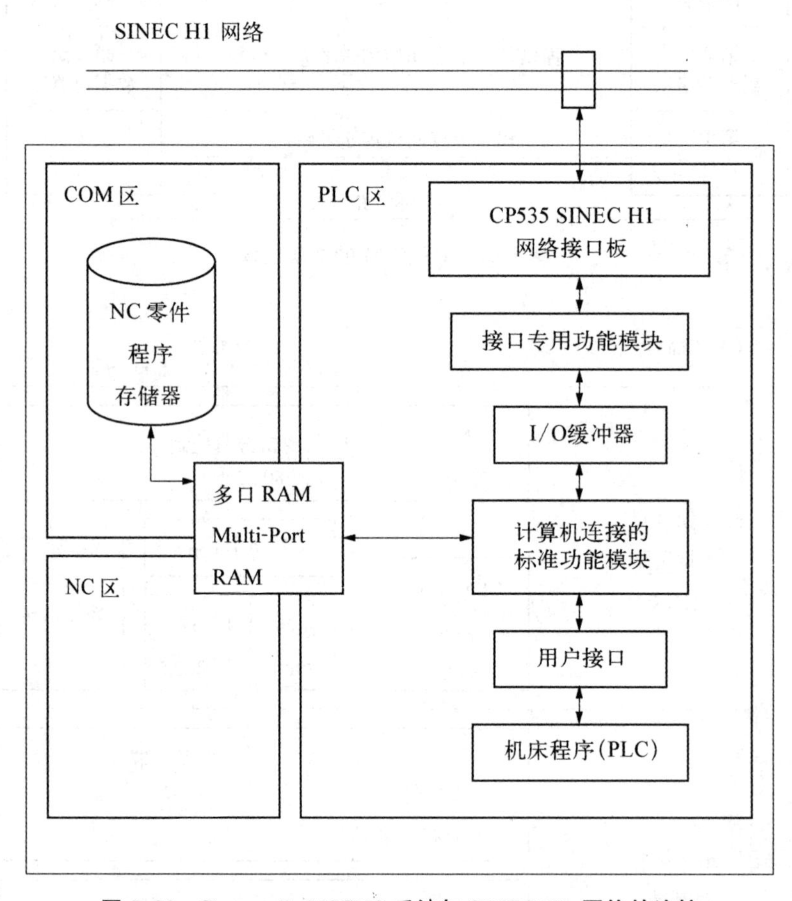

图 5.30 Sinumerik 850CNC 系统与 SINEC H1 网络的连接

主计算机送来的零件程序经工业局部网络到达 850CNC 系统 PC 区的 CP535 接口，再经专用接口功能模块处理，存入多口 RAM，然后由 COM 区将之存入 NC 零件程序存储器中。

其数据交换的格式是“透明”方式，如图 5.31 所示。数据帧内容包括信息帧长度(2 字节长)、标识段(8 字节长)、差错编码(2 字节长)及有效的实际数据(最多 224 字节)。

信息帧长度是标识段、差错编码、实际数据长度之和,最短为10字节,最长为234字节。通过标识段可以确定所传信息的含义和内容。差错编码是说明出现信息负应答的原因,以编码方式出现。

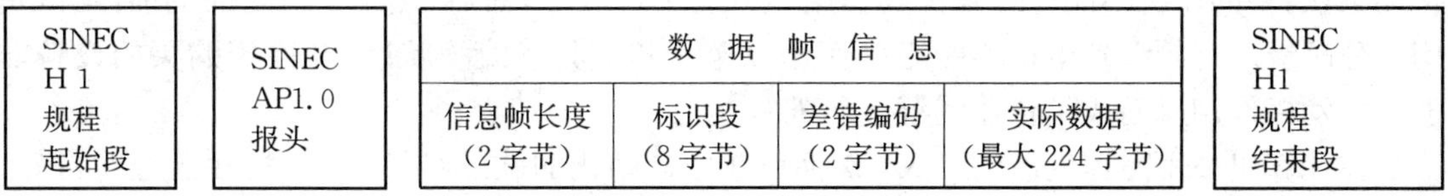

<table>
<tr><td rowspan="2">SINEC
H 1
规程
起始段</td><td rowspan="2">SINEC
AP1.0
报头</td><td colspan="4">数 据 帧 信 息</td><td rowspan="2">SINEC
H1
规程
结束段</td></tr>
<tr><td>信息帧长度
(2字节)</td><td>标识段
(8字节)</td><td>差错编码
(2字节)</td><td>实际数据
(最大224字节)</td></tr>
</table>

图5.31 SINEC AP1.0协议的帧格式

此外,Sinumerik 850CNC系统还可以通过插入AS512接口板,采用3964R规程接入星型网络,实现点-点通信。信息帧格式中有效数据最大为128字节。

MAP是美国GM公司发起研究和开发的应用于工厂车间环境的通用网络通信标准,目前已成为工厂自动化的通信标准。其特点为:

① 采用适用于工业环境的令牌通信网络访问方式,网络采用总线结构。

② 采用适应工业环境的技术措施,提高了工业环境应用的可靠性,如在物理层采用宽带技术及同轴电缆以抗电磁干扰,传输层采用高可靠的传输服务。

③ 具有较完善的明确而针对性强的高层协议以支持工业应用。

④ 具有较完善的体系和互联技术,网络易于配置和扩展。低层次应用可配Mini MAP(只配置DLC层、物理层以及应用层),高层次应用可配置完整的带7层协议的全MAP。此外还规定了网络段、子网和各类网络互联技术。

⑤ 针对CIMS的需要而开发。

5.5 开放式数控系统的结构及其特点

5.5.1 开放式数控系统概述

传统的数控系统采用专用计算机系统,软、硬件对用户都是封闭的,主要存在以下问题。

① 由于传统数控系统的封闭性,各数控系统生产厂家的产品软、硬件不兼容,使得用户投资安全性受到威胁,购买成本和产品生命周期内的使用成本高。同时,专用控制器的软、硬件的主流技术远远地落后于PC的技术,系统无法“借用”日新月异的PC技术而升级。

② 系统功能固定,不能充分反映机床制造厂商的生产经验,不具备某些机床或工艺特征需要的性能,用户无法对系统进行重新定义和扩展,也很难满足最终用户的特殊要求。机床生产厂商希望生产的数控机床有自己的特色以区别于竞争对手的产品,从而在激烈的市场竞争中占有一席之地,而传统的数控系统做不到。

③ 传统数控系统缺乏统一、有效、高速的通道与其他控制设备和网络设备进行互联,信息被锁在“黑匣子”中,每一台设备都成为自动化的“孤岛”,对企业的网络化和信息化发展是

一个障碍。

④ 传统数控系统人机界面不灵活，系统的培训和维护费用昂贵。许多厂家花巨资购买高档数控设备，面对几本甚至十几本沉甸甸的技术资料不知从何下手。由于缺乏使用和维护知识，购买的设备不能充分发挥其作用。一旦出现故障，面对“黑匣子”无从下手，维修费用十分昂贵。有的设备由于不能正确使用以至于长期处于瘫痪状态，花巨资购买的设备非但不能发挥作用反而成了企业的沉重包袱。

在计算机技术飞速发展的今天，商业和办公自动化的软、硬件系统开放性已经非常好，计算机的任何软、硬件出了故障，都可以很快地加以解决，而这在传统封闭式数控系统中是做不到的。为克服传统数控系统的缺点，数控系统正朝着开放式方向发展。目前其主要形式是基于PC的NC，即在PC的总线上插上具有NC功能的运动控制卡完成实时性要求高的NC内核功能，或者利用NC与PC通信改善PC的界面和其他功能。这种形式的开放式数控系统在开放性、功能、购买和使用总成本以及人机界面等方面较传统数控有很大的改善，但它还包含有专用硬件，扩展不方便。国内外现阶段开发的开放式数控系统大都是这种结构形式的。但这种PC化的NC依赖专有化硬件，故还不是严格意义上的开放式数控系统。

开放式数控系统是制造技术领域的革命性飞跃，其硬件、软件和总线规范都是对外开放的，由于有充足的软、硬件资源可被利用，系统软、硬件可随着PC技术的发展而升级，不仅使数控系统制造商和用户进行的系统集成得到有力的支持，而且给用户的二次开发也带来了方便，促进了数控系统多档次、多品种的开发和广泛应用，既可通过升挡或裁剪构成各种档次的数控系统，又可通过扩展构成不同类型数控机床的数控系统，开发周期大大缩短。

要实现控制系统的开放，首先得有一个大家遵循的标准。国际上一些工业化国家开展了这一方面的研究，旨在建立一种标准规范，使得控制系统软、硬件与供应商无关，并且实现可移植性、可扩展性、互操作性、统一的人机界面风格和可维护性以取得产品的柔性、降低产品成本和使用的隐形成本、缩短产品供应时间。这些计划包括：

(a) 欧共体的ESPRIT 6379 OSACA(Open System Architecture for Controls within Automation Systems)计划，开始于1992年，历时6年，有由控制供应商、机床制造企业和研究机构等组成的35个成员。

(b) 美国空军开展了NGC(下一代控制器)项目的研究，美国国家标准技术协会NIST在NGC的基础上进行了进一步研究工作，提出了增强型机床控制器EMC(Enhanced Machine Controller)，并建立了Linux CNC实验床验证其基本方案；美国三大汽车公司联合研究了OMAC，它们联合欧洲OSACA组织和日本的JOP(Japan FA Open Systems Promotion Group)建立了一套国际标准的API，是一个比较实用且影响较广的标准。

(c) 日本联合六大公司成立了OSEC(Open System Environment for Controller)组织，该组织讨论的重点是NC(数字控制)本身和分布式控制系统。该组织定义了开放结构和生产系统的界面规范，推进工厂自动化控制设备的国际标准。

在我国，2000年，国家经贸委和机械工业局组织进行“新一代开放式数控系统平台”的研究开发。2001年6月完成了在OSACA的基础上编制“开放式数控系统技术规范”和建立了开放式数控系统软、硬件平台，并通过了国家级验收。此外还有一些高校、企业也在进行开放式数控系统的研究开发。

5.5.2　开放式数控系统主要特点

1. 软件化数控系统内核扩展了数控系统的柔性和开放性,降低了系统成本

随着计算机性能的提高和实时操作系统的应用,软件化 NC 内核将被广泛接受。它使得数控系统具有更大的柔性和开放性,方便系统的重构和扩展,降低系统的成本。数控系统的运动控制内核要求有很高的实时性(伺服更新和插补周期为几十微秒至几百微秒),其实时性实现有两种方法:硬件实时和软件实时。

在硬件实时实现上,早期 DOS 系统可直接对硬中断进行编程来实现实时性,通常采用在 PC 上插 NC I/O 卡或运动控制卡。由于 DOS 是单任务操作系统,非图形界面,因此在 DOS 下开发的数控系统功能有限,界面一般,网络功能弱,有专有硬件,只能算是基于 PC 化的 NC,不能算是真正的开放式数控系统,如华中 I 型,航天 CASNUC901 系列,四开 SKY 系列等。Windows 系统推出后,由于其不是实时系统,要达到 NC 的实时性,只有采用多处理器,常见的方式是在 PC 上插一块基于 DSP 处理器的运动控制卡,NC 内核实时功能由运动控制卡实现,称为 PC 与 NC 的融合。这种方式给 NC 功能带来了较大的开放性,通过 Windows 的 GUI 可实现很好的人机界面,但是运动控制卡仍属于专有硬件,各厂家产品不兼容,且 Windows 系统工作不稳定,不适合于工业应用(Windows NT 工作较稳定)。目前大多数宣称为开放式的数控系统都属于这一类,如 MAZAK 的功能非常强大的 Mazatrol Fusion 640,美国的 A2100、Advantage 600,华中 HNC-2000 数控系统等。

在软件实时实现上,只需一个 CPU,系统简单,成本低,但必须有一个实时操作系统。实时系统根据其响应的时间可分为硬实时(Hard real time,小于 100 微秒),严格实时(Firm real time,小于 1 毫秒)和软实时(Soft real time,毫秒级),数控系统内核要求硬实时。现有两种方式:一种是采用单独实时操作系统,如 QNX,Lynx,VxWorks 和 Windows CE 等,这类实时操作系统比较小,对硬件的要求低,但其功能相对 Windows 等较弱,如美国 Clesmen 大学采用 QNX 研究的 Qmotor 系统。另一种是在标准的商用操作系统上加上实时内核,如 Windows NT 加 VenturCOM 公司的 RTX,Linux 加 RTLinux 等,这种组合形式既满足了实时性要求,又具有商用系统的强大功能。Linux 系统具有丰富的应用软件和开发工具,便于与其他系统实现通信和数据共享,可靠性比 Windows 系统高,Linux 系统可以 3 年不关机,这在工业控制中是至关重要的。目前制造系统在 Windows 下的应用软件比较多,为解决 Windows 应用软件的使用,可以通过网络连接前端 PC 扩展运行 Windows 应用软件,这样既保证了系统的可靠性又达到了已有软件资源的应用。Windows NT+RTX 组合应用较成功的有美国的 OpenCNC 和德国的 PA 公司(自己开发的实时内核),这两家公司均有产品推出。另外,Simens 公司的 Sinumerik® 840Di 也是一种采用 NT 操作系统的单 CPU 的软件化数控系统。Linux 和 RTLinux 是源代码开放的免费操作系统,发展迅猛,是我国力主发展的方向。

2. 数控系统与驱动和数字 I/O(PLC 的 I/O)连接的发展方向是现场总线

传统数控系统驱动和 PLC I/O 与控制器是直接相连的,一个伺服电动机至少有 11 根线，当轴数和I/O点多时，布线相当多，出于可靠性考虑，线长有限（一般3～5 m），扩展不易，可靠性低，维护困难，特别是采用软件化数控内核后，通常只有一个CPU，控制器一般在操作面板端，离控制箱（放置驱动器等）不能太远，给工程实现带来困难，所以一般PC数控系统多采用一体化机箱，但这又不为机床厂家和用户接受。而现场总线用一根通信线或光纤将所有的驱动和I/O级连起来，传送各种信号，可以实现对伺服驱动的智能化控制。这种方式连线少，可靠性高，扩展方便，易维护，易于实现重配置，是数控系统的发展方向。

现在数控系统中采用的现场总线标准有PROFIBUS（传输速率12 Mbps），如Siemens 802D等；光纤现场总线SERCOS（最高为16 Mbps，但目前大多数系统为4 Mbps），如Indramat System 2000和北京机电院的CH-2010/S，北京和利时公司也研究了SERCOS接口的演示系统；CAN现场总线，如华中数控和南京四开的系统等。目前基于SERCOS和PROFIBUS的数控系统都比较贵；而CAN总线传输速率慢，最大传输速率为1 Mbps时，传输距离为40 m。

3. 网络化是基于网络技术的E-Manufacturing对数控系统的必然要求

传统数控系统缺乏统一、有效、高速的通道与其他控制设备和网络设备进行互联，信息被锁在“黑匣子”中，每一台设备都成为自动化的“孤岛”，对企业的网络化和信息化发展是一个障碍。CNC机床作为制造自动化的底层基础设备，应该能够双向高速地传送信息，实现加工信息的共享、远程监控、远程诊断和网络制造，基于标准PC的开放式数控系统可利用以太网技术实现强大的网络功能，实现控制网络与数据网络的融合，实现网络化生产信息和管理信息的集成以及加工过程监控、远程制造、系统的远程诊断和升级。在网络协议方面，制造自动化协议MAP(Manufacturing Automation Protocol)由于其标准包含内容太广泛，应用层未定义，难以开发硬件和软件，每个站都需有专门的MAP硬件，价格昂贵，缺乏广泛的支持而逐渐淡出市场。

现在广为大家接受的是采用TCP/IP Internet协议，美国HAAS公司的Creative Control Group将这一以太网的数控网络称为DCN(Direct CNC Networking)。数控系统网络功能方面，日本MAZAKA公司的Mazatrol Fusion 640系统有很强的网络功能，可实现远程数据传输、管理和设备故障诊断等。

5.5.3 基于Linux的开放式结构数控系统

1. 系统组成

如图5.32所示为一个基于Linux的开放式数控系统。该系统基于标准PC硬件平台和Linux与RTLinux结合的软件平台之上，设备驱动层采用现场总线互联，与外部网络或Intranet采用以太网连接，形成一个可重构配置的纯软件化结合多媒体和网络技术的高档开放式结构数控系统平台。

该数控系统运行于没有运动控制卡的标准PC硬件平台上；软件平台采用Linux和RTLinux结合，一些时间性要求严的任务，如运动规划、加减速控制、插补、现场总线通信、PLC等，由RTLinux实现，而其他一些时间性不强的任务在Linux中实现。

基于标准PC的控制器与驱动设备和外围I/O的连接采用磁隔离的高速RS-422标准

现场总线,该总线每通道的通信速率为12 Mbps时,采用普通双绞线通信距离可达100 m。主机端为PCI总线卡,有4个通道(实际只用两个通道:一个通道连接机床操作面板,另一通道连接设备及I/O),设备端接口通过DSP芯片转换成标准的电动机控制信号。每个通道的控制节点可达32个,每个节点可控制1根轴(通过通信协议中的广播同步信号使各轴间实现同步联动)或一组模拟接口(测量接口、系统监控传感器接口等)或一组PLC I/O(最多可达256点),PLC的总点数可达2 048点(参见图5.33)。

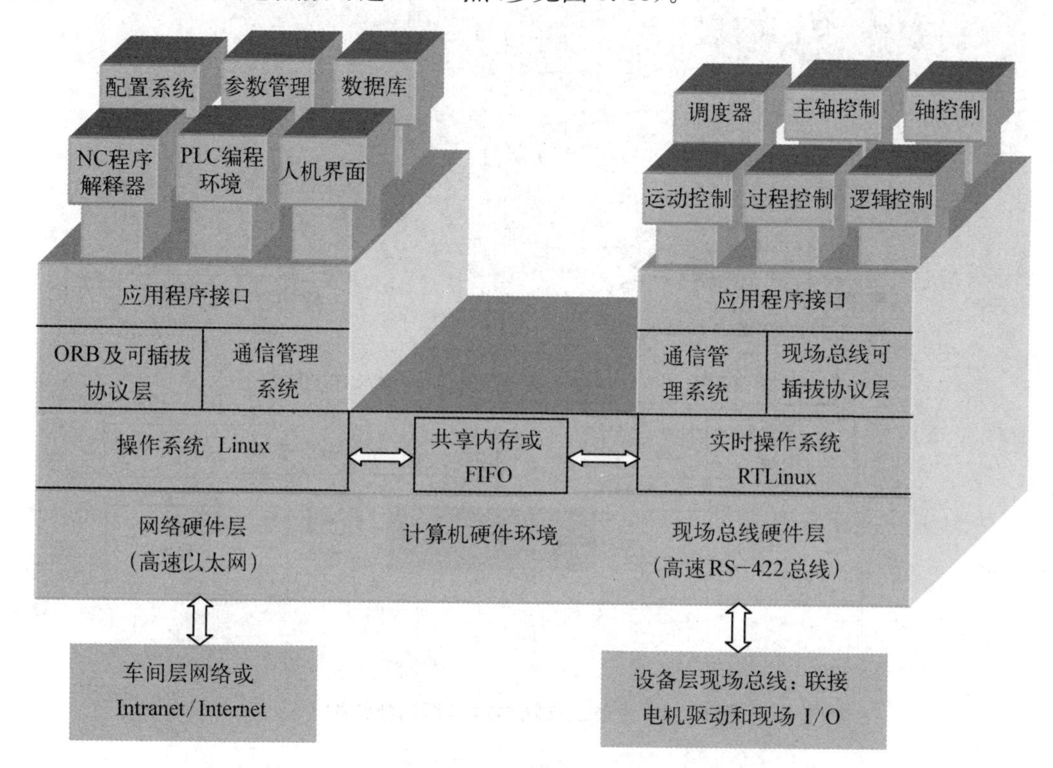

图5.32　软件化数控系统结构方案

2. 系统主要特点

① 控制器具有动态自动识别系统接口卡的功能,系统可重配置以满足不同加工工艺的机床和设备的数控要求,驱动电动机可配数字伺服、模拟伺服和步进电动机。

② 网络功能。通过以太网实现数控系统与车间网络或Intranet/Internet的互联,利用TCP/IP协议开放数控系统的内部数据,实现与生产管理系统和外部网络的高速双向数据交流。具有常规DNC功能(采用百兆网其速率比传统速率为112 K的232接口DNC快将近1 000倍)、生产数据和机床操作数据的管理功能、远程故障诊断和监视功能。

③ 系统除具有标准的并口、串口(RS-232)、PS2(键盘、鼠标口)、USB接口、以太网接口外,还配有高速现场总线接口(RS-422)、PCMCIA IC Memory Card(Flash ATA)接口、红外无线接口(配刀具检测传感器)。

④ 显示屏幕采用12.1英寸 TFT-LCD。采用统一用户操作界面风格,通过水平和垂直两排共18个动态软按键满足不同加工工艺机床的操作要求,用户可通过配置工具对动态软按键进行定义。垂直软按键可根据水平软按键的功能选择而改变,垂直菜单可以

多页。

⑤ 将多媒体技术应用于机床的操作、使用、培训和故障诊断，提高了机床的易用性和可维性，降低了使用成本。通过多媒体技术提供使用操作帮助、在线教程、故障和机床维护向导。

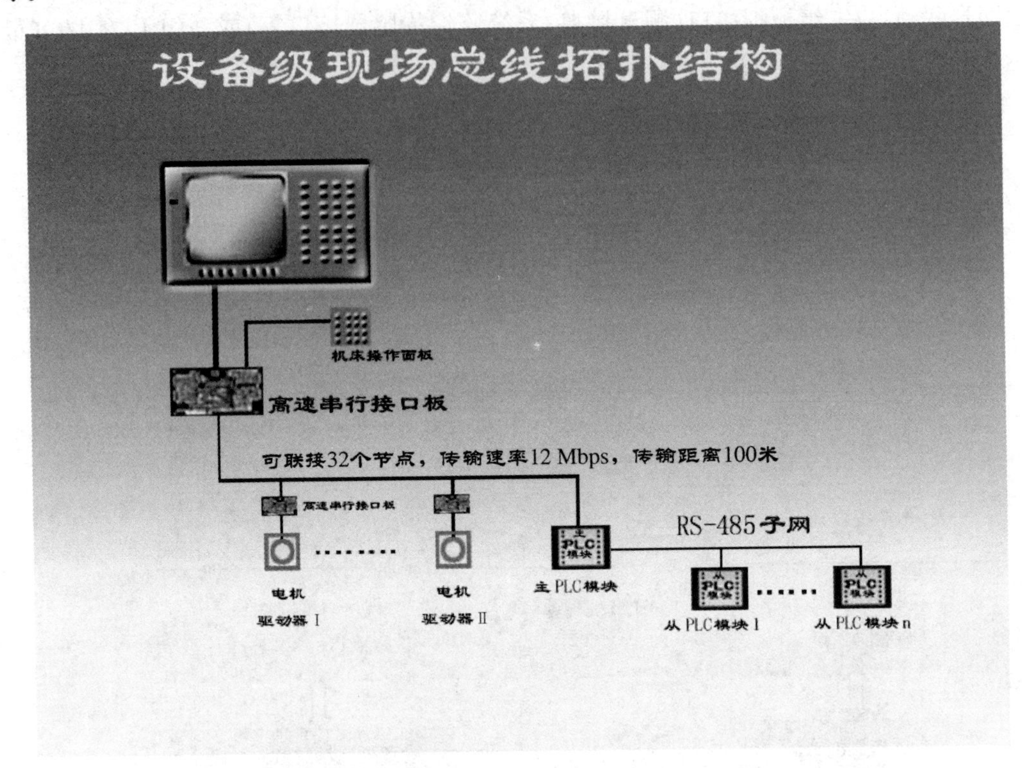

图 5.33　设备级现场总线网络拓扑结构

⑥ 利用 OpenGL 技术提供三维加工仿真功能和加工过程刀具轨迹动态显示。

⑦ 具有 Nurbs 插补和自适应 Look ahead 功能，可实现任意曲线、曲面的高速插补。输出电动机控制脉冲频率最高可达 4 MHz(采用直接数字合成 DDS IC 实现)，当分辨率为0.1 μm时，快进速度可达 24 m，如有需要可输出更高的频率，适合于高速、高精度加工。

⑧ 伺服更新可达 500 μs(控制 6 轴，Pentium Ⅲ以上 CPU)，PLC 扫描时间小于 2 ms。

⑨ PLC 编程符合国际电工委员会 IEC - 61131 - 3 规范，提供梯形图和语句表编程。

⑩ 采用高可靠性的工控单板机(SBC)，加强软、硬件可靠性措施，保证数控系统平均无故障时间(MTBF)达到 20 000 小时。

⑪ 符合欧洲电磁兼容标准(Directive 89/336/EEC)4 级要求。

⑫ 数控系统本身的价格(不包括伺服驱动和电动机)可为现有同功能普及型和高档数控系统的 1/2。

复习思考题

1. CNC控制系统的主要特点是什么？它的主要控制任务有哪些？
2. CNC装置的主要功能有哪些？
3. 单微处理器结构和多微处理器结构各有何特点？
4. 常规的CNC软件结构有哪几种结构模式？
5. 全编码键盘和非编码键盘各有何特点？
6. 试述CRT显示字形的工作原理。
7. 数控机床常用的输入方法有几种？各有何特点？
8. 试述采用串行和并行方式进行外部设备与数控机床间的数据通信时的工作原理与特点。
9. 开放式结构数控系统的主要特点是什么？

第6章　数控机床用可编程控制器

6.1　概　　述

6.1.1　PLC的产生与发展

可编程控制器(Programmable Logic Controller)简称PLC,是一类以微处理器为基础的通用型自动控制装置。它一般以顺序控制为主,回路调节为辅,能够完成逻辑、顺序、计时、计数和算术运算等功能,既能控制开关量,也能控制模拟量。

近年来PLC技术发展很快,每年都推出有不少新产品。据不完全统计,美国、日本、德国等生产PLC的厂家已达150多家,产品有数百种。PLC的功能也在不断增加,主要表现在:

① 控制规模不断扩大,单台PLC可控制成千上万个点,多台PLC进行同位链接可控制数万个点。

② 指令系统功能增强,能进行逻辑运算、计时、计数、算术运算、PID运算、数制转换、ASCII码处理。高档PLC还能处理中断、调用子程序等。使得PLC能够实现逻辑控制、模拟量控制、数值控制和其他过程监控,以至于在某些方面可以取代小型计算机控制。

③ 处理速度提高,每个点的平均处理时间从10 μs左右提高到1 μs以内。

④ 编程容量增大,从几K字节增大到几十K,甚至上百K字节。

⑤ 编程语言多样化,大多数使用梯形图语言和语句表语言,有的还可使用流程图语言或高级语言。

⑥ 增加了通信与联网功能。多台PLC之间能互相通信,交换数据;PLC还可以与上位计算机通信,接受计算机的命令,并将执行结果告诉计算机。通信接口多采用RS-422/RS-232C等标准接口,以实现多级集散控制。

目前,为了适应不同的需要,进一步扩大PLC在工业自动化领域的应用范围,PLC正朝着以下两个方向发展:其一是低档PLC向小型、简易、廉价方向发展,以广泛地取代继电器控制;其二是中、高档PLC向大型、高速、多功能方向发展,以能取代工业控制微机的部分功能,对大规模的复杂系统进行综合性的自动控制。

在数控机床上,采用PLC代替继电器控制,可使数控机床结构更紧凑,功能更丰富,响应速度和可靠性大大提高。在数控机床、加工中心等自动化程度高的加工设备和生产制造系统中,PLC是不可缺少的控制装置。

6.1.2　PLC的基本功能

在数控机床出现以前，顺序控制技术在工业生产中已经得到广泛应用。许多机械设备的工作过程都需要遵循一定的步骤或顺序。顺序控制即是以机械设备的运行状态和时间为依据，使其按预先规定好的动作次序顺序地进行工作的一种控制方式。

数控机床所用的顺序控制装置(或系统)主要有两种：一种是传统的"继电器逻辑电路"，简称RLC(Relay Logic Circuit)；另一种是"可编程控制器"，即PLC。

RLC是将继电器、接触器、按钮、开关等机电式控制器件用导线连接而成的以实现规定顺序控制功能的电路。在实际应用中，RLC存在一些难以克服的缺点。例如，只能实现开关量的简单逻辑运算以及定时、计数等有限的几种功能控制，难以实现复杂的逻辑运算、算术运算、数据处理以及数控机床所需要的许多特殊控制功能；修改控制逻辑需要增减控制元器件和重新布线，安装和调整周期长，工作量大；继电器、接触器等器件体积较大，每个器件工作触点有限，当机床受控对象较多，或控制动作顺序较复杂时，需要采用大量的器件，因而整个RLC体积庞大，功耗高，可靠性差等。由于RLC存在上述缺点，因此只能用于一般的工业设备和数控车床、数控钻床、数控镗床等控制逻辑较为简单的数控机床。

与RLC相比，PLC是一种工作原理完全不同的顺序控制装置。PLC具有如下基本功能：

① PLC是由计算机简化而来的。为适应顺序控制的要求，PLC省去了计算机的一些数字运算功能，而强化了逻辑运算控制功能，是一种功能介于继电器控制和计算机控制之间的自动控制装置。

PLC具有与计算机类似的一些功能器件和单元，包括CPU、用于存储系统控制程序和用户程序的存储器、与外部设备进行数据通信的接口及工作电源等。为与外部机器和过程实现信号传送，PLC还具有输入、输出信号接口。有了这些功能器件和单元，PLC即可用于完成各种指定的控制任务。PLC系统的基本功能结构框图如图6.1所示。

② 具有面向用户的指令和专用于存储用户程序的存储器。用户控制逻辑用软件实现，适用于控制对象动作复杂，控制逻辑需要灵活变更的场合。

③ 用户程序多采用图形符号和逻辑顺序关系与继电器电路十分近似的"梯形图"编辑。梯形图形象直观，工作原理易于理解和掌握。

④ PLC可与专用编程机、编程器、个人计算机等设备连接，可以很方便地实现程序的显示、编辑、诊断、存储和传送等操作。

⑤ PLC没有接触不良、触点熔焊、磨损和线圈烧断等故障。运行中无振动、无噪音，且具有较强的抗干扰能力，可以在环境较差(如粉尘、高温、潮湿等)的条件下稳定、可靠地工作。

⑥ PLC结构紧凑、体积小，容易装入机床内部或电气箱内，便于实现数控机床的机电一体化。

PLC的开发利用，为数控机床提供了一种新型的顺序控制装置，并很快在实际应用中显示出强大的生命力，现在PLC已成为数控机床的一种基本的控制装置。与RLC比较，采用PLC的数控机床结构更紧凑，功能更丰富，工作更可靠。对于车削中心、加工中心、FMC、FMS等机械运动复杂、自动化程度高的加工设备和生产制造系统，PLC是不可缺少的控制装置。

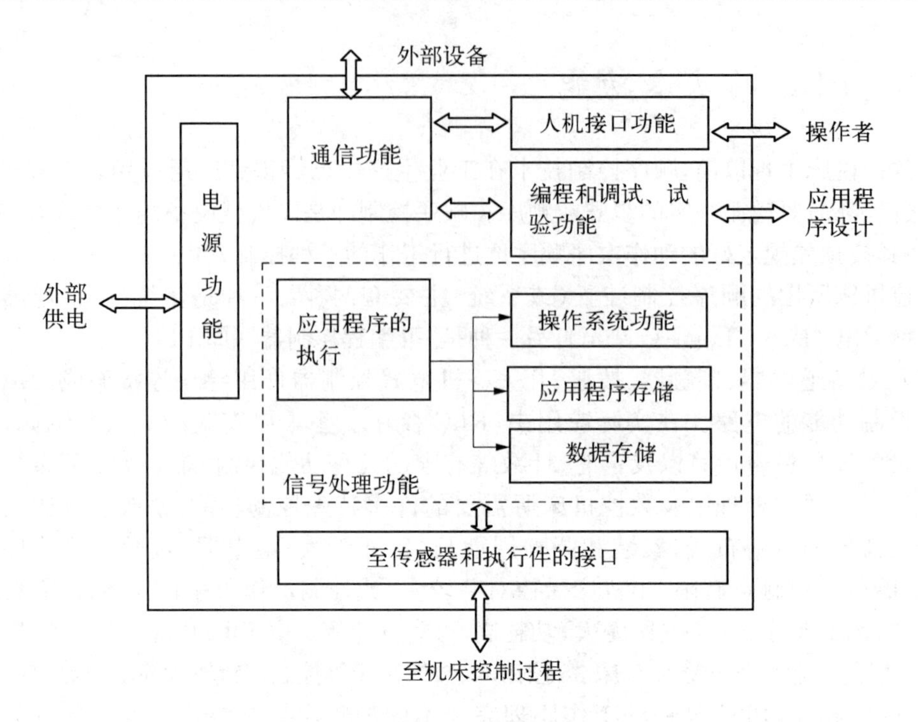

图 6.1 PLC 系统的基本功能结构

6.1.3 PLC 的基本结构

PLC 实质上是一种工业控制用的专用计算机，其结构与微型计算机基本相同，也是由硬件系统和软件系统两大部分组成的。

1. 通用型 PLC 的硬件结构

通用型 PLC 的硬件基本结构如图 6.2 所示，它是一种通用的可编程控制器，主要由中央处理单元 CPU、存储器、输入/输出(I/O)模块及电源组成。

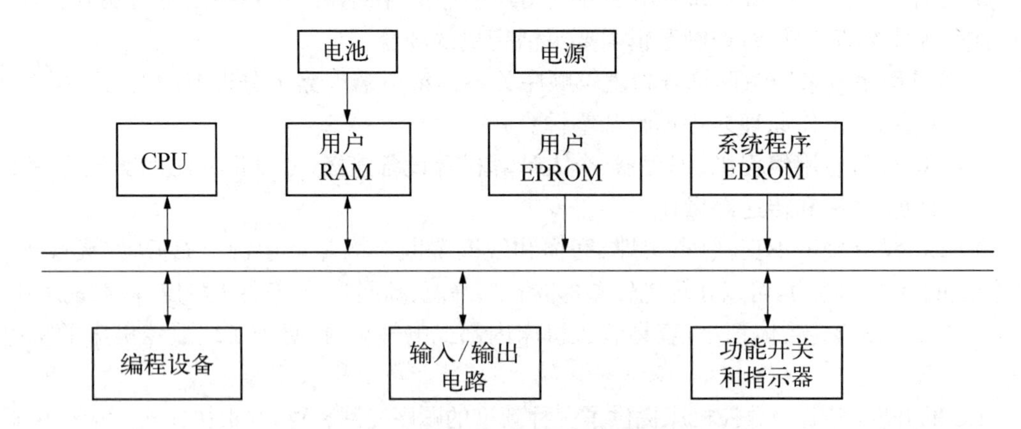

图 6.2 通用型 PLC 的硬件基本结构

主机内各部分之间均通过总线连接。总线分为电源总线、控制总线、地址总线和数据总线。各部件的作用如下：

(1) 中央处理单元CPU

PLC的CPU与通用微机的CPU一样，是PLC的核心部分，它按PLC中系统程序赋予的功能，接收并存储从编程器键入的用户程序和数据；用扫描方式查询现场输入装置的各种信号状态或数据，并存入输入过程状态寄存器或数据寄存器中；诊断电源及PLC内部电路的工作状态和编程过程中的语法错误等；在PLC进入运行状态后，从存储器逐条读取用户程序，经过命令解释后，按指令规定的任务产生相应的控制信号，去启闭有关的控制电路；分时、分渠道地执行数据的存取、传送、组合、比较和变换等动作，完成用户程序中规定的逻辑运算或算术运算等任务；根据运算结果，更新有关标志位的状态和输出状态寄存器的内容，再由输出状态寄存器的位状态或数据寄存器的有关内容实现输出控制、制表打印、数据通信等功能。以上这些都是在CPU的控制下完成的。PLC常用的CPU主要采用通用微处理器、单片机或双极型位片式微处理器。

(2) 存储器

存储器(简称内存)用来存储数据和程序，包括随机存取存储器(RAM)和只读存储器(ROM)两类。

PLC配有系统程序存储器和用户程序存储器，分别用于存储系统程序和用户程序。系统程序存储器用于存储监控程序、模块化应用功能子程序和各种系统参数等，一般使用EPROM；用户程序存储器用于存放用户编制的梯形图等程序，一般使用RAM，若程序不经常修改，也可写入到EPROM中。系统程序存储器的内容不能由用户直接存取。一般在产品样本中所列的存储器型号和容量，均是指用户程序存储器。

存储器的容量以字节为单位。

(3) 输入/输出(I/O)模块

I/O模块是CPU与现场I/O设备或其他外部设备之间的连接部件。PLC提供了各种操作电平和输出驱动能力的I/O模块供用户选用。I/O模块要求具有抗干扰性能，并与外界绝缘，因此多数都采用了光电隔离回路、消抖动回路、多级滤波等措施。I/O模块可以制成各种标准模块，根据输入、输出点数来增减和组合。I/O模块还配有各种发光二极管来指示各种运行状态。

(4) 电源

PLC配有开关式稳压电源模块，用来对PLC的内部电路供电。

(5) 编程器

编程器用于用户程序的编制、编辑、调试和监视，还可以通过其键盘去调用和显示PLC的一些内部状态和系统参数。它通过接口与CPU联系，完成人机对话。

编程器分简易型和智能型两种。简易型编程器只能在线编程，它通过一个专用接口与PLC连接。智能型编程器既可在线编程又可离线编程，还可以远离PLC插到现场控制站的相应接口进行编程。智能型编程器有许多不同的应用程序软件包，功能齐全，适用的编程语言和方法也较多。

2. PLC软件系统

PLC的软件系统是指PLC所使用的各种程序的集合，包括系统程序和用户程序。

(1) 系统程序

系统程序包括监控程序、编译程序及诊断程序等。监控程序又称为管理程序，主要用于管理全机。编译程序用来把程序语言翻译成机器语言。诊断程序用来诊断机器故障。系统程序由PLC生产厂家提供,并固化在EPROM中,用户不能直接存取,也不需要用户干预。

(2) 用户程序

用户程序是用户根据现场控制的需要,用PLC的程序语言编制的应用程序,用以实现各种控制要求。用户程序由用户用编程器键入到PLC内存。小型PLC的用户程序比较简单,不需要分段,而是顺序编制的。大、中型PLC的用户程序很长,也比较复杂,为使用户程序编制简单清晰,可按功能结构或使用目的将用户程序划分成多个程序模块。按模块结构组成的用户程序,每个模块用来解决一个确定的技术功能,能使很长的程序编制得易于理解,还使得程序的调试和修改变得很容易。

对于数控机床来说,PLC中的用户程序由机床制造厂商提供,并已固化到用户EPROM中,机床用户不需要进行写入和修改;当机床发生故障时,用户可根据机床厂商提供的梯形图和电气原理图来查找故障点,进行维修。

6.1.4 PLC的规模和几种常用名称

在实际运用中,当需要对PLC的规模做出评价时,较为普遍的做法是根据输入/输出点数的多少或者程序存储器容量(字数)的大小作为评价的标准,将PLC分为小型、中型和大型(或小规模、中规模和大规模)三类,如表6.1所示。

表6.1 PLC的规模分类

评价指标 / PLC规模	输入/输出点数(二者总点数)	程序存储容量
小型PLC	小于128点	1 KB以下
中型PLC	128点至512点	1.4 KB
大型PLC	512点以上	4 KB以上

存储器容量的大小决定了存储用户程序的步数或语句条数的多少。输入/输出点数与程序存储器容量之间有内在的联系,当输入/输出点数增加时,顺序程序处理的信息量增大,程序加长,因而需加大程序存储器的容量。

一般来说,数控车床、铣床、加工中心等单机数控设备所需输入或输出点数多在128点以下,少数复杂设备在128点以上。而大型数控机床、FMC、FMS、FA则需要采用中规模或大规模PLC。

为了突出可编程控制器作为工业控制装置的特点,或者为了与个人计算机"PC"或脉冲编码器"PLC"等术语相区别,除通称可编程控制器为"PLC"外,目前不少厂家,其中有些是世界著名的厂家,还采用了与PLC不同的其他名称。现将几种常见名称列举如下:

微机可编程控制器(Microprocessor Programmable Controller,MPC);

可编程接口控制器(Programmable Interface Controller,PIC);

可编程机器控制器(Programmable Machine Controller,PMC);

可编程顺序控制器(Programmable Seguence Controller,PSC)。

6.2　数控机床用 PLC

6.2.1　两类数控机床用 PLC

数控系统内部处理的信息大致可以分为两大类，一类是控制坐标轴运动的连续数字信息，另一类是控制刀具更换、主轴启停、换挡变速、冷却开/关、润滑开/关等的逻辑离散信息。对于连续数字信息的处理，前面章节已作详细介绍，本章主要介绍数控系统中可编程逻辑控制器(PLC)对离散信息的处理过程，CNC 依靠 PLC 实现数控机床辅助操作功能，其中包括：M 代码的处理、S 主轴功能的处理及 T 刀具交换的处理。

数控机床用 PLC 可分为两类。一类是专为实现数控机床顺序控制而设计制造的“内装型”(Built-in Type)PLC，另一类是输入/输出信号接口技术规范、输入/输出点数、程序存储容量以及运算和控制功能等均能满足数控机床控制要求的“独立型”(Stand-alone Type)PLC。

1. 内装型 PLC

内装型 PLC(或称内含型 PLC、集成式 PLC)从属于 CNC 装置，PLC 与 NC 间的信号传送在 CNC 装置内部即可实现。PLC 与 MT 间则通过 CNC 输入/输出接口电路实现信号传送，如图 6.3 所示。

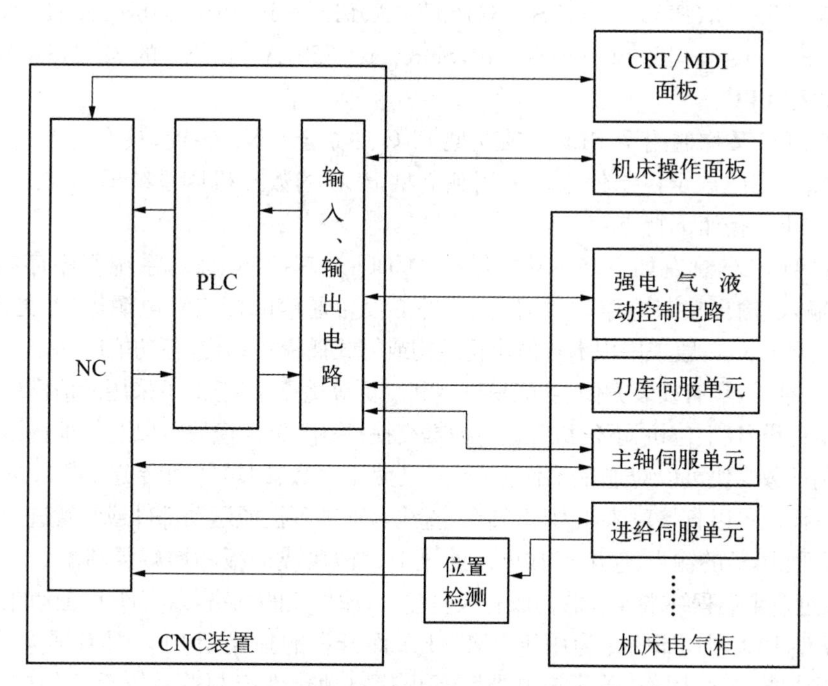

图 6.3　具有内装型 PLC 的 CNC 机床系统框图

内装型 PLC 有如下特点：

① 内装型 PLC 实际上是 CNC 装置带有的 PLC 功能，一般是作为一种基本的或可选择的功能提供给用户。

② 内装型 PLC 的性能指标(如输入/输出点数、程序最大步数、每步执行时间、程序扫描周期、功能指令数目等)是根据所从属的 CNC 系统的规格、性能、适用机床的类型等确定的，其硬件和软件部分是被作为 CNC 系统的基本功能或附加功能与 CNC 系统其他功能一起统一设计、制造的，因此，系统硬件和软件整体结构十分紧凑，且 PLC 所具有的功能针对性强，技术指标亦较合理、实用，尤其适用于单机数控设备的应用场合。

③ 在系统的具体结构上，内装型 PLC 可与 CNC 共用 CPU，也可以单独使用一个 CPU；硬件控制电路可与 CNC 其他电路制作在同一块印刷板上，也可以单独制成一块附加板，当 CNC 装置需要附加 PLC 功能时，再将此附加板插装到 CNC 装置上，内装型 PLC 一般不单独配置输入/输出接口电路，而是使用 CNC 系统本身的输入/输出电路；PLC 控制电路及部分输入/输出电路(一般为输入电路)所用电源由 CNC 装置提供，不需另备电源。

④ 采用内装型 PLC 结构，CNC 系统可以具有某些高级的控制功能，如梯形图编辑和传送功能，在 CNC 内部直接处理 NC 窗口的大量信息等。

自 20 世纪 70 年代末以来，世界上著名的 CNC 厂家在其生产的 CNC 产品中，大多开发了内装型 PLC 功能。随着大规模集成电路的开发利用，带或不带 PLC 功能，CNC 装置的外形尺寸已没有明显的变化。一般来说，采用内装型 PLC 省去了 PLC 与 NC 间的连线，又具有结构紧凑、可靠性好、安装和操作方便等优点，和在拥有 CNC 装置后又去另外配购一台通用型 PLC 作控制器的情况相比较，无论在技术上还是经济上对用户来说都是有利的。

国内常见的带有内装型 PLC 的系统有：FANUC 公司的 FS-0(PMC-L/M)，FS-0 Mate (PMC-L/M)，FS-3(PLC-D)，FS-6(PLC-A、PLC-B)，FS-10/11(PMC-1)，FS-15 (PMC-N)；Siemens 公司的 Sinumerik 810，Sinumerik 820；A-B 公司的 8200，8400，8600 等。

2. 独立型 PLC

独立型 PLC 又称通用型 PLC。独立型 PLC 独立于 CNC 装置，具有完备的硬件和软件功能，能够独立完成规定控制任务。采用独立型 PLC 的数控机床系统框图如图 6.4 所示。

独立型 PLC 有如下特点：

① 独立型 PLC 具有如下基本功能结构：CPU 及其控制电路，系统程序存储器，用户程序存储器，输入/输出接口电路，与编程机等外部设备通信的接口和电源等(参见图 6.2)。

② 独立型 PLC 一般采用积木式模块化结构或笼式插板式结构，各功能电路多做成独立的模块或印刷电路插板，具有安装方便、功能易扩展和变更等优点。例如，可采用通信模块与外部输入输出设备、编程设备、上位机、下位机等进行数据交换；采用 D/A 模块可以对外部伺服装置直接进行控制；采用计数模块可以对加工工件数量、刀具使用次数、回转体回转分度数等进行检测和控制，采用定位模块可以直接对诸如刀库、转台、直线运动轴等机械运动部件或装置进行控制。

③ 独立型 PLC 的输入、输出点数可以通过 I/O 模块或插板的增减灵活配置。有的独立型 PLC 还可通过多个远程终端连接器构成有大量输入、输出点的网络，以实现大范围的集中控制。

在独立型 PLC 中，那些专为用于 FMS、FA 而开发的独立型 PLC 具有强大的数据处理、通信和诊断功能，主要用作“单元控制器”，是现代自动化生产制造系统重要的控制装置。

独立型 PLC 也用于单机控制。国外有些数控机床制造厂家，或是为了展示自己长期形成的技术特色，或是为了某些技术诀窍的保密，或纯粹是因管理上的需要，在购进的 CNC 系统中,舍弃了PLC功能,而采用外购或自行开发的独立型PLC作控制器,这种情况在从日本、欧美引进的数控机床中屡见不鲜。

国内已引进应用的独立型PLC有:Siemens公司的SIMATIC S5系列产品;A-B公司的PLC系列产品;FANUC公司的PMC-J等。

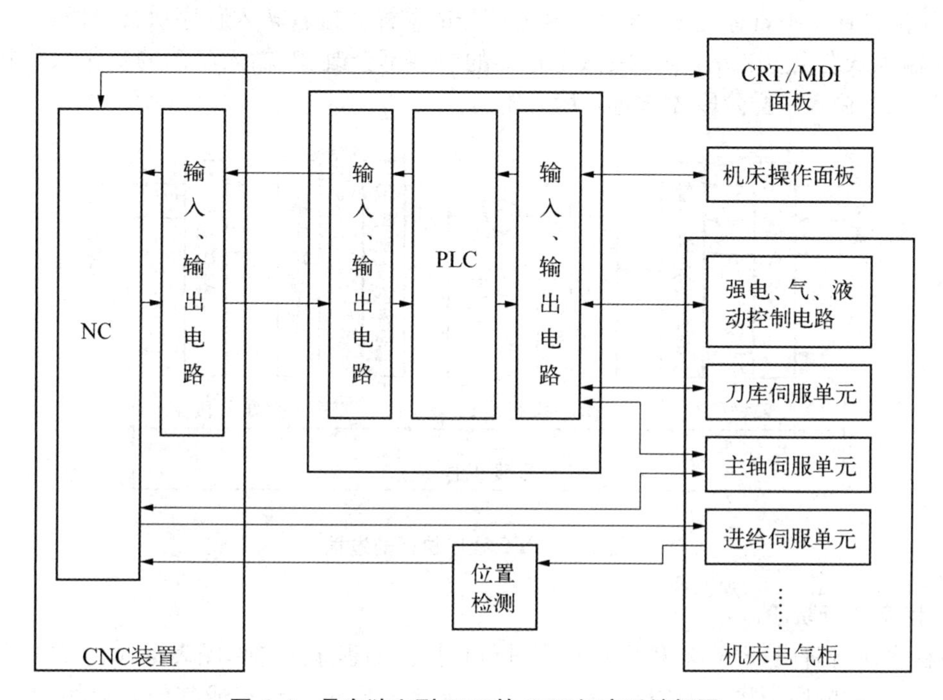

图6.4　具有独立型PLC的CNC机床系统框图

6.2.2　PLC的工作过程

用户程序通过编程器顺序输入到用户存储器,CPU对用户程序循环扫描并顺序执行,这是PLC的基本工作过程。

PLC运行时,用户程序中有众多的操作需要去执行,但CPU不能同时执行多个操作,它只能按分时操作原理,每一时刻执行一个操作,由于CPU运算处理速度很快,使得外部出现的结果从宏观来看似乎是同时完成的。这种分时操作的过程,称为CPU对程序的扫描(CPU处理执行每条指令的平均时间:小型PLC如OMRON-P系列为10 μs、中型PLC如FANUC-PLC-B为7 μs)。

PLC接通电源并开始运行后,立即开始进行自诊断。自诊断时间的长短随用户程序的长短而变化。自诊断通过后,CPU就对用户程序进行扫描。扫描从0000H地址所存的第一条用户程序开始,顺序进行,直到用户程序占有的最后一个地址为止,形成一个扫描循环,周而复始。顺序扫描工作方式简单直观,简化了程序的设计,并为PLC的可靠运行提供了保证。一方面扫描到的指令被执行后,其结果马上就可以被将要扫描到的指令所利用;另一方面还可以通过CPU设置扫描时间监视定时器来监视每次扫描是否超过规定的时间,从而避免由于CPU内部故障使程序执行进入死循环而造成的故障。

对用户程序的循环扫描执行过程，可分为输入采样、程序执行、输出刷新 3 个阶段，如图 6.5 所示。

1. 输入采样阶段

在输入采样阶段，PLC 以扫描方式将所有输入端的输入信号状态（ON/OFF 状态）读入到输入映像寄存器中寄存起来，称为对输入信号的采样。接着转入程序执行阶段，程序执行期间，如输入状态发生变化，输入映像寄存器的内容不会改变，输入状态的变化只能在下一个工作周期的输入采样阶段才被重新读入。

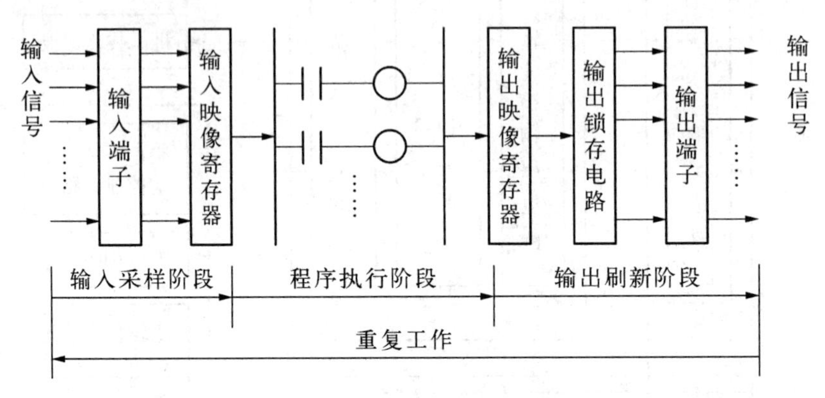

图 6.5 PLC 程序执行的过程

2. 程序执行阶段

在程序执行阶段，PLC 对程序按顺序进行扫描。如程序用梯形图表示，则总是按先上后下、先左后右的顺序扫描。扫描到一条指令时，所需要的输入状态或其他元素的状态，从输入映像寄存器或输出映像寄存器中读入，然后进行相应的逻辑或算术运算，运算结果存入专用寄存器。执行程序输出指令，则将相应的运算结果存入输出映像寄存器。

3. 输出刷新阶段

所有指令执行完毕后，输出映像寄存器中的状态就是欲输出的状态，输出刷新阶段将其转存到输出锁存电路，再经输出端子输出信号驱动用户设备，这就是 PLC 的实际输出。

PLC 重复地执行上述 3 个阶段，每重复一次就是一个工作周期（或称扫描周期）。工作周期的长短与程序的长短有关。

由于输入/输出模块滤波器的时间常数、输出继电器的机械滞后以及执行程序时按工作周期进行等原因，会使输入/输出响应出现滞后现象。对一般工业控制设备来说，这种滞后现象是允许的。但有些设备的某些信号要求做出快速响应，因此，有些 PLC 采用高速响应的输入/输出模块，也有的将顺序程序分为快速响应的高级程序和一般响应速度的低级程序两类。如 FANUC - BESK PLC 规定高级程序每 8 ms 扫描一次，而把低级程序划分成一些分割段，开始执行程序时，首先执行高级程序，然后执行低级程序的分割段 1，然后又去执行高级程序，再执行低级程序的分割段 2……这样每执行完低级程序的一个分割段，都要重新扫描执行一次高级程序，以保证高级程序中信号响应的快速性。

6.2.3　PLC 的内部资源

PLC 的内部资源指的是 PLC 为用户提供的编程资源，又称编程元件，实际就是指可供 PLC 用户使用的内部存储器(内部继电器)，也即用户数据存储器。用户数据存储器需要用户详细了解，非常熟悉。PLC 根据数据存储器功能的不同，对其进行分类归区，基本上有输入映像寄存器(输入继电器)、输出映像寄存器(输出继电器)、辅助继电器、内部标志位存储器、特殊标志位寄存器、定时器、计数器、变量存储器、模拟量输入映像寄存器、模拟量输出映像寄存器、累加器、高速计数器等。在许多场合这些编程元件按继电控制系统的习惯，被冠以“继电器”的名称。

不同厂商、不同型号 PLC 的基本编程元件在类别和功能上大体相同，对小型 PLC 尤其如此。但其编程元件的地址标记和编码方法存在差异，这点必须注意。下面分别对 FAUNC 和 SIEMENS 两大数控品牌的机床 PLC 内部资源进行说明，请注意比较其异同。

一、FAUNC 0i 数控系统 PMC 内部资源

FAUNC 数控系统中的可编程逻辑控制器又称可编程机床接口，英文简写为 PMC。与西门子 PLC 一样，FAUNC PMC 用地址来区分信号，不同的地址分别对应机床侧的输入/输出信号、CNC 侧的输入/输出信号、内部继电器、计数器、保持型继电器(PMC 参数)和数据表，具体如表 6.2 所示。SIEMENS 和 FAUNC 编程元件的地址标记存在差异，在使用不同厂家的 PLC 时必须注意这一点。

FAUNC PMC 信号地址格式与西门子 PLC 相同，都是由地址符、地址号和位号组成的，如 X127.7、XB0、Y0.0 等。但是 FANUC PMC 有一些接口地址固定的输入信号，如表 6.3 所示。在使用时务必确认从机床侧输入的的信号连接到指定的地址上，因为 NC 在运行时直接引用这些地址的信号，这一点也与 SIEMENS 不同。

表 6.2　FAUNC 0i-C 系列 PMC 地址说明(PMC-SA1)

地址	信号类型	范　围
X	来自机床侧的输入信号 (MT→PMC)	X0～X127 外装 I/O 卡 X1000～X1019 内装 I/O 卡
Y	由 PMC 输出到机床侧的信号 (PMC→MT)	Y0～Y127 外装 I/O 卡 Y1000～Y1014 内装 I/O 卡
F	来自 NC 侧的输入信号(NC→PMC)	F0～F255
G	由 PMC 输出到 NC 侧的信号(PMC→NC)	G0～G255
R	内部继电器	R0～R1999
A	信息显示请求信号	A0～A24
C	计数器	C0～C79
T	可变定时器	T0～T79

续表

地址	信号类型	范　围
K	保持型继电器	K0～K19
D	数据表	—
L	标号	—
P	子程序号	—

表 6.3　FAUNC 0i-C 系列 PMC 地址固定的输入信号

信　号		地　址	
		当使用外装 I/O 卡时	当使用内装 I/O 卡时
车床系统	*X* 轴测量位置到达信号	X4.0	X1004.0
	Z 轴测量位置到达信号	X4.1	X1004.1
	刀具补偿测量值直接输入功能 B +*X* 方向信号	X4.2	X1004.2
	刀具补偿测量值直接输入功能 B −*X* 方向信号	X4.2	X1004.2
	刀具补偿测量值直接输入功能 B +*Z* 方向信号	X4.2	X1004.2
	刀具补偿测量值直接输入功能 B −*Z* 方向信号	X4.2	X1004.2
加工中心	*X* 轴测量位置到达信号	X4.0	X1004.0
	Y 轴测量位置到达信号	X4.1	X1004.1
	Z 轴测量位置到达信号	X4.2	X1004.2
公共	跳转(SKIP)信号	X4.7	X1004.7
	急停信号	X8.4	X1008.4
	第 1 轴参考点返回减速信号	X9.1	X1009.1
	第 2 轴参考点返回减速信号	X9.2	X1009.2
	第 3 轴参考点返回减速信号	X9.3	X1009.3

注:FANUC 0i-C 系列数控系统 PMC 有两种输入输出模块,为内置 I/O 模块和通过 I/O link 总线连接的外置 I/O 模块,这两种 I/O 模块的地址分配是不同的,具体 I/O 模块地址的分配参见 FAUNC 相关技术手册。

二、SINUMERIK 802S/C baseline 数控系统 PLC 内部资源

1. 输入/输出过程映像寄存器(输入/输出继电器)

在每次扫描周期的开始，CPU 对物理输入点进行采样，并将采样值写入输入过程映像寄存器。在每次扫描周期的结尾，CPU 将输出过程映像寄存器中的数值复制到物理输出点上。可以按位、字节、字、双字来存取输入输出过程映像寄存器中的数据。

地址：　输入，I(最多 144 点)　　输出，Q (最多 96 点)

格式：　位　I0.0，　Q2.1　　字节　IB4，　QB2

字　IW2，　QW6(地址尾数可被 2 整除)

长字　ID0，　QD4 (地址尾数可被 4 整除)

2. 累加器和标志位存储器

累加器是可以像存储器一样使用的读写存储器。例如，可以用它来向子程序传递参数，也可以从子程序返回参数，以及用来存储计算的中间结果。标志位存储器可以作为控制继电器来存储中间操作状态和控制信息。可以按位、字节、字、双字来存取累加器和位存储器中的数据。

地址：　累加器，AC(最多 4 个)　　标志位存储器，M (最多 256 个字节)

格式：　算术累加器　AC0，　AC1　　位　M0.1

字节　MB21

逻辑累加器　AC2，　AC3　　字　MW22 (地址尾数可被 2 整除)

长字　MD4 (地址尾数可被 4 整除)

梯形图程序示例如图 6.6 所示。

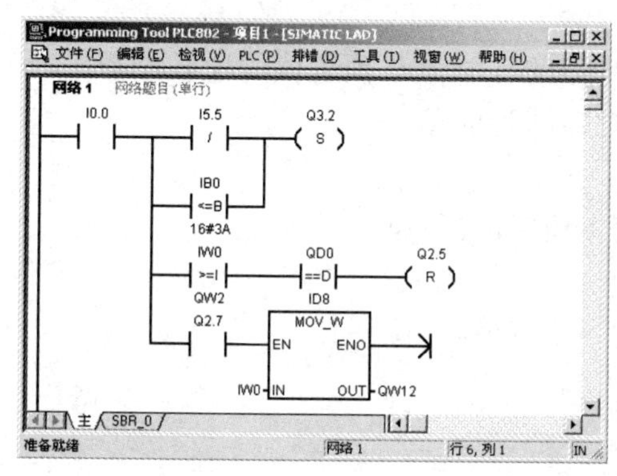

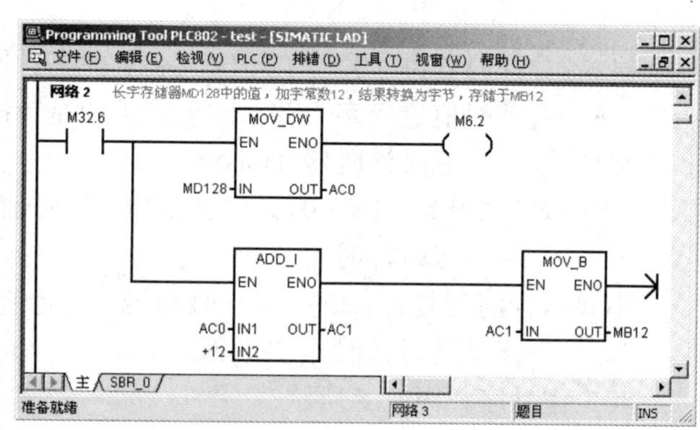

图 6.6　西门子 PLC 内部资源使用示例

3. 计数器

计数器可以用于累计其输入端脉冲电平由低到高的次数。计数器有两种寻址形式：当前值和计数器位。当前值是 16 位有符号整数，存储累计值，计数器位的值根据当前值和预制值的比较结果来置位或复位。两种寻址使用相同的格式，都用 C ＋ 计数器号表示，如 C3，究竟使用哪种形式取决于所使用的指令。

地址：　计数器，C(最多 32 个：C0 ～ C31)

格式：　计数器位　位　C3，C25；表示的是计数器计数值与预置值的比较结果

计数值　　字　C3,C25;表示的是计数器的计数值

类型：　计数器类型有3种,如图6.7所示。

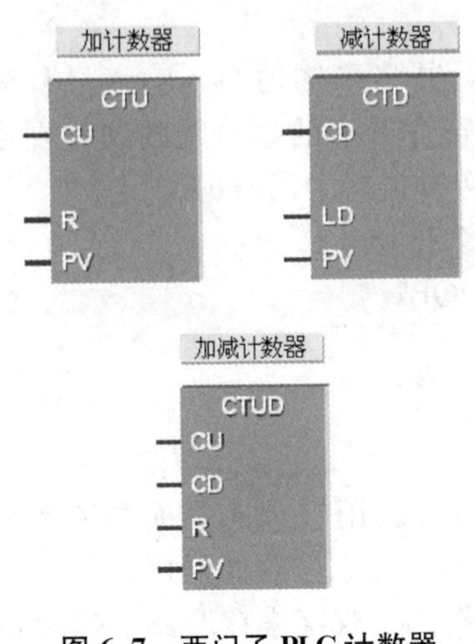

图6.7　西门子PLC计数器

① 加计数器　CTU

计数脉冲有效,计数值+1

R=1,计数器复位

计数值>预置值,C位=1

② 减计数器　CTD

计数脉冲有效,计数值-1

LD脉冲有效,计数器值=预置值

计数值=0,C位=1

③ 加减计数器CTUD

加计数脉冲有效,计数值+1

减计数脉冲有效,计数值-1

R=1,计数器复位

计数值>预置值,C位=1

4. 计时器

计时器可用于时间累计。计时器有两种寻址形式:当前值和计时器位。当前值是16位有符号整数,存储计时器所累计的时间,计时器位的值根据当前值和预制值的比较结果来置位或复位。两种寻址使用相同的格式,都用T+定时器号表示,如T3,究竟使用哪种形式取决于所使用的指令。

地址：　计时器,T(最多32个,T0～T15,定时单位为100 ms;T16～T31,定时单位为10 ms)

格式：　计时器位　位　T3,T25;表示的是计时器的计时值与预置值的比较结果

　　　　计时值　　字　T3,T25;表示的是计时器的计时值

类型：　开启延时计时器TON

IN=1,计时开始；IN=0,计时器复位；计时值>预置值,T位=1

　　　　关闭延时计时器TOF

IN=1,计时器复位；IN=0,计时开始；计时值>预置值,T位=1

　　　　保持延时计时器TONR

其工作时序如图6.8所示。

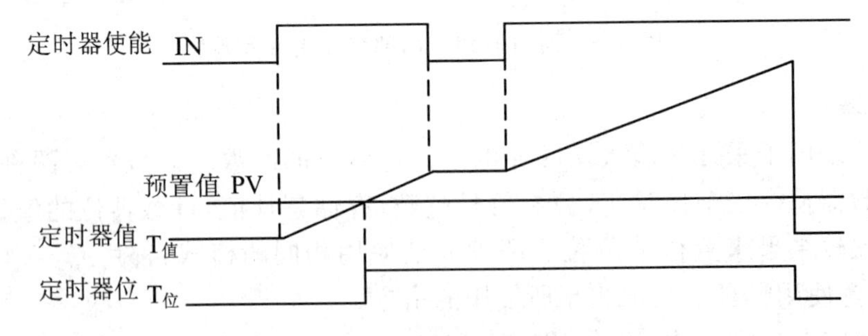

图6.8　保持延时计数器时序图

当 IN＝1 时，计时开始；当 IN＝0 时，计时器停止；当计时值 ＞ 预置值时，T 位＝1；将字常数“0”赋值给 T 值可使计数器复位。

5. 特殊标志存储器

特殊标志存储器地址 SM，SM 位为 PLC CPU 与用户程序之间传递信息提供了一种手段。可以用这些位选择和控制西门子 PLC CPU 的一些特殊功能，简化 PLC 应用程序的设计，西门子 PLC 特殊存储器的位定义如表 6.4 所示。

表 6.4　西门子 PLC 特殊存储器的位定义(只读)

特殊标志位	说　明
SM0.0	逻辑信号“1”，用于 PLC 指令的使能，或用于并联 PLC 梯形图网络，以及梯形图子程序的常“1”输入
SM0.1	第一个 PLC 周期为“1”，随后为“0”，可用于 PLC 应用程序中初始化程序的调用条件，或者用于数控机床上电后自动润滑控制的启动标志
SM0.2	缓冲数据丢失：只有第一个 PLC 周期有效（“0”：数据正常；“1”：数据丢失），可以通过 PLC 应用程序检查数控系统的可掉电保持数据区 V1400××××的信息丢失状况
SM0.3	系统再启动：第一个 PLC 周期为“1”，随后为“0”
SM0.4	60 s 脉冲（交替变化：30 s“0”，然后 30 s“1”）可用于记录以秒为单位的时间信息，如导轨润滑功能的润滑时间间隔
SM0.5	1 s 脉冲（交替变化：0.5 s“0”，然后 0.5 s“1”），如在故障出现后需要报警指示灯闪烁
SM0.6	PLC 周期循环（交替变化：一个周期为“0”，一个周期为“1”），可用于激活处理频率低的网络或子程序，用以节省 PLC 处理器的运算时间

特殊标志存储器 SM x. x 的工作时序如图 6.9 所示。

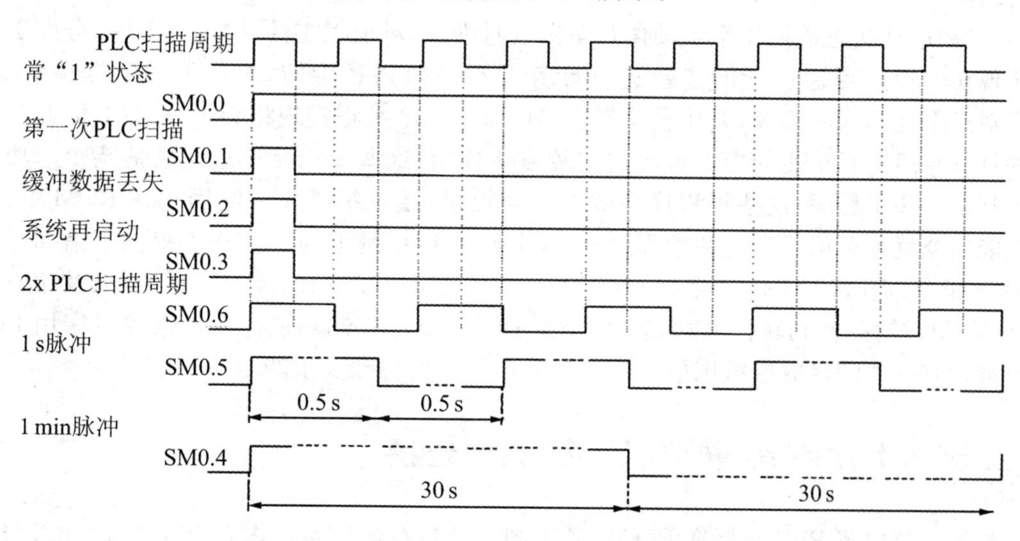

图 6.9　特殊标志存储器 SM x. x 的时序图

6.2.4 PLC在数控系统中的作用

PLC是数控系统为机床制造厂提供的一个开发平台，其任务是控制机床明确而详细的功能和顺序。机床制造厂利用数控系统提供的PLC开发工具，可以设计数控机床的各种控制功能，如冷却控制、润滑控制、刀库和机械手的控制以及各种辅助动作的控制。通常需要设计的控制内容有：

(1) 机床的人机界面(操作面板和机床控制面板)；

(2) 坐标轴的控制(使能、硬限位、参考点)；

(3) 机床的冷却系统；

(4) 机床的润滑系统；

(5) 机床的液压系统；

(6) 机床的排屑系统；

(7) 机床的换刀系统(车床的刀架、系统的刀库)；

(8) 机床的辅助动作(防护门互锁、报警灯等)。

一台数控系统在出厂时，无PLC应用程序，此时数控系统不能完成对机床的操作命令，如数控系统运行方式选择、手动移动坐标等。也就是说没有相关的PLC应用程序，机床控制面板和操作面板的操作命令不能送达数控系统。因此，对于数控机床，其研发的第一项工作就是针对数控机床的技术指标设计PLC应用程序，并且必须保证所有与安全功能相关的基本功能正确无误，如急停控制、各坐标轴的限位控制等。只有满足上述条件才能进行驱动器调试、数控系统参数的设定和调试。

数控机床PLC应用程序的设计除了可以使用标准PLC产品的所有指令外，一般数控厂家还为用户提供了一部分机床控制专用的功能指令，来满足数控机床信息处理和动作控制的特殊要求。例如，数控机床PLC要对由NC输出的M、S、T二进制代码信号进行译码，对机械运动状态或液压系统动作状态做延时确认，对加工零件计数，对刀库、分度工作台从现在位置至目标位置的步数进行计算并沿最短路径旋转，对换刀时数据检索等。PLC对于上述动作的实现，若用移位操作等的基本指令编程实现将会十分困难，因此需要一些具有专门控制功能的指令解决这些较复杂控制，这些专门指令就是功能指令。功能指令都是一些子程序，这些子程序由数控厂家提供，随系统程序一起固化在ROM中，应用功能指令就是调用了相应的子程序。FAUNC数控系统就为上述任务提供了诸如译码(DEC)指令、定时(TMR)指令、计数(CTR)指令、最短径选择(ROT)指令，以及比较检索(DSCH)、转移、代码转换、四则运算、信息显示等指令控制功能。所以数控机床用PLC一般都拥有一些满足数控机床信息处理和动作控制的特殊要求的专门指令。

6.2.5 数控系统中PLC的信息交换

数控系统内置PLC与标准PLC产品不同之处是在数控系统内置PLC中增加了与数控系统进行信息交换的数据区，这个数据区称为接口信号。数控系统中PLC的信息交换是指以PLC为中心，在CNC、PLC、机床三者之间的信号传递处理过程。由图6.10可以看出,PLC 应用程序与数控核心软件 NCK 之间,PLC 应用程序与操作面板之间,PLC 应用程序与机床控制面板之间都需要信息交换。

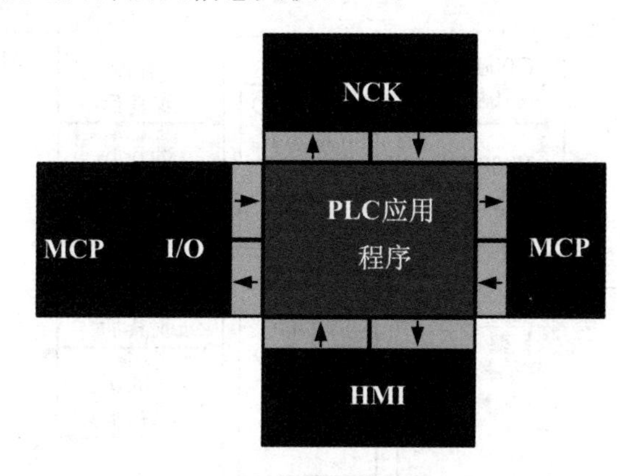

图 6.10　PLC 的信息交换示意图

CNC 与 PLC 之间的接口信号是双向的,信息分两个方向传送:一是由 CNC 发给 PLC 的信息,表示数控系统的内部状态,这些信号对 PLC 是只读的,主要包括各种功能代码 M、S、T 的信息、手动/自动等工作方式状态信息、各种使能信息等。二是由 PLC 发给 CNC 的信号,是 PLC 向数控系统发出的控制请求,主要包括数控系统的控制方式选择,坐标的使能、进给倍率、点动控制、M/S/T 功能的应答信号等,这些信号对 PLC 是可读可写的。

同样,PLC 与机床之间的信息传送也分两个方向进行:一是由 PLC 发给机床的信号,主要包括控制机床执行元件的执行信号,如电磁铁、接触器、继电器的动作信号以及确保机床各运动部件状态信号及故障指示。二是由机床发给 PLC 的信息:主要有机床操作面板上各开关、按钮信息,如机床启/停,主轴正/反转,冷却液的开/关,各坐标的点动和刀架、夹盘的松/夹等信号,以及各进给轴的限位开关、主轴伺服保护监视信号和伺服系统运行准备等信号。这一部分信号用硬接线的方式接入数控机床 PLC 的输入输出(I/O)模块。

信号接口中的信号内容是数控系统明确定义,对于不同的数控系统和数控机床,上述交换信息的内容和数量都是有所不同的,不能一概而论。信号接口中信息量的大小是数控系统开放性的一种具体表现,也是衡量数控系统控制功能强弱的依据。下面以 FANUC 0i-C 数控系统和 SINUMERIK 802D 数控系统中的 PLC 信息交换为例来进行说明。

一、FANUC 0i-C 数控系统中 PLC 的信息交换

FANUC PMC 中与信息交换有关的接口信号地址符有 F、G、X 和 Y,分别指 NC→PMC、PMC→NC、MT→PMC、PMC→MT 的接口信号,如图 6.11 所示。这与西门子数控系统中将所有接口信号都放在 V 区的编址方法不同。

FANUC PMC 与 NC 接口信号的详细说明如下:

(1) 机床侧至 PMC:机床侧的开关量信号通过 I/O 单元接口输入到 PMC 中,除极少数信号外,绝大多数信号的含义及所配置的输入地址,均可由 PMC 程序编制者或者程序

使用者自行定义。数控机床生产厂家可以方便的根据机床的功能和配置,对PMC程序和地址分配进行修改。信号地址以字母X开头。

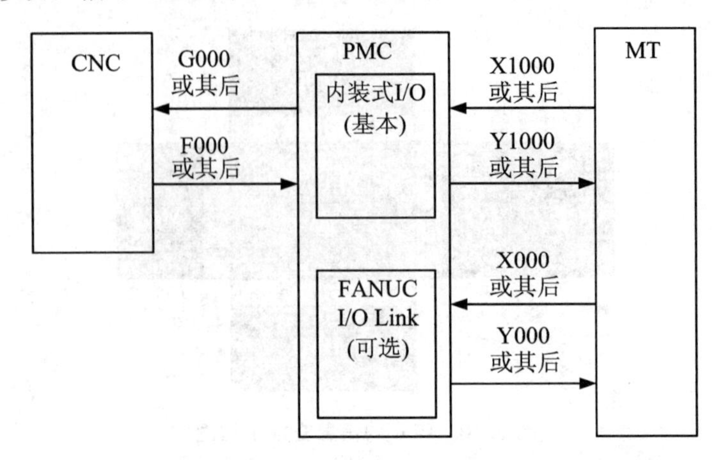

图6.11 FANUC 0i-C数控系统接口信号示意图

(2) PMC至机床:PMC的控制信号通过PMC的输出接口送到机床侧,所有输出信号的含义和输出地址也是由PMC程序编制者或者是使用者自行定义。信号地址以字母Y开头。

(3) CNC至PMC:CNC送至PMC的信息可由CNC直接送入PMC的寄存器中,所有CNC送至PMC的信号含义和地址(开关量地址或寄存器地址)均由CNC厂家确定,PMC编程者只可使用,不可改变和增删。如数控指令的M、S、T功能,通过CNC译码后直接送入PMC相应的寄存器中。信号地址以字母F开头。

(4) PMC至CNC:PMC送至CNC的信息也由开关量信号或寄存器完成,所有PMC送至CNC的信号地址与含义由CNC厂家确定,PMC编程者只可使用,不可改变和增删。信号地址以字母G开头。

对于PMC在数控机床上的应用来说,信号地址可以分成两大类:内部地址(G、F)和外部地址(X、Y)。PMC采集机床侧的外部输入信号(如:机床操作面板、机床外围开关信号等)和NC内部信号(M、S、T代码,轴的运行状态等)经过相应的梯形图的逻辑控制,产生控制NC运行的内部输出信号(如:操作模式、速度、启动停止等)和控制机床辅助动作外部输出信号(如:液气压、转台、刀库等中间继电器)。

二、SINUMERIK 802D数控系统中PLC的信息交换

1. PLC接口地址的结构

NC与PLC之间的通信都是通过接口信号实现的。在西门子系统中,NC和PLC之间的信息接口用"V"地址符表示,接口地址由"V"加8位数字构成,如图6.12所示。

数控系统信号接口分为通道信号区、人机界面信号区、轴相关信号区,每个信号区又根据功能划分为若干功能信号区。也就是说,V区中不同的数据块放置了不同功能的接口信号,例如:SINUMERIK 802D系统中V1000××××中放置的是来自MCP的按键信号,即MCP→PLC的信号,信号可读可写;而V1100××××中放置的是PLC→MCP的状态指示信号,可读可写;V2500××××中是来自NC通道的M功能(动态M0-M99)

的译码信号，即 NCK→PLC 的只读信号，并且译码信号只保持一个 PLC 周期。V 区不同数据块中对应不同接口信号的详细情况如图 6.13 所示。

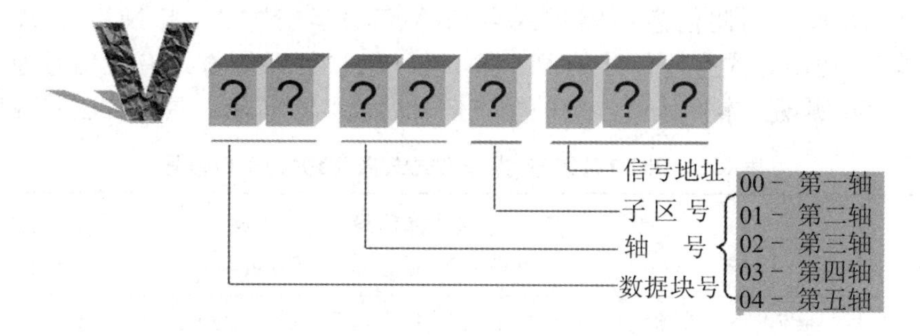

图 6.12　PLC←→NC 接口地址的结构

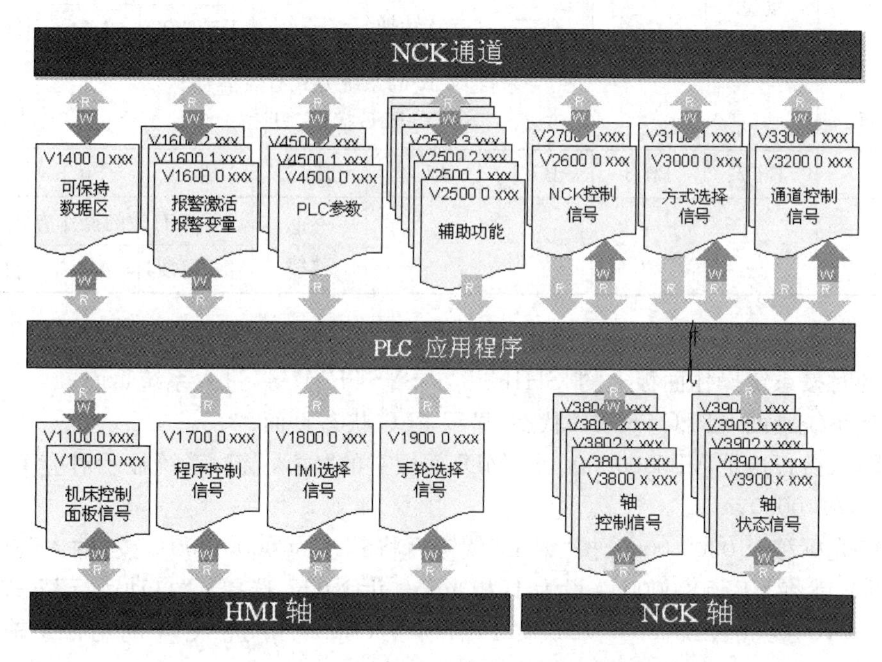

图 6.13　NC 与 PLC 之间的信息交换(接口)

2. 访问接口信号

对 PLC 接口信号的访问和查询，是数控机床调试和故障诊断的一个最基本手段和方法。通过对 PLC 机床侧 I/O 信号所对应的 V 区数据块中的存储单元中的内容进行查询，可以确定故障部位和分析故障原因，例如，当 PLC 与外部信号连接的接线电路发生故障时，存储单元中的信号状态将与实际输入、输出不同。同样通过对 NC↔PLC 接口地址的访问和查看可以对数控机床的故障进行诊断，因为 PLC→NC 的信号属于控制请求信号，通过这些信号可以完成对系统动作的控制，NC→PLC 属于系统给出的状态信号，可用于判断系统是否正确执行了控制信号的要求。因此对接口信号的访问是非常重要的，是维修时用得最多的方法。

下面以 802D 如何进行“操作方式选择”为例来说明对接口信号访问和修改，并请体会接口信号的作用。数控机床的操作方式有多种，包括自动 AUTO 方式、MDA 方式、回参考点方式、手动 JOG 方式等，PLC 将操作方式信号送至 NCK 是通过接口地址 VB30000000 来实现的，当 VB30000000.0＝1，表示 PLC 告诉 NCK 用户选择了自动 AUTO 方式，NCK 接到此信息后需进入自动 AUTO 运行方式，当 NCK 有效进入自动 AUTO 方式后，送出方式有效信号给 PLC，NCK→PLC 的系统方式有效信号通过接口地址 VB31000000 实现。本操作所涉及的接口信号如表 6.5 所示。具体方法有两种：

表 6.5　802D 系统与“操作方式选择”相关的接口信号

3000 PLC变量	方式选择信号送至 NCK PLC→ NCK 接口(可读/可写)							
Byte	Bit 7	Bit 6	Bit 5	Bit 4	Bit 3	Bit 2	Bit 1	Bit 0
30000000	复位			禁止方式转换		选择操作方式		
						手动 JOG	MDA	自动 AUTO
3100 PLC变量	来自 NCK 的系统方式有效信号 NCK→PLC 接口(只读)							
Byte	Bit 7	Bit 6	Bit 5	Bit 4	Bit 3	Bit 2	Bit 1	Bit 0
31000000					802 就绪	有效的操作方式		
						手动 JOG	MDA	自动 AUTO

方法一：通过 802D 的操作画面选择操作方式。

(1) 同时按系统操作面板上的“SHIFT”与“SYSTEM”键，进入系统页面；

(2) 从系统画面→PLC→PLC 状态，显示 PLC 状态页面；

(3) 输入接口地址 VB30000000，按 MDI 面板上的“输入”键，系统显示对应字节的 8 位信号状态 0000 0000；

(4) 将光标移至 0000 0000，按“编辑”软键后将其改为 0000 0001，按“输入”软键，再按“接收”软键，就将 VB30000000.0 设为 1，相当于告诉 NCK，选择了“自动运行”方式；

(5) NCK 接到 VB30000000.0＝1 信号后，系统应进入自动方式，输入地址 VB31000000，观察内容是否为 0000 0001。

方法二：通过 PLC 编程软件选择操作方式。

(1) 802D 进入与 PLC 编程工具软件 MicroWIN STEP7 的联机状态；

(2) 进入 PLC 编程工具软件的状态表，输入地址，写入新值；

(3) 将新值写入 802D，即可选择不同的机床操作方式，与方法一效果一致。

同理，I/O 信号状态的显示和诊断方法与上述例子一样，进入系统页面，从系统画面→PLC→PLC 状态页面，输入需要检测的 I/O 信号地址字节，如需检测 I0.1、Q1.0 或 VB38000000 时，输入信号地址 IB0、QB1 和 VB38000000，系统即显示对应字节信号状态。

6.3　FANUC 系统 PMC 的指令知识

一、PMC 基本指令

PMC 基本指令如表 6.6 所示。

表 6.6　PMC 基本指令

序号	编码	键输入	处理内容
1	RD	R	读入指定的信号状态并设置到 ST0
2	RD. NOT	RN	将指定的信号状态读入取非并设置到 ST0
3	WRT	W	将逻辑运算结果（ST0）输出到指定地址
4	WRT. NOT	WN	将逻辑运算结果（ST0）取非后输出到指定地址
5	AND	A	逻辑与
6	AND. NOT	AN	将指定的信号状态取非后进行逻辑与
7	OR	O	逻辑和
8	OR. NOT	ON	将指定信号状态取非后进行逻辑和
9	RD. STK	RS	将寄存器内容向左移 1 位，并将指定地址的信号状态设到 ST0
10	RD. NOT. STK	RNS	将寄存器内容向左移 1 位，并将指定地址的信号状态取非读出来设到 ST0
11	AND. STK	AS	把 ST0 和 ST1 的逻辑积设到 ST1，把寄存器内容向右移 1 位
12	OR. STK	OS	把 ST0 和 ST1 的逻辑和设到 ST1，把寄存器内容向右移 1 位

二、PMC 的功能指令

数控机床用 PLC 的指令必须满足数控机床信息处理和动作控制的特殊要求。例如 CNC 输出的 M、S、T 二进制代码信号的译码（DEC、DECB）；机械运动状态或液压系统动作状态的延时确认（TMR、TMRB）；加工零件的计数（CTR）；刀库，分度工作台沿最短路径旋转和现在位置至目标位置步数的计算（ROT、ROTB）；换刀时数据检索（DSCH、DSCHB）和数据变址传送指令（XMOV、XMOVB）等。对于上述译码、定时、计数、最短路径选择，以及比较、检索、转移、代码转换、四则运算、信息显示等控制功能，仅用基本指令编程，实现起来将会十分困难，因此要增加一些有专门控制功能的指令，这些专门指令就是功能指令。功能指令都是一些子程序，应用功能指令就是调用相应的子程序。FANUC PMC 功能指令数目视型号不同而不同。以 FANUC－0i 系统的 PMC－SA1/SA3/SB7 为例，介绍 FANUC 系统常用 PMC 功能指令的功能、指令格式及数控机床的具体应用。

1. 顺序程序结束指令

FANUC-0i系统的PMC程序结束指令有第1级程序结束指令END1、第2级程序结束指令END2和程序结束指令END三种，其指令格式如图6.14所示。

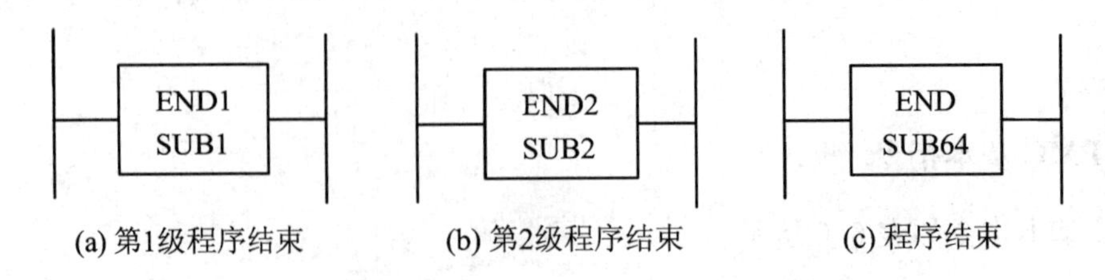

图6.14 顺序结束功能指令格式

(1) 第1级程序结束指令

第1级程序结束指令END1每隔8 ms读取程序，主要处理系统急停、超程、进给暂停等紧急动作。因为第1级程序过长将会延长PMC整个扫描周期，所以第1级程序不宜过长，如果不使用第1级程序时，必须在PMC程序开头指定END1，否则PMC无法正常运行。

(2) 第2级程序结束指令END2

第2级程序用来编写普通的顺序程序，如系统就绪、运行方式切换、手动进给、手轮进给、自动运行、辅助功能(M、S、T功能)控制、调用子程序及信息显示控制等顺序程序。通常第2级的步数较多，在一个8 ms内不能全部处理完(每个8 ms内都包括第1级程序)。所以在每个8 ms中顺序执行第2级的一部分，直至执行第2级的终了(读取END2)。在第2级程序中，因为有同步输入信号存储器，所以输入脉冲信号的信号宽度应大于PMC的扫描周期，否则顺序程序会出现误动作。

(3) 程序结束指令END

将重复执行的处理和模块化的程序作为子程序登录，然后用CALL或CALLU命令由第2级程序调用。包含子程序PMC的梯形图的最后必须用END指令结束。

图6.15为某一数控立式加工中心应用PMC程序结束指令的具体例子。

2. 定时器指令

在数控机床梯形图编制中，定时器是不可缺少的指令，用于程序中需要与时间建立逻辑关系的场合。功能相当于一种通常的定时继电器(延时继电器)。FANUC系统PMC的定时器按时间设定形式不同分为可变定时器(TMR)和固定定时器(TMRB)两种。

(1) 可变定时器(TMR)

TMR指令的定时时间可通过PMC参数进行更改，指令格式和工作原理如图6.16所示。指令格式包括三部分，分别是控制条件、定时器号、定时继电器。

控制条件：当ACT=0时，输出定时继电器TM01=0。当ACT=1时，经过设定延时时间后，输出定时继电器TM01=1。

定时器号：PMC-SA3为1～40个，其中1～8号最小单位为48 ms(最大为1 572.8 s)；9号以后最小单位为8 ms(最大为262.1 s)。定时器的时间在PMC参数中设定(每个定时器占两个字节，以十进制数直接设定)。

定时继电器：作为可变定时器的输出控制，定时继电器的地址由机床厂家设计者决定，一般采用中间继电器。

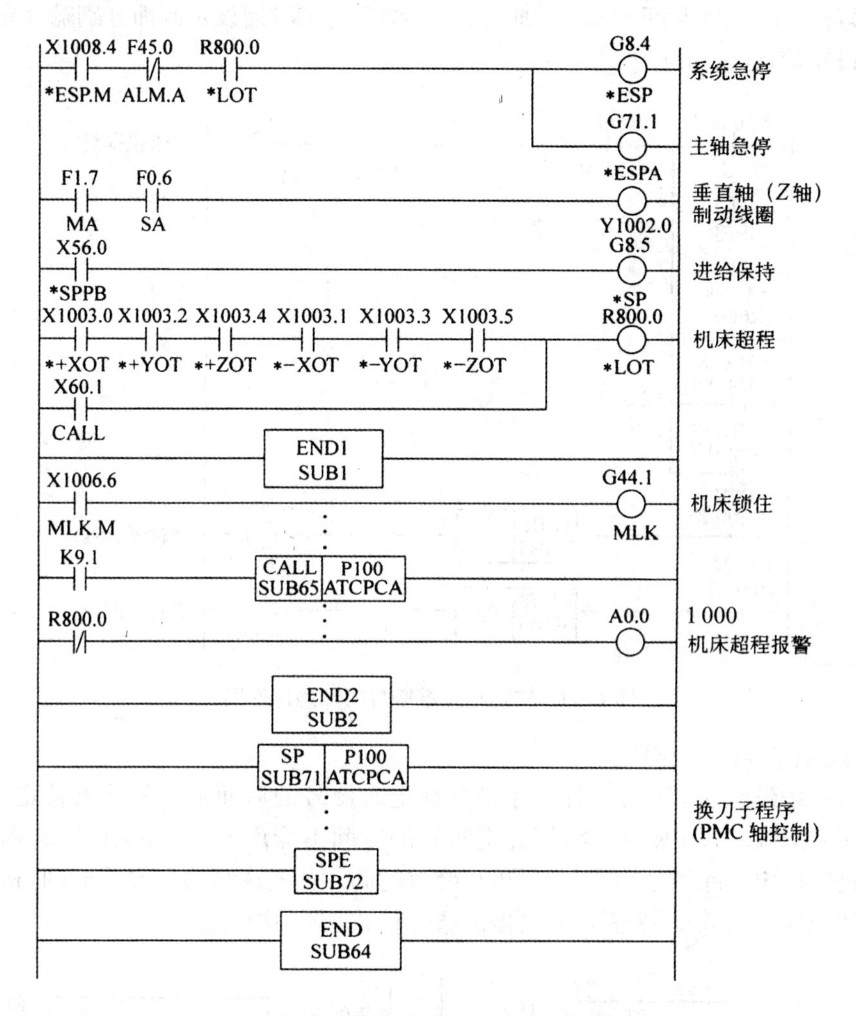

图 6.15　PMC 程序结束指令的应用

当 ACT=1 时，定时器开始计时，到达预定的时间后，定时继电器 TM01 接通；当控制条件 ACT=0 时，定时继电器 TM01 断开。

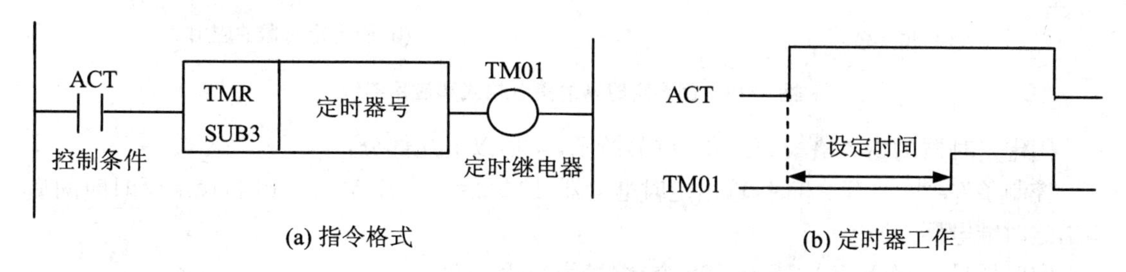

(a) 指令格式　　(b) 定时器工作

图 6.16　可变定时器的指令格式和工作原理

图 6.17 中 X1008.4 为机床急停报警，R600.3 为主轴报警，R600.4 为机床超程报警，R600.5 为润滑系统油面过低（润滑油不足）报警，R600.6 为自动换刀装置故障报警，R600.7

为自动加工中机床的防护门打开报警,当上面任何一个报警信号输入时,机床报警灯(Y1000.0)都闪亮(间隔时间为5s)。通过PMC参数的定时器设定画面分别输入定时器01、02的时间设定值(5000ms)。

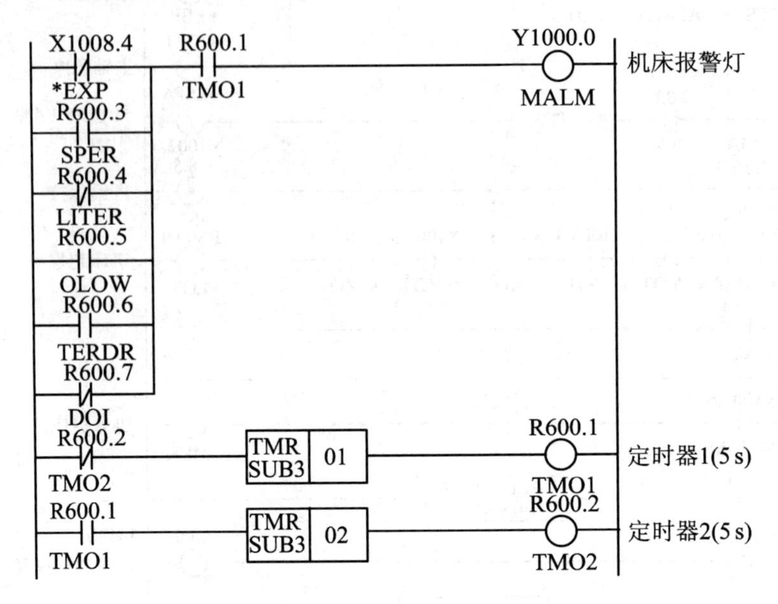

图 6.17 实现机床报警灯闪烁的梯形图

(2) 固定定时器(TMRB)

在梯形图中设定TMRB的时间,在指令和定时器号的后面加上一项预设定时间参数,与顺序程序一起被写入FROM中,因此定时器的时间不能用PMC参数改写。固定定时器一般用于机床固定时间的延时,不需要用户修改时间。如机床换刀的动作时间、机床自动润滑时间等的控制。图6.18为固定定时器的指令格式和应用实例。

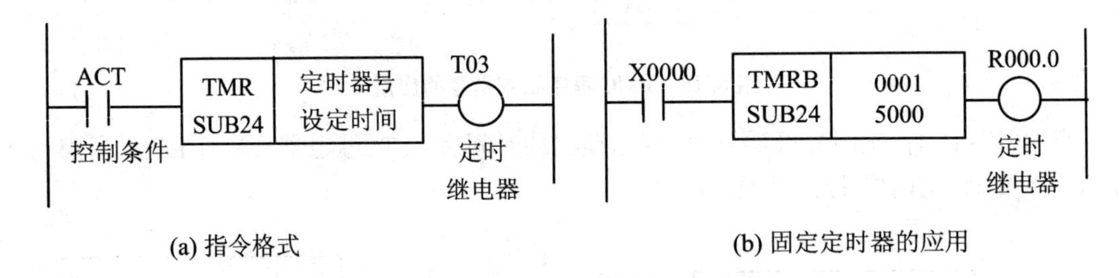

图 6.18 固定定时器的指令格式和应用实例

固定定时器的指令格式如图6.18(a)所示,包括以下几部分:

控制条件:当ACT=0时,输出定时继电器TM03=0。当ACT=1时,设定延时时间后输出定时继电器TM03=1。

定时器号:PMC-SA3共有100个,编号为001~100。

设定时间:设定时间的最小单位为8ms,设定范围为8~262 136 ms。

定时继电器:作为可变定时器的输出控制,定时继电器的地址由机床厂家决定,一般采用中间继电器。

图 6.18(b)为应用实例，表示当 X000.0 为 1 时，经过 5 000 ms 的延时，定时继电器 R000.0 为“1”。

3. 计数器指令

计数器主要功能是进行计数，可以是加计数，也可以是减计数。计数器的预置值形式是 BCD 代码还是二进制代码形式由 PMC 的参数设定(一般为二进制代码)。

图 6.19 为计数器的指令格式和计数加工工件件数的应用。

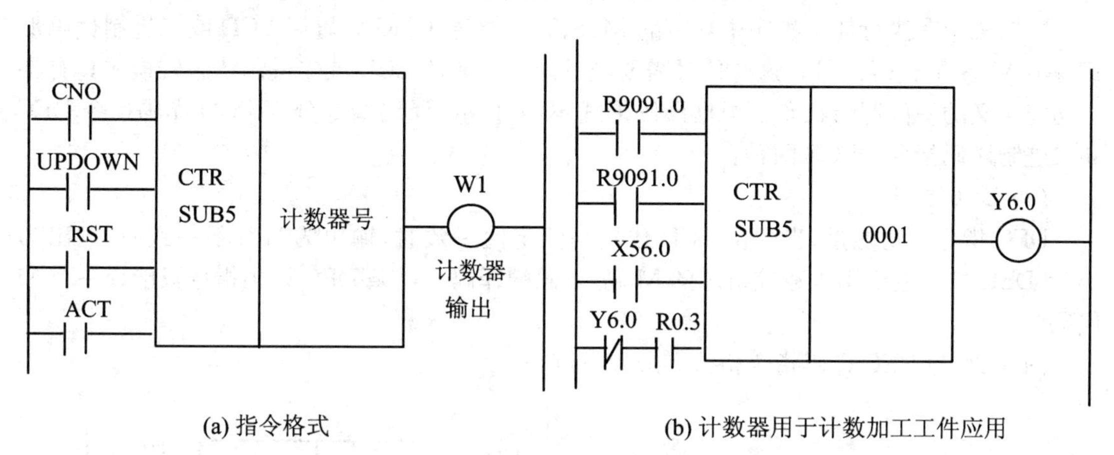

图 6.19　计数器的指令格式和应用实例

(1) 计数器的指令格式

计数器的指令格式如图 6.19(a)所示，包括如下各项：

指定初始值(CNO)：CNO＝0，计数器的计数从 0 开始；CNO＝1，计数器的计数从 1 开始。

指定加或减计数(UPDOWN)：UPDOWN＝0，指定为加 1 计数器；UPDOWN＝1，指定为减 1 计数器。

复位(RST)：RST＝0，解除复位；RST＝1，计数器复位到初始值。

控制条件(ACT)：ACT＝0，计数器不执行。ACT＝1，从 0 变成 1 的上升沿计数。

计数器号：FANUC 系统 PMC－SA3 的计数器有 20 个(00～19)，PMC－SB7 的计数器有 100 个(000～099)。每个计数器占用系统内部断电保持寄存器 4 个字节(计数器的预置值占两个字节，当前计数值占两个字节)。

计数器输出(WI)：当计数器为加计数器时，计数器计数到预置值，输出 W1＝1；当计数器为减计数器时，计数器计数到初始值，输出 W1＝1。计数器的输出地址由厂家来设定。

(2) 计数器在数控机床 PMC 控制上的应用

计数器可以实现自动计数加工工件的件数；作为分度工作台的自动分度控制及加工中心自动换刀装置中的换刀位置自动检测控制等。

图 6.19(b)为自动计数加工件数的 PMC 控制。其中 R9091.0 为逻辑 0，X56.0 为机床面板加工件数的复位开关，Y6.0 为机床加工结束灯，R0.3 为加工程序结束信号(M30)。计数器的初始值 CNO 为 0(逻辑 0 指定)，加工件数从 0 开始计数；加减计数形式 UPDOWN 为 0(逻辑 0 指定)，即指定计数器为加计数。通过 PMC 参数域面设定计数器 1 的预置值为 100

(如果加工100件)。每加工一个工件,通过加工程序结束指令M30(R0.3)进行计数器加1累计,当加工100件时,计数器的计数值累计到100,计数器输出Y6.0为1,通知操作者加工结束,并通过Y6.0的常闭点切断计数器的计数控制。如果重新进行计数,可通过机床面板的复位开关X56.0进行复位,当X56.0为1时,计数器输出Y6.0变成0,计数器重新计数。

4. 译码指令

数控机床在执行加工程序中规定的M、S、T功能时,CNC装置以BCD或二进制代码形式输出M、S、T代码信号。这些信号需要经过译码才能从BCD或二进制状态转换成具有特定功能含义的一位逻辑状态。根据译码形式不同,PMC译码指令分为BCD译码指令DEC和二进制译码指令DECB两种:

(1) DEC指令

DEC指令的功能是,当两位BCD代码与给定值一致时,输出为"1";不一致时,输出为"0"。DEC指令主要用于数控机床的M码、T码的译码。一条DEC译码指令只能译一个M代码。

图6.20为DEC译码指令格式和应用举例:

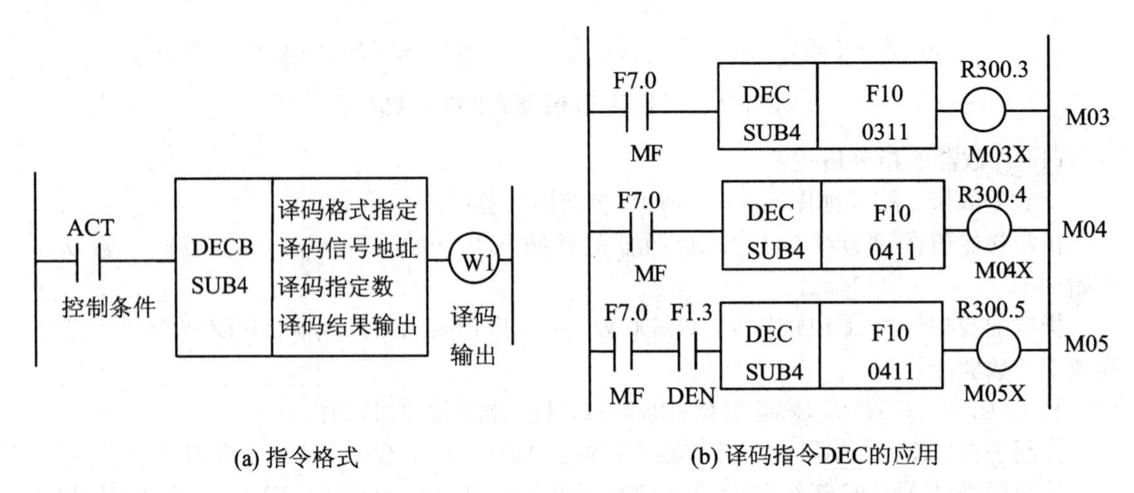

(a) 指令格式 (b) 译码指令DEC的应用

图6.20 DEC译码指令格式和应用举例

DEC指令格式如图6.20(a)所示,包括以下几部分:

控制条件:ACT=0,不执行译码指令;ACT=1,执行译码指令。

译码信号地址:指定包含两位BCD代码信号的地址。

译码方式:译码方式包括译码数值和译码位数两部分。译码数值为要译码的两位BCD码;译码位数01为只译低4位数、10为只译高4位数、11为高低位均译。

译码输出:当指定地址的译码数与要求的译码值相等时为1,否则为0。

图6.20(b)中,当执行加工程序M03、M04、M05时,R300.3、R300.4、R300.5分别为1,从而实现主轴正转、反转及主轴停止自动控制。其中F7.0为M码选通信号,F1.3为移动指令分配结束信号,F10为FANUC-16/18/0i系统的M码输出信号地址。

(2) DECB指令

DECB指令的功能是,可对1、2或4个字节的二进制代码数据译码,所指定的8位连续数据之一与代码数据相同时，对应的输出数据位为 1。DECB 指令主要用于 M 代码、T 代码的译码，一条 DECB 代码可译 8 个连续 M 代码或 8 个连续 T 代码。

图 6.21 为 DECB 译码指令格式和应用举例。

DECB 指令格式如图 6.21(a)所示，主要包括以下几项：

译码格式指定：0001 为 1 个字节的二进制代码数据，0002 为 2 个字节的二进制代码数，0004 为 4 个字节的二进制代码数据。

译码信号地址：给定一个存储代码数据的地址。

译码指定数：给定要译码的 8 个连续数字的第 1 位。

译码结果输出：给定一个输出译码结果的地址。

图 6.21(b)中，加工程序执行 M03、M04、M05、M06、M07、M08、M09、M10 时，R300.0、R300.1、R300.2、R300.3、R300.4、R300.5、R300.6 、R300.7 分别为 1。

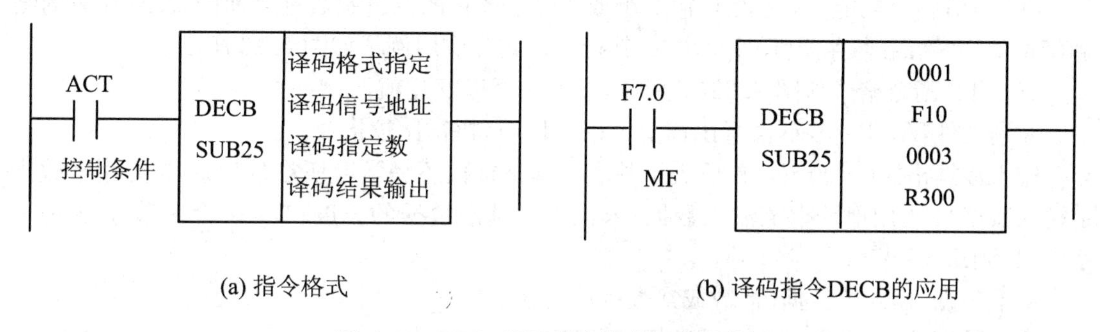

图 6.21　DECB 译码指令格式和应用举例

5. 比较指令

比较指令用于比较基准值与比较值差值的大小。主要用于数控机床编程的 T 码与实际刀号的比较。PMC 比较指令分为 BCD 比较指令 COMP 和二进制比较指令 COMPB 两种。

(1) COMP 指令

COMP 指令的输入值和比较值为 2 位或 4 位 BCD 代码。其指令格式与应用例子如图 6.22 所示。

COMP 指令格式如图 6.22(a)所示，包括以下几项：

指定数据大小：BYT＝0，处理数据(输入值和比较值)为 2 位 BCD 代码；BYT＝1，处理数据为 4 位 BCD 代码。

控制条件：ACT＝0，不执行比较指令；ACT＝1，执行比较指令。

输入数据格式：0 为用常数指定输入基准数据；1 为用地址指定输入基准数据。

基准数据：输入的数据(常数或常数存放的地址)。

比较数据地址：指定存放比较数据的地址。

比较结果输出：当基准数据＞比较数据时，W1 为 0。当基准数据≤比较数据时，W1 为 1。

图 6.22(b)为某数控车床自动换刀(6 工位)的 T 码检测 PMC 控制梯形图。加工程序中的 T 码≥7 时，R601.0 为 1，并发出 T 码错误报警。其中 F7.3 为 T 码选通信号，F26 为

系统T码输出信号的地址。

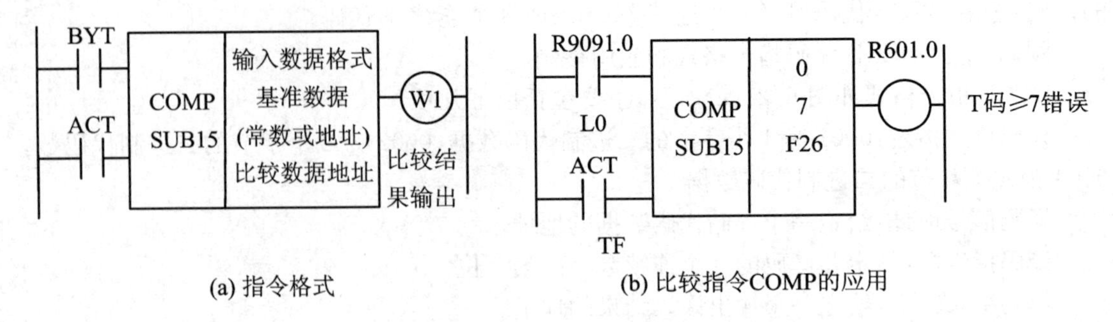

(a) 指令格式 (b) 比较指令COMP的应用

图 6.22 COMP 比较指令格式和应用举例

(2) COMPB 指令

COMPB 指令功能是,比较1个、2个或4个字节长的二进制数据之间的大小,比较的结果存放在运算结果寄存器(R9000)中。其指令格式和应用例子如图6.23所示。

COMPB 指令格式如图6.23(a)所示,主要包括以下几项:

控制条件:ACT=0,不执行比较指令;ACT=1,执行比较指令。

输入数据格式(*00*):首位表示基准数据是常数还是常数所在的地址,0为用常数指定输入数据;1为用地址指定输入数据;末位表示基准数据的长度,1为一个字节,2为两个字节,4为四个字节。

基准数据:输入的数据(常数或常数存放的地址)。

比较数据地址:指定存放比较数据的地址。

比较寄存器 R9000.0:当基准数据=比较数据时,R9000.0=1;当基准数据<比较数据时,R9000.1=1。

图6.23(b)中,R400 用来存放加工中心的当前主轴刀号,F26 为加工程序的T码输出信号地址,JMP 为 PMC 的跳转功能指令,JMP~JMPE 为自动换刀的动作程序。当加T程序读到T码时,如果程序的T码与主轴刀号相同,则跳出换刀动作程序,接着执行下面的程序。

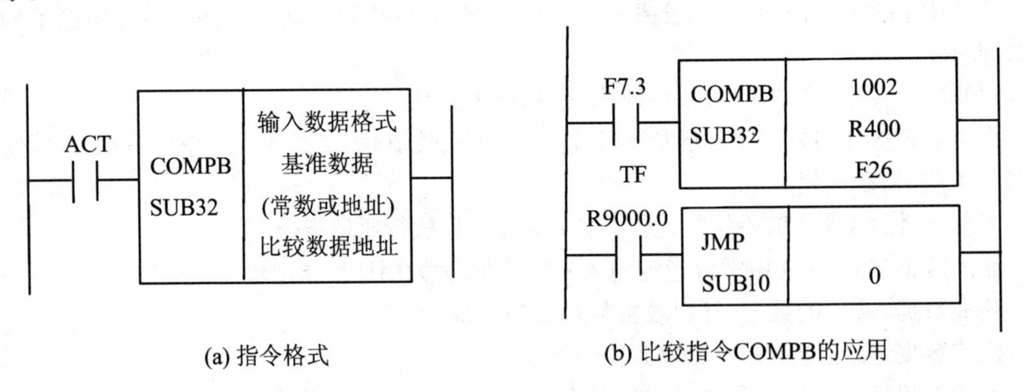

(a) 指令格式 (b) 比较指令COMPB的应用

图 6.23 COMPB 指令格式和应用举例

6. 常数定义指令

使用功能指令时,有时需要常数。此时,要用该指令来定义常数。数控机床中常用来实现自动换刀的实际刀号定义，以及采用附加伺服轴(PMC 轴)控制的换刀装置数据等控制。

(1) NUME 指令

NUME 指令是 2 位或 4 位 BCD 代码常数定义指令。其指令格式和应用例子如图6.24所示。

NUME 指令格式如图 6.24(a)所示，主要包括以下几项：

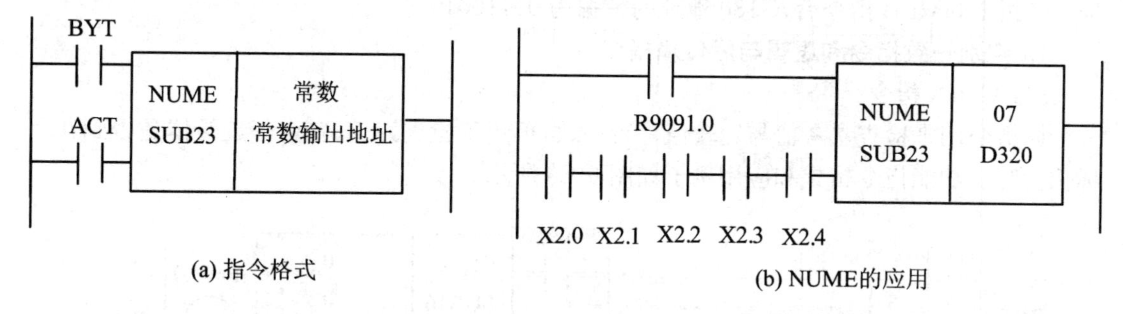

图 6.24　NUME 指令格式和应用举例

常数的位数指定：BYT=0，常数为 2 位 BCD 代码；BYT=1，常数为 4 位 BCD 代码。

控制条件：ACT=0，不执行常数定义指令；ACT=1，执行常数定义指令。

常数输出地址：设定所定义常数的输出地址。

图 6.24(b)为某数控车床的电动刀盘实际刀号定义，其中，X2.0、X2.1、X2.2、X2.3 为电动刀盘实际刀号输出信号(8421 码)，X2.4 为电动刀盘的码盘选通信号，D320 为存放实际刀号的数据表。当电动刀盘转到 7 号刀时，刀盘选通信号 X2.4 接通，同时刀号输出信号 X2.3、X2.2、X2.1、X2.0 发出 7 号代码(0111)，通过 NUME 指令把常数 07(2 位 BCD 代码)输出到实际刀号存放的地址 D320 中，此时，D320 存储的数据为 00000111。

(2) NUMEB 指令

NUMEB 指令是 1 个字节、2 个字节或 4 个字节长二进制数的常数定义指令，其指令格式和应用例子如图 6.25 所示。

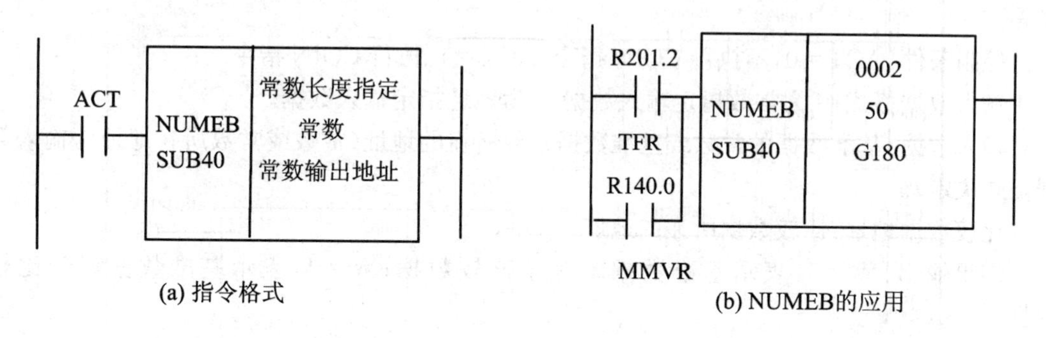

图 6.25　NUMEB 指令格式和应用举例

NUMEB 指令格式如图 6.25(a)所示，主要包括以下几项：

控制条件：ACT=0，不执行常数定义指令；ACT=1，执行常数定义指令。

常数长度指定：0001 为 1 个字节长度的二进制数；0002 为 2 个字节长度的二进制数；0004 为 4 个字节长度的二进制数。

常数:以十进制形式指定的常数。

常数输出地址:定义二进制数据的输出区域的首地址。

图 6.25(b)为某数控加工中心的刀库旋转的速度给定,该刀库旋转轴采用 PMC(附加伺服轴)控制。其中 R201.2 为刀库自动转位信号,R140.0 为刀库手动转位信号,要求刀库旋转速度为 50mm/min(常数为 50),G180、G181 为系统 PMC 轴控制的进给速度给定信号地址。通过 NUMEB 指令后,G180 地址的数据为 00110010。

7. 判别一致指令和逻辑与后传输指令

(1) COIN 指令

此指令用来检查参考值与比较值是否一致,可用于检查刀库、转台等旋转体是否到达目标位置等。功能指令格式和应用例子如图 6.26 所示。

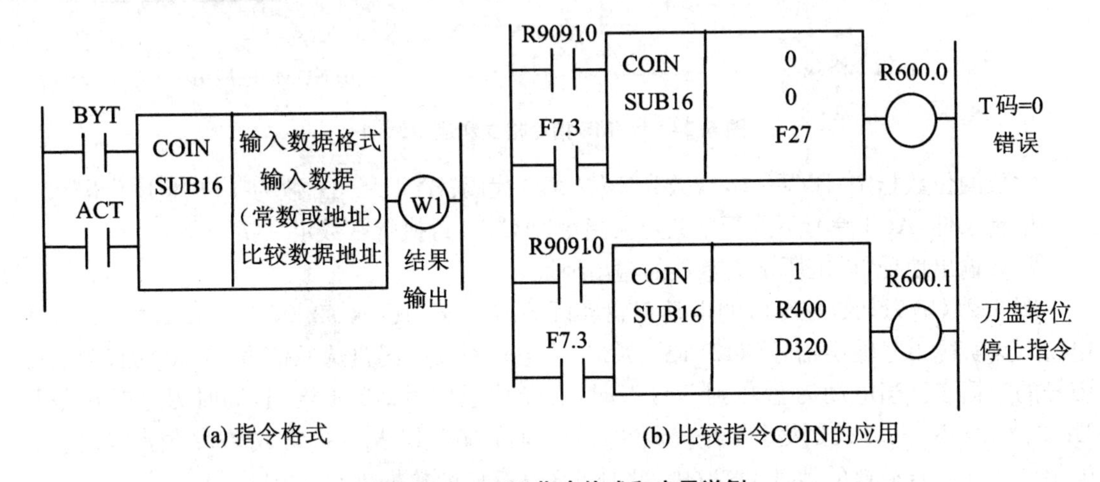

(a) 指令格式　　(b) 比较指令COIN的应用

图 6.26 COIN 指令格式和应用举例

COIN 指令格式如图 6.26(a)所示,主要包括以下几项:

指定数据的大小:BYT=0,数据大小为 2 位 BCD 代码;BYT=1,数据大小为 4 位 BCD 代码。

控制条件:ACT=0,不执行 COIN 指令;ACT=1,执行 COIN 指令。

输入数据格式:0 为常数指定输入数据;1 为地址指定输入数据。

输入数据:基准数据的常数或基准数据常数所在的地址(常数或常数所在地址由输入数据格式决定)。

比较数据地址:比较数据所在的地址。

结果输出:W=0,表示基准数据不等于比较数据;W=1,表示基准数据等于比较数据。

图 6.26(b)中,F27 为系统 T 码输出地址,R400 为所选刀具的地址,D320 为刀库换刀点的地址。当 R600.0 为 0 时,说明程序中输入了 T00 的错误指令(因为换刀号是从 1 开始的)。当 R600.1 为 1 时,说明刀库中选择的刀具转到了换刀位置,停止刀库的旋转且可以执行换刀。

(2) MOVE 指令

该指令的作用是把比较数据(梯形图中写入的)和处理数据(数据地址中存放的)进行逻

辑“与”运算，并将结果传输到指定地址，也可用于将指定地址里不需要的 8 位信号位消除掉。指令格式和应用例子如图 6.27 所示。

MOVE 指令格式如图 6.27(a)所示，主要包括以下几项：

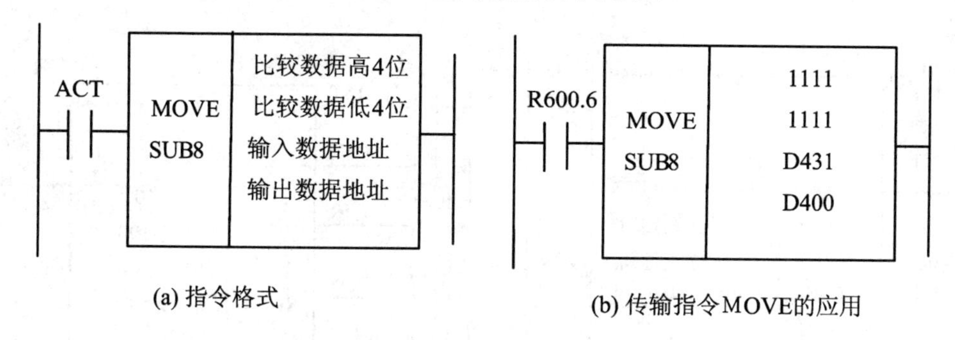

图 6.27　MOVE 指令格式和应用举例

当 ACT=0 时，MOVE 指令不执行；当 ACT=1 时，MOVE 指令执行。输入数据(1 个字节)与比较数据的高、低 4 位数据(0 或 1)进行逻辑与运算，把逻辑与运算后的结果数据传送到输出数据的地址中。

图 6.27(b)中，D431 为刀库中当前要换刀所在的地址，D400 为主轴刀所在的地址，R600.1 为换刀结束信号。加工中心执行自动换刀控制时，系统接收到换刀结束信号后，把当前刀库的换刀刀号写到主轴刀号所在的地址中，从而实现随机换刀的自动控制。

8. 旋转指令

(1) ROT 指令

此指令用来判别回转体的下一步旋转方向；计算出回转体从当前位置旋转到目标位置的步数或计算出到达目标位置前一位置的位置数。一般用于数控机床自动换刀装置的旋转控制。功能指令格式和应用例子如图 6.28 所示。

ROT 指令格式如图 6.28(a)所示，主要包括以下几项：

指定起始位置数：RNO=0，旋转起始位置数为 0；RNO=1，旋转起始位置数为 1。

指定处理数据(位置数据)的位数：BYT=0，指定两位 BCD 码；BYT=1，指定 4 位 BCD 码。

选择最短路径的旋转方向：DIR=0，不选择，按正向旋转；DIR=1，选择。

指定计算条件：POS=0，计算现在位置与目标位置之间的步距数；POS=1，计算目标前一个位置的位置数。

指定位置数或步距数：INC=0，计算目标位置的号(表内号)；INC=1，计算到达目标的步数。

控制条件：ATC=0，不执行 ROT 指令，W1 不变化；ACT=1，执行 ROT 指令，并有旋转方向输出。

旋转方向输出：选择较短路径时有方向控制信号，该信号输出到 W1。当 W1=0 时旋转方向为正，当 W1=1 时旋转方向为负(反转)。若转子的位置数是递增的则为正转，若转子位置数是递减的则为反转。W1 地址可以任意选择。

图 6.28(b)中，R9091.0 为逻辑 0，R9091.1 为逻辑 1，F7.3 为 T 码选通信号(程序中读到了 T 码)，40 为刀库容量 40 把刀，D200 为当前要换刀的刀具所在地址，D300 为刀库换刀

点的刀具所在地址。执行该指令后，把刀库的当前刀具转到换刀位置的前一位置的地址存储到的 R700 中，以便进行刀库接近换刀点的减速控制或预分度到位控制。通过 R680.0 输出是否为“1”来控制刀库是否反转。

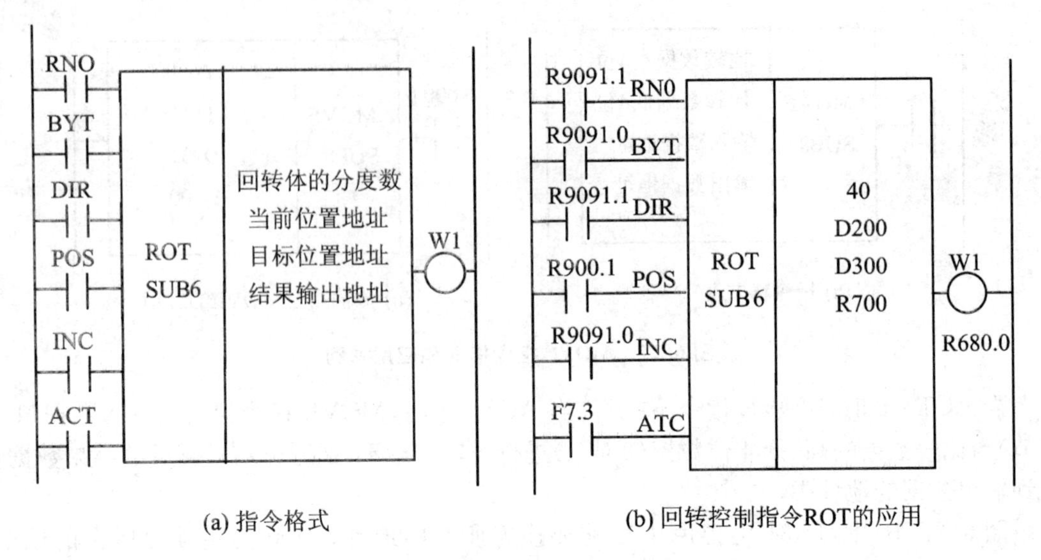

图 6.28 ROT 指令格式和应用举例

(2) ROTB 指令

ROTB 指令与 ROT 指令的功能基本相同，但 ROTB 指令可用地址指定回转体的分度数，处理数据的形式均为二进制数形式。功能指令格式和应用例子如图 6.29 所示。

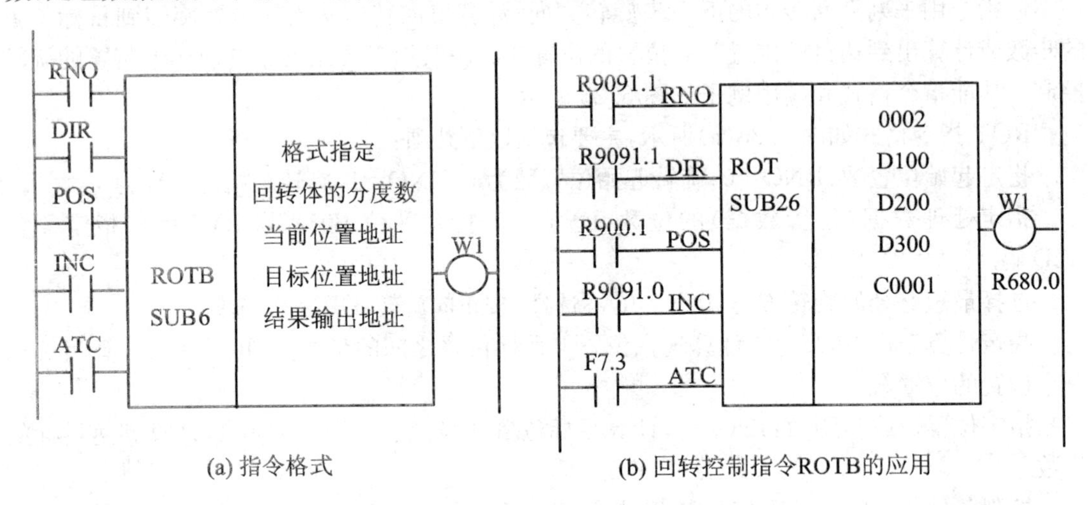

图 6.29 ROTB 指令格式和应用举例

ROTB 指令格式如图 6.29(a)所示，其中格式指定意义如下。0001 表示处理的数据为 1 个字节二进制数，0002 表示处理的数据为 2 个字节二进制数，0004 表示处理的数据为 4 个字节二进制数。

图 6.29(b)中，D100 为存储刀库容量数据的地址，这样设定的好处是梯形图不变，用户就可以通过修改 D100 的数据来改变刀库的容量。执行该指令后，把刀库当前要换的刀具到

换刀点位置的步距数存储到计数器的 C0001 中，以便刀库旋转位置的步数控制。通过 R680.0 输出是否为“1”来控制刀库是否反转。

9. 数据检索指令

(1) DSCH 指令

该指令的功能是在数据表中搜索指定的数据(2 位或 4 位 BCD 代码)，并且输出其表内号，常用于刀具 T 码的检索。功能指令格式和应用例子如图 6.30 所示。

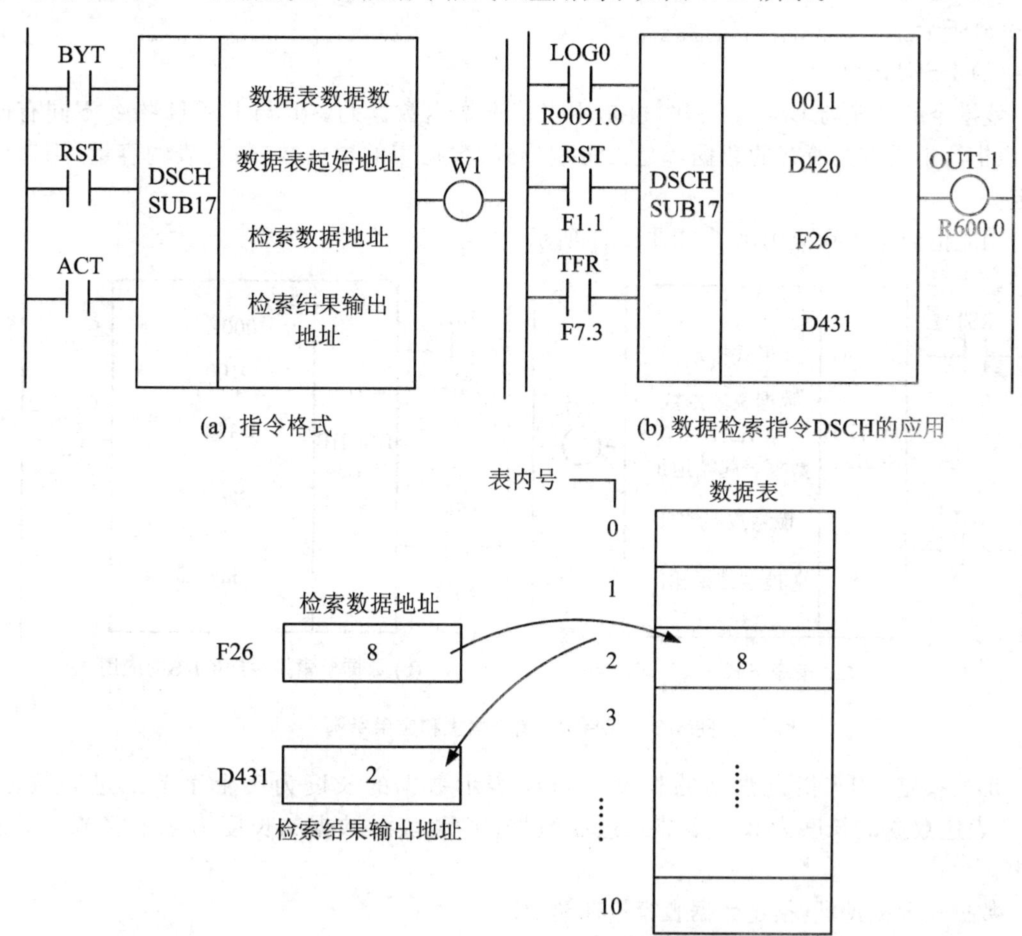

(a) 指令格式　(b) 数据检索指令DSCH的应用

(c) 数据检索指令DSCH的检索过程

图 6.30　DSCH 指令格式和应用举例

DSCH 指令格式如图 6.30(a)所示，主要包括以下几项：

指定处理数据的位数(BYT)：BTY=0，指定 2 位 BCD 码；BTY=1，指定 4 位 BCD 码。

复位信号(RST)：RST=0，W1 不进行复位(W1 输出状态不变)；RST=1，W1 进行复位(W1=0)。

执行命令(ACT)：ACT=0，不执行 DSCH 指令，W1 不变；ACT=1，执行 DSCH 指令，没有检索到数据时，W1 输出 1。

数据表数据数：指定数据表的大小。如果数据表的表头为 0，数据表的表尾为 n，则数据表的个数为 $n+1$。

数据表起始地址：指定数据表的表头地址。

检索数据地址：指定检索数据所在的地址。

检索结果输出地址：把被检索数据所在的表内号输出到该地址。

图 6.30(b)为加工中心自动换刀的 T 码检索的应用，图中 11 表示加工中心的刀库为 12 工位(12 把刀)，D420 表示数据表的首地址，F26 为程序中的 T 码，D431 用于存储检索到刀号所在的地址(刀库中所要用刀的刀座号)。F7.3 为 T 码选通信号。具体的检索过程如图 6.30(c)所示。

(2) DSCHB 指令

该指令的功能与 DSCH 一样，也是用来检索指定数据的。但与 DSCH 指令不同有两点：该指令中处理的所有的数据都是二进制形式；数据表的数据数(数据表的容量)用地址指定。

功能指令格式和应用例子如图 6.31 所示。

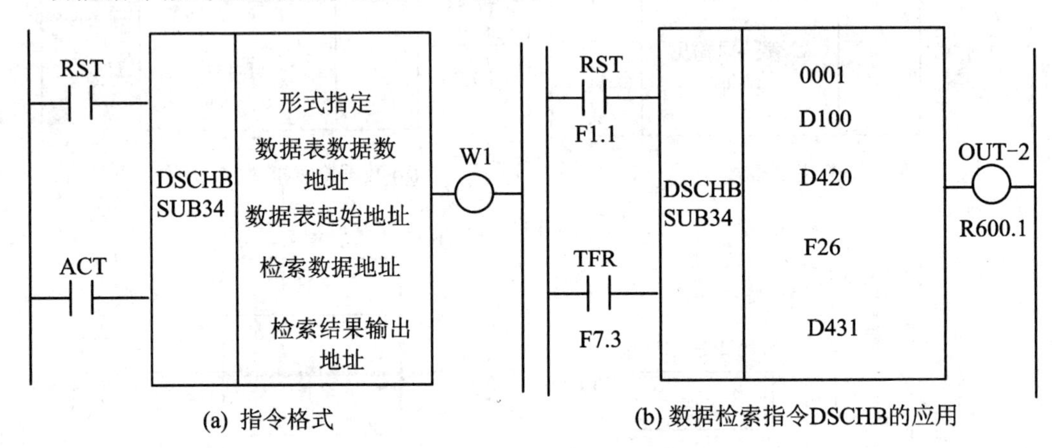

(a) 指令格式　　(b) 数据检索指令DSCHB的应用

图 6.31　DSCHB 指令格式和应用举例

形式指定：用来指定数据的长度。0001 表示数据的长度为 1 个字节二进制数据；0002 表述数据的长度为 2 个字节二进制数据；0004 表示数据的长度为 4 个字节二进制数据。

数据表数据地址：指定数据表容量存储地址。

数据表起始地址：指定数据表的表头地址。

检索数据地址：指定检索数据所在的地址。

检索结果输出地址：把被检索数据所在的表内号输出到该地址。

图 6.31(b)中的 D100 用来存储数据表的容量(如果是 10 把刀的刀库，则数据表容量为 11)，数据表的表头是 D420。如果从数据表中检索到程序所需要的刀号，则把该刀号所在的地址(表内号传送到地址 D431 中)。如果在数据表中没有检索到程序的刀号，则 R600.1 为“1”.并发出 T 码错误报警信息。

10. 变地址传输指令

(1) XMOV 指令

用该指令可读取数据表的数据或写入数据表的数据，处理的数据为 2 位 BCD 代码或 4 位 BCD 代码。该指令常用于加工中心的随机换刀控制。其指令格式和应用例子如图 6.32

所示。XMOV 指令主要包括以下几项：

数据的位数指定(BYT)：BYT=0，数据表中的数据为2位 BCD；BYT=1，数据表中的数据为4位 BCD。

读取/写入的指定(RW)：RW=0 表示从数据表读出数据；RW=1 表示向数据表写入数据。

复位信号(RST)：RST=0，W1 不进行复位(W1 输出状态不变)；RST=1，W1 进行复位(W1=0)。

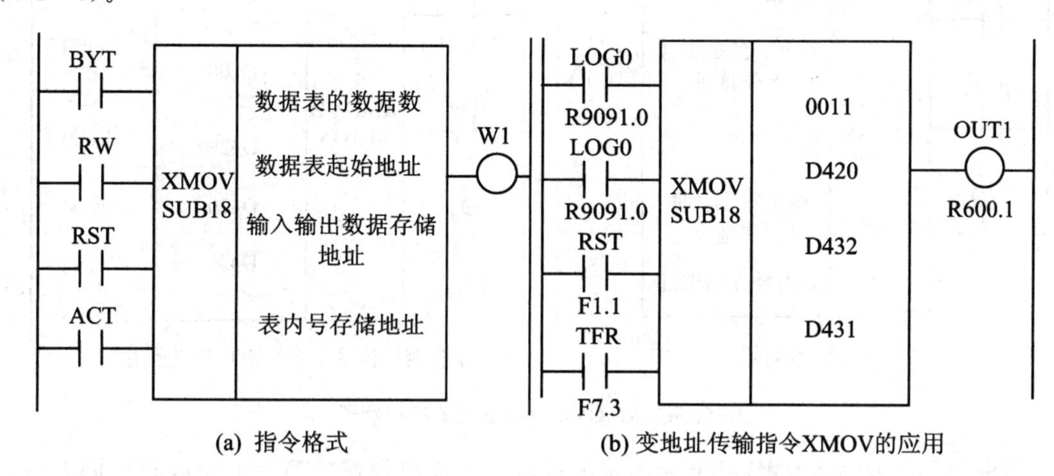

图 6.32　XMOV 指令格式及应用例子

执行命令(ACT)：ACT=0，不执行 XMOV 指令，W1 不变；ACT=1，执行 XMOV 指令，没有检索到数据时，W1 输出1。

数据表的数据数：指定数据表的大小，即数据表的开头为0号。数据表的最后单元为 n 号，则数据表的大小为 $n+1$。

数据表起始地址：指定数据表的表头地址。

输入/输出数据地址：当读取数据时，把表内号存储地址的数据输出到该地址中；当写入数据时，指定数据表中要传输数据的地址。

表内号存储地址：当读取数据时，把指定数据从数据表的表内号地址输出；当写入数据时，把指定数据写入数据表的表内号地址。

图 6.32(b)为数控加工中心的自动换刀 PMC 控制。其中，刀库共有10把刀，数据表头为 D420(存储主轴当前的刀号)数据表 D421～D430 分别为刀库的刀座号(1～10号刀座)，D431 为程序 T 码所检索到的刀号地址(要换刀的刀座号)，D432 用来存储 D431 地址内的数据(要换刀所在刀座的刀号)。如图 6.33 所示，通过 XMOV

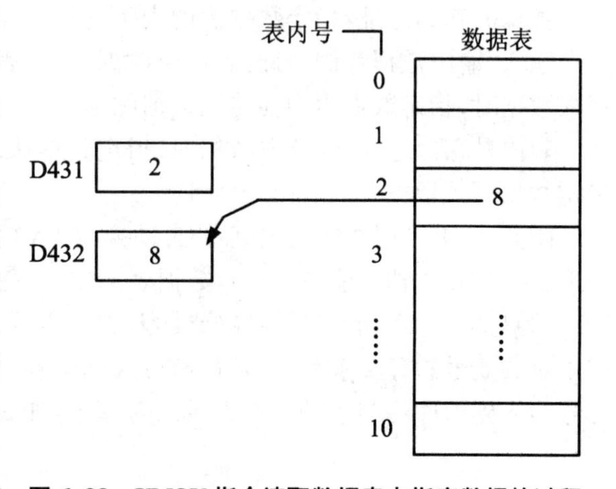

图 6.33　XMOV 指令读取数据表内指定数据的过程

指令后，把刀库中2号刀座的8号刀输出到D432中。

(2) XMOVB指令

该指令的功能与XMOV一样，也是用来读取数据表的数据或写入数据表的数据。但与XMOV指令不同有两点：该指令中处理的所有数据都是二进制形式；数据表的数据数（数据表的容量）用地址形式指定。功能指令格式和应用例子如图6.34所示。

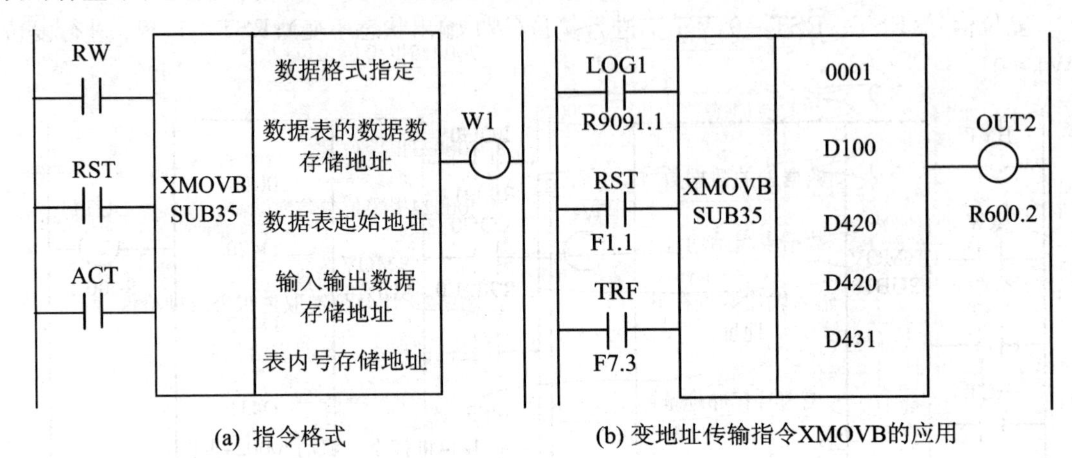

图6.34 XMOVB指令格式及应用例子

读取/写入的指定(RW)：RW=0表示从数据表读出数据；RW=1表示向数据表写入数据。

复位信号(RST)：RST=0，W1不进行复位(W1输出状态不变)；RST=1，W1进行复位(W1=0)。

执行命令(ACT)：ACT=0，不执行XMOVB指令，W1不变；ACT=1，执行XMOVB指令，没有检索到数据时，W1输出1。

数据格式指定：0001表示数据形式为1个字节的二进制数，0002表示数据形式为2个字节的二进制数，0004表示数据形式为4个字节的二进制数。

数据表的数据数存储地址：指定数据表的大小(以地址形式存储)。

数据表起始地址：指定数据表的表头地址。

输入/输出数据存储地址：当读取数据时，把表内号存储地址的数据输出到该地址中；当写入数据时，指定数据表中要传输数据的地址。

表内号存储地址：当读取数据时，指定数据从数据表输出的表内号地址；当写入数据时，指定数据写入数据表的表内号地址。

图6.34(b)为数控加工中心的自动换刀PMC控制。其中，刀库共有10把刀，数据表头为D420(存储主轴当前的刀号)，数据表D421～D430分别为刀库的刀座号(1～10号刀座)，D431为与主轴交换的刀号地址(要换刀的刀座号)。如图6.35所示，通过XMOVB指令后，把主轴的5号刀(D420存储的刀号)写入到D431指定数据表的表内号的地址中，即把主轴刀号写入到刀库中与主轴交换刀具的刀座中(如2号刀座中)。

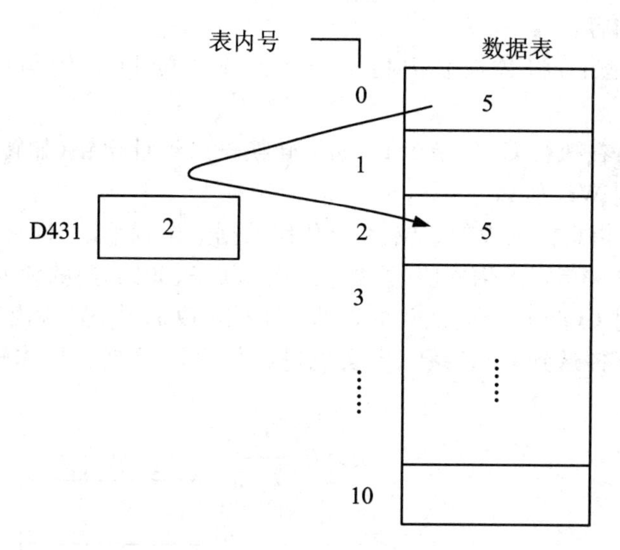

图 6.35　XMOVB 指令用于写入数据表内指定数据的过程

11. 代码转换指令

(1) COD 指令

该指令是把 2 位 BCD 代码(0～99)数据转换成 2 位或 4 位 BCD 代码数据的指令。具体功能是把 2 位 BCD 代码指定的数据表内号数据(2 位或 4 位 BCD 代码)输出到转换数据的输出地址中。一般用于数控机床面板倍率开关的控制,比如进给倍率、主轴倍率等的 PMC 控制。功能指令格式和应用例子如图 6.36 所示。

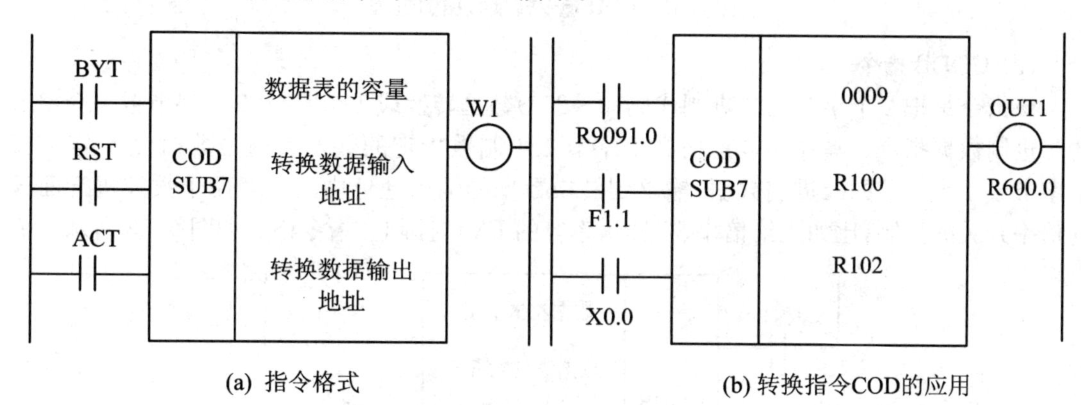

图 6.36　COD 指令格式及应用例子

转换数据表的数据形式指定(BYT):BYT=0,将数据表的数据转换为 2 位 BCD 代码;BYT=1,将数据表的数据转换为 4 位 BCD 代码。

错误输出复位(RST):RST=0,取消复位(输出 W1 不变);RST=1,转换数据错误,输出 W1 为 0(复位)。

执行条件(ACT):ACT=0,不执行 COD 指令;ACT=1,执行 COD 指令。

数据表的容量:指定转换数据表的范围(0～99),数据表的开头为 0 号,数据表的最后单元为 n 号,则数据表的大小为 $n+1$。

转换数据输入地址:指定转换数据所在数据表的表内号地址,一般可通过机床面板的开关来设定该地址的内容。

转换数据输出地址:将数据表内指定的 2 位或 4 位 BCD 代码转换成数据输出的地址。

错误输出(W1):在执行 COD 指令时,如果转换输入地址出错(如转换地址数据超过了 T 数据表的容量),则 W1 为 1。

图 6.36(b)为把指定数据表的 2 位 BCD 代码数据输出到地址 R102 中,其中 R100 是由机床面板进给倍率开关指定的倍率值(如 0%、10%、20%、30%等)的地址。当进给倍率开关在 30%位置时,通过 COD 指令就把数据表的 20(2 位 BCD 代码)输出到 R102 地址中,然后再把 R102 的数据传送到 CNC 系统中实现进给倍率的控制。具体转换过程如图 6.37 所示。

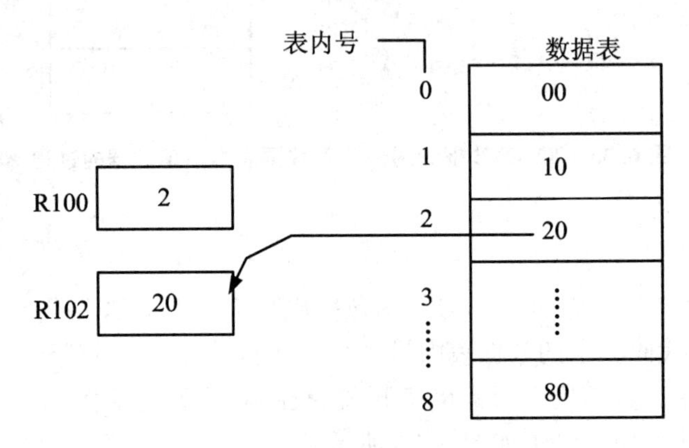

图 6.37 COD 指令转换数据的过程

(2) CODB 指令

该指令是把 2 个字节的二进制代码(0~255)数据转换成 1 个字节、2 个字节或 4 个字节的二进制数据指令。具体功能是把 2 个字节二进制数指定的数据表内号数据(1 个字节、2 个字节或 4 个字节的二进制数据)输出到转换数据的输出地址中。一般用于数控机床面板的倍率开关的控制,比如进给倍率、主轴倍率等的 PMC 控制。指令格式如图 6.38 所示。

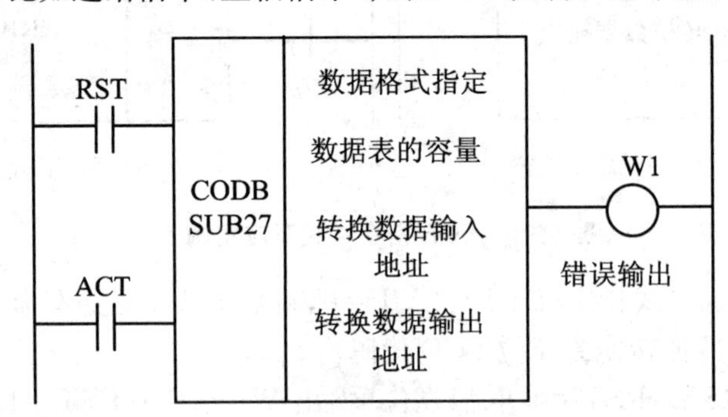

图 6.38 CODB 功能指令格式

错误输出复位(RST):RST=0,取消复位(输出 W1 不变);RST=1,转换数据错误,输出 W1 为 0(复位)。

执行条件(ACT):ACT=0,不执行 CODB 指令;ACT=1,执行 CODB 指令。

数据格式指定：指定转换数据表中二进制数据的字节数，0001为1个字节二进制数；0002为2个字节二进制数；0004为4个字节二进制数。

数据表的容量：指定转换数据表的范围(0～255)，数据表的开头为0号，数据表的最后单元为n号，则数据表的大小为$n+1$。

转换数据输入地址：指定转换数据所在数据表的表内号地址，一般可通过机床面板的开关来设定该地址的内容。

转换数据输出地址：指定数据表内的1个字节、2个字节或4个字节的二进制数据转换后的输出地址。

错误输出(W1)：在执行CODB指令时，如果转换输入地址出错(如转换地址数据超过数据表的容量)，则W1为1。

图6.39为某数控机床主轴倍率(50%～200%)的PMC控制的梯形图。其中X1005.0～X1005.3是机床面板主轴倍率开关的输入信号(4位二进制代码格式输入控制)，G30为FANUC-0i系统的主轴倍率信号(二进制形式指定)。

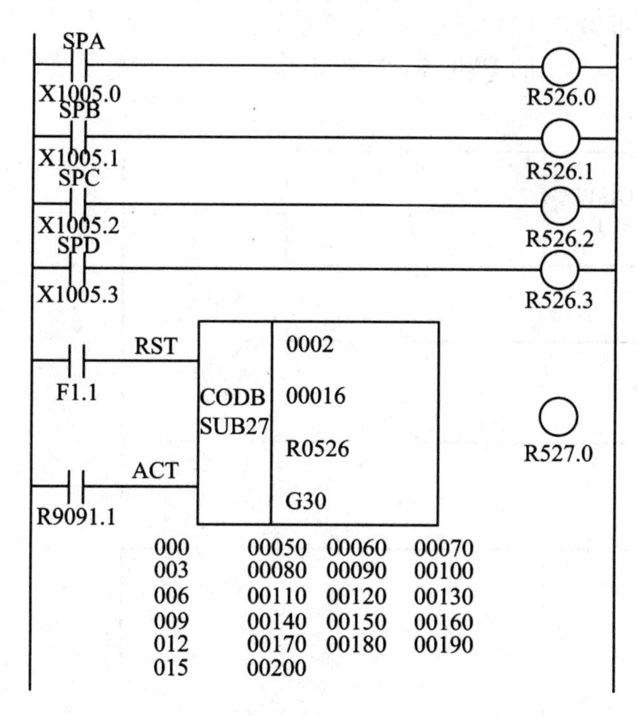

图6.39　数控机床主轴倍率的PMC控制(FANUC-0i系统)

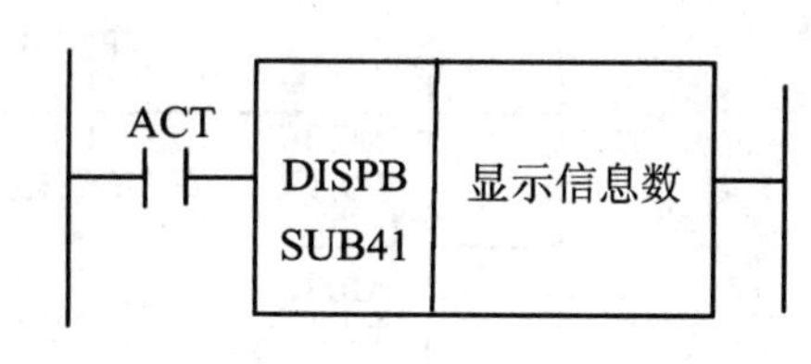

图6.40　DISPB指令格式

12. 信息显示指令

信息显示指令(DISPB)用于在系统显示装置(CRT或LCD)上显示外部信息，机床厂家根据机床的具体工作情况编制机床报警号及信息显示。DISPB指令格式如图6.40所示。

信息显示条件：当ACT=0时，系统不显示任何信息，当ACT=1时，依据各信息显示请求地址位(如A0～A24)的状态，显示信息数据表中设定的信息，每条信息最多为255个字符，在此范围内编制信息。

显示信息数：设定显示信息的个数。

FANUC-0i-A系统最多可编制200条信息，FANUC-0i-B/0i-C系统最多可编制

4000 条信息(系统 PMC 类型为 PMC－SB7 时)。

信息显示功能指令的编制方法如下。

(1) 编制信息显示请求地址

从信息继电器地址 A0～A24(共 200 位)中编制信息显示请求位,每位都对应一条信息。如果要在系统显示装置上显示某一条信息,将对应的信息请求位置为"1",如果将该信息请求位置为"0",则清除相应的显示信息。

(2) 编制信息数据表

信息数据表中每条信息数据内容包括信息号和该信息号的信息两部分,信息号为 1000～1999 时,在系统报警画面显示信息号和信息数据;信息号为 2000～2999 时,在系统操作信息画面只显示信息数据而不显示信息号。信息数据表与 PMC 梯形图一起存储到系统的 FROM 中,FANUC－0i－A 系统需要插入梯形图编辑卡才能查看信息数据表的内容,而 FANUC－0i－B/0i－C 系统不需要梯形图编辑卡就可以在 PMC 画面查看信息数据表的内容。

下面通过实例介绍数控机床厂家报警信息的编制。

图 6.41 为某数控机床厂家报警信息显示的 PMC 梯形图,表 6.7 为该机床报警信息数据表。

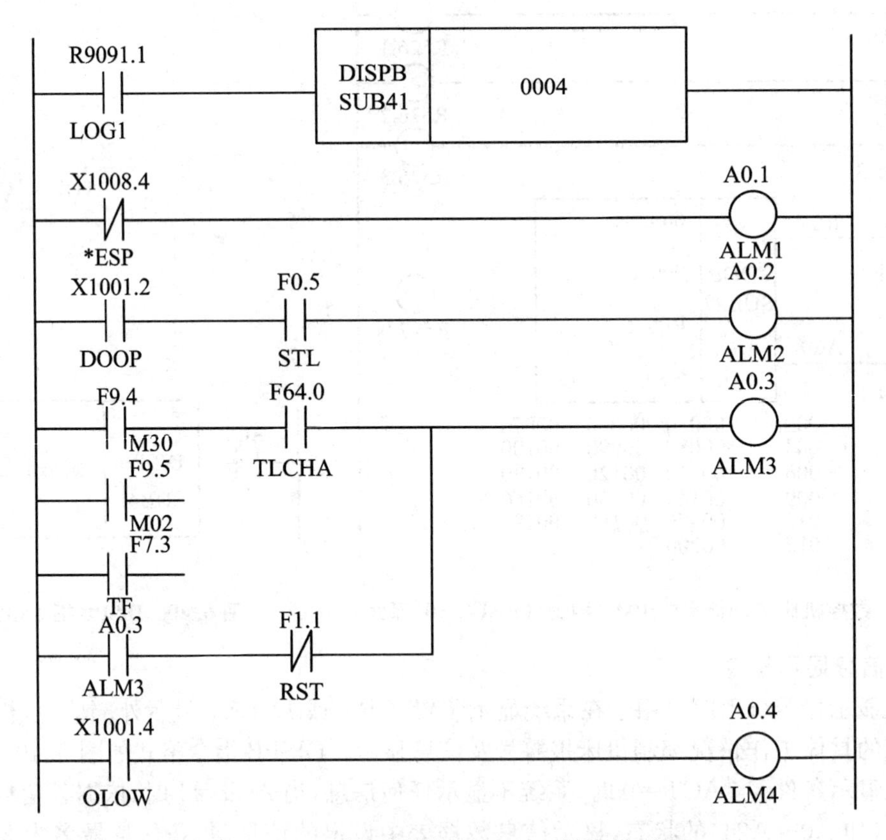

图 6.41　机床报警信息显示 PMC 控制梯形图

表 6.7　机床报警信息表

信息号	信息数据
A0.1	1001 EMERGENCY STOP!
A0.2	1002 DOOR NEED CLOSE!
A0.3	1003 TOOL LIFE EXGAUST!
A0.4	2000 PLEASE CHECK GEAR LUBE OIL LEVEL!

图 6.41 中，X1008.4 为机床面板的急停开关的常闭点，X1001.2 为机床的防护门开关，F9.4 为系统程序结束指令(M30)，F9.5 为系统结束指令(M02)，F7.3 为系统 T 码选通信号，F64.0 为系统刀具寿命管理信号，F1.1 为系统复位信号，X1001.4 为机床润滑系统的液面检测开关。

6.4　数控机床辅助功能(M S T)的实现

NC 指令有两种形式：一种是以 G 代码(准备功能)的形式发出，用来指定进给轴按照一定的轨迹来运行；另一种就是以 M、S、T 代码(辅助功能)的形式发出，而 M、S、T 代码具体执行的动作需要可编程序控制器(PLC/PMC)赋予。

6.4.1　FANUC 0i－C 数控系统中辅助功能(M S T)的实现

当 FANUC 0i 系列数控系统中的 NC 执行到加工程序段中的 M、S、T 代码时，处理执行的时序见图 6.42 所示，具体步骤如下：

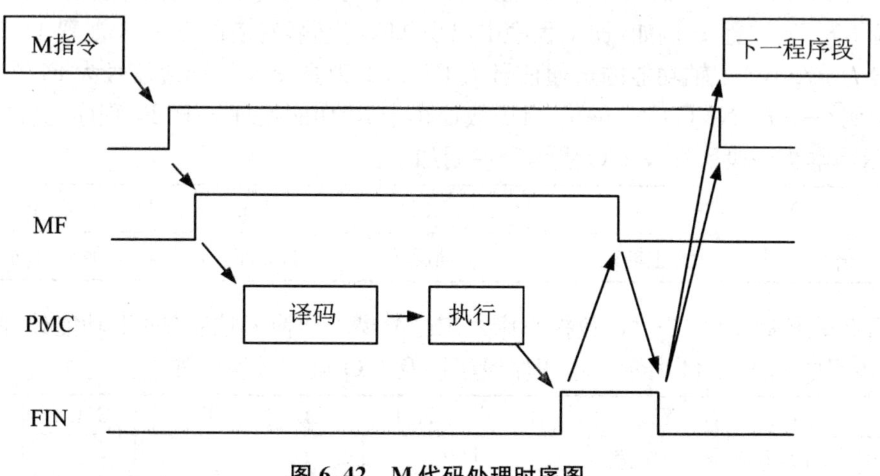

图 6.42　M 代码处理时序图

(1) 首先NC会把具体代码信号(代码的数值)发送到PMC特定的代码寄存器中,同时会有相应的辅助功能触发信号也送到PMC中去。FANUC 0i数控系统具体的代码寄存器及辅助功能触发信号如表6.8所示。

表6.8 FANUC 0i数控系统各辅助功能信号

<table>
<tr><th rowspan="2">功 能</th><th rowspan="2">程序地址</th><th colspan="3">CNC输出给PMC的信号</th><th>PMC输入给CNC信号</th></tr>
<tr><th>代码信号</th><th>选通信号</th><th>分配结束信号</th><th>结束信号</th></tr>
<tr><td>M辅助功能</td><td>M</td><td>F10～F13</td><td>F7.0 (MF)</td><td rowspan="3">F1.3(DEN)</td><td rowspan="3">G4.3(FIN)</td></tr>
<tr><td>主轴速度功能</td><td>S</td><td>F22～F25</td><td>F7.2 (SF)</td></tr>
<tr><td>刀具功能</td><td>T</td><td>F26～F29</td><td>F7.3 (TF)</td></tr>
</table>

(2) PMC根据NC相应的触发信号和代码信号执行译码动作,并触发相应的机床动作。如主轴旋转控制、换刀动作等。

(3) 当动作执行完成后,PMC会发出一个完成信号给NC,表示动作执行已完成NC,可以继续执行下面的加工程序段,否则系统会处在等待状态。

(4) 当NC接到PMC的完成信号后,会切断辅助功能的触发信号,表示NC响应了PMC的完成信号。

(5) 当NC的触发信号关断后,PMC切断返回给NC的完成信号。

(6) 当NC采样到PMC的完成信号的下降沿后,加工程序开始往下执行,辅助功能循环结束。

M、S 、T各辅助功能虽然使用不同的编程地址和不同的信号,但都用同样的方法在CNC和PMC之间进行信号的传递和处理,以上以M代码的处理为例,S、T代码的处理过程及时序同上。

加工程序代码M00～M31、S00～S31、T00～T31分别对应代码信号F10.0～F13.7、F22.0～F25.7、F26.0～F29.7各存储位。当加工程序中出现某辅助功能代码时,对应的代码信号位F×.×被置1,例如:加工程序中出现M03代码,对应的F10.3被置1。M代码的选通信号为F7.0,S主轴功能的选通信号为F7.2,T刀具交换的选通信号为F7.3。

下面例举一FANUC 0i-mate-TC数控车床M功能处理的PMC程序,具体程序见图6.43所示。本程序段所涉及I/O点信号说明如下:

I/O	Y0.0	Y0.1	Y3.1	X5.4
信号说明	主轴正转	主轴反转	选择停止灯	循环启动

下面例举FANUC 0i-TC数控车床六工位简易刀架换刀控制(即T功能处理)的PMC程序,具体程序如图6.44所示。本程序段所涉及I/O点信号说明如下:

I/O	Y0.2	Y0.3	X4.0	X4.1	X4.2	X4.3	X4.4	X4.5
信号说明	刀架电机正转	刀架电机反转	1号刀	2号刀	3号刀	4号刀	5号刀	6号刀

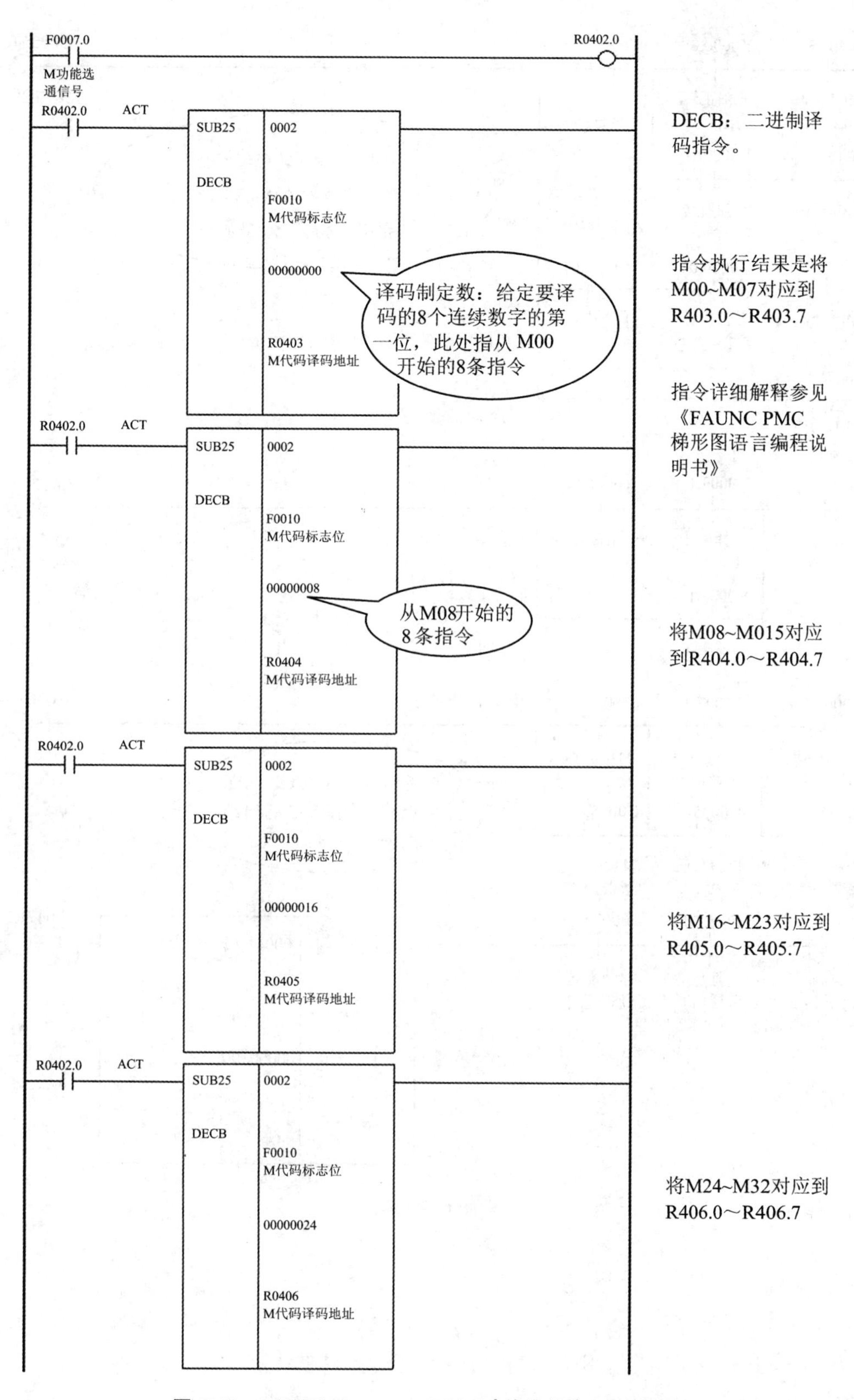

图 6.43　FANUC 0i - mate - TC M 功能处理的 PMC 程序

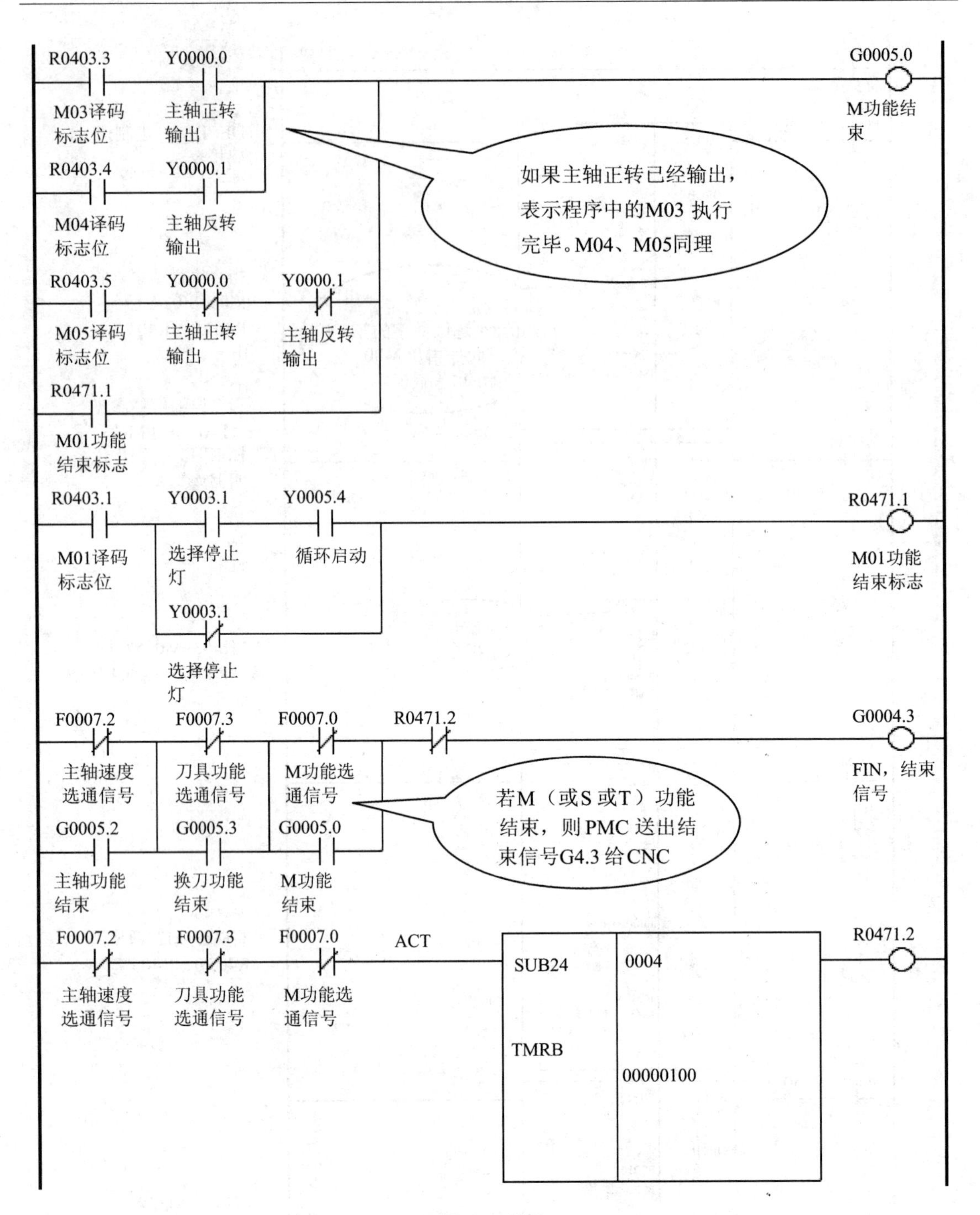
R0403.3
Y0000.0
G0005.0
M03译码标志位
主轴正转输出
M功能结束
R0403.4
Y0000.1
如果主轴正转已经输出，表示程序中的M03 执行完毕。M04、M05同理
M04译码标志位
主轴反转输出
R0403.5
Y0000.0
Y0000.1
M05译码标志位
主轴正转输出
主轴反转输出
R0471.1
M01功能结束标志
R0403.1
Y0003.1
Y0005.4
R0471.1
M01译码标志位
选择停止灯
循环启动
M01功能结束标志
Y0003.1
选择停止灯
F0007.2
F0007.3
F0007.0
R0471.2
G0004.3
主轴速度选通信号
刀具功能选通信号
M功能选通信号
FIN，结束信号
若M（或S 或T）功能结束，则PMC 送出结束信号G4.3 给CNC
G0005.2
G0005.3
G0005.0
主轴功能结束
换刀功能结束
M功能结束
F0007.2
F0007.3
F0007.0
ACT
R0471.2
SUB24
0004
TMRB
00000100
主轴速度选通信号
刀具功能选通信号
M功能选通信号

图 6.43(续)

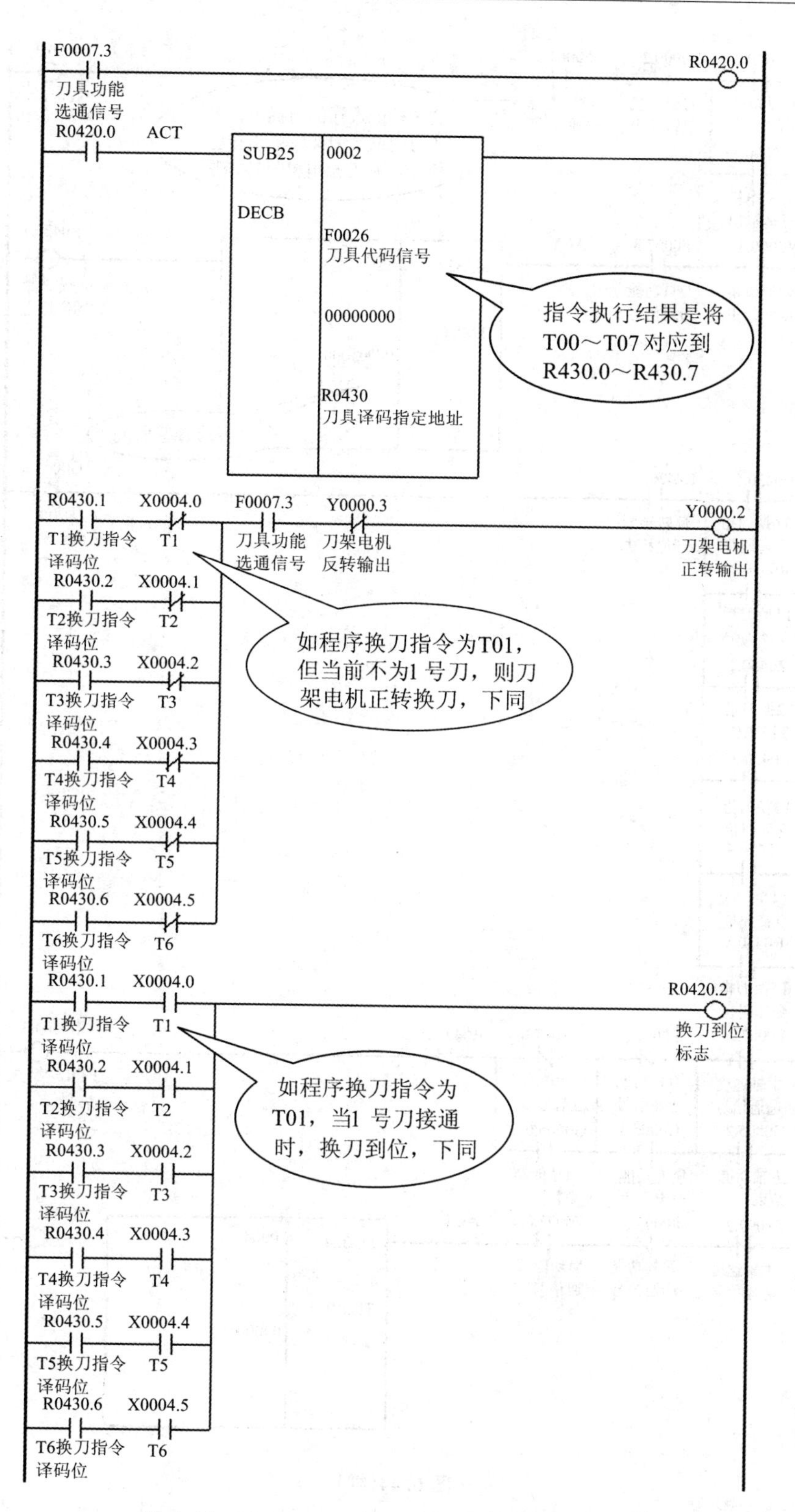

图 6. 44　FANUC 0i - TC T 功能(6 工位)PMC 程序

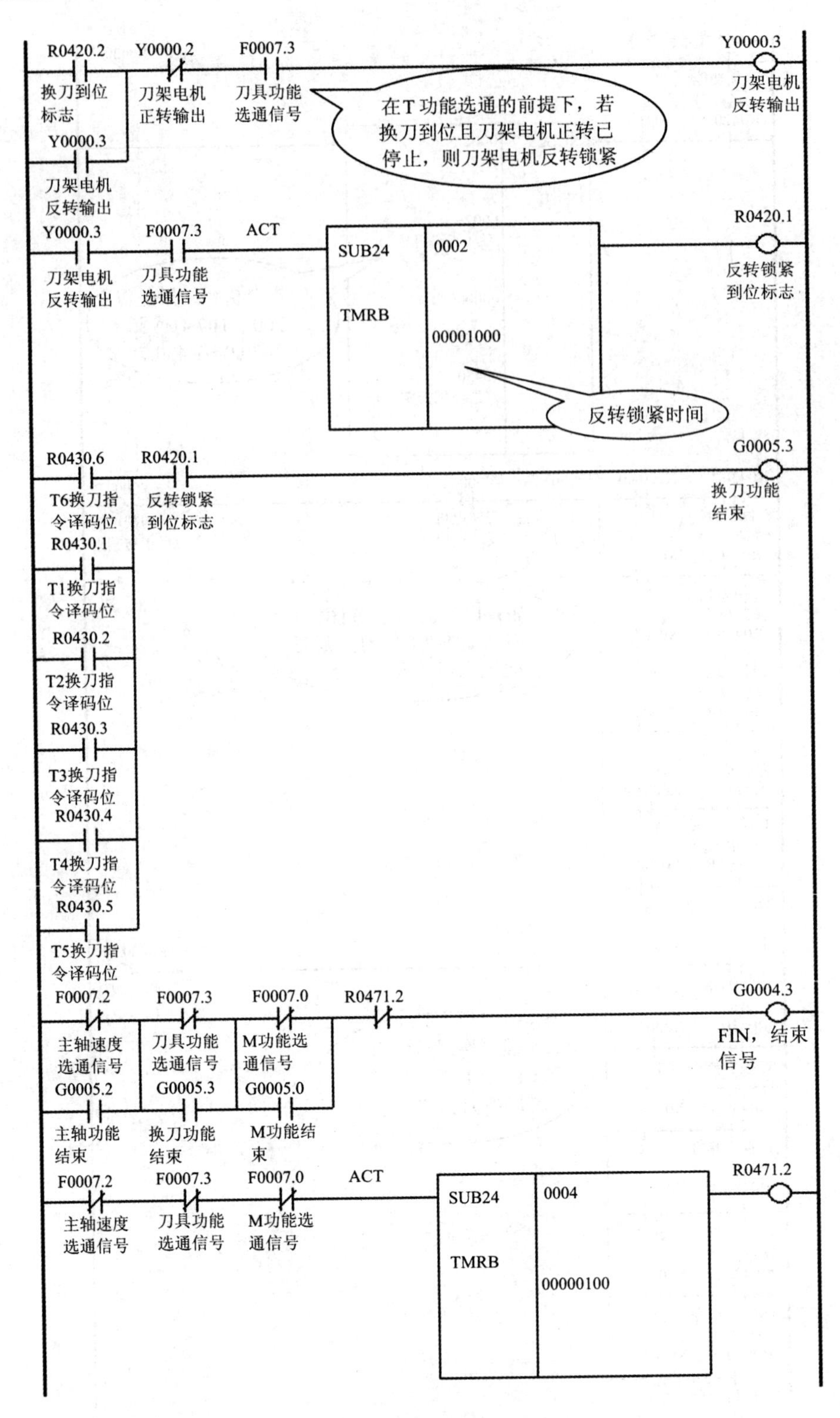
R0420.2
换刀到位标志
Y0000.2
刀架电机正转输出
F0007.3
刀具功能选通信号
Y0000.3
刀架电机反转输出
在T功能选通的前提下，若换刀到位且刀架电机正转已停止，则刀架电机反转锁紧
Y0000.3
刀架电机反转输出
Y0000.3
刀架电机反转输出
F0007.3
刀具功能选通信号
ACT
SUB24
TMRB
0002
00001000
反转锁紧时间
R0420.1
反转锁紧到位标志
R0430.6
T6换刀指令译码位
R0420.1
反转锁紧到位标志
G0005.3
换刀功能结束
R0430.1
T1换刀指令译码位
R0430.2
T2换刀指令译码位
R0430.3
T3换刀指令译码位
R0430.4
T4换刀指令译码位
R0430.5
T5换刀指令译码位
F0007.2
主轴速度选通信号
F0007.3
刀具功能选通信号
F0007.0
M功能选通信号
R0471.2
G0004.3
FIN，结束信号
G0005.2
主轴功能结束
G0005.3
换刀功能结束
G0005.0
M功能结束
F0007.2
主轴速度选通信号
F0007.3
刀具功能选通信号
F0007.0
M功能选通信号
ACT
SUB24
TMRB
0004
00000100
R0471.2

图 6.44(续)

6.4.2 SINUMERIK 802C bl 数控系统中辅助功能(M S T)的实现

在西门子 SINUMERIK 802C bl 中,传送 NC 通道的辅助功能的接口信号区为 V2500××××,如表 6.9 所示。

表 6.9 802C bl 系统与“M、S、T 功能”相关的接口信号

2500 PLC 变量	来自 NCK 的通用的辅助功能 接口 NCK→PLC(只读)							
Byte	Bit 7	Bit 6	Bit 5	Bit 4	Bit 3	Bit 2	Bit 1	Bit 0
25000000								更改译码的 M 功能 0-99
25000001				更改 T 功能				
2500 PLC 变量	来自 NCK 的通用的辅助功能(M 功能译码 M0 - M99) 接口 NCK→PLC (只读,信号宽度为一个 PLC 周期)							
Byte	Bit 7	Bit 6	Bit 5	Bit 4	Bit 3	Bit 2	Bit 1	Bit 0
25001000	M07	M06	M05	动态 M 功能 M04	M03	M02	M01	M00
25001001	M15	M14	M13	动态 M 功能 M12	M11	M10	M09	M08
				……				
25001012				动态 M 功能	M99	M98	M97	M96
2500 PLC 变量	来自 NCK 的通用的辅助功能(T 功能译码) 接口 NCK→PLC(只读)							
Byte	Bit 7	Bit 6	Bit 5	Bit 4	Bit 3	Bit 2	Bit 1	Bit 0
25002000	T 功能(数据类型:DWORD)							

当 NCK 执行到加工指令 T××时,NCK 置 V25000001.4 信号为有效,意为告诉 PLC 更改 T 功能,并且把 T 指令后的编程刀号译码后存放在 V25002000 中;同理,当 NCK 执行到加工指令 M××时,NCK 置 V25000000.0 信号为有效,意为告诉 PLC 更改 M 功能,同时把与 M 指令值对应的 V25001000×.×置 1,以便让 PLC 知道具体的 M 指令。S 功能的处理基本相同。下面具体的以 SINUMERIK 802C bl 数控车床 PLC 换刀控制(即 T 功能处

理)程序为例,对SIEMENS数控系统辅助功能(M S T)的实现做一个讲解。

西门子公司为简化制造商的PLC程序设计,将具有共性的PLC应用程序,如初始化、机床面板信号处理、急停处理、轴的使能控制、硬限位、参考点等,提炼成各子程序,组成子程序库,随系统一起提供给用户。制造商可以以此例子程序为蓝本来编制自己的机床PLC程序,也可直接将所需的子程序模块连接到主程序中,再加上其他辅助动作的程序,来完成程序设计。

本例程序以SINUMERIK 802SC bl子程序库中的TURRET1——霍尔元件刀架控制子程序为蓝本改写,适用于用霍尔元件检测刀位信号的简易四工位刀架,这种刀架只能单方向换刀,刀架电机为普通异步电机。示例程序的两个输出Q0.4、Q0.5分别控制两个接触器实现刀架电机的正转和反转,刀架电机正转为寻找刀具换刀,反转为锁紧定位。需要注意:刀架反转锁紧时刀架电机实际上是一种堵转状态,因此反转时间不能太长,否则可能导致刀架电机的烧毁。

本例换刀控制程序可在自动方式或MDA方式下,通过T编程指令启动自动换刀,也可在手动方式下利用手动换刀键启动换刀,按动一次手动换刀键可以换相邻的一个刀具。在本示例程序中,将802SC bl MCP面板上的自定义键K4定义为手动换刀键,将LED4定义为换刀指示灯。

在刀架转动过程中,接口信号"读入禁止(V32000006.1)""进给保持(V32000006.1)"自动置位,直到换刀结束。这样在换刀过程没有完成时,PLC锁定零件加工程序的继续执行,同时禁止坐标轴的运动,等待换刀结束,从而保证刀具不与工件碰撞。在急停或程序测试生效等情况下,换刀被禁止。

PLC简易刀架的换刀时序见图6.45,程序流程图见6.46。

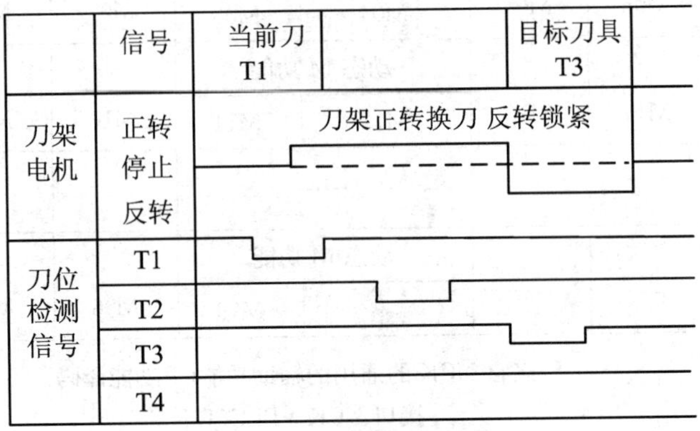

信号 当前刀 T1 目标刀具 T3
刀架电机 正转 停止 反转 刀架正转换刀 反转锁紧
刀位检测信号 T1 T2 T3 T4

图6.45 简易刀架的控制时序

在读机床PLC程序时,应先了解具体机床的I/O信号连接情况以及PLC程序设计说明,以了解PLC程序中所使用的I/O点信号、中间变量、标志位等信息。不同机床、不同PLC程序中这些信号的分配是不同的。

示例程序中所涉及信号说明如下:

(1) 所使用的I/O点信号

I/O	I1.0	I1.1	I1.2	I1.3	Q0.4	Q0.5
信号说明	1#刀	2#刀	3#刀	4#刀	刀架电机正转	刀架电机反转

(2) 可生成 3 个 PLC 用户报警

PLC 用户报警文本的制作参见西门子相关技术手册，本示例程序中制作了如下 3 个用户报警。

700023——编程刀号大于刀架刀位数；

700024——找刀监控时间超出；

700025——无刀架定位信号。

(3) 所使用的变量

MD32——用于存储当前刀号值；

MD36——用于存储目标刀号值。

(4) 所使用的中间状态标志位

中间状态标志位的具体含义必须见具体程序。在本示例程序中有 M112.3、M112.5、M112.6、M112.7、M113.3、M113.4 等状态标志，其中 M112.5 为编程刀号值有效标志位，M113.3 为手动换刀使能位，具体的分析见程序注释。M113.4 为手动正转换刀结束标志。

(5) 所涉及的接口信号

所涉及接口信号的具体说明和解释见 PLC 控制程序中的注释，图 6.47 所示为西门子 PLC 简易刀架的换刀控制程序。

现代数控系统中 PLC 都是全面开发的，用户可以根据应用场合和相应的加工工艺要求设计控制软件，总的来说，数控机床 PLC 程序设计步骤如下：

(1) 熟悉 PLC 硬件配置及指令系统

不同型号 PLC 具有不同的硬件组成和性能指标，它们的基本 I/O 点数和扩展范围、程序存储容量往往差别很大。因此，在 PLC 程序设计之前，要对所用 PLC 型号，硬件配置(如内装型 PLC 是否要增加 I/O 板，通用型 PLC 是否要增加 I/O 模板等)作出选择。

(2) 制作接口信号文件

需要设计和编制的接口技术文件有：输入和输出信号电路原理图、地址表、PLC 数据表。这些文件是制作 PLC 程序不可缺少的技术资料。梯形图中所用到的所有内部和外部信号、信号地址、名称、传输方向，与功能指令有关的设定数据，与信号有关的电器元件等都反映在这些文件中。编制文件的人员除需要掌握所用 CNC 装置和 PLC 控制器的技术性能外，还需要具有一定的电气设计知识。

(3) 绘制流程图、时序图

设计员应在仔细分析机床动作原理和动作顺序的基础上，用流程图、时序图等描述信号与机床运动时间的逻辑顺序关系，正确的流程图和时序图的绘制是梯形图设计成功的基础和保证。

(4) 设计梯形图

PLC 程序中包含了机床动作的执行过程，以及执行动作所需的条件，它表明了指令信号、检测元件与执行元件之间的全部逻辑关系。一个设计得好的梯形图除要满足机床控制的要求外,还应具有较少的步数、易于理解的逻辑关系及完备的注释。

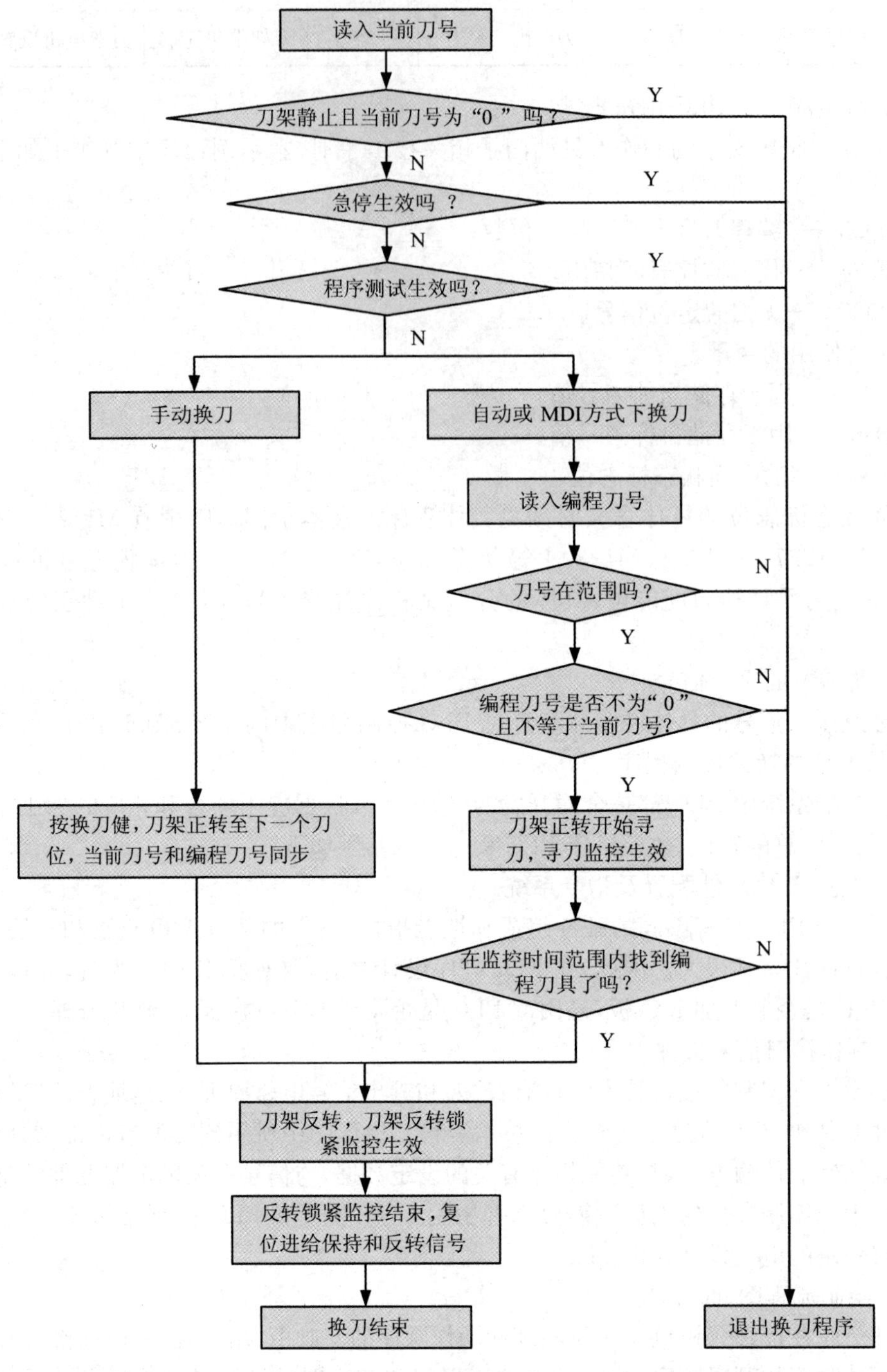

图 6.46 刀架控制流程图

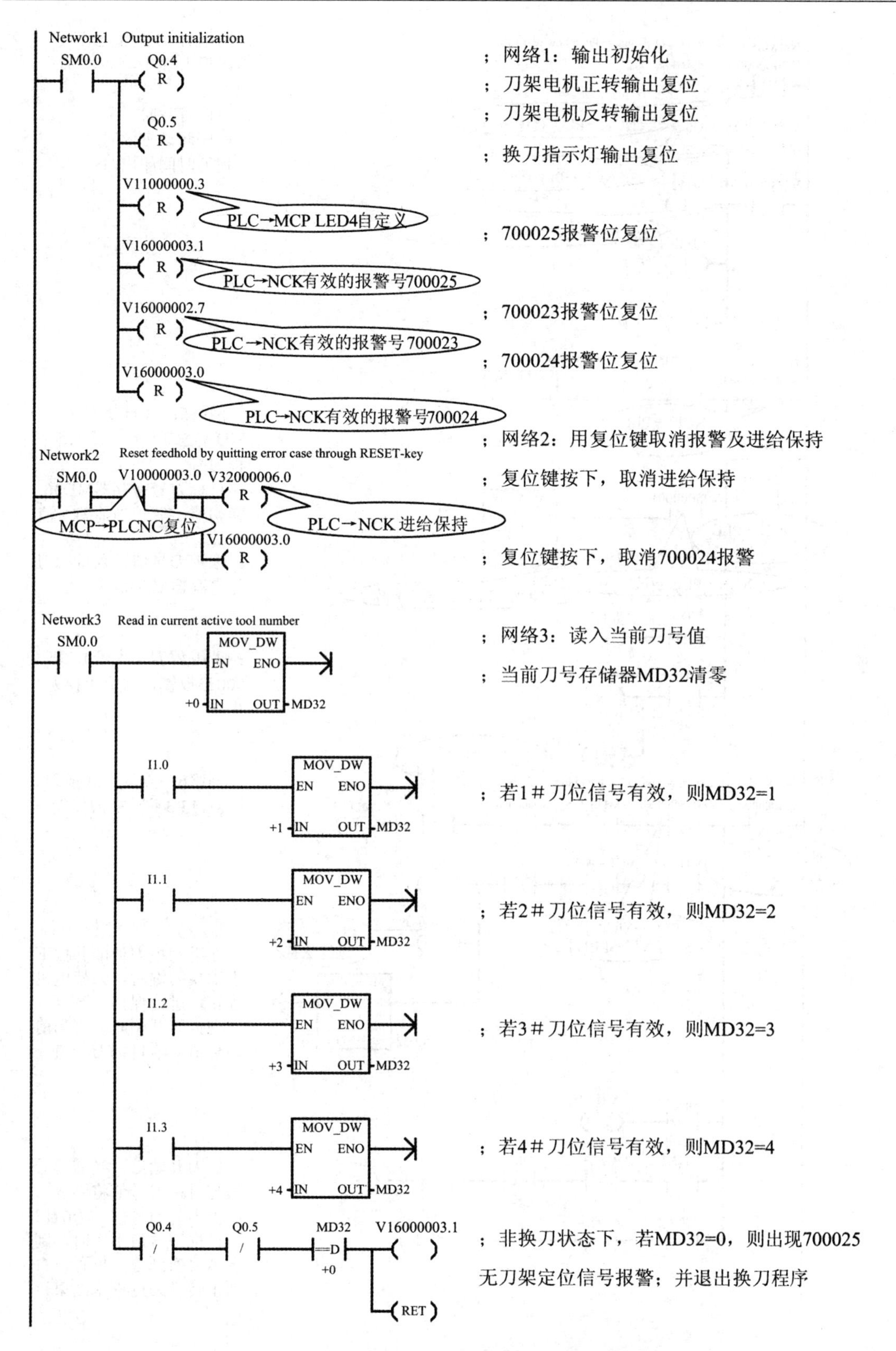

图 6.47　西门子 PLC 简易刀架的换刀控制程序

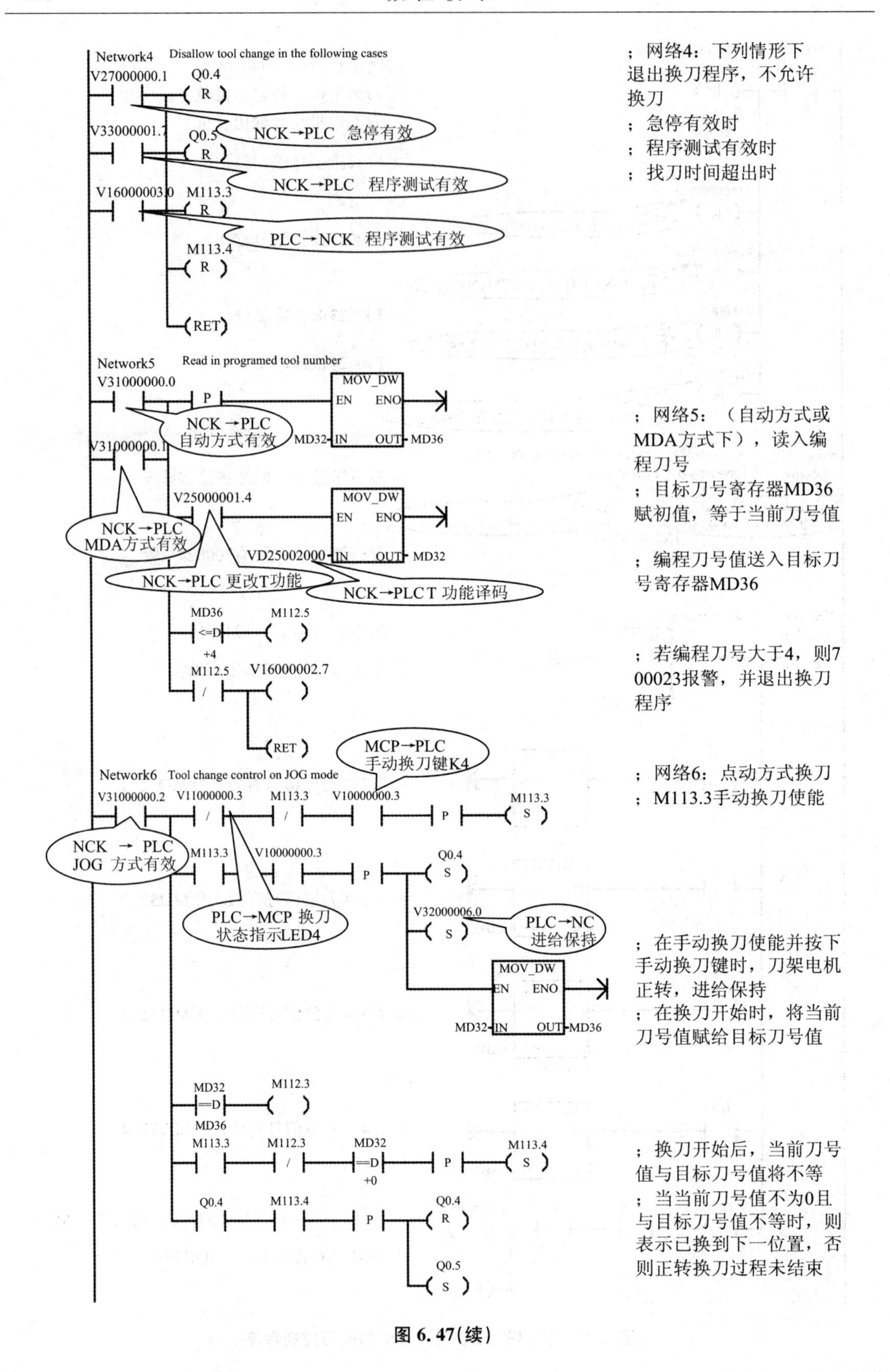
Network4 Disallow tool change in the following cases
V27000000.1
Q0.4
R
NCK→PLC 急停有效
V33000001.7
Q0.5
R
NCK→PLC 程序测试有效
V16000003.0
M113.3
R
PLC→NCK 程序测试有效
M113.4
R
RET
Network5 Read in programed tool number
V31000000.0
P
MOV_DW
EN ENO
MD32 IN OUT MD36
NCK→PLC
自动方式有效
V31000000.1
V25000001.4
MOV_DW
EN ENO
NCK→PLC
MDA方式有效
VD25002000 IN OUT MD32
NCK→PLC 更改T功能
NCK→PLCT 功能译码
MD36
<=D
+4
M112.5
M112.5
V16000002.7
RET
MCP→PLC
手动换刀键K4
Network6 Tool change control on JOG mode
V31000000.2
V11000000.3
M113.3
V10000000.3
P
M113.3
S
NCK → PLC
JOG 方式有效
M113.3
V10000000.3
P
Q0.4
S
PLC→MCP 换刀
状态指示LED4
V32000006.0
S
PLC→NC
进给保持
MOV_DW
EN ENO
MD32 IN OUT MD36
MD32
==D
MD36
M112.3
M113.3
M112.3
MD32
==D
+0
P
M113.4
S
Q0.4
M113.4
P
Q0.4
R
Q0.5
S
；网络4：下列情形下退出换刀程序，不允许换刀
；急停有效时
；程序测试有效时
；找刀时间超出时
；网络5：（自动方式或MDA方式下），读入编程刀号
；目标刀号寄存器MD36赋初值，等于当前刀号值
；编程刀号值送入目标刀号寄存器MD36
；若编程刀号大于4，则700023报警，并退出换刀程序
；网络6：点动方式换刀
；M113.3手动换刀使能
；在手动换刀使能并按下手动换刀键时，刀架电机正转，进给保持
；在换刀开始时，将当前刀号值赋给目标刀号值
；换刀开始后，当前刀号值与目标刀号值将不等
；当当前刀号值不为0且与目标刀号值不等时，则表示已换到下一位置，否则正转换刀过程未结束

图 6.47(续)

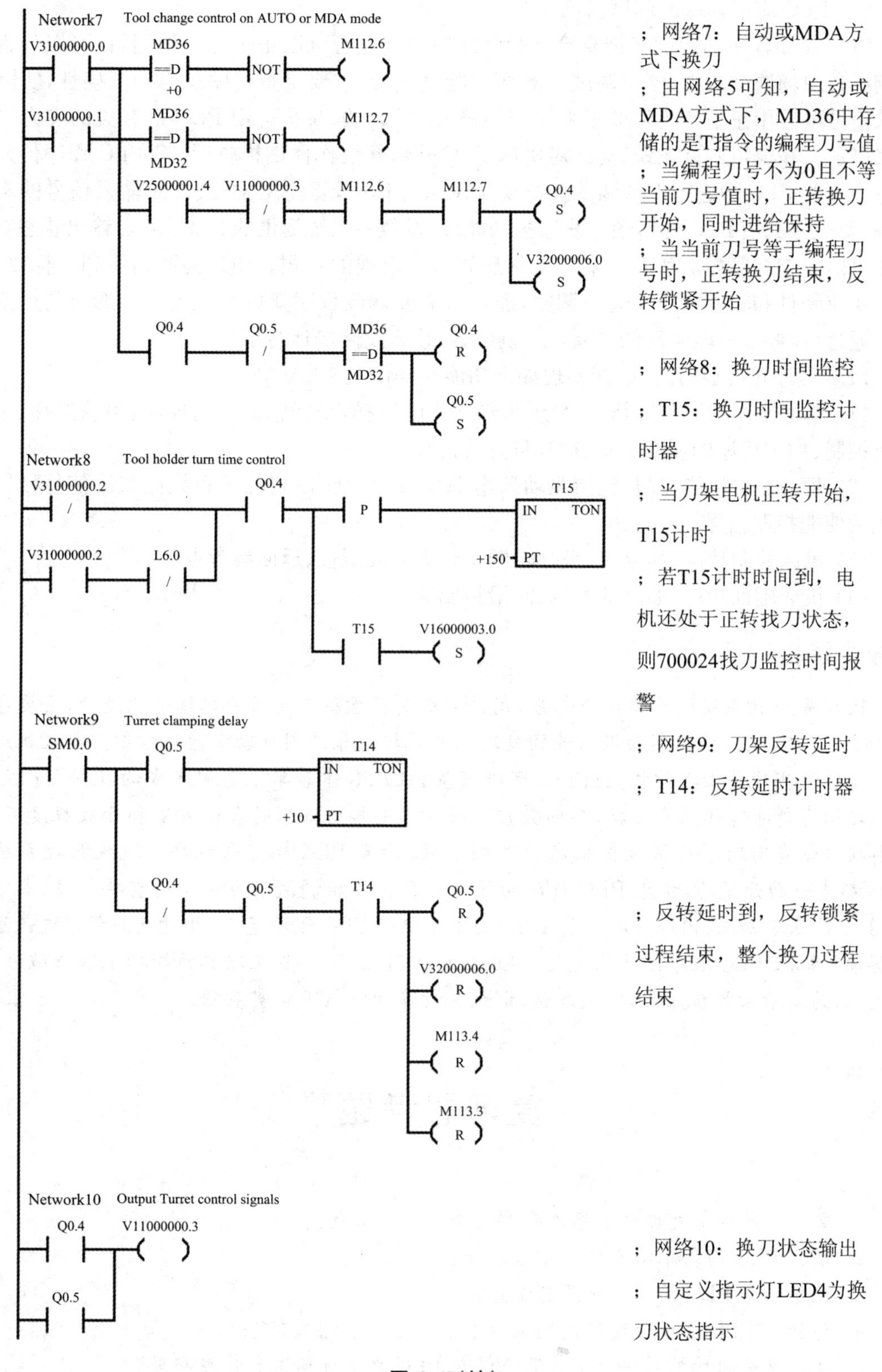

Network7　Tool change control on AUTO or MDA mode
V31000000.0
MD36
==D
+0
NOT
M112.6
V31000000.1
MD36
==D
MD32
NOT
M112.7
V25000001.4
V11000000.3
M112.6
M112.7
Q0.4
S
V32000006.0
S
Q0.4
Q0.5
MD36
==D
MD32
Q0.4
R
Q0.5
S
；网络7：自动或MDA方式下换刀
；由网络5可知，自动或MDA方式下，MD36中存储的是T指令的编程刀号值
；当编程刀号不为0且不等当前刀号值时，正转换刀开始，同时进给保持
；当当前刀号等于编程刀号时，正转换刀结束，反转锁紧开始
Network8　Tool holder turn time control
V31000000.2
Q0.4
P
T15
IN　TON
+150
PT
V31000000.2
L6.0
T15
V16000003.0
S
；网络8：换刀时间监控
；T15：换刀时间监控计时器
；当刀架电机正转开始，T15计时
；若T15计时时间到，电机还处于正转找刀状态，则700024找刀监控时间报警
Network9　Turret clamping delay
SM0.0
Q0.5
T14
IN　TON
+10
PT
Q0.4
Q0.5
T14
Q0.5
R
V32000006.0
R
M113.4
R
M113.3
R
；网络9：刀架反转延时
；T14：反转延时计时器
；反转延时到，反转锁紧过程结束，整个换刀过程结束
Network10　Output Turret control signals
Q0.4
V11000000.3
Q0.5
；网络10：换刀状态输出
；自定义指示灯LED4为换刀状态指示

图 6.47(续)

(5) PLC应用程序的调试与确认

PLC应用程序的调试就是要检查所设计的功能是否可以正确无误地运行，可以分为模拟调试和现场调试两步，模拟调试一般在实验室进行，主要检查程序逻辑的正确性，实际的输入信号可以用钮子开关和按钮来模拟，各输出量的通/断状态用PLC上有关的发光二极管来显示。在模拟调试无误，且在对机床PLC外部接线作仔细检查后，将PLC程序传入数控系统内置PLC中进行现场调试。在现场调试过程中，要注意常开、常闭输入信号的不同处理，要充分利用PLC梯形图在线监控功能，以及数控系统提供的PLC输入/输出状态查询和接口信号查询等方法和手段来分析判断调试中出现的问题。如果调试达不到指标要求，则对相应硬件和软件部分作适当调整，通常只需要修改程序就可能达到调整的目的。全部调试通过后，经过一段时间的考验，系统就可以投入实际的运行了。

PLC程序正确运行后，应能实现如下功能和操作：

(1) 基本操作功能，包括数控系统工作方式的选择，坐标轴的点动控制、手轮选择、主轴手动控制、加工程序的循环启动、循环停止和复位。

(2) 驱动器的使能控制，包括驱动器电源模块的使能控制端子和数控系统信号接口中相关的使能控制信号。

(3) 机床控制功能，如急停、坐标轴的正负方向硬限位、返回参考点等。

(4) 机床辅助功能，如冷却控制、润滑控制等。

本章小结

PLC是数控系统的重要组成部分，用来完成对数控机床离散逻辑信号的处理，主要包括对M、S、T指令、机床控制面板信号的处理以及数控机床外围辅助电器的控制。数控机床中辅助功能的实现是由数控装置、PLC、伺服装置、机床本体等单元共同完成的，CNC、PLC与机床之间有着丰富的信息交换，不同数控系统对这些接口信息的表示方法和开放程度不同，理解接口信息有助于理解数控机床的控制过程，读懂PLC梯形图程序。现代数控系统中PLC都是全面开发的，机床PLC程序的设计是数控机床调试不可缺少的重要一步，本章在介绍PLC基本知识、内部资源的基础上，给出了机床PLC程序范例，并对范例程序进行了详细解读。机床PLC程序设计难度大、实践性和实用性强，需要在理解的基础上加强练习，举一反三，为日后数控机床的设计、改造、调试和故障诊断打下坚实基础。

复习思考题

1. 数控系统内部处理的信息流有哪几类？分别如何处理？
2. 试述PLC的基本结构和工作原理是什么？
3. 试述小型PLC的内部资源有哪些？
4. 为什么PLC会成为现代数控系统中的一个重要组成部分？
5. 请以某公司数控系统为例说明NC与PLC之间如何进行信息交换。
6. M、S、T功能是如何实现的？

7. 试编写西门子 802D 数控车床 S 功能 PLC 处理程序。
8. 试编写 FANUC 0i－mate 系列数控车床 S 功能 PMC 处理程序。
9. 试编写西门子 802D 数控车床 M 功能 PLC 处理程序。
10. 根据设备的实际情况，设计一个实现机床冷却控制功能的 PLC 程序。
11. 根据设备的实际情况，设计一个实现机床润滑控制功能的 PLC 程序。
12. 根据设备的实际情况，设计一个实现机床急停控制功能的 PLC 程序。
13. 根据设备的实际情况，设计一个实现机床控制面板功能的 PLC 程序。
14. 利用 802D 机床控制面板的用户定义键激活两个用户报警。
15. 简述数控机床 PLC 程序设计的一般步骤。

第 7 章　数控机床伺服驱动系统

7.1　伺服驱动系统概述

如果说 CNC 装置是数控机床的“大脑”，是发布“命令”的指挥机构，那么伺服系统就是数控机床的“四肢”，是一种“执行机构”，它忠实而准确地执行由 CNC 装置发来的运动命令。

数控机床伺服系统是以数控机床移动部件（如工作台、主轴或刀具等）的位置和速度为控制对象的自动控制系统，也称为随动系统、拖动系统或伺服机构。它接受 CNC 装置输出的插补指令，并将其转换为移动部件的机械运动（主要是转动和平动）。伺服系统是数控机床的重要组成部分，是数控装置和机床本体的联系环节，其性能直接影响数控机床的精度、工作台的移动速度和跟踪精度等技术指标。

通常将伺服系统分为开环系统和闭环系统。开环系统通常主要以步进电动机作为控制对象，闭环系统通常以直流伺服电动机或交流伺服电动机作为控制对象。在开环系统中只有前向通路，无反馈回路，CNC 装置生成的插补脉冲经功率放大后直接控制步进电动机的转动；脉冲频率决定了步进电动机的转速，进而控制工作台的运动速度；输出脉冲的数量控制工作台的位移，在步进电动机轴上或工作台上无速度或位置反馈信号。在闭环伺服系统中，以检测元件为核心组成反馈回路，检测执行机构的速度和位置，由速度和位置反馈信号来调节伺服电动机的速度和位移，进而来控制执行机构的速度和位移。

数控机床闭环伺服系统的典型结构如第 1 章图 1.4 所示。这是一个双闭环系统，内环是速度环，外环是位置环。速度环由速度调节器、电流调节器及功率驱动放大器等部分组成，利用测速发电机、脉冲编码器等速度传感元件作为速度反馈的测量装置。位置环由 CNC 装置中位置控制、速度控制、位置检测与反馈控制等环节组成，用以完成对数控机床运动坐标轴的控制。数控机床运动坐标轴的控制不仅要完成单个轴的速度位置控制，而且在多轴联动时，要求各移动轴具有良好的动态配合精度，这样才能保证加工精度、表面粗糙度和加工效率。

本章主要讲述以步进电动机构成的开环伺服系统、以直流伺服电动机或交流伺服电动机为控制对象的闭环伺服系统以及构成反馈控制的核心器件——检测装置等内容。

进给伺服系统是数控机床的重要组成部分，它由伺服驱动电路、伺服驱动装置（电动机）、位置检测装置、机械传动机构以及执行部件等部分组成。它的作用是：接受数控系统发出的进给位移和速度指令信号，由伺服驱动电路做一定的转换和放大后，经伺服驱动装置（直流或交流伺服电动机、直线电动机、功率步进电动机、电液伺服阀-液压马达等）和机械传动机构，驱动机床的工作台、主轴头架等执行部件进行工作进给和快速进给。

数控机床的进给伺服系统与一般机床的进给系统有本质上的差异,它能根据指令信号自动精确地控制执行部件运动的位移、方向和速度,以及数个执行部件按一定的规律运动以合成一定的运动轨迹。

7.2　伺服电动机及调速

7.2.1　概述

伺服驱动电动机又称为执行电动机,它具有根据控制信号的要求而动作的功能。由数控系统送出的进给脉冲指令经变换和功率放大后,作为伺服电动机的输入量,控制它在指定方向上做一定速度的角位移或直线位移(直线电动机),从而驱动机床的执行部件实现给定的速度和方向上的位移。伺服驱动电动机的性能在很大程度上影响进给伺服系统的性能。它应满足伺服系统所要求的调速范围宽,精度高,稳定性好,动态响应快,反向死区小,能频繁启、停和正反运动等特性。

开环进给系统中采用的伺服驱动装置有电液脉冲马达,功率步进电动机。闭环进给系统中,早期多用电液伺服阀-液压马达与小惯量电动机,20 世纪 70 年代中期以后多用宽调速直流伺服电动机。以后交流伺服电动机的研究不断取得显著进展,使交流伺服电动机广泛应用,占据了绝对的优势。

7.2.2　步进电动机

步进电动机是一种将电脉冲信号转换成机械角位移的电磁机械装置。由于所用电源是脉冲电源,所以也称为脉冲马达。每当输入一个电脉冲,电动机就转动一定角度前进一步。脉冲一个一个地输入,电动机便一步一步地转动。又因为它输入的既不是正弦交流电,又不是恒定的直流电,而是电脉冲,故又称为脉冲电动机。

步进电动机由转子和定子两部分组成。转子和定子均由带齿的硅钢片叠成。定子上有绕组,分为若干相,每相磁极上有极齿。当某相定子绕组通以直流电压激磁后,便吸引转子,使转子上的齿与该相定子的齿对齐,令转子转动一定的角度。依次向定子绕组轮流激磁,会使转子连续旋转。

步进电动机种类繁多,有旋转运动的,也有直线运动和平面运动的。从结构看,步进电动机分为反应式与激磁式,激磁式又可分为供电激磁式和永磁式两种;按定子数目,可分为单段定子式与多段定子式;按相数,可分为单相、两相、三相和多相。各相绕组可在定子上径向排列,也可在定子的轴向上分段排列。激磁式步进电动机与反应式步进电动机相比,只是转子多了激磁绕组,工作原理与反应式相似。

图 7.1 所示为单定子径向分相式反应步进电动机的断面图。转子上有均匀分布的 40 个齿,没有绕组。A、B、C 三相定子每相两极,每极上有 5 个齿,与转子一样齿间夹角均为 9°。如果 A 相通电则转子齿与 A 相极齿对齐,这时在 B 相两极下定子齿与转子齿中心线并

不对齐，而是转子齿中心线较定子齿中心线沿反时针方向滞后1/3齿距，即3°；C相下，转子齿超前6°。因此，当通电状态由A相变为B相时，转子顺时针方向转过3°；C相通电再转3°。步距角为$\alpha=360°/(3\times40\times1)=3°$。双拍通电激磁，即按A－AB－B－BC－C－CA－A……的顺序通电激磁，则步距角$\alpha=360°/(3\times40\times2)=1.5°$。一般而言

$$\alpha=360/(mzk) \tag{7.1}$$

式中，m——绕组相数；

z——转子齿数；

单拍通电$k=1$，双拍通电$k=2$。

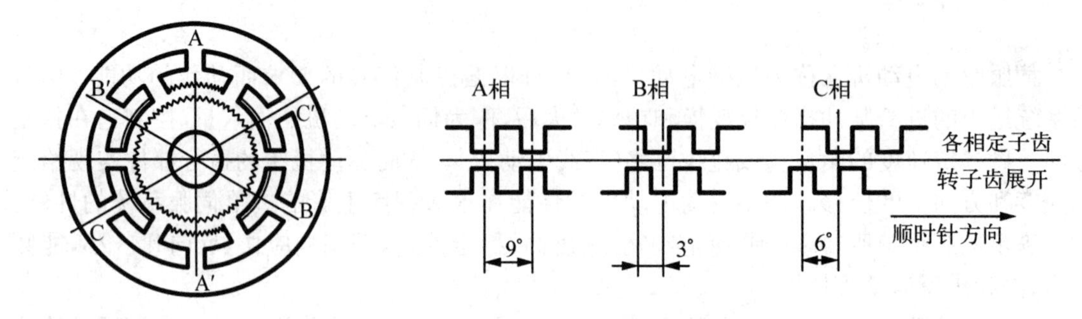

图7.1 径向分相式反应步进电动机

如果按上述相反的方向通电，则步进电动机将沿逆时针方向旋转。

图7.1中，三相三拍运行时，步距角为3°；三相六拍运行时，步距角为1.5°。由式7.1可知，转子齿数与系统对步进电动机要求的步距角有关，也与相数、拍数有关，其值不能任意选取。只要在错开的条件下增加转子齿数z和电源的相数m及运行拍数，就可满足小步距角的要求，如1.2°/0.6°、1.5°/0.75°等。

五相五定子轴向分相反映式步进电动机如图7.2所示。定子和转子都分为5段，呈轴向布置。其上均有16个齿，故齿距为22.5°。各相定子彼此径向错开1/5个齿的齿距(也可以由5段转子彼此径向错开1/5齿距)。如果按A－B－C－D－E－A……的五相五拍通电，步距角为$\alpha=t/5=22.5°/5=4.5°$，如果按AB－ABC－BC－BCD－CD－CDE－DE顺序通电，则步距角为2.25°。

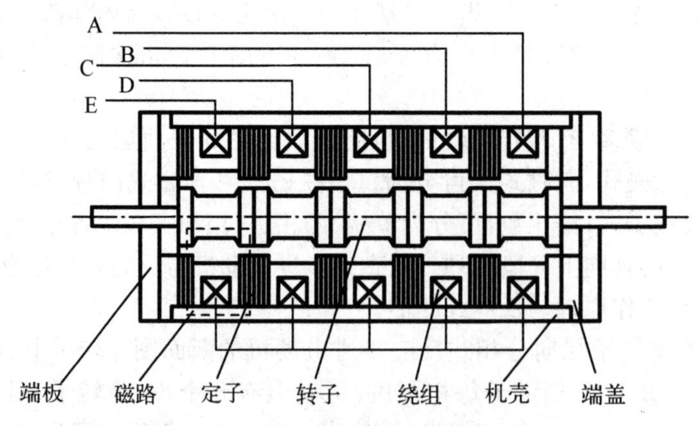

图7.2 轴向分相反映式步进电动机

7.2.3　直流伺服电动机及调速系统

一、直流伺服电动机的结构、原理与调速

直流伺服电动机具有良好的启动、制动和调速特性，可很方便地在宽范围内实现平滑无级调速，故多采用在对伺服电动机的调速性能要求较高的生产设备中。

如图 7.3 所示，直流伺服电动机的结构主要包括三大部分：

① 定子。定子磁极磁场由定子的磁极产生，根据产生磁场的方式，直流伺服电动机可分为永磁式和他激式。永磁式磁极由永磁材料制成；他激式磁极由冲压硅钢片叠压而成，外绕线圈通以直流电流便产生恒定磁场。

② 转子。又称为电枢，由硅钢片叠压而成，表面嵌有线圈，通以直流电时，在定子磁场作用下产生带动负载旋转的电磁转矩。

③ 电刷与换向片。为使所产生的电磁转矩保持恒定方向，转子能沿固定方向均匀地连续旋转，电动机中需配以电刷和换向片以实现电回路的换向。电刷与外加直流电源相接，换向片与电枢导体相接。

直流伺服电动机的工作原理与一般直流电动机的工作原理完全相同，如图 7.4 所示。

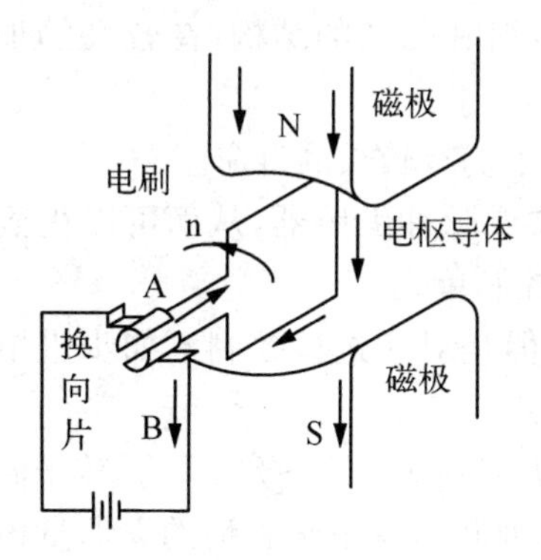

图 7.3　直流伺服电动机

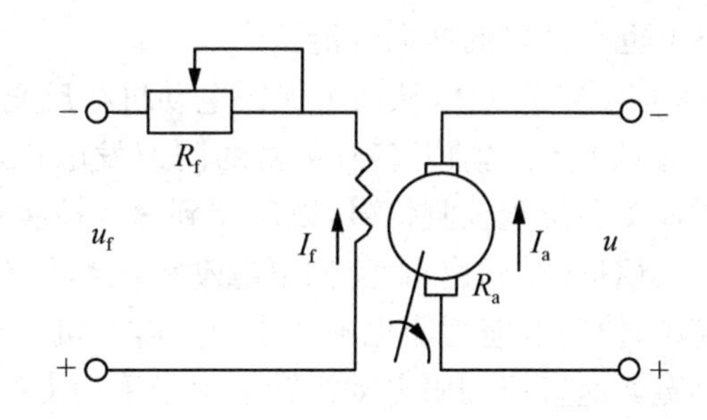

图 7.4　他激直流电动机的工作原理图

他激直流电动机转子上的载流导体（即电枢绕组）在定子磁场中受到电磁转矩 M 的作用，使电动机转子旋转。由直流电动机的基本原理分析得到：

$$n=(u-I_aR_a)/k_e \tag{7.2}$$

式中，n——电枢的转速，单位为 r/min；

u——电枢电压；

I_a——电枢电流；

R_a——电枢电阻；

k_e——电势系数（$k_e=C_e\phi$）。

由式 7.2 可知，调节电动机的转速有 3 种方法：

① 改变电枢电压 u。调速范围较大，直流伺服电动机常用此方法调速。

② 变磁通量 ϕ（即改变 k_e 的值）。改变激磁回路的电阻 R_f 以改变激磁电流 I_f，可以达到

改变磁通量的目的；调磁调速因其调速范围较小，常常作为调速的辅助方法，而主要的调速方法是调压调速。若采用调压与调磁两种方法互相配合，可以获得很宽的调速范围，又可充分利用电动机的容量。

③ 在电枢回路中串联调节电阻 R_t（图中无表示），此时有

$$n=[u-I_a(R_a+R_t)]/k_e \tag{7.3}$$

从式 7.3 可知，在电枢回路中串联电阻，转速只能调低，而且电阻上的铜耗较大，并不经济，故仅用于较少的场合。

二、大惯量直流伺服电动机

大惯量直流伺服电动机又称宽调速直流伺服电动机，是 20 世纪 60 年代末 70 年代初在小惯量电动机和力矩电动机的基础上发展起来的。现在数控机床广泛采用这类电动机构成闭环进给系统。这种电动机分为电励磁和永久磁铁励磁（永磁式）两种，占主导地位的是永磁式电动机。永磁式大惯量伺服电动机具有下列特点：

① 高性能的铁氧体（一种永磁体材料）具有大的矫顽力和足够的厚度，能承受高的峰值电流以满足快的加减速要求。

② 大惯量的结构使在长期过载工作时具有大的热容量。

③ 低速高转矩和大惯量结构使电动机可以与机床进给丝杠直接连接。

④ 一般没有换向极和补偿绕组，通过仔细选择电刷材料和磁场的结构，在较大的加速状态下也有良好的换向性能。

⑤ 绝缘等级高，从而可保证电动机在反复过载的情况下仍有较长的寿命。

⑥ 在电动机轴上装有精密的测速发电机、旋转变压器或脉冲编码器，从而可以得到精密的速度和位置检测信号，以反馈到速度控制单元和位置控制单元。

大惯量（宽调速）直流伺服电动机虽然具有上述特点，但是对它进行控制不如步进电动机简单，快速响应性能也不如小惯量电动机。

宽调速直流伺服电动机转子由于采用良好的绝缘，耐温可达 150 ℃～200 ℃。转子温度高，热量通过转轴传到丝杠，导致丝杠变形，影响传动精度，因此出现了热管形的大惯量电动机，即将电动机轴做成空心，在轴内装氟利昂之类的工作介质，介质在管内反复蒸发和冷却，将热量由高温区传至低温区，最终散发到周围环境中去。

三、直流伺服电动机的可控硅调速系统

可控硅（晶闸管）直流调速系统中，为实现转速和电流两种反馈分别起作用，系统中设置了两个调节器，分别对转速和电流进行调节，两者之间串联连接。此系统主要由电流调节回路（内环）、速度调节回路（外环）和可控硅整流放大器（主回路）等部分组成，如图 7.5 所示。来自数控装置的速度指令电压 U_p，一般是 0～10 V 的直流电压，与速度反馈电压 U_G（由测速发电动机或脉冲编码器检测并经变换而得）比较后，其偏差值送到速度调节器 ST 的输入端，速度调节器的输出就是电流指令信号 U_i，U_i 与电流反馈信号 U_i'（由霍尔元件检测器测出并经变换而得）比较后，经电流调节器 LT 输出 U_k 送到触发电路，产生主回路中晶闸管的触发脉冲，通过脉冲分配器去触发相应的晶闸管。速度指令信号增大，U_k 的电压值随之增大，使触发器的触发角 α 减小（即脉冲前移），整流放大器的输出直流电压提高，电动机转速上

升。反之，输出直流电压减低，电动机转速下降。采用双环调节系统，可以使电动机的启动、制动过程最短，系统具有良好的静态和动态性能。

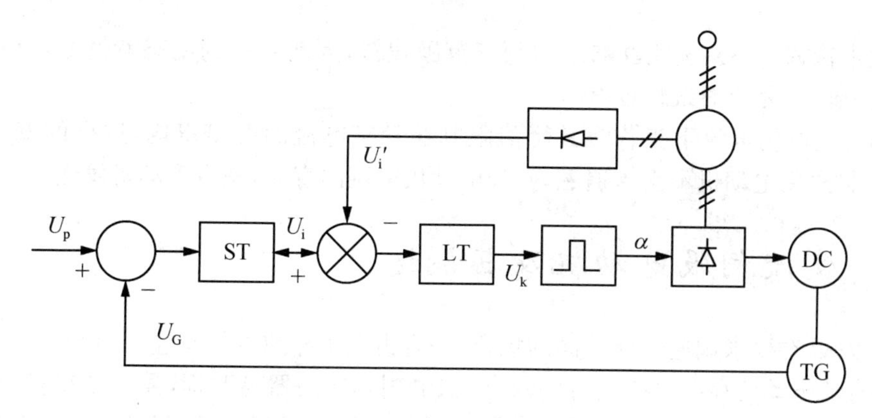

图 7.5　可控硅(晶闸管)直流调速系统

四、晶体管脉冲调宽(PWM)调速系统

晶体管脉冲调宽系统(PWM)是近几年出现的一种调速系统，利用开关频率较高的大功率晶体管作为开关元件，将整流后的恒压直流电源转换成幅值不变但是脉冲宽度(持续时间)可调的高频率矩形波，给伺服电动机的电枢回路供电，通过改变脉冲宽度的方法来改变电枢回路的平均电压，达到电动机调速的目的。

直流伺服电动机脉冲调宽调速系统的原理图如图 7.6 所示，它也是一个双闭环的脉宽调速系统。系统的主电路是晶体管脉宽调制放大器 PWM，此外还有速度控制回路和电流控制回路。电流控制器的输出U_c是经变换后的速度指令电压，它与三角波U_T经脉宽调制电路 C 调制后得到调宽的脉冲系列，作为控制信号输送到晶体管脉宽调制放大器 PWM 各相关晶体管的基极，使调宽脉冲系列得到放大，成为直流伺服电动机电枢的输入电压。

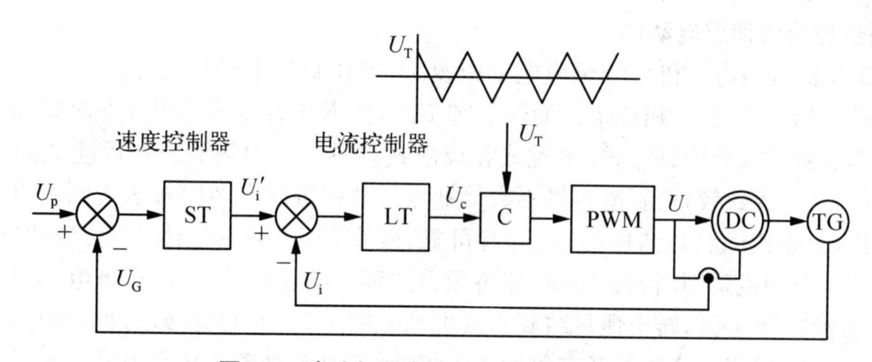

图 7.6　直流伺服电动机脉冲调宽调速系统

PWM 调速系统具有以下特点：

① 开关频率高。其频率可至 2 kHz，比机械部件的固有频率高得多，可以避开机械部分的共振点，不至于引起共振。

② 纹波系数(波形因素)低。即电流的有效值与平均值之比低,一般为 1.005～1.01,接近于 1。电枢回路的电抗就足以将脉冲滤平,接近于纯直流。因此电磁转矩恒定,电动机运行平稳。

③ 频带较宽。即系统能够响应的频率范围较宽,因此系统的动态特性好,有良好的线形,尤其是接近于零点时线性度好。

④ 可在高峰值电流下工作。其峰值限制在额定电流的两倍以内,这样的安全峰值电流,可以保护永磁电动机不至于退磁,延长电动机电刷的寿命,减少电动机发热。

7.2.4 交流伺服电动机及其调速

长期以来,在要求调速性能较高的场合,一直占据主导地位的是应用直流电动机的调速系统。但直流电动机存在一些固有的缺点,如电刷和换向器易磨损,需经常维护;换向器换向时会产生火花,使电动机的最高速度受到限制,也使应用环境受到限制;而且直流电动机结构复杂,制造困难,所用钢铁材料消耗大,制造成本高。而交流电动机,特别是鼠笼式感应电动机没有上述缺点,且转子惯量较直流电动机小,使得动态响应更好。在同样体积下,交流电动机输出功率可比直流电动机提高 10%～70%;此外,交流电动机的容量可比直流电动机造得更大,达到更高的电压和转速。现代数控机床都倾向采用交流伺服驱动,交流伺服驱动已有取代直流伺服驱动之势。

一、交流伺服电动机的分类和特点

1. 异步型交流伺服电动机

异步型交流伺服电动机指的是交流感应电动机。它有三相和单相之分,也有鼠笼式和线绕式之分,通常多用鼠笼式三相感应电动机。其结构简单,与同容量的直流电动机相比,质量轻 1/2,价格仅为直流电动机的 1/3。缺点是不能经济地实现范围很广的平滑调速,必须从电网吸收滞后的励磁电流,因而令电网功率因数变坏。

鼠笼转子的异步型交流伺服电动机简称为异步型交流伺服电动机,用 IM 表示。

2. 同步型交流伺服电动机

同步型交流伺服电动机虽较感应电动机复杂,但比直流电动机简单。它的定子与感应电动机一样,都装有对称三相绕组。而转子却不同,按不同的转子结构分电磁式和非电磁式两大类。非电磁式又分为磁滞式、永磁式和反应式多种。其中磁滞式和反应式同步电动机存在效率低、功率因数较差、制造容量不大等缺点。数控机床中多用永磁式同步电动机。与电磁式相比,永磁式优点是结构简单、运行可靠、效率较高;缺点是体积大、启动特性欠佳。但永磁式同步电动机采用高剩磁感应、高矫顽力的稀土类磁铁后,可比直流电动机外形尺寸约小 1/2,质量减轻 60%,转子惯量减到直流电动机的 1/5。它与异步电动机相比,由于采用了永磁铁励磁,消除了励磁损耗及有关的杂散损耗,所以效率高。又因为没有电磁式同步电动机所需的集电环和电刷等,其机械可靠性与感应(异步)电动机相同,而功率因数却大大高于异步电动机,从而使永磁同步电动机的体积比异步电动机小些。这是因为在低速时,感应(异步)电动机由于功率因数低,输出同样的有功功率时,它的视在功率要大得多,而电动机主要尺寸是根据视在功率而定的。

二、永磁交流伺服电动机

永磁交流伺服电动机即同步型交流伺服电动机(SM),它是一台机组,由永磁同步电动机、转子位置传感器、速度传感器等组成。

1. 结构

如图7.7所示,永磁同步电动机主要由3部分组成:定子、转子和检测元件(转子位置传感器和测速发电机)。其中定子有齿槽,内有三相绕组,形状与普通感应电动机的定子相同。但其外形多呈多边行,且无外壳,以利于散热,避免电动机发热对机床精度的影响。

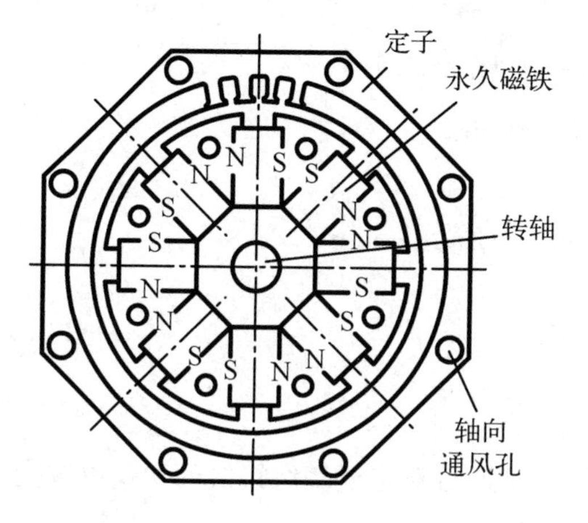

(a) 永磁同步电动机横剖面图

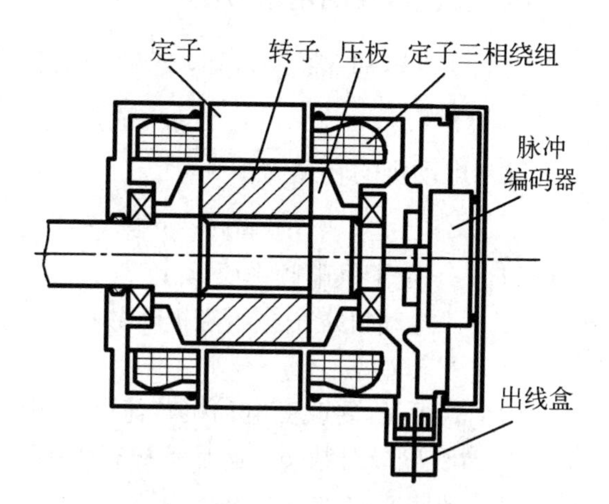

(b) 永磁同步电动机纵剖面图

图7.7　永磁同步电动机结构

2. 工作原理

如图7.8所示,对一个二极永磁转子(也可以是多极),当定子三相绕组通上交流电源后,就产生一个旋转磁场,图中用一对旋转磁极表示,该旋转磁场以同步转速n_s旋转,由于磁极同性相斥、异性相吸,旋转磁场与转子的永磁磁极互相吸引,并带着转子一起旋转,因此,转子也将以同步转速n_s与旋转磁场一起。当转子加上负载转矩之后,转子磁极轴线将落后定子磁场轴线一个θ角,随着负载增加,θ也随之增大;负载减少时,θ角也减少;只要不超过一定限度,转子始终跟着定子的旋转磁场以恒定的同步转速n_s旋转。

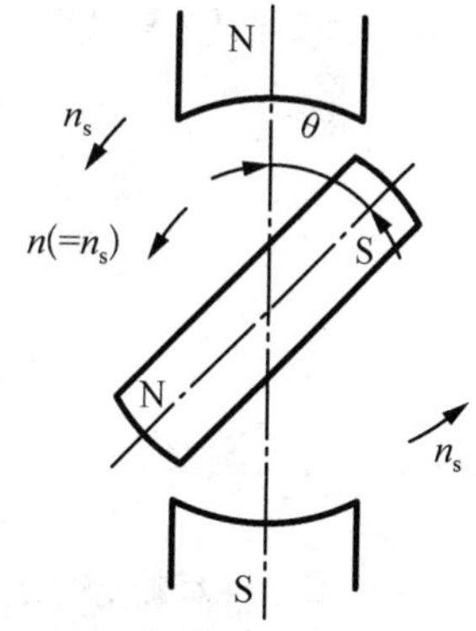

图7.8　永磁交流伺服电动机的工作原理

转子速度$n_r=n_s=60f/p$,即由电源频率f和磁极对数p决定。

当负载超过一定极限后,转子不再按同步转速旋转,甚至可能不转,这就是同步电动机的失步现象,此极限负载称为最大同步转矩。

3. 永磁同步伺服电动机的特点

永磁同步伺服电动机具有以下特点:

① 交流伺服电动机的机械特性比直流伺服电动机的机械特性要硬,其直线更为接近水

平线。另外,断续工作区范围更大,尤其是高速区,这有利于提高电动机的加减速能力。

② 高可靠性。用电子逆变器取代直流电动机的换向器和电刷,工作寿命由轴承决定;因无换向器及电刷,也省去了此项目的保养和维护。

③ 主要损耗在定子绕组与铁心上,故散热容易,便于安装热保护;而直流电动机损耗主要在转子上,散热困难。

④ 转子惯量小,其结构允许高速工作。

⑤ 体积小,质量小。

四、交流调速的基本方法

由电动机学基本原理可知,交流电动机的同步转速为

$$n_0 = 60 f_1 / p \quad (单位: r/min) \tag{7.4}$$

异步电动机的转速为

$$n = 60 f_1 / p (1 - S) = n_0 (1 - S) \quad (单位: r/min) \tag{7.5}$$

式中,f_1——定子供电频率(Hz);

p——电动机定子绕组磁极对数;

S——转差率。

由上式可见,要改变电动机转速可采用以下几种方法:

① 改变磁极对数 p。这是一种有级调速方法,它是通过对定子绕组接线的切换以改变磁极对数来调速的。

② 改变转差率调速。这实际上是对异步电动机转差率的处理而获得的调速方法。常用的有降低定子电压调速、电磁转差离合器调速、线绕式异步电动机转子串电阻调速或串极调速等。

③ 变频调速。变频调速是平滑改变定子供电电压频率 f_1 而使转速平滑变化的调速方法。这是交流电动机的一种理想调速方法,电动机从高速到低速其转差率都很小,因而变频调速的效率和功率因数都很高。

7.3 位置检测装置

7.3.1 概述

一、位置检测装置的要求

位置检测装置是数控机床伺服系统的重要组成部分,它的作用是检测位移和速度,发送反馈信号,构成闭环或半闭环控制。数控机床的加工精度主要由检测系统的精度决定。不同类型的数控机床,位置检测元件、检测系统的精度要求和被测部件的最高移动速度各不相同。现在检测元件与系统的最高水平是:被测部件的最高移动速度高至 240 m/min 时,其检测位移的分辨率(能检测的最小位移量)可达 1 μm;24 m/min 时可达 0.1 μm;最高分辨率

可达到 0.01 μm。

数控机床对位置检测装置有如下要求：

① 受温度、湿度的影响小，工作可靠，能长期保持精度，抗干扰能力强。

② 在机床执行部件移动范围内，能满足精度和速度的要求。

③ 使用维护方便，适应机床工作环境。

④ 成本低。

二、位置检测装置的分类

对于不同类型的数控机床，因工作条件和检测要求不同，可以采用以下不同的检测方式。

1. 增量式和绝对式测量

增量式检测方式只测量位移增量，并用数字脉冲的个数来表示单位位移（即最小设定单位）的数量，每移动一个测量单位就发出一个测量信号。其优点是检测装置比较简单，任何一个对中点都可以作为测量起点。但在此系统中，移距是靠对测量信号累积后读出的，一旦累计有误，此后的测量结果将全错。另外在发生故障时（如断电）不能再找到事故前的正确位置，事故排除后，必须将工作台移至起点重新计数才能找到事故前的正确位置。脉冲编码器、旋转变压器、感应同步器、光栅、磁栅、激光干涉仪等都是增量检测装置。

绝对式测量方式测出的是被测部件在某一绝对坐标系中的绝对坐标位置值，并且以二进制或十进制数码信号表示出来，一般都要经过转换成脉冲数字信号以后，才能送去进行比较和显示。采用此方式，分辨率要求越高，结构越复杂。这样的测量装置有绝对式脉冲编码盘、三速式绝对编码盘（或称多圈式绝对编码盘）等。

2. 数字式和模拟式测量

数字式检测是将被测量单位量化以后以数字形式表示。测量信号一般为电脉冲，可以直接把它送到数控系统进行比较、处理。这样的检测装置有脉冲编码器、光栅。

数字式检测有如下的特点：

① 被测量单位转换成脉冲个数，便于显示和处理。

② 测量精度取决于测量单位，与量程基本无关；但存在累计误码差。

③ 检测装置比较简单，脉冲信号抗干扰能力强。

模拟式检测是将被测量信号用连续变量来表示，如电压的幅值变化、相位变化等。在大量程内做精确的模拟式检测时，对技术有较高要求，数控机床中模拟式检测主要用于小量程测量。模拟式检测装置有测速发电动机、旋转变压器、感应同步器和磁尺等。

模拟式检测的主要特点有：

① 直接对被测量信号进行检测，无需量化。

② 在小量程内可实现高精度测量。

3. 直接检测和间接检测

位置检测装置安装在执行部件（即末端件）上直接测量执行部件末端件的直线位移或角位移，都可以称为直接测量。直接测量可以构成闭环进给伺服系统，测量方式有直线光栅、直线感应同步器、磁栅、激光干涉仪等。其优点是直接反映工作台的直线位移量。缺点是要求检测装置与行程等长，对大型机床来说，这是一个很大的限制。

位置检测装置安装在执行部件前面的传动元件或驱动电动机轴上，测量其角位移，经过传动比变换以后才能得到执行部件的直线位移量，这样的检测称为间接测量。间接测量可以构成半闭环伺服进给系统，如将脉冲编码器装在电动机轴上。间接测量使用可靠方便，无长度限制；其缺点是在检测信号中加入了直线转变为旋转运动的传动链误差，从而影响测量精度，一般需对机床的传动误差进行补偿，才能提高定位精度。

除了以上位置检测装置，伺服系统中往往还包括检测速度的元件，用以检测和调节发动机的转速。常用的测速元件是测速发动机。

数控机床常见的位置检测装置如表 7.1 所示。

表 7.1　常见的位置检测装置

类　型	增　量　式	绝　对　式
回转型	脉冲编码器、旋转变压器、圆感应同步器、圆光栅、圆磁栅	多速旋转变压器、绝对脉冲编码器、三速圆感应同步器
直线型	直线感应同步器、计量光栅、磁尺激光干涉仪	三速感应同步器、绝对值式磁尺

7.3.2　旋转变压器

旋转变压器又称分解器，是一种控制用的微电动机，它将机械转角变换成与该转角呈某一函数关系的电信号，是一种间接测量装置。

旋转变压器结构上与二相线绕式异步电动机相似，由定子和转子组成。定子绕组为变压器的原边，转子绕组为变压器的副边。激磁电压接到转子绕组上，感应电动势由定子绕组输出。常用的激磁频率有 400 Hz、500 Hz、1 000 Hz 和 5 000 Hz。

旋转变压器结构简单、动作灵敏，对环境无特殊要求，维护方便，输出信号幅度大，抗干扰性强，工作可靠，因此在数控机床上广泛应用。

通常应用的旋转变压器为二极旋转变压器，其定子和转子绕组中各有互相垂直的两个绕组。另外还有一种多极旋转变压器。也可以把一个极对数少的和一个极对数多的两种旋转变压器做在一个磁路上，装在一个机壳内，构成“粗测”和“精测”电气变速双通道检测装置，用于高精度检测系统和同步系统。

一、旋转变压器的工作原理

旋转变压器定子和转子之间的磁通分布符合正弦规律，因此当激磁电压加到定子绕组上时，通过电磁耦合，转子绕组产生感应电动势，如图 7.9 所示，其输出电压的大小取决于转子的角向位置，即随着转子偏移的角度呈正弦变化。由变压器原理，设原边绕组匝数为 N_1，副边绕组匝数为 N_2，$k=N_1/N_2$ 为变压比，当原边输入交变电压

$$U_1=U_m\sin\omega t \tag{7.6}$$

时，副边产生感应电动势

$$E_2 = kU_1 = kU_m \sin\omega t \tag{7.7}$$

当转子绕组的磁轴与定子绕组的磁轴位置为任意角度θ时，绕组中产生的感应电动势应为

$$E_2 = kU_1 \sin\theta = kU_m \sin\omega t \sin\theta \tag{7.8}$$

式中，k——变压比；

U_1——定子的输入电压；

U_m——定子最大瞬时电压。

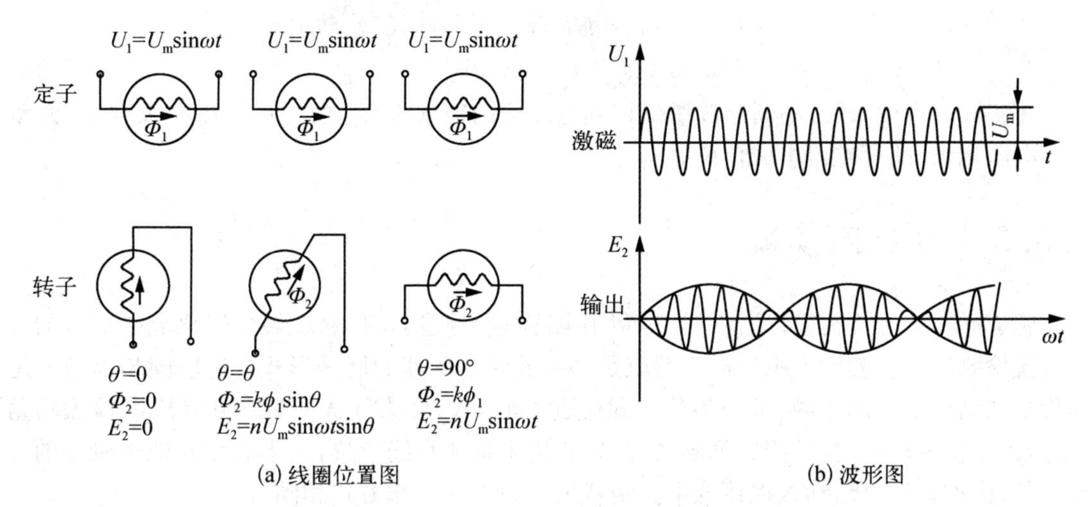

图 7.9　旋转变压器的工作原理

当转子转到两磁轴平行时，即$\theta=90°$时，转子绕组中感应电动势最大，即

$$E_2 = kU_m \sin\omega t \tag{7.9}$$

旋转变压器转子绕组输出电压的幅值严格地按转子偏转角的正弦规律变化，其频率和激磁电压的幅值相同。

二、旋转变压器的应用

旋转变压器作为位置检测装置有两种应用方式：鉴相方式和鉴幅方式。

1. 鉴相工作方式

在旋转变压器定子的两相正交绕组(正弦用 s、余弦用 c 表示)，一般称为正弦绕组和余弦绕组上，分别输入幅值相等、频率相同的正弦、余弦激磁电压：

$$U_s = U_m \sin\omega t$$

$$U_c = U_m \cos\omega t$$

两相激磁电压在转子绕组中会产生感应电动势。根据线性叠加原理，转子绕组中感应电压为

$$U = kU_s \sin\theta_{机} + kU_c \cos\theta_{机} = kU_m \cos(\omega t - \theta_{机}) \tag{7.10}$$

其中k为变压比。

由式 7.10 可知感应电压的相位角就等于转子的机械转角$\theta_{机}$，因此只要检测出转子输出电压的相位角，就知道了转子的转角，而旋转变压器的转子是和伺服电动机或传动轴连接在一起的，从而可以求得执行部件的直线位移或角位移。

2. 鉴幅工作方式

给定子的两个绕组分别通上频率、相位相同但幅值不同，即调幅的激磁电压：

$$U_s = U_m \sin\theta_{电} \sin\omega t$$
$$U_c = U_m \cos\theta_{电} \sin\omega t$$

则在转子绕组上得到感应电压

$$\begin{aligned} U &= kU_s \sin\theta_{机} + kU_c \cos\theta_{机} \\ &= kU_m \sin\omega t(\sin\theta_{电} \sin\theta_{机} + \cos\theta_{电} U_c \cos\theta_{机}) \\ &= kU_m \cos(\theta_{电} - \theta_{机}) \sin\omega t \end{aligned} \tag{7.11}$$

在实际应用中，通过不断修改激磁调幅电压值的电气角 $\theta_{电}$，使之跟踪 $\theta_{机}$ 的变化，并测量感应电压幅值，即可求得机械角位移 $\theta_{机}$。

7.3.3 感应同步器

感应同步器与旋转变压器一样，是利用电磁耦合原理，将位移或转角转化成电信号的一种位置检测装置。实质上感应同步器就是多极旋转变压器的展开形式。感应同步器按其运动形式和结构形式的不同，可分为旋转式（或称圆盘式）和直线式两种。前者用来检测转角位移，用于精密转台、各种回转伺服系统；后者用来检测直线位移，用于大型和精密机床的自动定位、位移数字显示和数控系统中。两者工作原理和工作方式相同。

一、感应同步器的结构与工作原理

直线式感应同步器的结构如图 7.10 所示。感应同步器由定尺和滑尺两部分组成。定尺和滑尺通常以优质碳素钢作为基体，一般选用导磁材料，其膨胀系数尽量与所安装的主基体相近。定尺与滑尺平行安装，且保持一定间隙。定尺表面制有连续平面绕组（在基体上用绝缘的黏合剂贴上铜箔，用光刻或化学腐蚀方法制成方形开口平面绕组）。在滑尺的绕组周围常贴一层铝箔，以防止静电干扰；滑尺上制有两组分段绕组，分别称为正弦绕组和余弦绕组，这两段绕组相对于定尺绕组在空间上错开 1/4 的节距，节距用 2τ 表示。安装时，定尺组件与滑尺组件安装在机床的不动和移动部件上，例如工作台和床身，滑尺安装在机床上，并自然接地。工作时，当在滑尺两个绕组中的任一绕组加上激励电压时，由于电磁感应，在定尺绕组中会感应出相同频率的感应电压，通过对感应电压的测量，可以精确地测量出位移量。

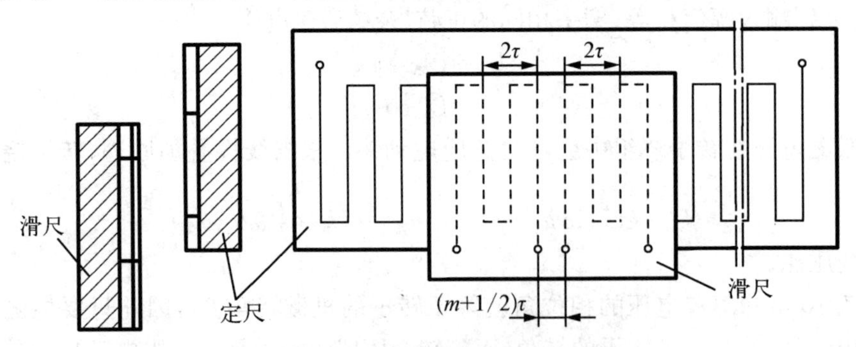

图 7.10 直线式感应同步器的结构原理

图7.11所示为滑尺在不同位置时定尺上的感应电压。在a点时，定尺与滑尺绕组重合，这时感应电压最大；当滑尺相对于定尺平行移动后，感应电压逐渐减少，在错开1/4节距的b点时，感应电压为零；继续移至1/2节距的c点时，得到的电压值与a点相同，但极性相反；在3/4节距时达到d点，又变为零；移动一个节距到e点，电压幅值与a点相同。这样，滑尺在移动一个节距的过程中，感应电压变化了一个余弦波形。由此可见，在励磁绕组中加上一定的交变励磁电压，感应绕组中会感应出相同频率的感应电压，其幅值大小随滑尺移动按余弦规律变化。滑尺移动一个节距，感应电压变化一个周期。感应同步器就是利用感应电压的变化进行位置检测的。

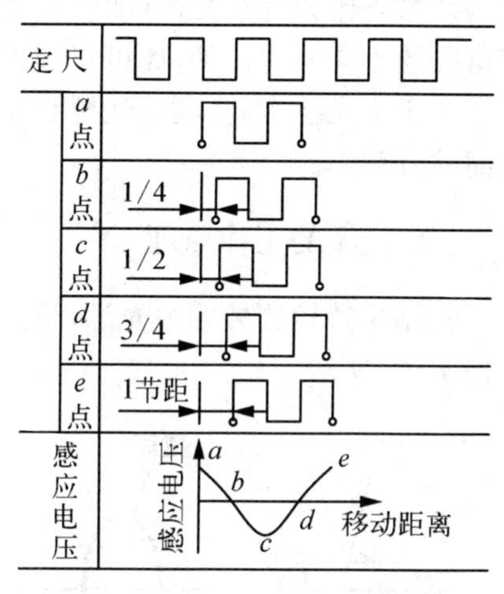

图7.11　感应同步器的工作原理

与旋转变压器一样，感应同步器有鉴相式和鉴幅式两种工作方式，原理亦相同。

二、感应同步器的特点

感应同步器具有以下特点：

① 精度高。因为定尺的节距误差有平均自补偿作用，所以尺子本身的精度能做得较高。直线感应同步器对机床位移的测量是直接测量，不经过任何机械传动装置，测量精度主要取决于尺子的精度。感应同步器的灵敏度（或称分辨率）取决于一个周期进行电气细分的程度，灵敏度的提高受到电子细分电路中信噪比的限制，只要对线路进行精心设计和采取严密的抗干扰措施，可以把电噪声减到很低，并获得很高的稳定性。

② 测量长度不受限制。当测量长度大于250 mm时，可以采用多块定尺接长，相邻定尺间隔可用块规或激光测长仪进行调整，使总长度上的累积误差不大于单块定尺的最大偏差。行程为几米到几十米的中型或大型机床中，工作台位移的直线测量大多数采用直线式感应同步器来实现。

③ 对环境的适应较高。因为感应同步器金属基板和床身铸铁的热胀系数相近，当温度变化时，还能获得较高的重复精度，另外，感应同步器是非接触式的空间耦合器件，所以对尺面防护要求低，而且可选择耐温性能良好的非导磁性涂料作保护层，加强感应同步器的抗温防湿能力。

④ 维护简单，寿命长。感应同步器的定尺和滑尺互不接触，因此无任何摩擦、磨损，使用寿命长，且无需担心元件老化等问题。

⑤ 抗干扰能力强，工艺性好，成本较低，便于复制和成批生产。

7.3.4　光栅

计量光栅是用于数控机床的精密检测元件，是闭环系统中另一种用得较多的测量装置，用于位移或转角的测量，测量精度可达几微米。

一、光栅的种类

在玻璃的表面上制成透明与不透明间隔相等的线纹，称为透射光栅；在金属的镜面上制成全反射与漫反射间隔相等的线纹，称为反射光栅，也可以把线纹做成具有一定衍射角度的定向光栅。

计量光栅分为长光栅（测量直线位移）和圆光栅（测量角位移），而每一种又根据其用途和材质的不同分为多种，如可将长光栅分为玻璃透射光栅和金属反射光栅。

由于激光技术的发展，光栅制作精度不断提高，再通过细分电路可以做到 0.1 μm 甚至更高的分辨率。

二、光栅的工作原理

光栅位置检测装置由光源，长光栅（标尺光栅），短光栅（指示光栅）和光电元件等组成，如图 7.12 所示。

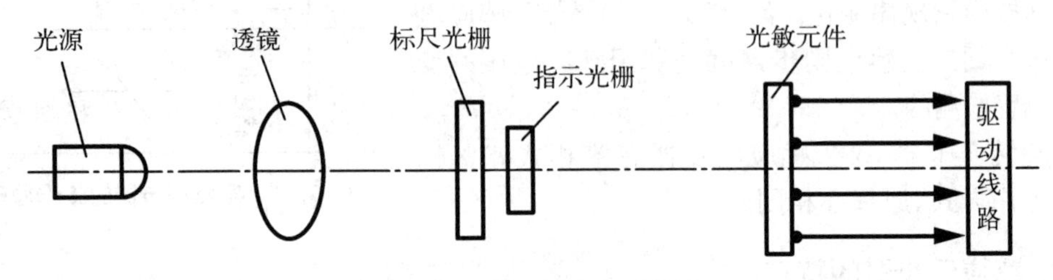

图 7.12　光栅位置检测装置

根据工作原理光栅分为透射直线式和莫尔条纹式两类。

1. 透射直线式光栅

透射直线式光栅的结构如图 7.13 所示，它是用光电元件把两块光栅移动时产生的明暗变化转变为电流变化的方式。长光栅装在机床移动部件上，称为标尺光栅；短光栅装在机床固定部件上，称为指示光栅。标尺光栅和指示光栅均由窄矩形不透明的线纹和与其等宽的透明间隔组成。当标尺光栅相对线纹垂直移动时，光源通过标尺光栅和指示光栅再由物镜聚焦射到光电元件上。若指示光栅的线纹与标尺光栅透明间隔完全重合，光电元件接受到的光通量最小；若指示光栅的线纹与标尺光栅的线纹完全重合，光电元件接受到的光通量

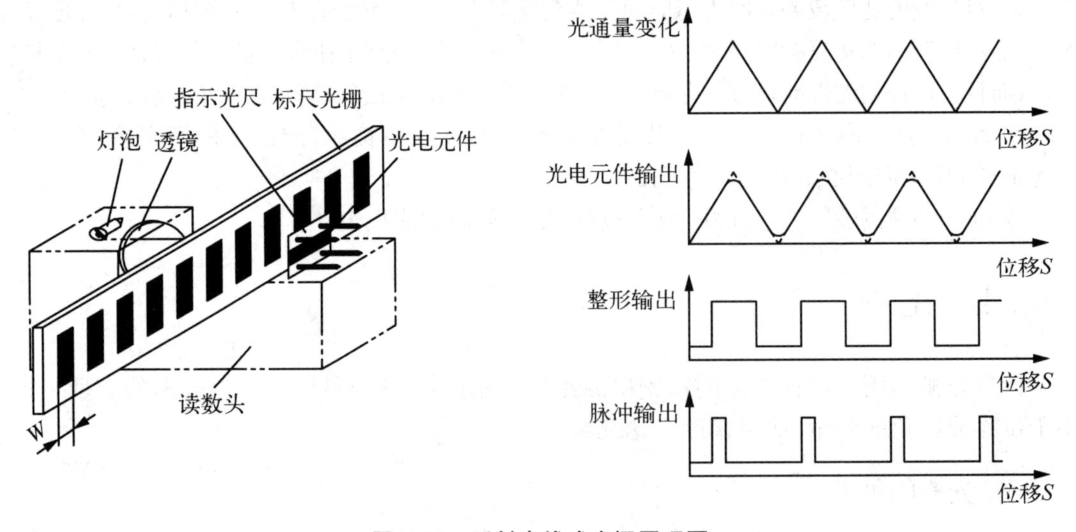

图 7.13　透射直线式光栅原理图

最大。因此，标尺光栅移动过程中，光电元件接受到的光通量忽大忽小，产生了近似正弦波的电流，再用电子线路转变为数字以显示位移量。为了辨别运动方向，指示光栅的线纹错开1/4栅距，并通过鉴向线路进行辨别。

由于这种光栅只能透过透明间隔，所以光强度较弱，脉冲信号不强，往往在光栅线较粗的场合使用。

2. 莫尔条纹式光栅

用得较普遍的是莫尔条纹式光栅，它是将栅距相同的标尺光栅与指示光栅互相平行地叠放并保持一定的间隙(0.1 mm)，然后将指示光栅在自身平面内转过一个很小的角度θ，那么两块光栅尺上的刻线交叉，在光源的照射下，相交点附近的小区域内黑线重叠，透明区域变大，挡光面积最小，挡光效应最弱，透光的累积使这个区域出现亮带。相反，距相交点越远的区域两光栅不透明黑线的重叠部分越少，黑线占据的空间增大，因而挡光面积增大，挡光效应增强，只有较少的光线透过光栅而使这个区域出现暗带。如图7.14所示，此明暗相间条纹称之为莫尔条纹，其光强度分布近似于正弦波形。如果将指示光栅沿标尺光栅长度方向平行地移动，则可看到莫尔条纹也跟着移动，但移动方向与指示光栅移动方向垂直。当指示光栅移动一条刻线时，莫尔条纹也正好移过一个条纹。

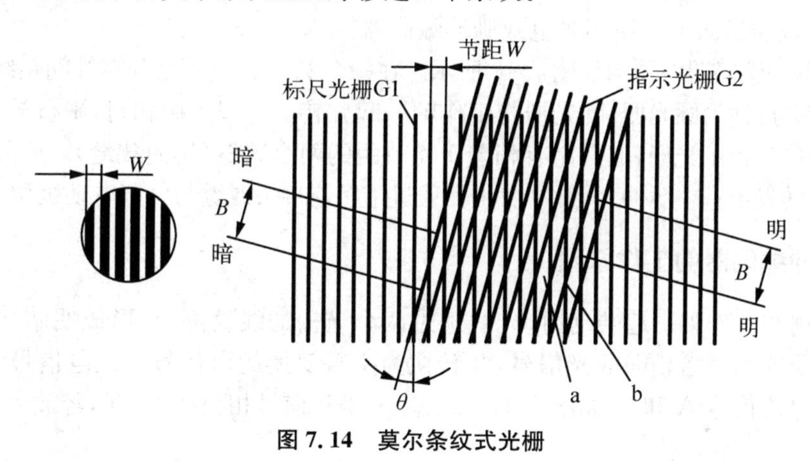

图7.14　莫尔条纹式光栅

7.3.5　磁尺

磁尺又称为磁栅，是一种计算磁波数目的位置检测元件，可用于直线和转角的测量。其优点是精度高、复制简单、安装方便等，且具有较好的稳定性，常用在油污、粉尘较多的场合，在数控机床、精密机床和各种测量机上得到了广泛使用。

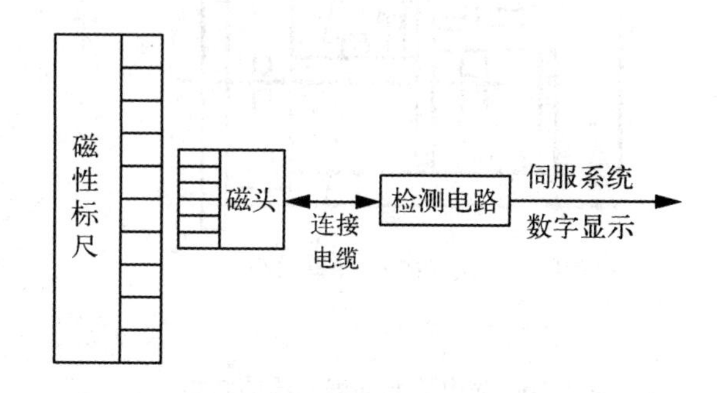

图7.15　磁尺结构与工作原理

磁尺由磁性标尺，磁头和检测电路组成，其结构如图7.15所示。磁性标尺是在非导磁材料的基体上，采用涂敷、化学沉积或电镀等方法铺上一层很薄的磁性材料，然后用录磁的方法使敷层磁化成相等节距周期变化的磁化信号。磁化信号可以是脉冲，也可以为正弦波或饱和磁波。磁化信号的节距(或周期)一般有0.05 mm，0.10 mm，0.20 mm，1 mm等几种。

磁头是进行磁-电转换的器件，它把反映位置的磁信号检测出来，并转换成电信号输送给检测电路。

磁尺是利用录磁原理工作的。先用录磁磁头将按一定周期变化的方波、正弦波或电脉冲信号录制在磁性标尺上，作为测量基准。检测时，用拾磁磁头将磁性标尺上的磁信号转化成电信号，送到检测电路中去，把磁头相对于磁性标尺的位移量用数字显示出来，并传输给数控系统。

7.3.6 脉冲编码器

脉冲编码器是一种旋转式脉冲发生器，把机械转角变成电脉冲，是一种常用的角位移传感器，同时也可作速度检测装置。

一、脉冲编码器的分类与结构

脉冲编码器分为光电式、接触式和电磁感应式3种。光电式的精度与可靠性都优于其他两种，因此数控机床上只使用光电式脉冲编码器。

光电式脉冲编码器的结构如图7.16所示。在一个圆盘的圆周上刻有等间距线纹，分为透明和不透明部分，称为圆光栅，圆光栅与工作轴一起旋转。与圆光栅相对，平行放置一个固定的扇形薄片，称为指示光栅，上面制有相差1/4节距的两个狭缝(辨向狭缝)。此外，还有一个零位狭缝(每转发出一个脉冲)。脉冲发生器通过十字连接头或键与伺服电动机相连。

二、脉冲编码器的工作原理

当圆光栅与工作轴一起转动时，光线透过两个光栅的线纹部分，形成明暗相间的条纹。光电元件接受这些明暗相间的光信号，并转换为交替变换的电信号。该电信号为两组近似于正弦波的电流信号A和B，如图7.17所示。A和B信号相位相差90°，经放大和整形变成

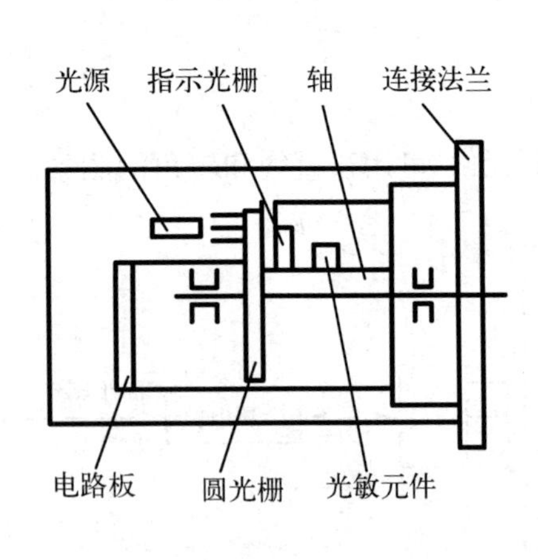

图7.16 光电式脉冲编码器的结构

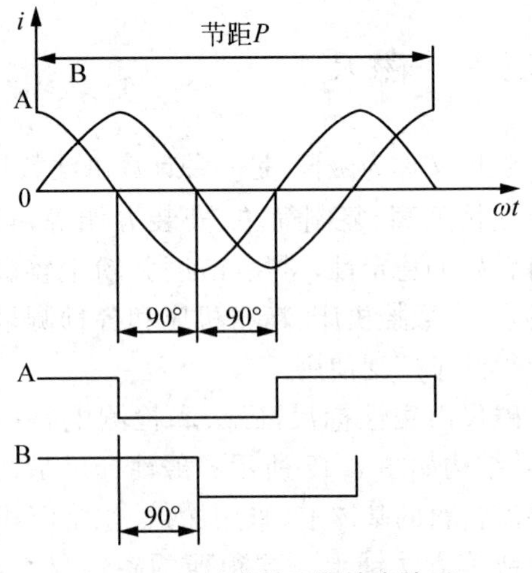

图7.17 脉冲编码器输出波形

方形波。通过两个光栅的信号还有一个“每转脉冲”，称为 Z 相脉冲，该脉冲也是通过上述处理得来的，Z 脉冲用来产生机床的基准点。后来的脉冲被送到计数器，根据脉冲的数目和频率可测出工作轴的转角及转速。其分辨率取决于圆光栅的圈数和测量线路的细分倍数。

三、光电脉冲编码器的应用

光电脉冲编码器在数控机床上用作位置检测装置，将检测信号反馈给数控系统。反馈信号给数控系统有两种方式：一是适应带加减计数要求的可逆计数器，形成加计数脉冲和减计数脉冲；二是适应有计数控制和计数要求的计数器，形成方向控制信号和计数脉冲。

7.4 典型进给伺服系统

7.4.1 概述

进给伺服系统的任务是控制机床执行部件运动的位移、方向和速度。它由机械传动机构、执行部件和电气自动控制两大部分组成。前者包括工作台（或刀架）、导轨副、滚珠丝杠和传动齿轮等。后者包括伺服电动机、驱动控制、功率放大、检测反馈装置和控制调节器等。按照有无位置检测和反馈环节以及位置检测元件的安装位置来分类，可以将伺服系统分为开环、半闭环和闭环 3 种类型。在半闭环和闭环系统中，随着技术的不断发展，在电路组成与控制方法上又展现出了多种不同的基本方案，如全硬件型系统、软件硬件混合型系统以及全数字（软件）型系统等。下面对几种典型的进给伺服系统做一介绍。

7.4.2 开环进给伺服系统

使用电液脉冲马达或功率步进电动机作为伺服驱动装置的开环进给系统曾在硬线数控上得到广泛的应用。现在国内一些普通机床的数控化改造，仍使用功率步进的开环进给系统。

一、步进电动机开环进给系统的传动计算

图 7.18(a)所示为直线进给系统，系统的当量脉冲 δ(mm)、取决于步进电动机的步距角 α、齿轮传动比 i、滚珠丝杠的导程 t(mm)之间的关系为

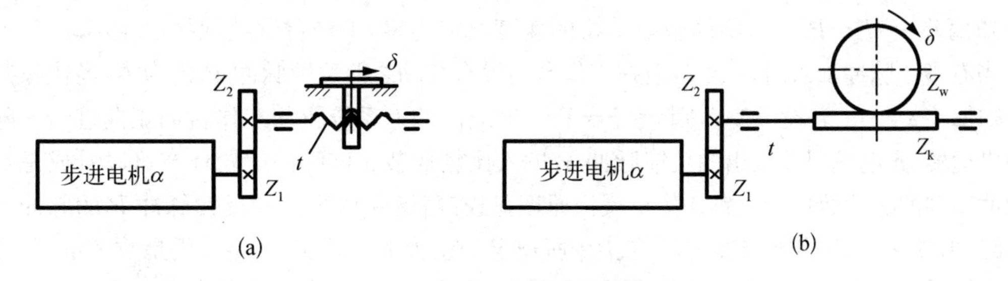

图 7.18 步进开环系统的传动

$$\frac{\alpha}{360} \cdot i \cdot t = \delta$$

有
$$i = \frac{Z_1}{Z_2} = \frac{360}{\alpha t}\delta \tag{7.12}$$

图 7.18(b)所示为圆周进给系统,如数控转台。设脉冲当量为 δ,蜗杆为 Z_k头,蜗轮为 Z_w齿,则有

$$\alpha \cdot \frac{Z_1}{Z_2} \cdot \frac{Z_k}{Z_w} = \delta \tag{7.13}$$

步进电动机开环进给系统的脉冲当量一般取为 0.01°或 0.001°,脉冲当量小,进给位移的分辨率和精度就高。但由于进给速度 $v=60f\delta$ mm/min 或 $\omega=60f\delta$ rad/min,在同样的最高工作频率 f 时,δ 越小,则最大进给速度越小。

二、提高开环进给系统位置精度的方法

开环进给系统中,步进电动机的步距角精度,机械传动部件的精度,丝杠、支承的传动间隙及传动支承件的变形等,将直接影响进给精度。为提高系统的精度,应适当提高系统组成环节的精度,此外还可采取传动间隙补偿和螺距误差补偿等各种精度补偿措施。

7.4.3 脉冲比较进给伺服系统

脉冲比较伺服系统的结构如图 7.19 所示。整个系统按功能模块大致可分为 3 部分:采用光电脉冲编码器产生位置反馈脉冲 P_f;实现指令脉冲 F 与反馈脉冲 P_f的比较,以取得位置偏差信号 e;以位置偏差信号 e 作为速度调节依据。

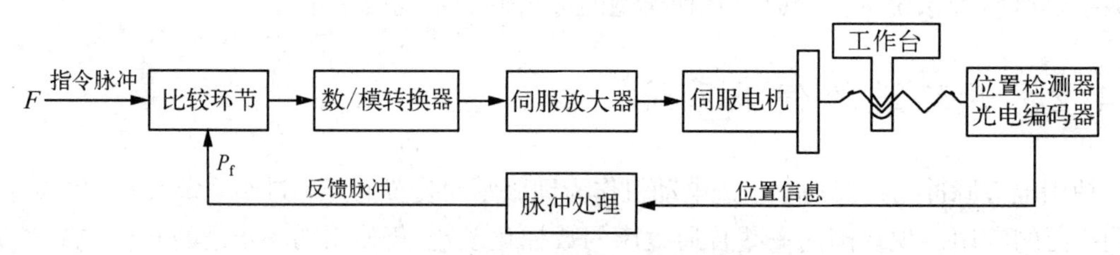

图 7.19 脉冲比较伺服系统的结构框图

众所周知,光电编码器与伺服电动机的转轴连接后,随着电动机的转动产生脉冲序列输出,脉冲的频率将随着转速的快慢而升降。

现设指令脉冲 $F=0$,且工作台原来处于静止状态。这时反馈脉冲 P_f亦为 0,经比较环节可知偏差 $e=F-P_f=0$,则伺服电动机的速度给定为零,工作台继续保持静止不动。

当有指令脉冲加入时,$F\neq0$,但在工作台尚没有移动之前反馈脉冲 P_f仍为零,经比较判别后可知偏差 $e\neq0$。若设 $F>0$,则 $e=F-P_f=0$,应由调速系统驱动工作台向正向进给。随着电动机运转,光电编码器输出的反馈脉冲 P_f进入比较环节。该脉冲比较环节可以看成是对两路脉冲序列的脉冲数进行比较。按负反馈原理,只有当指令脉冲 F 和反馈脉冲 P_f的脉冲个数相等时,偏差 $e=0$,工作台才能稳定在指令所规定的位置上。其实,偏差 e 仍是数字量,若后续调速系统是一个模拟调节系统,则 e 要经数-模转换后才能成为模拟给定电压。将此偏差电压

加到速度控制单元的输入端，由速度控制单元向伺服电动机输送电压信号，驱动伺服电动机和执行部件向着消除位置误差的方向运转，以完成某一方向上的一定速度和位移量的运动。

7.4.4 全数字进给伺服系统

随着高速数字信号处理器、单片机、大规模集成电路的出现，以及可用逻辑电平控制其通断的电力半导体器件——功率晶体管、功率场效应管的商品化，使得高精度、多功能的全数字进给伺服系统从设想变成现实，并逐渐成为进给伺服系统的主流。

一种全数字进给伺服系统结构框图如图7.20所示，由脉宽调制(PWM)调速的直流伺服电动机驱动，系统同样有位置控制、速度控制和电流控制等控制环节。电流控制器向PWM功率放大器输送逻辑电平型脉冲调宽控制信号，脉冲编码器PG提供位置与速度反馈信号，电流检测器发送电流反馈信号，PWM功率放大器输出可调直流电压驱动直流伺服电动机完成位置伺服控制任务。

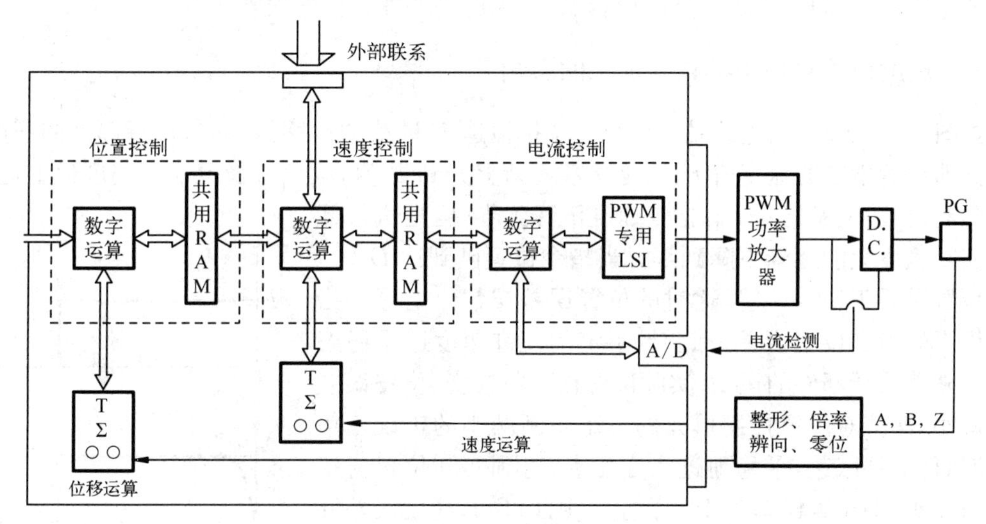

图7.20 全数字进给伺服系统

位置控制、速度控制和电流控制环节的数字(软件)控制运算均由单片微机的CPU来完成，与CNC系统的计算机有双向通信联系。在系统内部，各个环节之间使用同一RAM实行高速通信处理。各环节可以采用不同的控制调节策略，通过软件可以设定、改变其结构与参数。系统最后输出逻辑电平型的脉宽调制信号，直接送至PWM功率放大器模块，该功率模块上也可以有电动机的电流检测和脉冲编码器的中继传送等电路。

7.5 伺服系统的特性对数控机床加工精度的影响

在数控机床上两轴联动加工直线、圆弧轮廓工件或加工工件的拐角部位时，伺服进给系统的速度误差和加速度误差将引起加工误差。

7.5.1 速度误差对加工精度的影响

在数控机床的进给系统中，丝杠和螺母将电动机的转速转换成执行部件的位移，这相当于一个积分环节，而系统的其余部分可简化为一个增益是 K_s 的比例环节，于是进给系统可简化为如图 7.21 所示的结构。从控制工程的角度看，该系统的特点是它对阶跃位置指令输入的响应没有稳态误差；对阶跃速度，即斜坡位置指令输入，其响应的稳态位置误差为 $x_e = \frac{F}{K_s}$。x_e 也称为速度误差，是为了建立速度 F 所必需的指令位置与实际位置之间的误差。在数控机床进给系统中，输入不是阶跃位置指令，而是斜坡位置指令，即为阶跃速度的位置指令，因此必然存在位置误差。

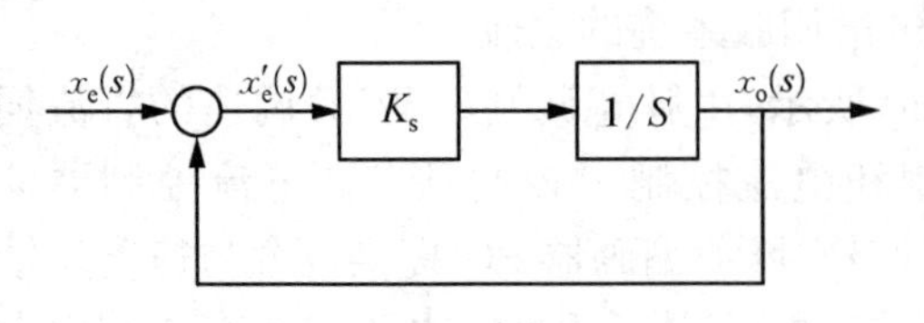

图 7.21 伺服系统的简化图

一、速度误差对单坐标直线加工的影响

如图 7.22 所示，当进给系统获得一个按恒速 F 进给的位移指令时，执行部件的速度并不能立即到达指定的速度值 F，而是从零逐渐上升到 F 值，以后就稳定在此速度值上运行。在 t_p 时刻，到达位置指令 D_p，指令速度下降到零，但是执行部件的实际速度只能逐渐下降到零。当指令位置已到达 D_p 时，实际位置滞后于指令位置，这时的位置误差在数值上等于指令速度下的稳态位置误差。此时，系统的允许速度还是稳态速度。随着执行部件的运动，实际位置在不断改变，位置误差不断减小，保持对位置控制单元的一个不断减小的正误差信号；使执行部件减速，平稳地进入定位点，直到实际位置与指令位置相等，即位置误差等于零为止。由此可知，速度误差并不影响沿机床坐标轴定位运动或直线加工时停止位置的准确性，只是在时间上实际位置较指令位置有所滞后。

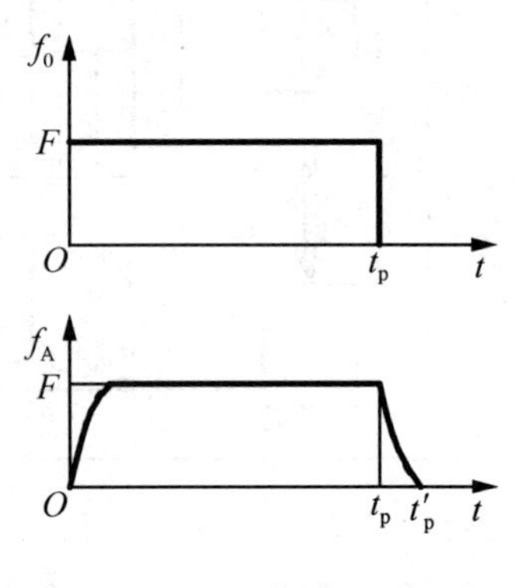

图 7.22 位置指令跟踪误差

二、速度误差对加工直线轮廓的影响

如图 7.23 所示，设加工的直线轮廓的方程为

$$y = kx + b \tag{7.14}$$

直线与 x 轴的夹角为 α，有 $\tan\alpha = k$。

如果沿直线的加工速度为 v，则插补运算时，保持 x、y 轴的进给速度分别为

$$v_x = v\cos\alpha$$

$$v_y = v\sin\alpha$$

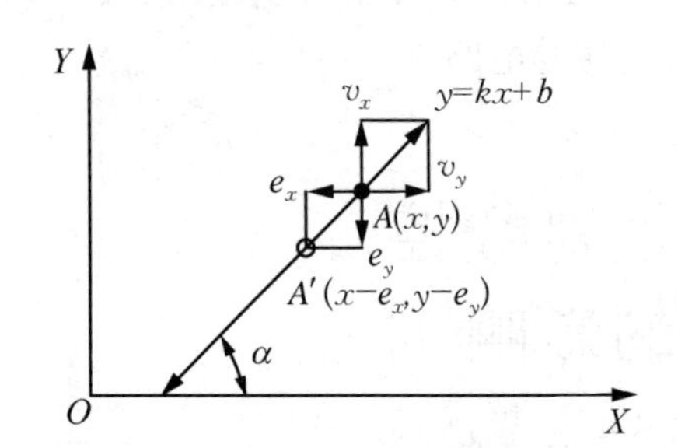

图 7.23 速度误差对直线加工的影响

设 x、y 轴进给系统的增益为 K_{sx}、K_{sy}，则两个轴向上的速度误差分别为

$$e_x = v\cos\alpha / K_{sx}$$
$$e_y = v\sin\alpha / K_{sy}$$

令两轴的增益相等，即 $K_{sx}=K_{sy}=K_s$，则

$$e_y/e_x = \tan\alpha = k$$
$$e_y = ke_x \tag{7.15}$$

刀具的指令位置 A 点的坐标为(x,y)，而实际位置 A'点的坐标为$(x-e_x,y-e_y)$。将式(7.14)与式(7.15)相减，有

$$y-e_y = k(x-e_x)+b \tag{7.16}$$

由上式可知，刀具的实际位置 A'仍在直线轮廓上，只是与指令位置有一定的滞后。在两轴的指令速度等于轮廓加工速度的分量，且两轴进给系统的增益相等的条件下，如图 7.23 所示，直线轮廓加工时，速度误差不会引起加工误差。

当两轴进给系统增益不相等，即 $K_{sx}\neq K_{sy}$时，此时速度误差 $e_y/e_x\neq\tan\alpha$，因此当指令位置为 OA 上的 O 点时，实际位置并不在 OA 上，而在离 OA 距离为 ε 的另一点。

三、速度误差对圆弧加工的影响

设所加工的圆弧为

$$x^2+y^2=R^2$$

如果使两联动轴 X、Y 的速度分别为 $v_x=v\cos\alpha$，$v_y=v\sin\alpha$，合成的轮廓加工速度为 $v=\sqrt{x_x^2+v_y^2}$。可以证明，当两轴进给系统的增益相等时，加工误差最小。如图 7.24 所示，指令位置为 A，实际位置为 A'，三角形 $AA'O$ 可以近似地认为是直角三角形，$AA'=\sqrt{e_x^2+e_y^2}$。由几何关系有

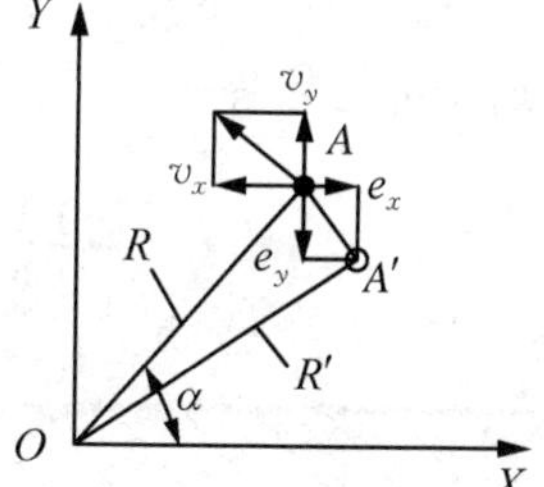

图 7.24　速度误差对圆弧加工的影响

$$R^2-R'^2=AA'^2=\left(\frac{v\cos\alpha}{K_s}\right)^2+\left(\frac{v\sin\alpha}{K_s}\right)^2=\left(\frac{v}{K_s}\right)^2$$

令 $\Delta R=R-R'$，因 $R'+R\approx 2R$，故上式可写成

$$2R\cdot\Delta R=\left(\frac{v}{K_s}\right)^2$$

即

$$\Delta R=\frac{v^2}{2RK_s^2} \tag{7.17}$$

由(7.17)式可知，增大系统增益 K_s，减小切削速度 v，都可以减小加工圆弧的半径误差 ΔR。在 v、K_s一定的情况下，被加工圆弧的半径 R 增大，ΔR 减小；R 减小时，ΔR 增大。

如上所述，增大进给系统的增益对减小加工误差至关重要，但是过大的增益会使系统的稳定性产生问题，为此应综合考虑。加工轮廓时，为了减小加工误差，各轴进给系统应取相同的增益，尤其是 K_s取较小值时这一要求极为严格。如果进给伺服系统采用前馈补偿措施，则可以显著减小半径误差。

数控机床加工时，除速度误差会引起加工误差外，系统的频率特征也会影响到圆弧加工时的尺寸误差。一般情况下，提高系统的固有频率是减小半径误差的有效办法。

7.5.2 伺服系统的响应特性对加工拐角的影响

加工拐角为直角的零件,而且加工路径恰好沿着两个正交坐标轴时,在某一轴的位置指令输入停止的瞬间,另一轴紧接着接受位置指令,并瞬时从零加速至指定的速度。但在指令突然改变的瞬间,第一轴对指令位置有一滞后量,即速度误差 v/K_s,如图 7.25(a)所示。也就是当第二轴开始加速时,第一轴尚在 B 点。如进给系统的位置响应特性如图 7.25(b)所示,则合成轨迹将是如图 7.25(a)所示的抛物线。如进给系统的位置响应特性如图 7.25(c)所示,便有位置超程,则合成位置响应也将同样呈现超程,如图 7.25(d)所示。

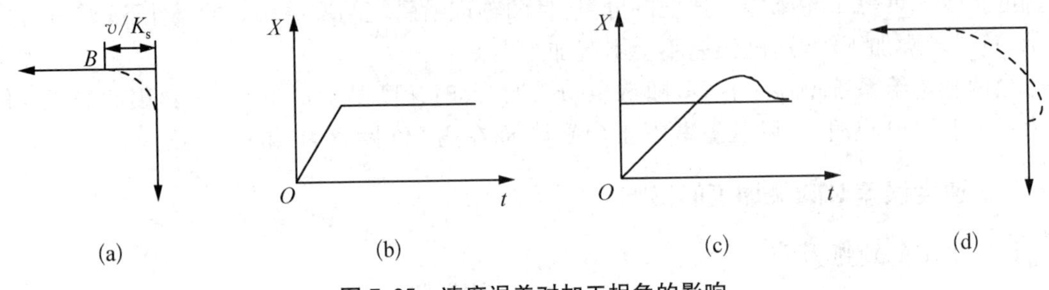

图 7.25 速度误差对加工拐角的影响

图 7.26 为两轴联动,以 1 500 mm/min 的速度加工 90°拐角的情况。当系统增益较低时,拐角处为一小圆 1,没有超程。圆弧 2、3 为增益较高的系统加工出来的拐角曲线,增益越高则拐角处超程越大。

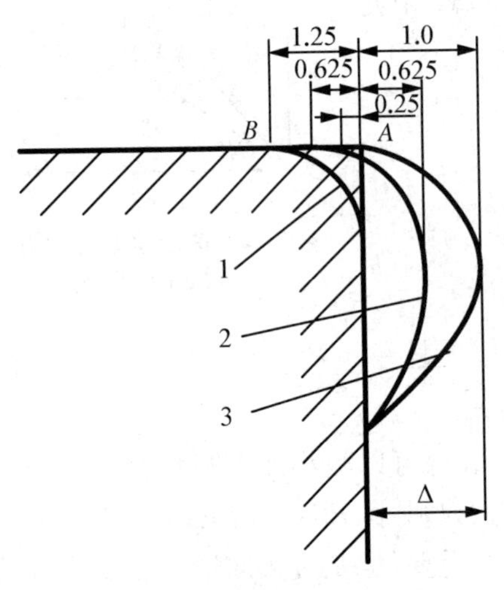

图 7.26 系统增益对拐角的影响

低增益系统使拐角处稍带圆弧。若为外拐角,则多切去一个小圆弧;若为内拐角,则切不干净,造成所谓的欠程现象。如果不容许有欠程,可以通过编程,让刀具在拐角处停留 30～50 ms,即可消除此现象。

高增益系统会使拐角处留有一个鼓包。切内拐角时,则刀具将切入工件。为限制这种超程现象的发生,可在编程时对第一轴安排分级降速指令,或使程序转段时加入自动减速和加速功能。

图 7.25 和图 7.26 为常规的进给伺服系统加工拐角的情况,出现有欠程或者超程。如果机床的进给伺服系统采用了前馈补偿措施,从理论上可以消除位置误差、速度误差和加速度误差,即实现"无差调节",可以大大改善加工拐角时的欠程和超程现象。

复习思考题

1. 试述伺服系统的组成及其作用。
2. 简述步进电动机的工作原理。
3. 什么是步距角？
4. 调节直流伺服电动机的转速有几种方法？
5. 常用的直流伺服电动机的调速系统有哪些？
6. 数控机床对位置检测装置有哪些要求？
7. 试述旋转变压器的工作原理及应用。
8. 试述感应同步器的工作原理。
9. 鉴相型系统有何特点？简述其原理。
10. 鉴相型系统中，输出信号的周期与输入信号的周期相等吗？说明原因。
11. 试述光栅的工作原理。
12. 莫尔条纹有哪些特点？
13. 什么是标尺光栅和指示光栅？它们如何安装？
14. 横向莫尔条纹的栅距和莫尔条纹的节距有何关系？若栅距＝0.01 mm，条纹节距＝10 mm，计算其放大倍数。
15. 解释“平均效应”的含义。
16. 光栅检测时，如何确定移动部件的位移方向？
17. 没有指示光栅只有标尺光栅也能产生莫尔条纹、也能用于数控机床的位移检测吗？
18. 简述各种进给伺服系统的特点。
19. 速度误差对加工精度有哪些影响？

第 8 章　典型数控系统

8.1　数字控制和数控机床

由于现代化生产发展的需要，数控机床的功能和精度也在不断地发展，这其中主要反映在数控系统的发展上。数控系统的发展是由两个方面来促进的，一个是生产发展本身的要求，一个是现代电子技术和软件技术的推动。前者对系统功能提出要求，后者为数控系统实现这些功能提供技术基础。

可以看到，航天科技、国防等领域对机械加工提出了很高的要求，例如航空航天发动机的加工，舰船推进器的加工等。其实不仅仅是在这些我们平常无法接触到的领域，日常生活中也会接触到，例如我们使用的手机、流线型的汽车、时尚的运动鞋，这些产品模具的制造也要用到功能强大的数控机床。复杂的造型需要复杂的加工，复杂的加工需要功能强大的数控系统，例如四轴、五轴联动，能够进行自我精度调整，等等。正是这些需求不断推动了数控机床、数控系统的持续发展。电子技术、计算机技术、软件技术的发展，使得开发新的性能更高的数控系统成为可能。如果没有这些基础科学技术、产业的支撑，是不可能发展出性能卓越的机床和系统的。

从数控系统诞生到现在已经有数十年的时间，这几十年间已经发展出很多数控系统，数控系统也已发展了很多代，每一种数控系统都有自己的优缺点。现在市面上广泛使用的数控系统也有很多种，例如西门子公司的 SINUMERIK、富士通公司的 FANUC 系统、三菱公司的 MELDAS 系统、海德汉公司的 Heidenhain 数控系统，华中数控系统，等等。这几种数控系统中，尤以 FANUC、SINUMERIK 市场占有率最高。因此本章我们着重介绍 FANUC、西门子和华中系统，希望通过对这 3 种数控系统的介绍，能够使读者明晰数控系统的大致构成和使用。

8.2　FANUC 数控系统介绍

8.2.1　FANUC 数控系统的发展历史

FANUC 系统是日本富士通公司的产品，通常其中文译名为发那科。FANUC 系统进入中国市场有非常悠久的历史，有多种型号的产品在使用，使用较为广泛的产品有 FANUC 0、FANUC 16、FANUC 18、FANUC 21 等(表 8.1)。这些型号中，使用最为广泛的是 FANUC 0

系列。

FANUC 系统在设计中大量采用模块化结构。这种结构易于拆装、各个控制板高度集成，使可靠性有很大提高，而且便于维修、更换。FANUC 系统设计了比较健全的自我保护电路。

PMC 信号和 PMC 功能指令极为丰富，便于工具机厂商编制 PMC 控制程序，而且增加了编程的灵活性。系统提供串行 RS－232C 接口、以太网接口，能够完成 PC 和机床之间的数据传输。

FANUC 系统性能稳定，操作界面友好，系统各系列总体结构非常类似，具有基本统一的操作界面。FANUC 系统可以在较为宽泛的环境中使用，对于电压、温度等外界条件的要求不是特别高，因此适应性很强。

表 8.1　FANUC 数控系统的发展历史列表

年　代	系 统 的 种 类	控制轴数/ 联动轴数	伺服的种类	应　用　情　况
1976 年	FS－5 FS－7 Power Mate 系列 F200C，F330D		DC 伺服电机	
1979 年	FS－2 系列 FS－3 系列 FS－6 系列 FS－9 系列			
1984 年	FS 10 系列 FS 11 系列 FS 12 系列		AC 伺服电机 （模拟控制）	
1985 年	FS 0 系列	4/4		一般机械 小型机械 经济型机械
1987 年	FS 15 系列	24/16	AC 伺服电机 （数字控制）	高精度机床 复合机械 五面体加工机
1990 年	FS 16 系列	8/6		高性能机械 五面体加工机
1991 年	FS 18 系列	6/4		高性能机械
1992 年	FS 20 系列	4/3		
1993 年	FS 21 系列	5/4		高性能机械 一般机械
1996 年	FS 16i 系列	8/6		高性能机械 五面体加工机 一般机械
	FS 18i 系列	8/4 18iMB5 8/5		
	FS 21i 系列	5/4		

续表

<table>
<tr><th>年　代</th><th>系统的种类</th><th>控制轴数/联动轴数</th><th>伺服的种类</th><th>应用情况</th></tr>
<tr><td>1998年</td><td>FS 15i 系列</td><td>24/24</td><td rowspan="11">AC 伺服电机
(数字控制)</td><td>高精度
复合机械
五面体加工机</td></tr>
<tr><td>2001年</td><td>FS 0i－A 系列</td><td>4/4</td><td rowspan="5">一般机械
小型机械
经济机械</td></tr>
<tr><td rowspan="2">2003年</td><td>FS 0i－B 系列</td><td>4/4</td></tr>
<tr><td>FS 0i Mate－B 系列</td><td>3/3</td></tr>
<tr><td rowspan="5">2004年</td><td>FS 0i－C 系列</td><td>4/4</td></tr>
<tr><td>FS 0i Mate－C 系列</td><td>3/3</td></tr>
<tr><td rowspan="3">FS 30i/31i/32i 系列</td><td>30i 32/24</td><td rowspan="3">高精度
复合机械
五面体加工机
生产线</td></tr>
<tr><td>31i 20/12</td></tr>
<tr><td>32i 9/5</td></tr>
<tr><td rowspan="2">2008年</td><td>FS 0i－D 系列</td><td>5/4</td><td rowspan="2">高性能机械
一般机械</td></tr>
<tr><td>FS 0i Mate－D 系列</td><td>4/3</td></tr>
</table>

8.2.2 常见 FANUC 数控系统

1. 0－C/0－D 系列

1985年开发，系统的可靠性很高，使其成为世界畅销的 CNC。该系统 2004 年 9 月停产，共生产了 35 万台。至今有很多该系统还在使用中，如图 8.1 所示。

图 8.1　FANUC 0－C/0－D 系列

2. 16/18/21 系列

1990～1993 年间开发。

3. 16i/18i/21i 系列

1996 年开发，该系统凝聚了 FANUC 过去 CNC 开发的技术精华，广泛应用于车床、加工中心、磨床等各类机床，如图 8.2 所示。

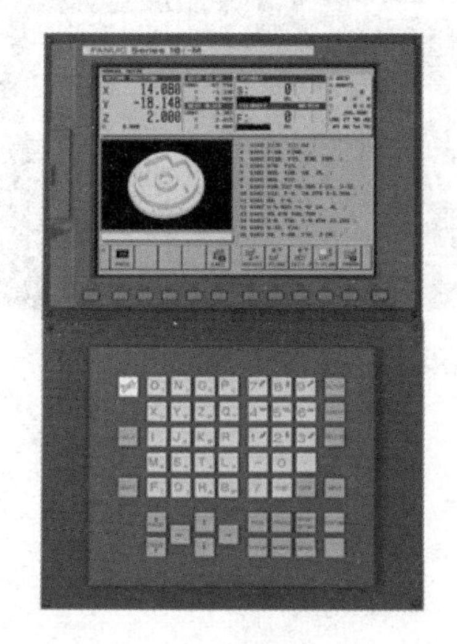

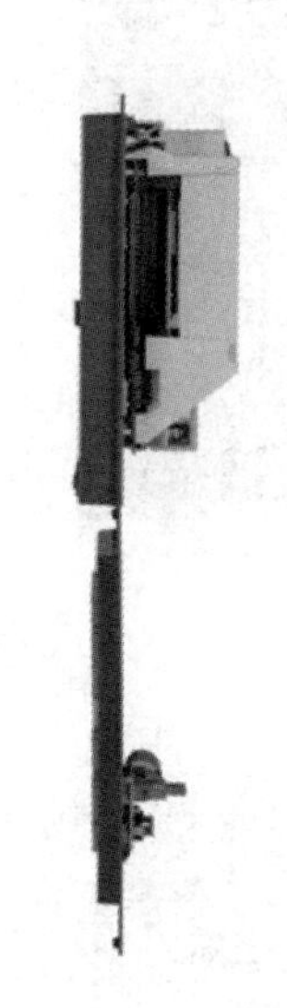

图 8.2　FANUC 16i/18i/21i 系列

4. 0i－A 系列

2001 年开发，是一种高可靠性、高性能价格比的 CNC，如图 8.3 所示。

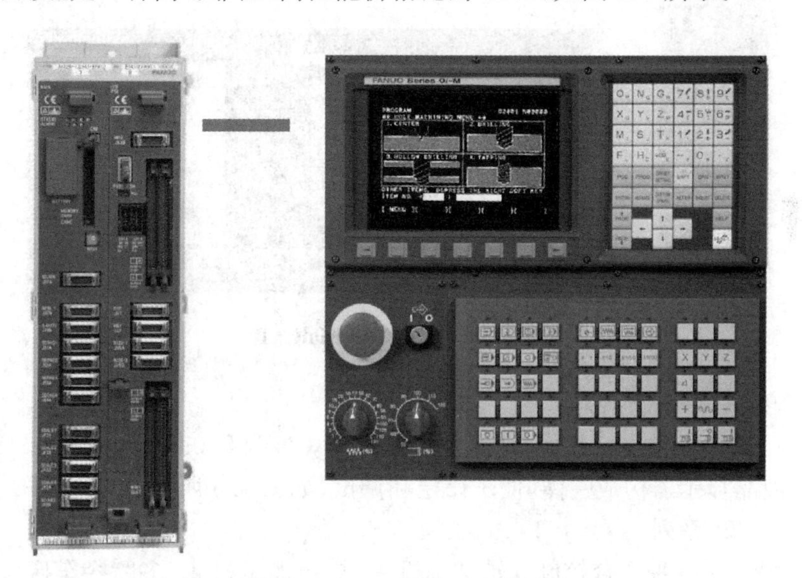

图 8.3　FANUC 0i－A 系列

5. 0i－B/0i Mate－B 系列

2003 年开发，是一种高可靠性、高性能价格比的 CNC，和 0i－A 相比，0i－B/0i Mate－B 采用了 FSSB(串行伺服总线)代替 PWM 指令电缆，如图 8.4、图 8.5 所示。

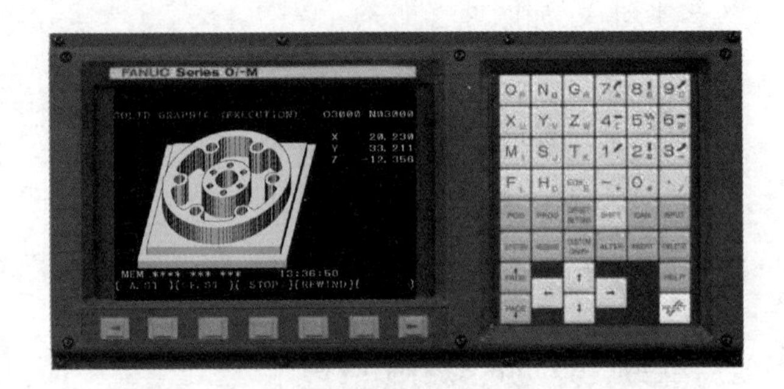

图 8.4 FANUC 0i-B

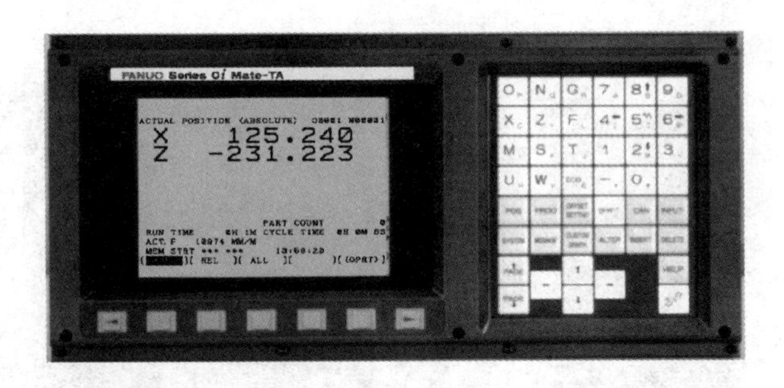

图 8.5 FANUC 0i Mate-B

6. 0i-C/0i Mate-C 系列

2004 年开发，是一种高可靠性、高性能价格比的 CNC，和 0i-B/0i Mate-B 相比，其特点是 CNC 与液晶显示器构成一体，便于设定和调试，如图 8.6 所示。

7. 30i/31i/32i 系列

2003 年开发，是一种适合控制 5 轴加工机床、复合加工机床、多路径车床等尖端技术机床的纳米级 CNC。通过采用高性能处理器和可确保高速的 CNC 内部总线，使得最多可控制 10 个路径和 40 个轴。同时配备了 15 英寸大型液晶显示器，具有出色的操作性能。通过 CNC、伺服、检测器可进行纳米级单位的控制，并可实现高速、高质量的模具加工。如图 8.7 所示。

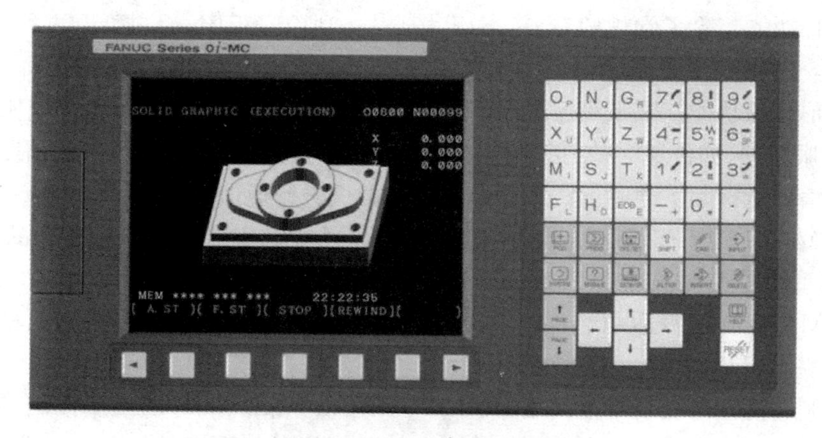

图 8.6　FANUC 0i－C

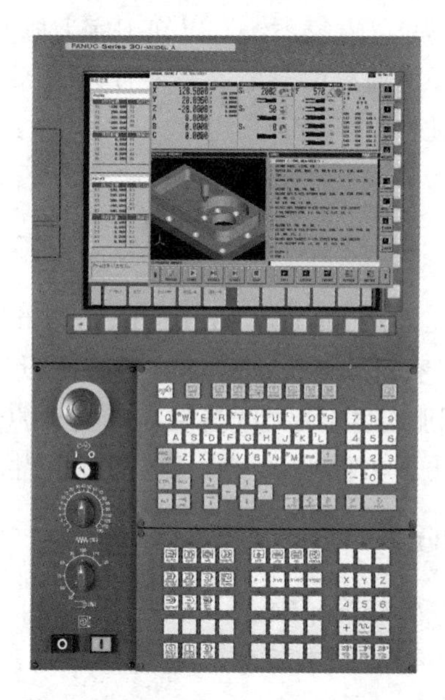

图 8.7　FANUC 30i/31i/32i 系列

8.2.3　FANUC 系统功能特点

为满足现代机械加工的高密度、高速度和高效率的要求，在插补、加减速、补偿、编程、图形显示、通信、控制和诊断方面不断增加新的功能。

(1) 插补功能。除了直线、圆弧插补外，还有极坐标插补和样条 (NURBS)插补等。

(2) 切削进给的自动加减速功能。除了插补后加减速之外，还有插补前加减速，有些系统可对零件程序进行多段预读控制，实现切削速度的最佳加减速。

(3) 补偿功能。除了螺距误差补偿、丝杠反向间隙补偿、刀具补偿外，还有坡度补偿、线性度补偿等功能。如 FS15 系列可进行非线性补偿、静动态惯性补偿值的自动设定和更新等，在一定精度的要求下，可使响应速度大幅度提高。

(4) 编程功能。除了常规的G、M、S、T指令外,利用宏程序,用户可以进行个性化的作业,编制适合于机床专用加工和测量的循环程序,有些系统还可进行交互式图样直接编程。

(5) 图形显示功能。除了程序显示、梯形图显示、机床数据显示外,还有伺服波形显示,即将各种伺服数据,如位置误差、指令脉冲、转矩指令用波形在系统的CRT上显示。

(6) 通信功能。除了通过RS-232C接口与微机进行通信外,有些系统还具备网络通信接口,如F10/11/12及FS15系统具有MAP2.1和MAP3.0接口板及配套产品。MAP2.1接口的调制系统是宽带(AM/PSK),传输介质是CATV的75 Ω同轴电缆,传输速率为10 Mbit/s。MAP3.0接口适用于10 Mbit/s宽带技术和5 Mbit/s载带技术两种传输方法,载带调制解调器已做在MAP3.0接口板上。

(7) 控制功能。可实现平滑高增益SHG(Smooth High Gain)的速度控制,同时大大降低位置指令的延时,缩短定位时间。在系统内部装有能进行顺序控制的PMC,简化了外部强电箱的配置,可在MDI/CRT上进行梯形图的编辑和监控。

(8) 诊断功能。采用人工智能(专家系统),以知识库为根据,可智能分析查找故障原因。

鉴于上述特点,FANUC系统拥有广泛的客户。使用该系统的操作员队伍十分庞大,因此有必要了解该系统一些软、硬件上的特点。

8.2.4 FANUC 0i-C/0i Mate-C数控系统

FANUC 0i-C/0i Mate-C于2004年4月在中国大陆市场上推出,是高可靠性、高性价比、高集成度的小型化系统,该系统是基于16i/18i-B技术设计的,代表了目前常用CNC的最高水平。使用了高速串行伺服总线(用光缆连接)和串行I/O数据口,有以太网口,配用该系统的机床既可单机运行,也可以方便地入网用于柔性加工生产线。

一、FANUC 0i-C/0i Mate-C数控系统的功能

目前北京FANUC出厂的0i-C/0i Mate-C包括加工中心/铣床用的0i MC/0i Mate-MC和车床用的0i TC/ 0i Mate-TC,各系统一般配置如表8.2所示。

表8.2 FANUC 0i-C/0i Mate-C系统配置

系统型号		控制轴数(包括Cs轴)	主轴	放大器	电机
0i C	0i MC	4轴	2	αi系列	αi,αIs系列
	0i TC	4轴(+Cs)	2	αi系列	αi,αIs系列
0i Mate C	0i Mate MC	3轴	1	βi系列	βi,βIs系列
	0i Mate TC	3轴(+Cs)	1	βi系列	βi,βIs系列

注:1. 新版0i-MC的控制轴数为5轴。

2. 0i-C系列标准配置为αi系列伺服放大器,αi系列主轴电机和αIs系列进给电机;也可选择配置βi系列伺服放大器,βi系列主轴电机和βIs系列进给电机;但0i Mate-C只能配置βi系列伺服放大器,βi系列主轴电机和βIS系列伺服电机。

3. 对于βi系列伺服放大器有两种,可选择配置,一种是单轴型(SVU)即一个进给轴电机配用一个单轴型(SVU)伺服放大器,主轴电机需另外选择驱动控制器(如变频器等);另外一种是一体型(SVPM)放大器,3个进给轴电机和主轴电机共用一个一体型(SVPM)放大器。详细资料参见《BEIJING-FANUC 0i-C/0i Mate-C简明联机调试手册》。

0i Mate-C功能和规格略少于0i-C系列，更适合于小型和经济型的数控机床，具有更好的性价比。

二、FANUC 0i-C/0i Mate-C数控系统的组成

下面以FANUC 0i Mate-TC数控车系统为例讲解数控系统组成：

1. CNC单元

FANUC 0i Mate-C数控系统的CNC单元与显示器、MDI键盘集成于一体，如图8.8所示。系统的显示器只用LCD（液晶显示器），可以是单色也可是彩色，在显示器的右面或下面有MDI键盘，CNC的电路印刷板置于显示器的后面，整体体积非常小。

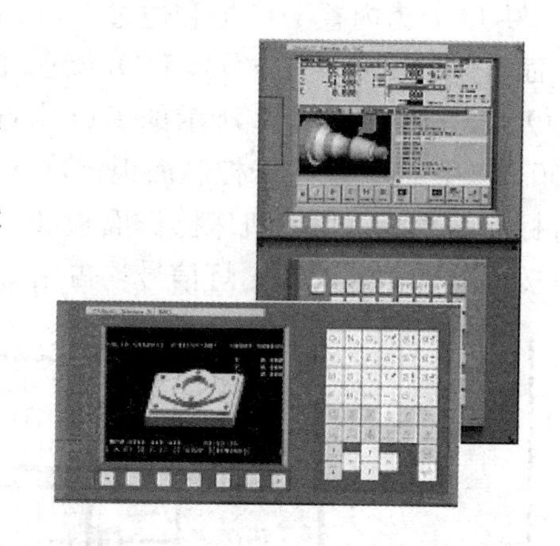

图8.8　FANUC 0i Mate-C数控系统

2. 进给伺服

数控系统在轴控制部分采用FANUC专用的串行伺服总线（英文缩写FSSB，光缆）连接所有的伺服驱动器，0i Mate-C数控系统有单轴型（SVU）和一体型（SVPM）两种βi系列伺服放大器可供选择配置，如图8.9，8.10所示，最多可接3个βIs系列进给轴伺服电机。伺服电动机上装有脉冲编码器，标配为1000000脉冲/转。编码器既用作速度反馈，又用作位置反馈。系统支持半闭环控制和使用直线尺的全闭环控制。检测器的接口有并行口（A/B相脉冲）和串行口两种。位置检测器用增量式或绝对式均可。

图8.9　单轴型（SVU）伺服放大器

图8.10　一体型（SVPM）放大器和伺服电机

3. 主轴电机控制

主轴电机控制有模拟接口（输出0～10 V模拟电压）和串行口（二进制数据串行传送）两种。串行口只能用FANUC主轴驱动器和主轴电动机，用αi系列。

4. I/O 卡或 I/O 单元

FANUC 0i 系列在机床面板等机床外围设备部分采用 Fanuc I/O Link 总线连接。需要注意，FANUC 0i 数控系统在硬件上采用两种 FANUC 专用的数字总线：在轴控制部分采用 FSSB 串行伺服总线；在机床外围设备部分采用 Fanuc I/O Link 总线，通过两种总线将实时性要求不同的数据分离开。

I/O 分为内置 I/O 板和通过 I/O Link 总线连接的 I/O 卡或单元(图 8.11)，包括机床操作面板用的 I/O 卡、分布式 I/O 单元、手脉等。FANUC 0i Mate－C 数控系统取消了内置的 I/O 卡，只用如图 8.12 所示的 I/O 卡或 I/O 单元，可多卡串联，最多可连 240 个输入点和 160 个输出点。在机床控制面板上，FANUC 0i Mate－C 系统同西门子 802D 系统一样，也有标准的系统提供的机床操作面板和用户自制机床控制面板两种选择，机床控制面板的所有按键输入信号和指示灯信号均占用 I/O 卡的输入输出点。

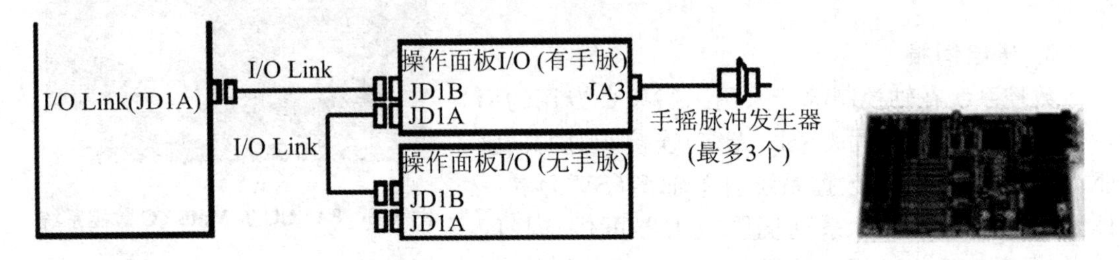

图 8.11 通过 I/O Link 总线连接 I/O 单元　　**图 8.12 FANUC 0i Mate－C I/O 卡**

5. 网络接口

以太网有 3 种型式：以太网板、Data Server(数据服务器)板和 PCMCIA 网卡，根据使用情况选择。现场网络口有 FL－net(日本常用)，Profibus－DP(欧洲常用)和 Device－Net(美国常用)。

6. 数据输入/输出口

0i Mate－C 有 RS－232C 和 PCMCIA 口(存储卡)两种方式和其他设备相连通信。经 RS－232C 可与计算机等连接，实现机床数据的传送、PMC 程序的传送、DNC 加工等，为防止电脑的串口漏电把 NC 的 RS－232C 接口烧坏，建议在接口上加光电隔离器。但最好是不用 232 接口，使用存储卡接口更为方便，更安全，在 PCMCIA 口中插入相应存储卡进行相应操作，可以实现 232 接口的全部功能。

三、FANUC 0i－C/0i Mate－C 数控系统的接口

FANUC 0i－C/0i Mate－C 是高集成度的小型化系统，将 NC 集成到 LCD/MDI 背面，各 NC 接口集成于其背面，如图 8.13 所示，以 FANUC 0i Mate－TC 例对其系统接口介绍如下：

(1) FSSB 光缆一般接左边插口。

(2) 风扇，电池，软键，MDI 等一般都已经连接好，不要改动。

(3) 伺服检测[CA69]不需要连接。

(4) 电源线可能有两个插头，一个为＋24 V 输入(左)，另一个为＋24 V 输出(右)。具体接线为(1—24V，2—0V，3—地线)。

(5) RS232 接口是和电脑接口的连接线。一般接左边(如果不和电脑连接,可不接此线)。

(6) 串行主轴/编码器的连接,如果使用 FANUC 的主轴放大器,这个接口是连接放大器的指令线,如果主轴使用的是变频器(指令线由 JA40 模拟主轴接口连接),则这里连接主轴位置编码器(车床一般都要接编码器,如果是 FANUC 的主轴放大器,则编码器连接到主轴放大器的 JYA3)。

(7) 对于 I/O Link[JD1A]是连接到 I/O 模块或机床操作面板的,必须连接。

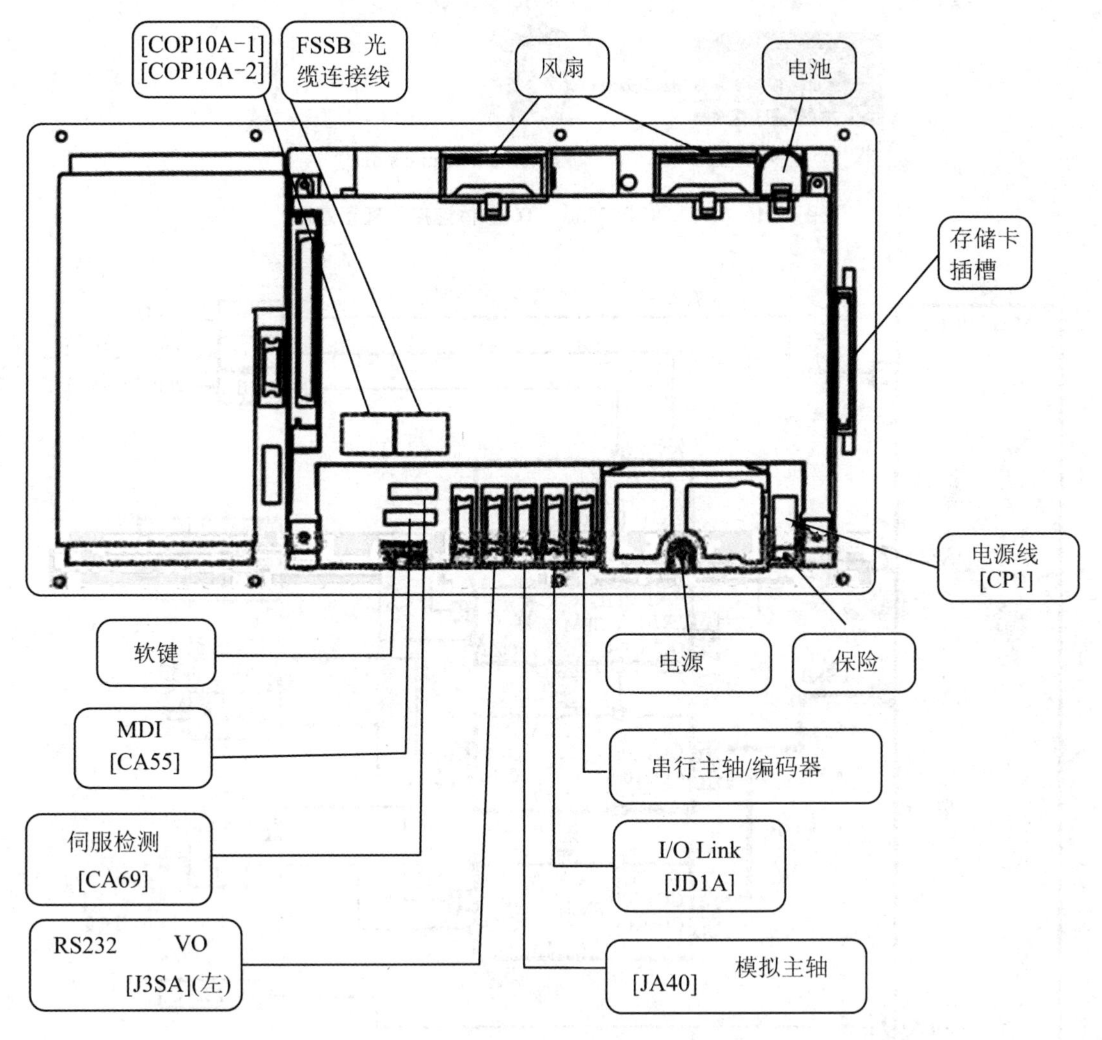

图 8.13　FANUC 0i Mate - C 系统接口

(8) 存储卡插槽(在系统的正面),用于连接存储卡,可对参数,程序,梯形图等数据进行输入/输出操作,也可以进行 DNC 加工。

综上所述,FANUC 0i Mate - TC 数控系统的总体连接原理示意如图 8.14 所示,具体连接图见 8.15。

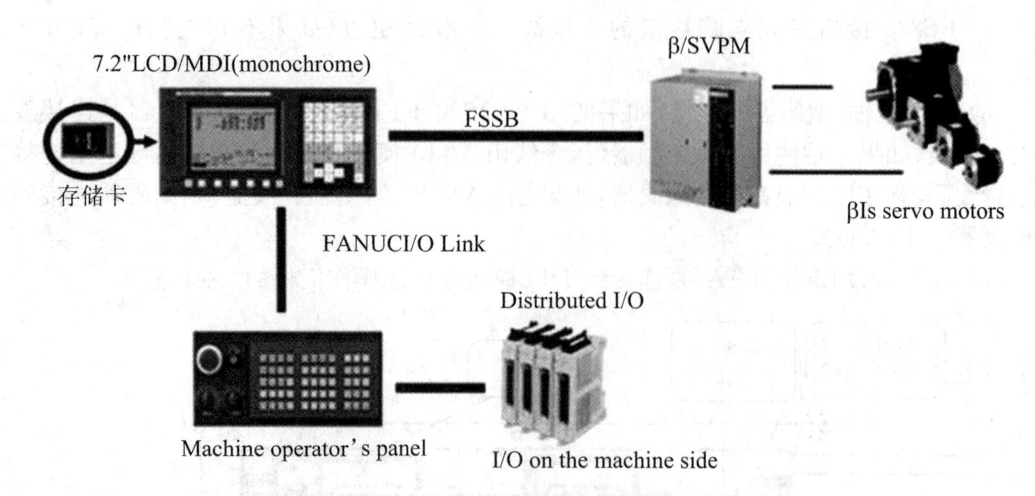

图 8.14 FANUC 0i Mate-TC 总体连接原理示意图

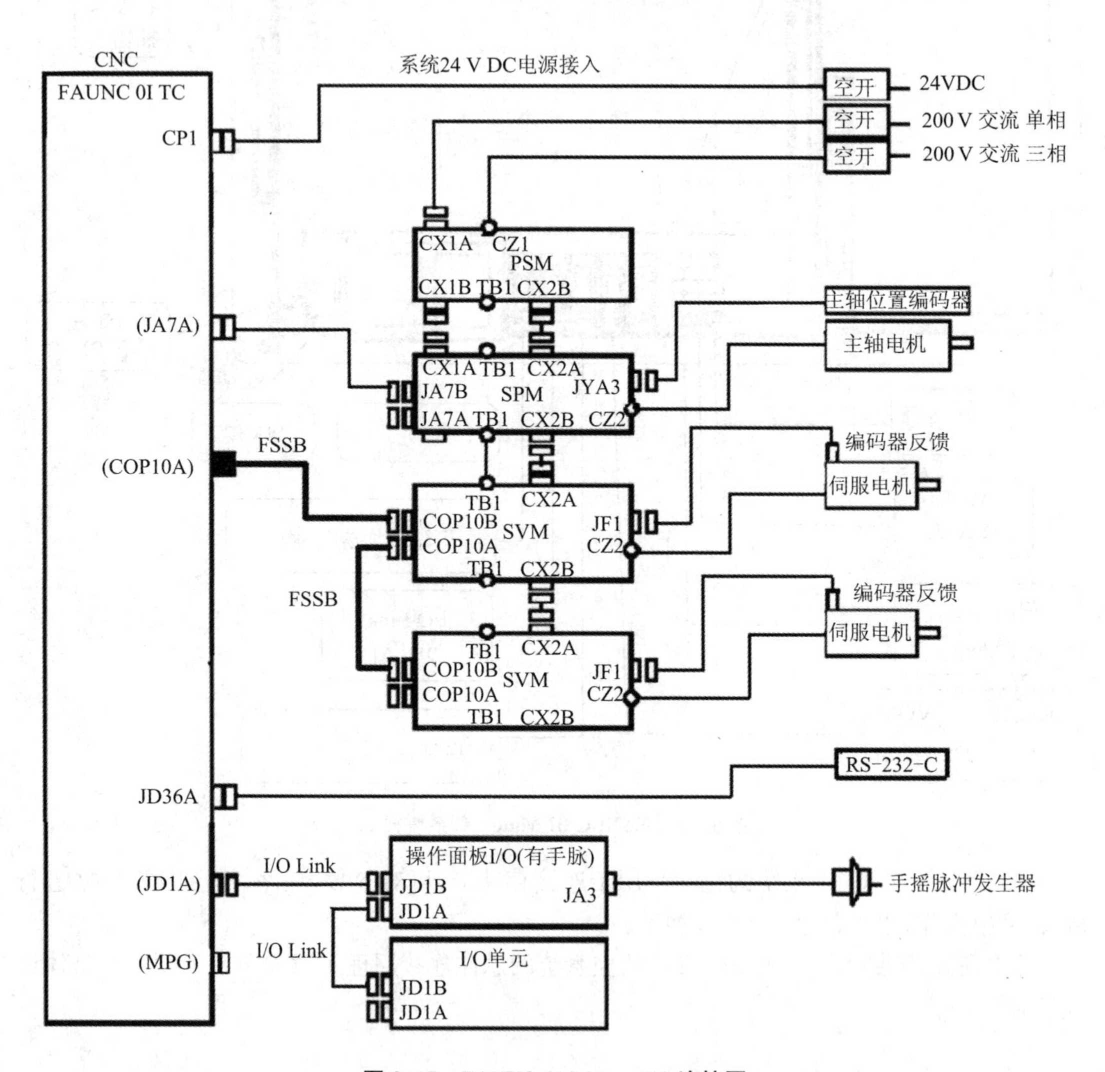

图 8.15 FANUC 0i Mate-TC 连接图

8.3 西门子数控系统

8.3.1 SIEMENS 数控系统简介

德国 SIEMENS 是世界上唯一可以向机械行业提供全系列驱动和自动化控制解决方案的供应商，其机床数控系统 SINUMERIK 和伺服驱动系统 SIMODRIVE、SINAMICS 产品和解决方案被广泛应用于汽车工业、模具制造业、航空制造业、消费类物品制造业等制造自动化领域。

西门子 SINUMERIK 全系列数控系统产品包括了全球技术领先的 840D 系统到经济实用的 802C/S base line 系统，能够满足无论是高技术高精度机床，还是经济型数控设备的具体要求。SINUMERIK 数控系统产品结构如图 8.16 所示，经济型数控系统有 801、802S base line、802C base line；中档数控系统有 802D、802D base line、802D solution line 等；高档数控系统有 810D、840D 等。

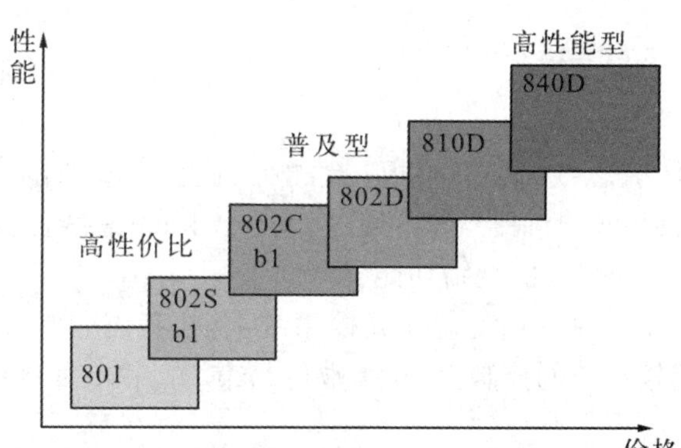

图 8.16 西门子 SINUMERIK 数控系统产品结构

1. 经济型数控系统 801、802S/C base line

西门子从 1995 年开始面向中国市场开发经济型产品，SINUMERIK 801 是其在 2005 年推出的一种高性价比、集成式数控系统，广泛适用于经济型数控车床。它可以控制 2 个进给轴和 1 个主轴。SINUMERIK 801 既可以控制步进驱动进给轴，也可以控制具有数字脉冲接口的伺服驱动进给轴，主轴控制可以是伺服主轴，也可以是变频主轴。

经济型数控系统 802S/C base line 的具体介绍见 8.3.2 节。

2. 中档数控系统 802D

对于中档需求，SINUMERIK 802D 无论在处理速度、功能等方面都提供了良好的性价比。802D 与模块化的驱动装置 SIMODRIVE 611Ue 配套 1FK6 系列伺服电机，为机床提供了全数字化的动力，该系统可控制 4 个进给轴和一个数字或模拟主轴，具体介绍见 8.3.3节。

3. 高档数控系统 810D/840D

SINUMERIK 840D是20世纪90年代后期推出的高度开放式的高档数控系统，其与西门子611D伺服驱动模块及西门子S7－300PLC模块构成的全数字数控系统，见图8.17，适于各种复杂加工任务的控制，具有优于其他系统的动态品质和控制精度，已经成为了数控系统的技术领先者。

图 8.17 西门子 SINUMERIK 840D 的组成

(1) 该系统最多支持10个通道、31个数字轴包括定位轴、10个方式组；

(2) 系统具有直线插补、圆弧插补、NURBS插补、螺旋线插补、多维样条插补、多项式插补、主数值耦合及曲线表插补、渐开线插补等插补功能；

(3) 系统具有刀具长度、刀具半径及磨损量、间隙、螺距误差、测量系统误差等补偿功能；

(4) 系统在分辨率为1 μm时最大进给速度可达300 m/min；

(5) PLC指令的处理速度可达100 μs/1024步，存储容量可达48 KB，采用模块化I/O；

(6) 采用了两级数字总线，机床面板、检测元件等机床外围设备和NC之间采用Profibus总线向上连接到NC控制器，向下通过DriverClique总线连接到各伺服驱动器；

(7) 突出地扩展特性和强大的网络功能。

西门子数控系统产品以前一直覆盖在高档系统上，在我国非常长一段时间主要应用在航空航天高科技领域比较复杂的控制上，在高端产品市场已占有稳固的地位和市场份额。

8.3.2 SINUMERIK 802S/C base line 数控系统

一、SINUMERIK 802S/C base line 数控系统的功能

SINUMERIK 802S/C base line(简写成802S/C bl)是西门子公司专门为中国数控机床市场而开发的经济型CNC控制系统。802S/C bl可以控制2到3个步进电机进给轴和一个伺服主轴或变频器，步进进给轴控制信号为数字脉冲信号、方向信号和使能信号，连接STEPDRIVE C/C＋步进驱动，主轴控制信号为一个±10 V模拟电压信号和使能信号，主轴控制可以是伺服主轴，也可以是变频主轴。

802C bl可以控制2到3个伺服电机进给轴和一个伺服主轴或变频器，提供传统的±10 V的伺服驱动接口连接SIMODIRE 611U或SIMODRIVE base line系列伺服电机驱动器，电机为1FK7系列伺服电机，提供一个±10 V的接口用于连接主轴驱动，主轴控制可以是伺服主轴，也可以是变频主轴。

802S/C bl数控系统其特性如下：

（1）结构紧凑，其数控单元CNC，人机操作界面HMI，可编程逻辑控制器PLC和输入输出单元I/O高度集成于一体；

（2）机床调试配置数据少，系统与机床匹配快速、容易；

（3）编程界面简单友好。

二、SINUMERIK 802S/C baseline数控系统的组成

SINUMERIK 802S/Cbaseline系统的组成包括三部分：

1. CNC控制器

802S/Cbl系统的CNC控制器为集成式紧凑型结构(图8.18)，配置8″液晶显示器，全功能操作键盘和机床操作面板(MCP)，24 V DC供电，没有硬盘，无需电池，具有免维护性，高可靠性。802C bl与802S bl系统的CNC控制器具有相同的正面形状(但其背面的接口不同)，如图8.18所示，可独立于其他部件进行安装，坚固而又节省空间的设计，使其可以安装到最方便用户的位置。

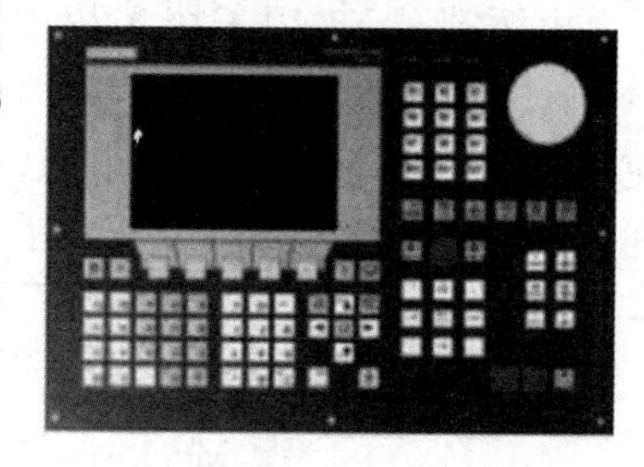

图8.18　802S base line CNC控制器

2. 驱动器和电机

SINUMERIK 802Sbl和802C bl的驱动配置有所不同，802S bl配置步进驱动STEPDRIVE C/C＋和五相混合式步进电机，组成开环控制系统；802C bl配置伺服驱动SIMODIRE 611U或SIMODRIVE base line带1FK7系列伺服电机，组成半闭环控制系统。图8.19显示了802S/C　bl系统的部分驱动器和电机。

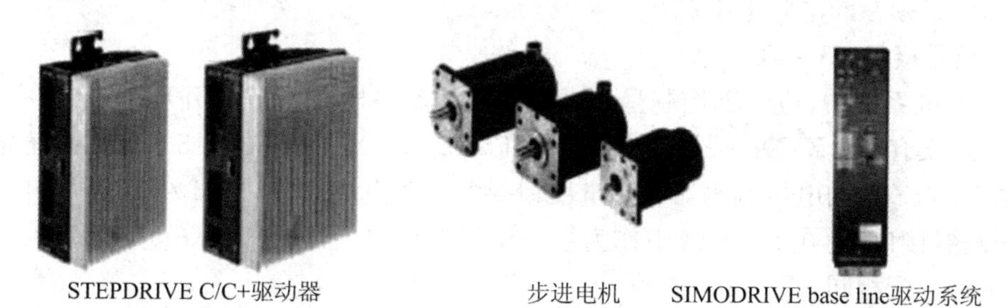

图8.19　802S/C bl驱动器和电机

3. 电缆

802Sbl系统的电缆有：连接CNC控制器到步进驱动器的驱动信号给定电缆和连接步进驱动器到步进电机的动力电缆。可以根据电缆的接口形状和颜色从外观上对不同电缆进行区别，在西门子数控系统中信号电缆的颜色为绿色，动力电缆的颜色为橘黄色，不同的电缆上有不同的订货号(编号)可以加以区分。

需要注意一点：802S bl系统进给轴为开环控制，所以无反馈信号电缆，这一点注意与802C bl系统相区别。

802C bl系统的电缆有：连接CNC控制器到驱动器的速度给定值电缆和位置反馈值电缆，连接驱动器到电机的编码器电缆和电动机动力电缆。

三、SINUMERIK 802S/C baseline数控系统的接口

SINUMERIK 802S/Cbase line数控系统接口均集成于CNC控制器背面(图8.20),但802S bl和802C bl具有不同的接口数量和布置,两者具体接口如图8.21和图8.22所示。

图8.20 802S base line数控系统背面接口示图

SINUMERIK 802S/Cbase line系统各接口信号的简单说明如下,详细资料参见《SINUMERIK 802S/C base line简明安装调试手册》。

1. 电源端子X1

电源端子X1用于接入数控系统工作电源——直流24 V。直流电源的质量直接影响系统的稳定运行,建议使用西门子24 V直流稳压电源,也可采用高品质的24 V开关电源给数控系统供电。端子X1有3个信号引脚,分别为:

信号名	说明
PE	保护地
M	0 V
P24	直流24 V

2. 通信接口RS232-X2

在使用外部计算机或其他终端设备(PC/PG)与SINUMERIK 802S/C base line进行数据通信(WINPCIN)或编写PLC程序时,使用RS232接口,CNC和计算机之间通信电缆的连接与断开,必须在断电状态下进行。

3. 编码器接口X3～X6

在802S bl系统中,进给轴控制是步进驱动器和步进电机组成的开环系统,没有检测反馈环节,所以没有X3、X4、X5编码器接口。接口X3、X4、X5仅存在于802C bl系统中,用于将进给轴X、Y、Z轴的电机编码器的测量反馈接入驱动模块。接口X6在802C bl中作为第四轴的编码器接口,而在802S bl中作为主轴编码器接口使用,X3～X6为均SUB-D15芯孔插座,引脚分配相同。

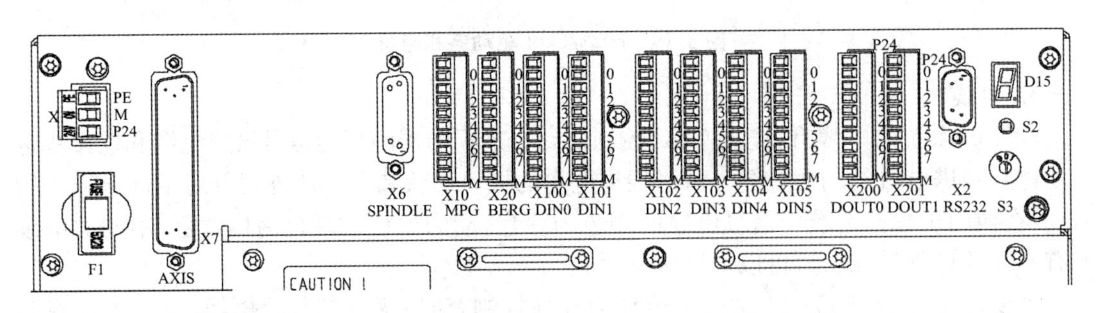

图8.21 SINUMERIK 802S base line接口

4. 驱动器接口X7

802Sbl与802C bl中X7接口的引脚分配不一样。802S bl系统中X7接口信号包括4组步进进给电机控制信号,每一组信号包括数字脉冲信号、方向信号和使能信号,以及主轴

给定模拟信号和使能信号；802C bl 系统中 X7 接口信号包括 4 组伺服进给电机控制信号，每一组信号包括一个±10 V 的伺服模拟信号和使能信号，以及主轴模拟给定信号和使能信号，X7 为 SUB-D 50 芯针插座。

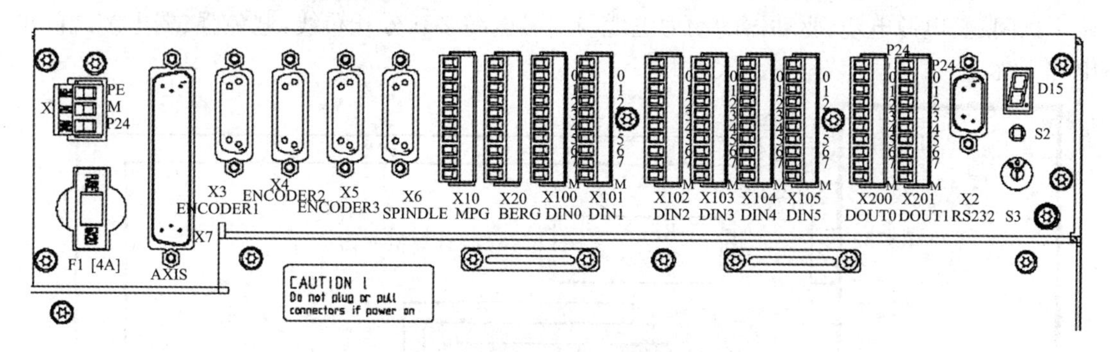

图 8.22　SINUMERIK 802C base line 接口

5. 手轮接口 X10

可连接两个手轮。

6. 高速输入接口 X20

仅用于 802S bl，包括 X 轴、Y 轴和 Z 轴接近开关参考点脉冲输入信号和 NC-READY 信号，NC 启动正常后，NC-READY 送出。

7. 数字输入/输出接口 X100～X105，X200～X201

共有 48 个数字输入和 16 个数字输出接线端子，各接口地址分配固定，输入输出接线见图 8.23 和图 8.24。

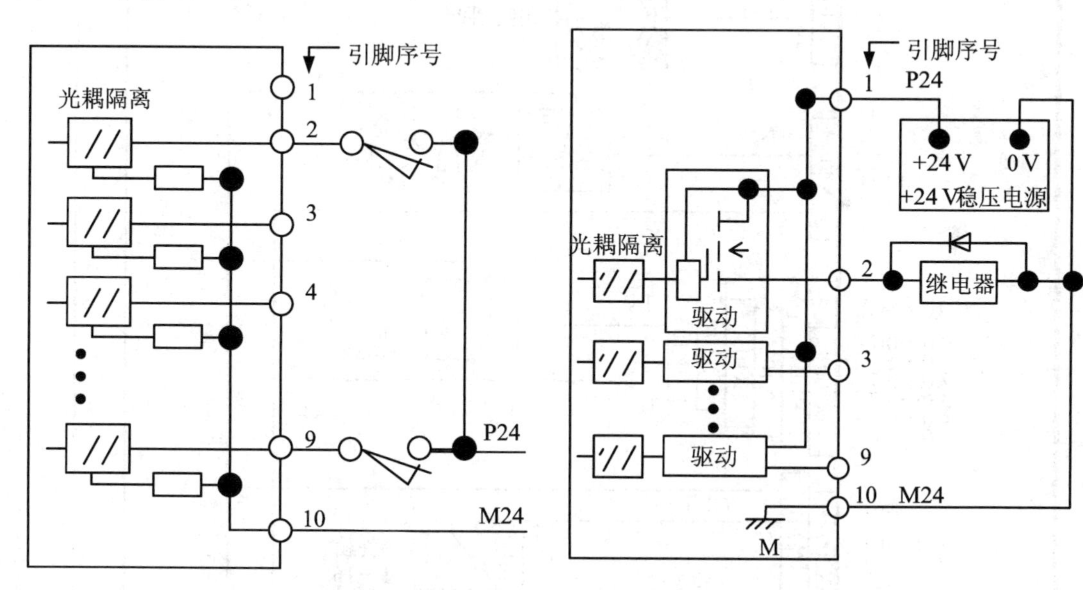

图 8.23　数字输入接线原理　　　图 8.24　数字输出接线原理

在对 802S/C bl 数控系统 CNC 控制器背面各接口的作用做介绍后，以 CNC 控制单元为基点，介绍控制单元与进给伺服驱动单元、主轴控制驱动单元和机床侧输入输出开关量等之间的连接。图 8.25 所示为 802S bl CNC 控制器与步进驱动等的连接示意图，图中的主轴驱动单元包括主轴控制器和主轴电机，各机床生产厂家可以根据自己的需要选择不同厂家的变频器作为主轴控制器，用普通三相异步感应电机作为主轴电机。

在这里必须提到，在数控机床电器柜实际连接布线时，要考虑电气柜中各种电气部件电磁干扰问题，电源电缆、驱动器的动力电缆与信号电缆必须分开布线，避免强、弱电缆之间的电磁干扰。

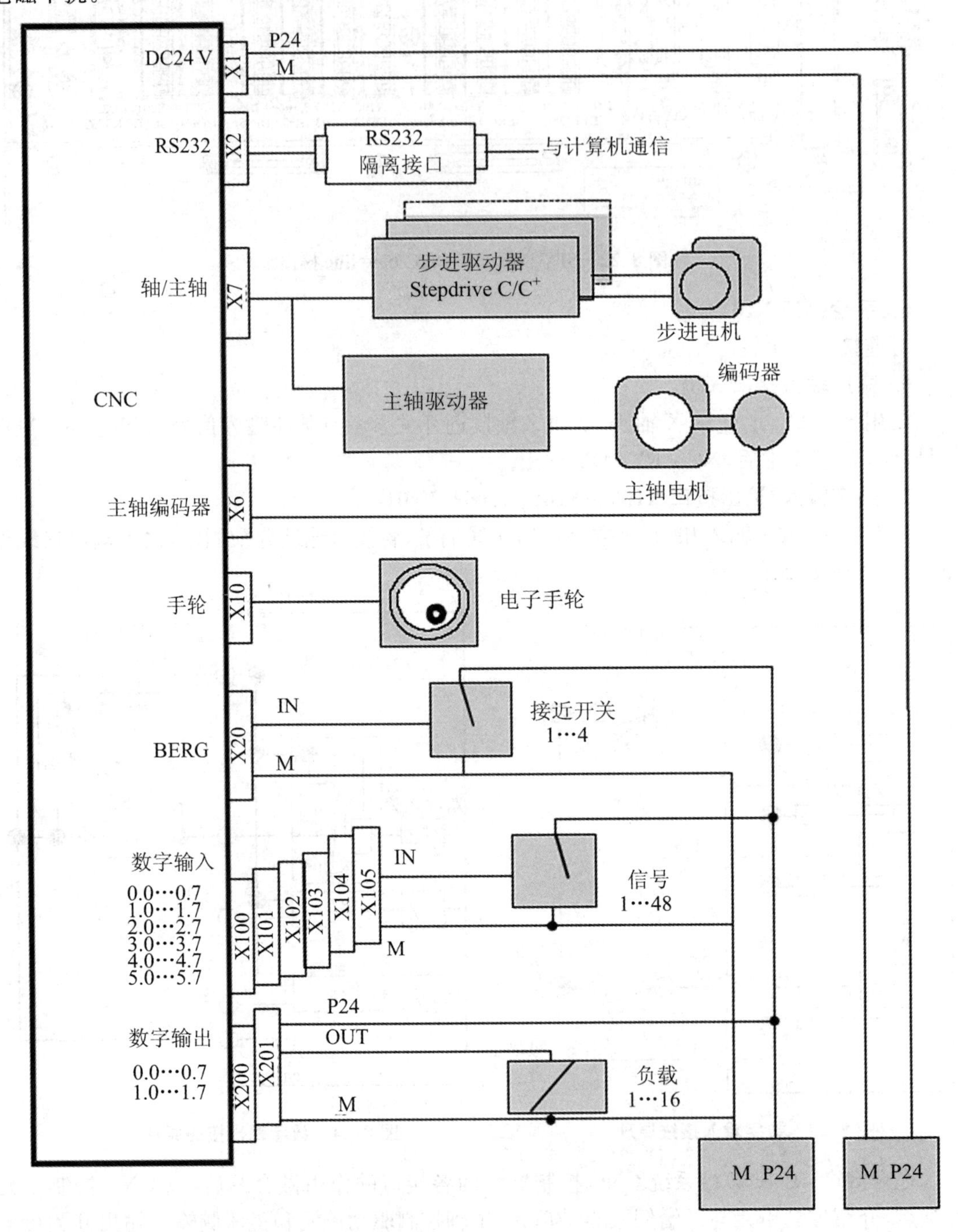

图 8.25 SINUMERIK 802S base line+STEPDRIVE C/C^{+} +步进电机

图8.26所示为802C bl CNC控制器与驱动模块SIMODIRE 611U和1FK7伺服电机等的连接示意图。

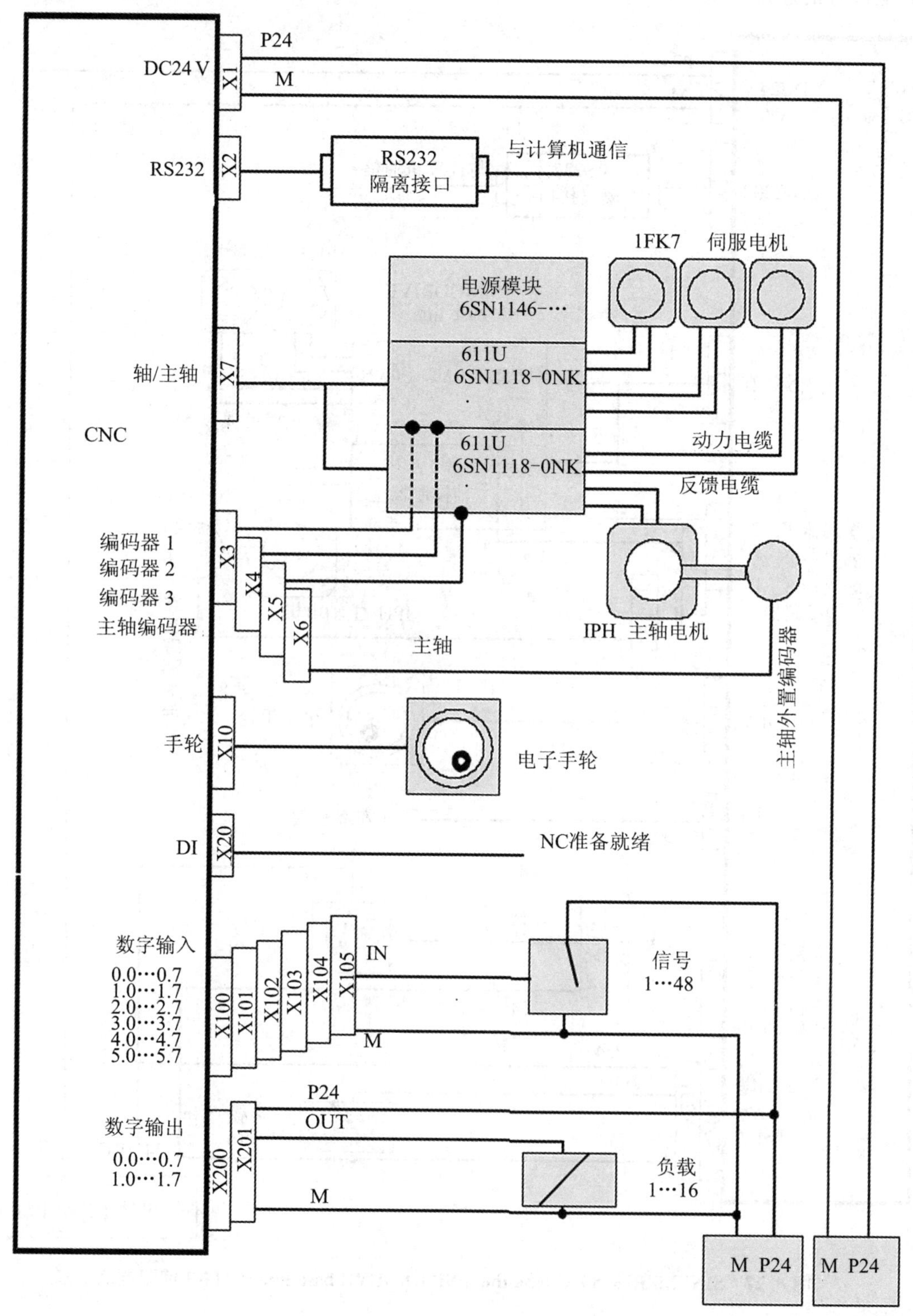

图8.26　SINUMERIK 802C base line＋SIMODRIVE 611 USTEPDRIVE ＋1FK7 伺服电机

图 8.27 所示为 802C bl CNC 控制器与伺服驱动模块 SIMODRIVE base line 和 IFK7 伺服电机等的连接示意图。

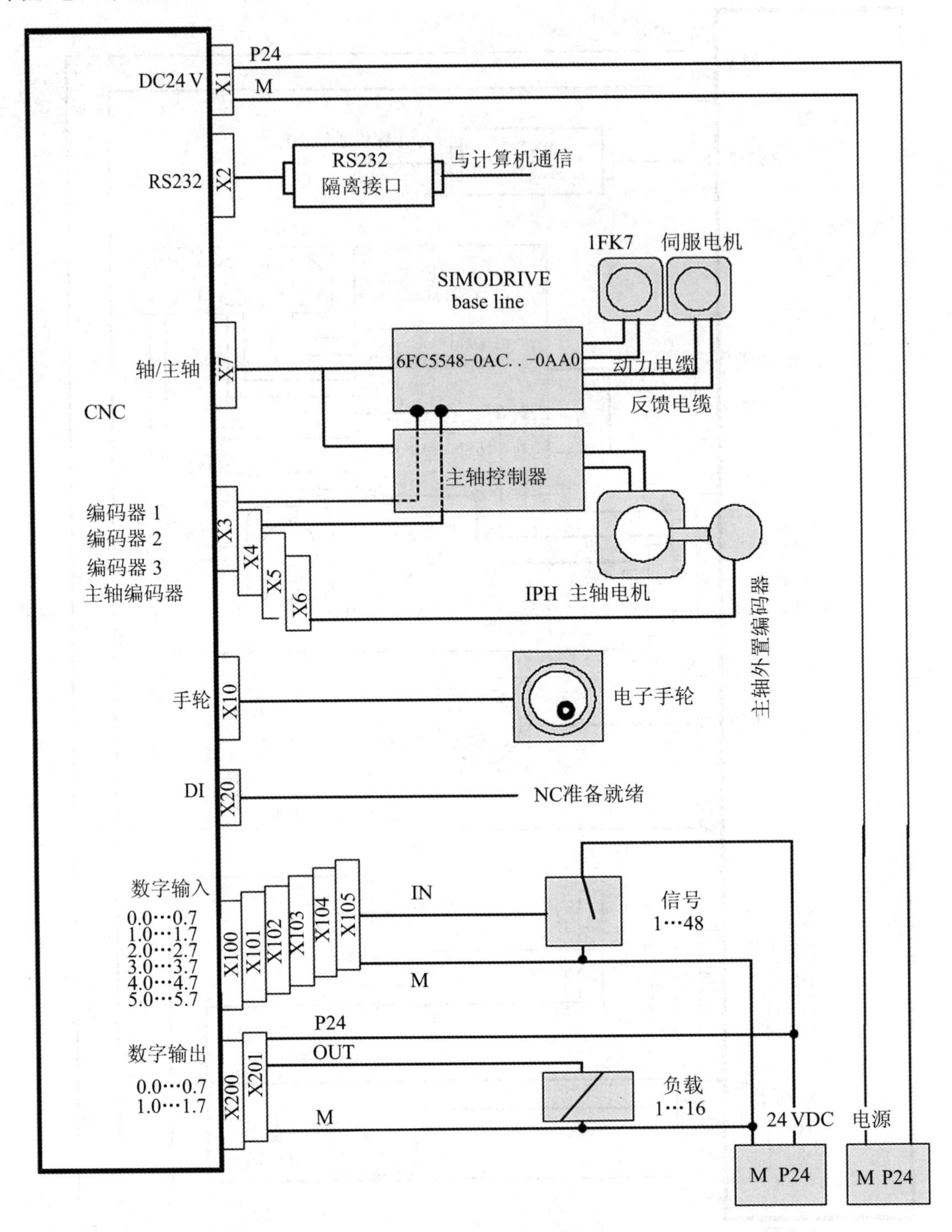

图 8.27 SINUMERIK 802C base line+SIMODRIVE base line +1FK7 伺服电机

8.3.3　SINUMERIK 802D 数控系统

一、SINUMERIK 802D 数控系统的功能

SINUMERIK 802D 数控系统最多可控 4 个数字进给轴和 1 个数字或模拟主轴适用于车削和铣削加工。

- 三轴联动，具有直线插补、平面圆弧插补、螺旋线插补、空间圆弧(CIP)插补等控制方式；
- 螺纹加工、变距螺纹加工；
- 旋转轴控制；
- 端面和柱面坐标转换(C 轴功能)；
- 前馈控制、加速度突变限制；
- 程序预读可达 35 段；
- 刀具寿命监控；
- 主轴准停，刚性攻丝、恒线速切削；
- FRAME 功能(坐标的平移、旋转、镜像、缩放)。

二、SINUMERIK 802D 数控系统的组成

(1) 802D 的核心部件 PCU(面板控制单元)，将 CNC、PLC、人机界面和通信等功能集成于一体，24 V DC 供电，没有硬盘，无需电池，具有免维护性，高可靠性、易于安装，见图 8.28。

(2) 802D 是基于现场总线 PROFIBUS 的数控系统。通过 PROFIBUS 总线将 PCU 单元与驱动器、输入输出模块连接起来，如图所示。数据在总线上进行双向传送，极大地减少了各部件之间的电缆连接，PCU 为 PROFIBUS 的主设备，PP72/48、611 UE 等为 PROFIBUS 从设备，每个从设备都有自己唯一的总线地址，主设备通过总线地址区分从设备，因而从设备在 PROFIBUS 总线上的排列次序是任意的。

(3) 模块化的驱动装置 SIMODRIVE 611Ue 配套 1FK6 系列伺服电机，为机床提供了全数字化的动力。通过视窗化的 SimoComU 调试工具软件，可以便捷地设置和动态优化驱动参数。

(4) PP72/48：PP72/48 只是 PLC I/O 模块，而 PLC CPU 则集成于 PCU 单元。PP72/48 具有 Profibus 接口，72 点数字输入，48 点数字输出。PLC 采用标准的编程语言 Micro/WIN 进行机床控制程序设计，并随机提供标准的 PLC 子程序库和实例程序，简化和缩短了制造厂的设计过程。

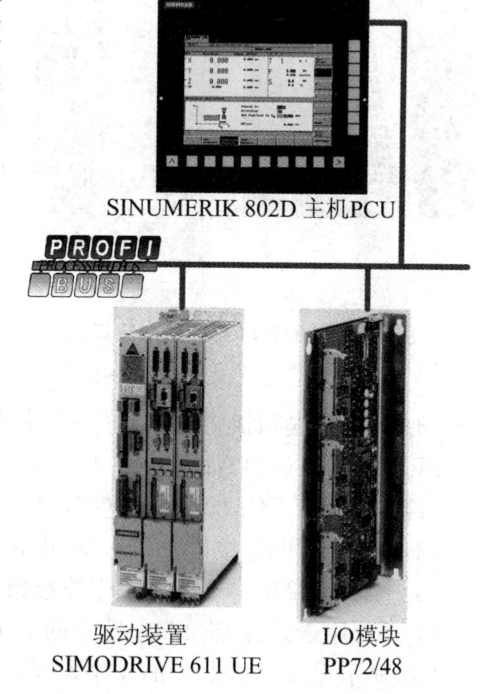

图 8.28　802D 数控系统的组成

(5) KB(键盘):有水平设计和垂直设计两种,用户可自行选定(图 8.29)。

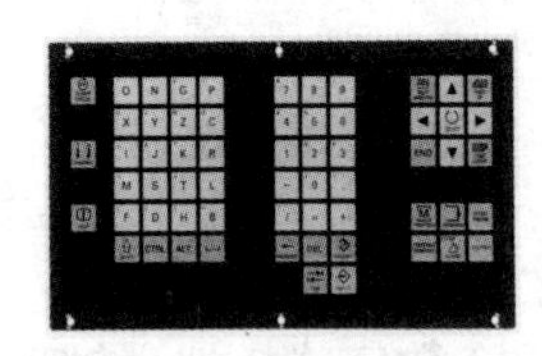

图 8.29　CNC 键盘、1FK6 系列进给电机和 1PH7 数字主轴

(6) 机床操作面板(MCP):用户可根据其机床的要求制作自己的机床控制面板,也可以采用西门子系统提供的一种布局与 802S/C 机床控制面板相同的机床控制面板。机床控制面板的所有按键输入信号和指示灯信号均使用 PP72/48 模块的输入输出点。系统提供的机床控制面板背后有两个 50 芯扁平电缆插座,可通过扁平电缆与 PP72/48 模块的插座直接连接,而自制的机床控制面板的输入输出信号则需一个一个通过端子转换器手工接入 PP72/48 模块的输入输出点。

三、SINUMERIK 802D 数控系统的接口

SINUMERIK 802D PCU 硬件上具有现代化的操作面板布局,其背面集成了所有典型的 NC 接口,见图 8.30,其中包括 PROFIBUS 接口、RS232 接口、手轮接口、键盘接口等,各接口详细资料参见《SIEMENS 802D 简明调试手册》。

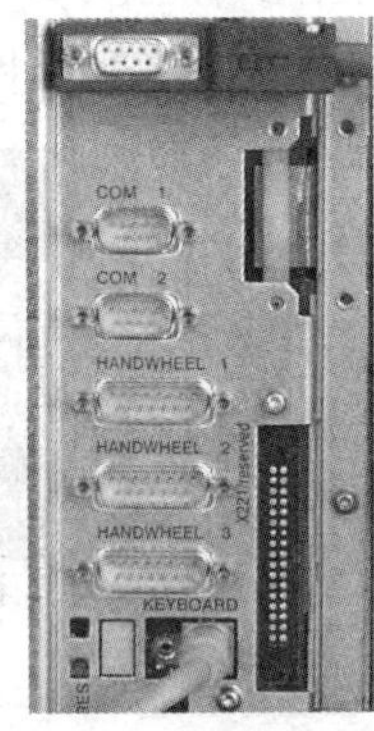

图 8.30　802D PCU 的用户接口

802D PCU 背面具体接口布置为:

(1) DC24V 电源接口:24 V/0 V/PE 三芯螺钉端子块,用于接入数控装置工作电源。

(2) Profibus 接口:用于 Profibus 连接的 9 芯 D 型孔型。

(3) COM1:RS232 接口,9 芯 D 型插头,COM2 接口不起作用。

(4) 手轮接口 1 至 3:用于连接手轮的 15 芯 D 型针形插头。

(5) 键盘连接接口 (PS2):6 芯 Mini－DIN。

(6) 复位键。

(7) 跨接线。

(8) 显示错误和状态的 4 个发光二极管。

PP72/48 上的接口如图 8.31 所示:

(1) X1:用于 DC24 V 电源连接,24 V/0 V/PE 三芯螺钉端子。

(2) X2:Profibus 接口,用于 Profibus 连接的 9 芯 D 型孔型。

(3) X111、X222 和 X333:用于连接数字输入和输出的 50 芯扁平电缆插头。

(4) S1:用于设置 Profibus 地址的 DIL 开关。

(5) 显示 PP72/48 状态的 4 个发光二极管。

SINUMERIK 802D 数控系统总体的电缆连接图如图 8.32 所示,因为使用了总线,所以 802D 系统的连接要比非总线连接的 802S/C bl 系统简单明了的多。

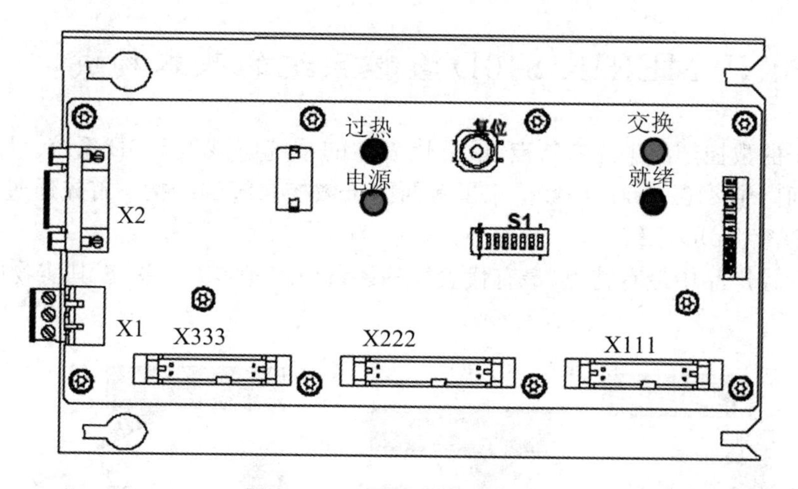

图 8.31　PP72/48 的用户接口

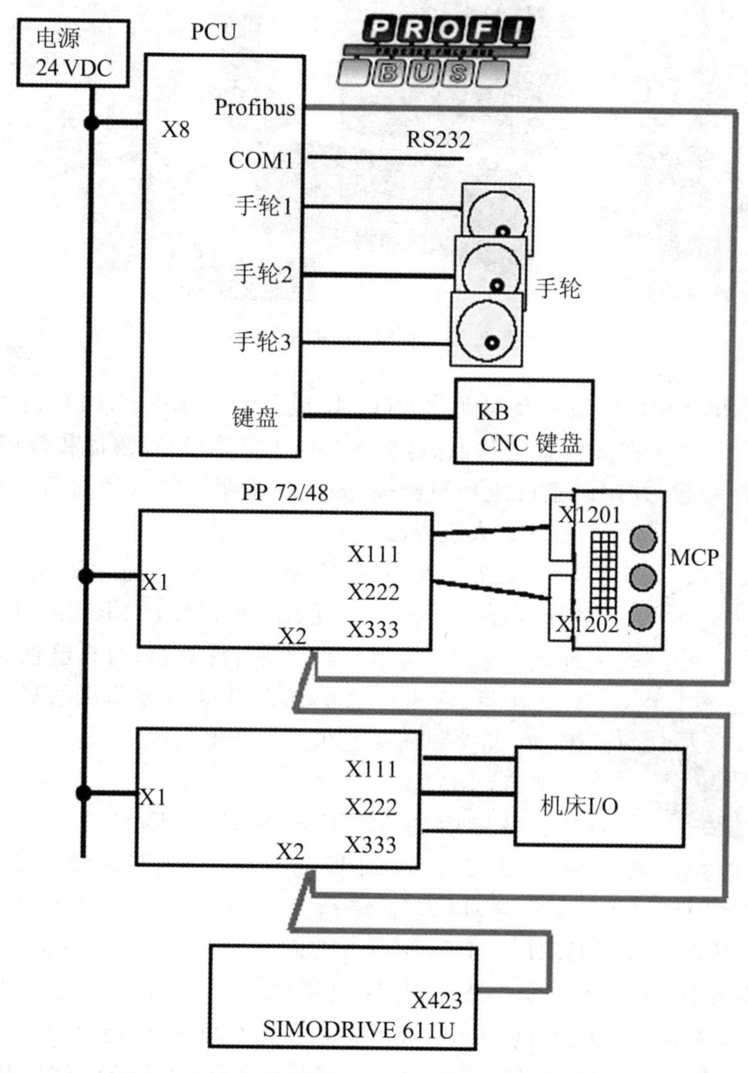

图 8.32　SINUMERIK 802D 连接图

8.3.4 SINUMERIK 840D数控系统的基本构成

在西门子的数控产品中最有特点,最有代表性的系统应该是840D系统。因此,我们可以通过了解西门子810D/840D系统,来了解西门子数控系统的结构。首先通过以下的实物图(图8.33)观察840D系统。

西门子数控产品中最有特点、最有代表性的系统应该是840D系统,其实物图如图8.33所示。

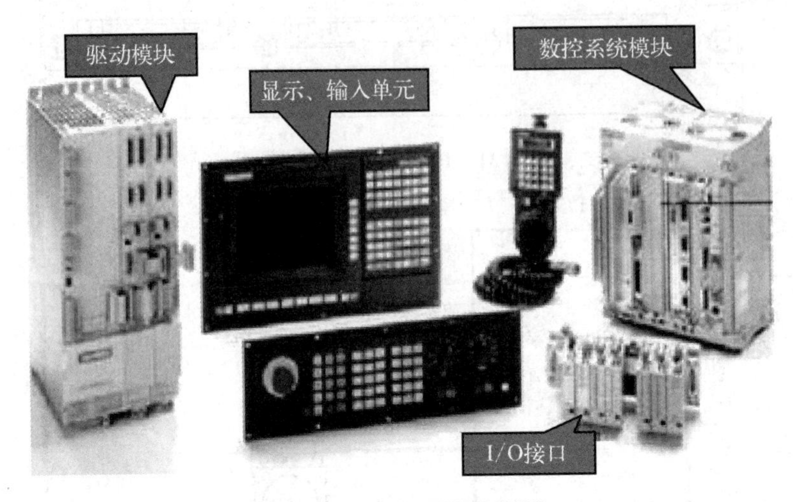

图8.33 SINUMERIK 840D

SINUMERIK 840D由数控及驱动单元(CCU或NCU)、MMC、PLC模块3部分组成,如图8.34所示。由于在集成系统时,总是将SIMODRIVE611D驱动和数控单元(CCU或NCU)并排放在一起,并用设备总线互相连接,因此在说明时将二者划归一处。

1. 人机界面

人机交换界面负责NC数据的输入和显示,包括OP(Operation Panel)单元、MMC、MCP(Machine Control Panel)3部分。MMC实际上就是一台计算机,有自己独立的CPU,还可以带硬盘、软驱;OP单元正是这台计算机的显示器,而西门子MMC的控制软件也在这台计算机中。

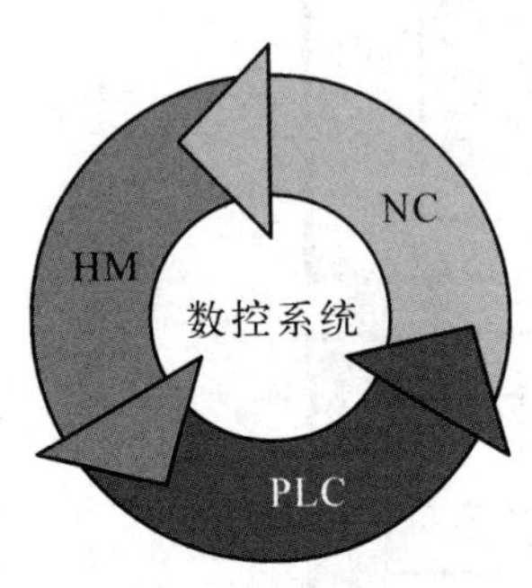

图8.34 西门子数控系统基本构成

(1) MMC

最常用的MMC有两种:MMCC100.2和MMC103。MMC100.2的CPU为486,不能带硬盘;MMC103的CPU为奔腾,可以带硬盘。一般用户为SINUMERIK 810D配MMC100.2,而为SINUMERIK 840D配MMC103。PCU(PC Unit)是专门为配合西门子最新的操作面板OP10、OP10S、OP10C、OP12、OP15等而开发的MMC模块,目前有3种PCU模块——PCU20、PCU50、PCU70。PCU20对应于MMC100.2,不带硬盘,但可以带软驱;PCU50、PCU70对应于MMC103,可以带硬盘,PCU50的软件

是基于 Windows NT 的。PCU 的软件被称作 HMI，又分为两种：嵌入式 HMI 和高级 HMI。一般标准供货时，PCU20 装载的是嵌入式 HMI，而 PCU50 和 PCU70 则装载高级 HMI。

(2) OP

OP 单元一般包括一个 10.4 英寸 TFT 显示屏和一个 NC 键盘。根据用户不同的要求，西门子为用户选配不同的 OP 单元，如 OP030、OP031、OP032、OP032S 等，其中 OP031 最为常用。

(3) MCP

MCP 是专门为数控机床而配置的，它也是 OPI 上的一个节点，根据应用场合不同，其布局也不同，目前有车床版 MCP 和铣床版 MCP 两种。对 810D 和 840D，MCP 的 MPI 地址分别为 14 和 6，用 MCP 后面的 S3 开关设定。

SINUMERIK 840D 应用了 MPI（Multiple Point Interface）总线技术，传输速率为 187.5 K/s，OP 单元为这个总线构成的网络中的一个节点。为提高人机交互的效率，又有 OPI（Operator Panel Interface）总线，它的传输速率为 1.5 M/s。

2. 数控单元

SINUMERIK 840D 的数控单元被称为 NCU（Numerical Control Unit），在 810D 中被称为 CCU（Compact Control Unit），它是数控系统的中央控制单元，负责 NC 所有的功能，机床的逻辑控制，还有和 MMC 的通信。NCU 由一个 COM CPU 板、一个 PLC CPU 板和一个 DRIVE 板组成。图 8.35 为数控单元的实物图。

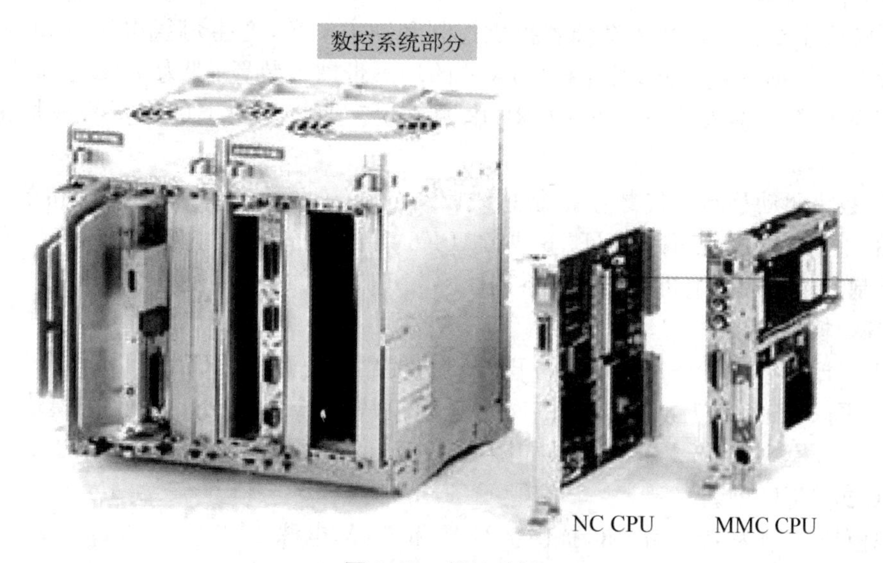

图 8.35　数控单元

根据选用硬件（如 CPU 芯片）和功能配置的不同，NCU 分为 NCU561.2、NCU571.2、NCU572.2、NCU573.2（12 轴）、NCU573.2（31 轴）等若干种。同样，NCU 单元中也集成了 SINUMERIK 840D 数控 CPU 和 SIMATIC PLC CPU 芯片，包括相应的数控软件和 PLC 控制软件，并且带有 MPI 或 Profibus 接口、RS－232 接口、手轮及测量接口、PCMCIA 卡插槽等，所不同的是 NCU 单元很薄，所以所有的驱动模块均排列在其右侧。

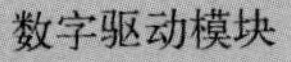

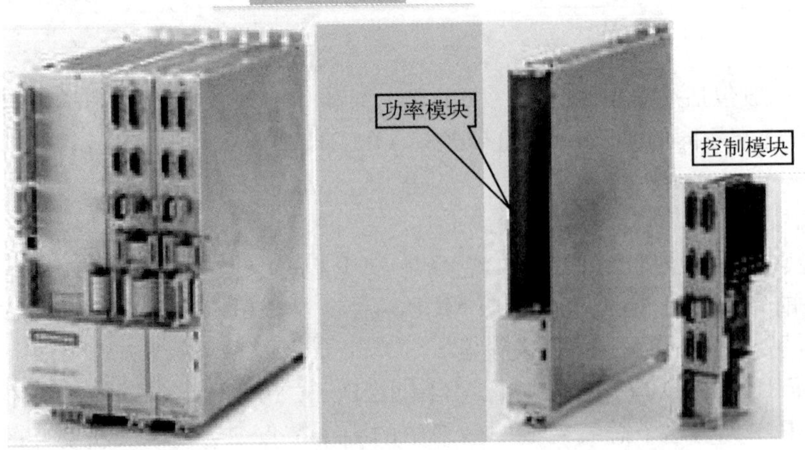

图 8.36 数字驱动

3. 数字驱动

如图 8.36 所示为数字驱动模块实物图。

数字伺服是运动控制的执行部分，由 611D 伺服驱动和 1FT6(1FK6)电机组成。

SINUMERIK 840D 配置的驱动一般都采用 SIMODRIVE611D，它包括两个部分：电源模块和驱动模块(功率模块)。

电源模块主要为 NC 和驱动装置提供控制和动力电源，产生母线电压，同时监测电源和模块状态。根据容量不同，凡小于 15 kW 的均不带馈入装置，即为 U/E 电源模块；凡大于 15 kW 的均需带馈入装置，记为 I/RF 电源模块。通过模块上的订货号或标记可进行识别。

611D 数字驱动是新一代数字控制总线驱动的交流驱动，分为双轴模块和单轴模块两种，相应的进给伺服电机可采用 1FT6 或者 1FK6 系列，编码器信号为 1 Vpp 正弦波，可实现全闭环控制。主轴伺服电机为 1PH7 系列。

4. PLC 模块

SINUMERIK 810D/840D 系统的 PLC 部分使用的是西门子 SIMATIC S7－300 的软件及模块，在同一条导轨上从左到右依次为电源模块(Power Supply)、接口模块(Interface Module)、信号模块(Signal Module)，如图 8.37 所示。PLC 的 CPU 与 NC 的 CPU 一起集成在 CCU 或 NCU 中。

电源模块(PS)为 PLC 和 NC 提供＋24 V 和＋5 V 电源。

接口模块(IM)用于级之间的互连。

信号模块(SM)使用与机床 PLC 输入/输出的模块，有输入型和输出型两种。

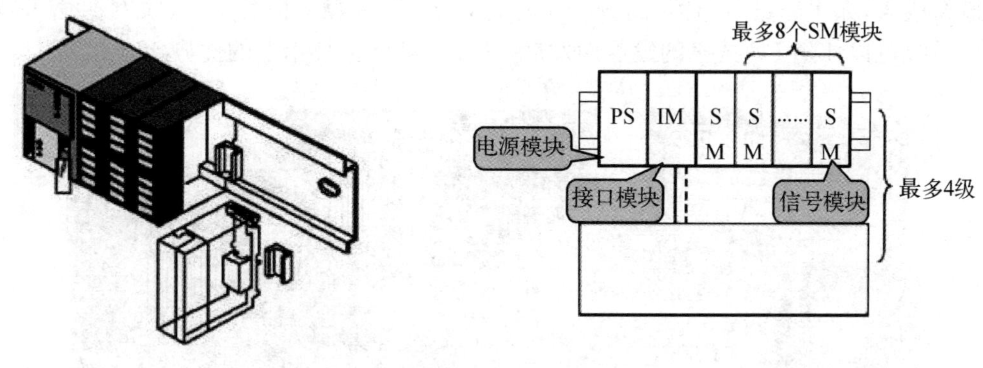

图 8.37　PLC 模块

8.4　华中数控系统

近几年国产数控系统在引进消化国外数控技术的基础上有了很大的发展，已经生产出具有自主知识产权的数控系统和数控机床，西方封锁中国多年的三轴以上联动技术也自行研制成功，从而一举打破了国外的技术封锁和经济垄断，为振兴民族数控产业，加速工业现代化奠定了坚实的技术基础。目前，国产数控机床广泛应用的国产数控系统有华中、蓝天、航天、四开、凯恩帝、开通等品牌，本节以华中数控为例进行介绍。

8.4.1　华中数控系统产品类型

华中数控系统是基于通用 PC 的数控装置，是武汉华中数控股份有限公司在国家八五、九五科技攻关的重大科技成果。

目前华中数控系统已发展为三大系列：世纪星系列，小博士系列，华中Ⅰ型系列。华中Ⅰ型系列为高档高性能数控装置，世纪星系列、小博士系列为高性能经济型数控装置。世纪星系列采用通用原装进口嵌入式工业 PC 机，彩色 LCD 液晶显示器，内置式 PLC，可与多种伺服驱动单元配套使用。小博士系列为外配通用 PC 机的经济型数控装置。华中数控系统具有开放性好、结构紧凑、集成度高、可靠性好、性能价格比高、操作维护方便等特点。

8.4.2　华中世纪星系列数控系统概述

开放式、网络化已成为当今数控系统发展的主要趋势。如图 8.38 所示，华中世纪星系列数控系统包括世纪星 HNC－18i、HNC－19i、HNC－21 和 HNC－22 四个系列产品，均采用工业微机(IPC)作为硬件平台的开放式体系结构的创新技术路线，充分利用 PC 软、硬件的丰富资源，通过软件技术的创新，实现数控技术的突破，通过工业 PC 的先进技术和低成本保证数控系统的高性价比和可靠性。并充分利用通用微机已有软硬件资源和分享计算机领域的最新成果,如大容量存储器、高分辨率彩色显示器、多媒体信息交换、联网通信等技术,使数控系统可以伴随PC技术的发展而发展,从而长期保持技术上的优势。

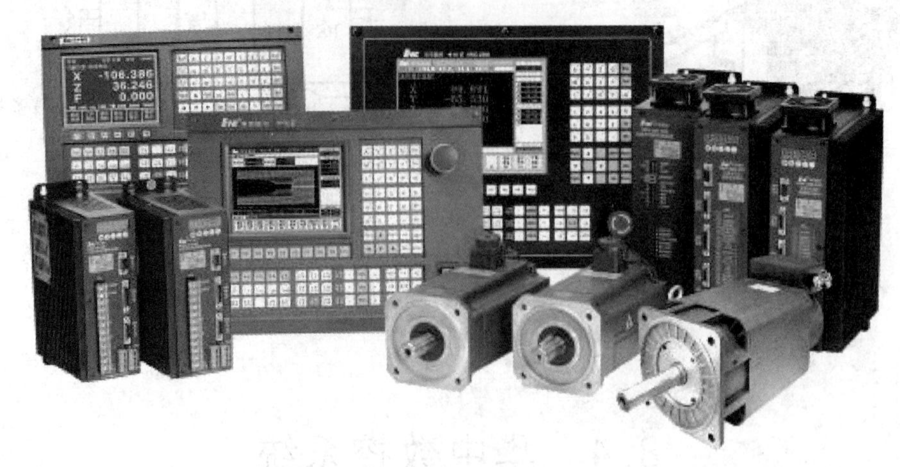

图8.38 华中世纪星系列数控系统

在国家863计划、国家科技攻关计划项目和国家自然科学基金项目的支持下,华中数控开发了具有自主知识产权的系列开放式网络化数控系统、全数字交流伺服驱动和电机、伺服主轴驱动和主轴电机,并掌握了数控系统的全套关键技术。

华中数控系统已获得国家科技进步二等奖、国家教委科技进步一等奖和国家机械局科技进步二等奖等,被列为国家重点新产品。华中"世纪星"系列数控系统以其质量好,性价比高,新产品开发周期短,系统维护方便,配套能力强,开放性好以及便于用户二次开发和集成等优点,现已派生出了十多种系列三十多个特种数控系统产品,广泛用于车、铣、加工中心、车铣复合、磨、锻、齿轮、仿形、激光加工、纺织机械、玻璃机械、医疗机械等设备。满足用户对低价格、高性能、简单、可靠数控系统的要求。

8.4.3 世纪星系列数控系统

一、高品质、高性能、高集成的世纪星HNC-21/22系列

1. 世纪星HNC-21/22硬件及连接

华中世纪星HNC-21/22系列数控系统采用先进的开放式体系结构,内置高性能32位嵌入式工业PC,数控单元集成进给轴接口、主轴接口、手持单元接口、内嵌式PLC接口于一体,具有高性能、配置灵活、结构紧凑、可靠性高的特点。

一套完整的HNC-21/22数控系统主要由以下部件构成:世纪星HNC-21/22数控单元,操作面板及显示单元,驱动单元和PLC控制单元。如图8.39所示为HNC-21/22系统连接图。

2. 世纪星HNC-21/22的基本特性

HNC-21/22可控制6个进给轴和一个主轴,最大联动轴数为6轴;可与数控车、车削中心、数控铣、加工中心、数控专机、车铣复合机床等机床配套。基本特性如下:

① 基于工业微机(IPC)开放式体系结构的数控系统。

② 系统配置8.4/10.4英寸高亮度TFT彩色液晶显示器。

图8.39　华中世纪星HNC-21/22数控系统连接图

③ 可选配电子盘、硬盘、软驱、网络等存储器，极大地方便了用户的程序输入。

④ 独创的SDI曲面插补高级功能，经济地实现高效高质量曲面加工。

⑤ 用户程序可断电储存，容量大，程序存储个数无限制。

⑥ 三维彩色图形实时显示刀具轨迹和零件形状。

⑦ 面板功能按钮带指示灯，并且不占用系统I/O点数(输入40、输出32)。

⑧ 提供二次开发接口，可按用户要求定制控制系统的功能，适合专用机床控制系统的开发。

⑨ 支持在线帮助、蓝图编程、后台编辑。

二、高性能、高集成、高性价比的世纪星HNC-18i/19i系列

1. 世纪星HNC-18i/19i硬件及连接

一套完整的HNC-18i/19i主要由以下部件构成：世纪星HNC-18i/19i数控单元，操作面板及显示单元，驱动单元和PLC控制单元。世纪星HNC-18i/19i是世纪星HNC-21/22的一种“精简”机型，基本保留了世纪星HNC-21/22的指令和功能，主要区别是显示屏的尺寸和控制轴数。如图8.40所示为HNC-18i/19i系统连接图。

华中世纪星HNC-18i/19i控制电路采用32位微处理器，超大规模集成电路芯片，专用门阵列器件完成数控系统硬件插补，实现高速、高精度控制。整个工艺采用表面贴装元器件，整体结构简单，外部接口专用化，简化了数控单元与外部单元的连接。数控单元采取全密封结构，机箱上无散热风扇，适应复杂、恶劣的工业环境使用；数控单元内部连接电缆极少。这些工艺使整套系统结构更为紧凑，可靠性进一步提高。

2. 世纪星HNC-18i/19i的基本特性

华中世纪星HNC-18i/19i数控系统以工业PC硬件平台＋软件完成全部NC功能，可以控制3个进给轴和1个主轴，最大联动轴数为3轴。可应用于数控车、铣、磨，以及专用数控机床。基本特性如下：

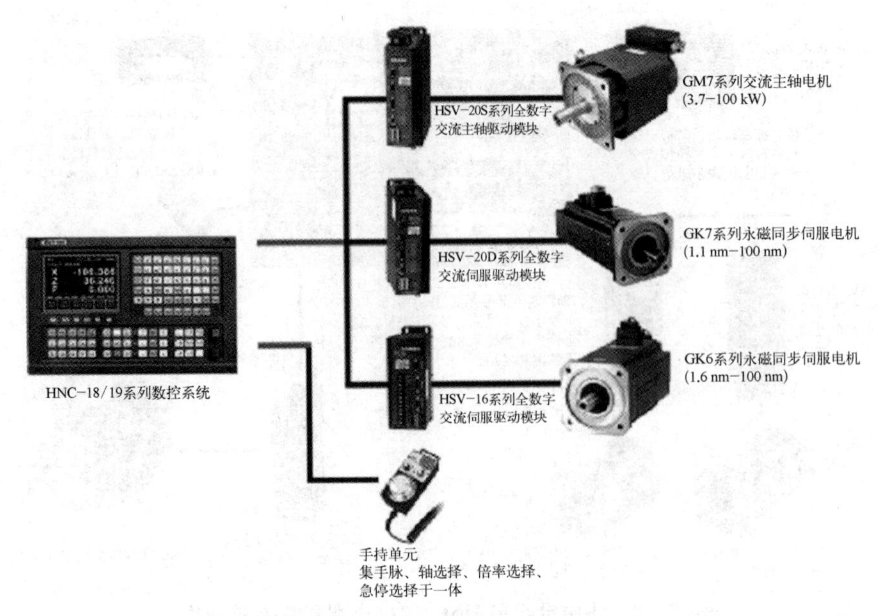

图 8.40 华中世纪星 HNC-18i/19i 数控系统连接图

① 基于工业微机(IPC)开放式体系结构的数控系统。

② 位置检测信号反馈到系统,真正实现数控系统的闭环和半闭环控制。

③ 位置指令范围可达 8 位(±99 999.999 mm)。

④ 配置长寿命(5 万小时)5.7 英寸单色或彩色液晶显示器。

⑤ 提供程序数据断电保护,存储容量大(基本配置 4 M),程序存储个数不受限制。

⑥ 支持局域网(以太网)连接。

⑦ 取消软驱接口,支持外接 CF(Compact Flash)卡,容量大、抗干扰强。

⑧ 系统程序(固化)和用户程序分开存放,杜绝系统受损可能。

⑨ 面板功能按钮带指示灯,并且不占用系统 I/O 点数(输入 32、输出 24)。

⑩ 具有直线、S 曲线加减速功能。

⑪ 具有空运行、模拟加工和图形化程序校验功能;提供二次开发接口,可根据用户需求进行二次开发。

⑫ 程序支持逻辑运算符、函数、条件判别语句和循环语句,可实现复杂的运算。

8.4.4 华中世纪星系列数控系统的开放性

现代的数控系统不但要满足制造业对通用加工的使用要求,同时也要满足制造业日益多样化的专业使用需求。在这点上世纪星系列数控系统具有更大的优势,该系统提供专用的二次开发应用接口,可针对用户的需求进行专用加工设备的开发。系统提供从 PLC、运动控制到用户人机界面(HMI)全方位的开放,图 8.41 和图 8.42 是应用世纪星系列数控系统二次开发接口开发的专用系统。

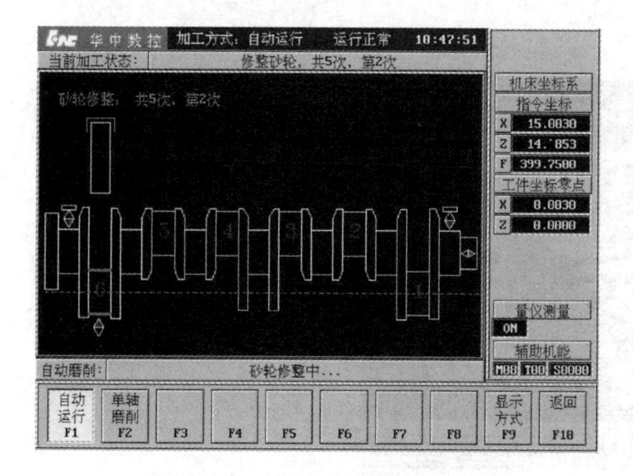

图 8.41　曲轴磨床数控系统

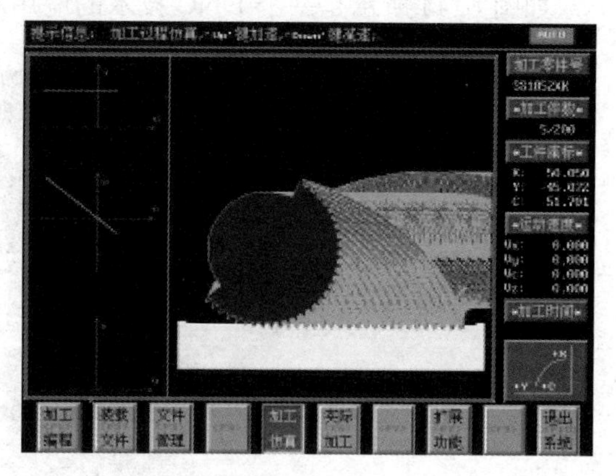

图 8.42　数控插齿机系统

8.4.5　华中世纪星系列数控系统网络连接解决方案

一、网络技术的支持

华中世纪星系列数控系统是基于网络制造环境的数控技术，能通过 Internet 和局域网异地集成 CAD/CAM/CNC，实现网络远程制造。可以通过网络远程传输实现巨量程序的加工；可以实现网络远程操作和控制；可以实现网络的远程监控、远程故障诊断等，降低服务费用；可以通过网络进行大系统的集成，方便实现车间自动化。图 8.43 是华中世纪星系列数控系统网络解决方案。

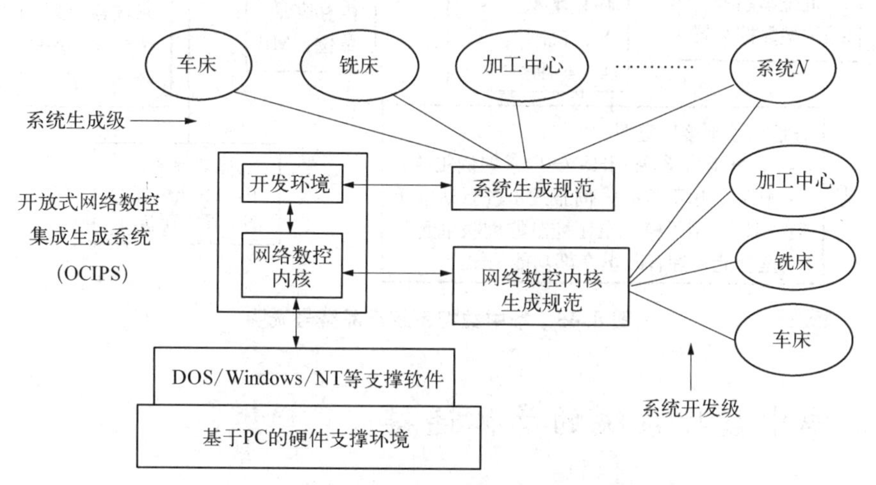

图 8.43　华中世纪星系列数控系统网络解决方案

二、DNC 技术支持

华中数控在 Windows 环境下开发了串口通信（DNC）技术，从计算机到数控系统的最大数据传输速度为 115.2 KB/s，可以实现 PLC、参数、加工代码的简捷、快速传输。

如图 8.44 所示是一个 DNC 技术的应用示例。

图 8.44 华中世纪星系列数控系统 DNC 解决方案

8.4.6 华中数控系统产品型号

华中数控系统产品型号的说明如图 8.45 所示。

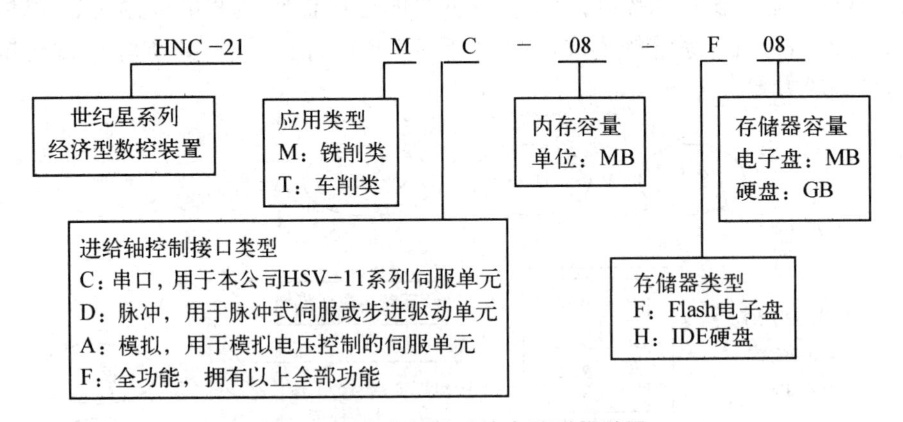

图 8.45 华中数控系统产品型号说明

8.4.7 华中数控系统的总体连接

华中数控系统的安装总体连接图如图 8.46 所示。

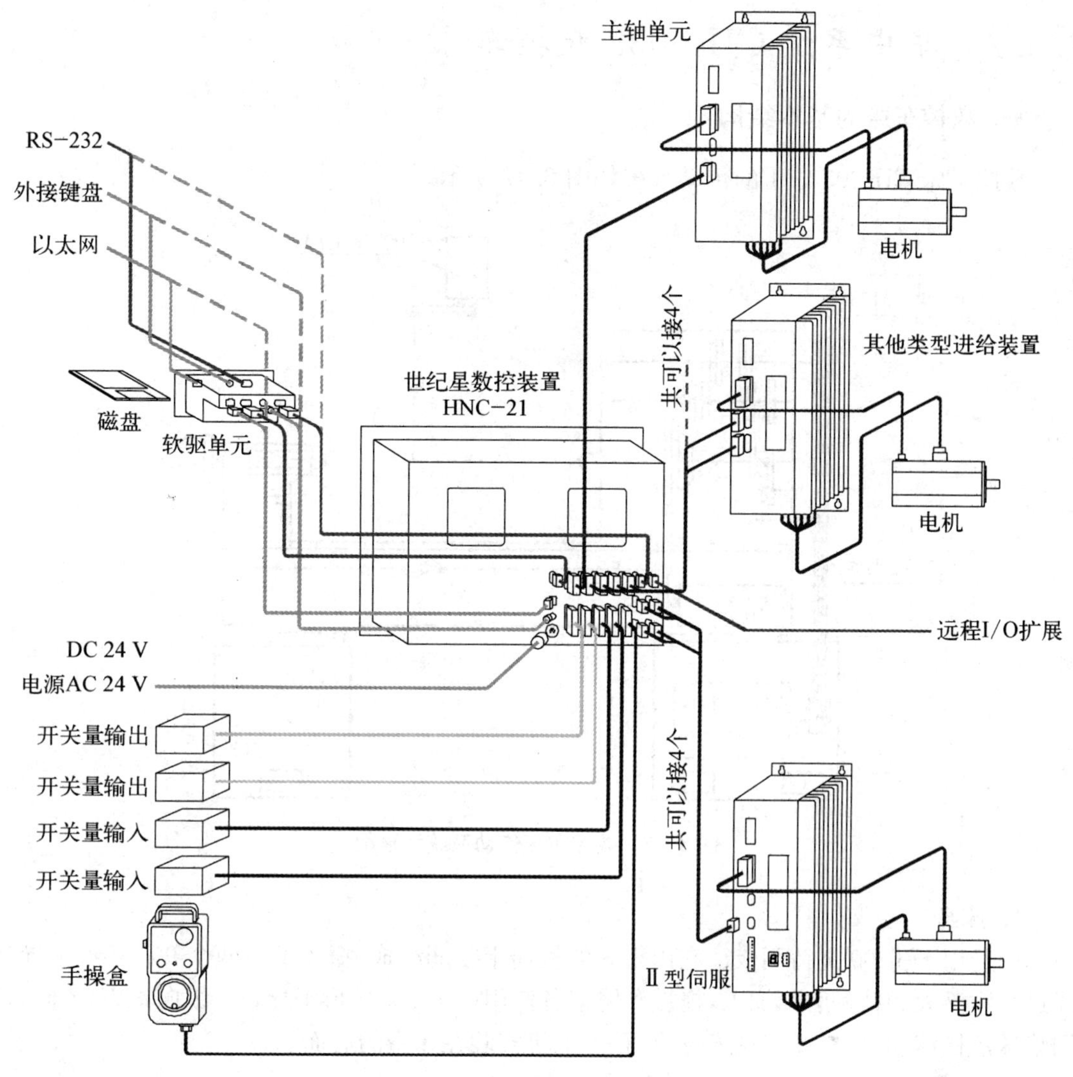

图 8.46　华中数控系统的总体连接

8.5　数控系统应用

8.5.1　应用概述

数控机床是由普通机床演变而来的,它采用计算机数字控制方式,各个坐标方向的运动均采用独立的伺服电动机驱动,取代了普通机床上联系各坐标方向运动的复杂齿轮传动链。在机床设计和改造中,我们可以将现有的典型成熟数控系统按照数控系统厂商连接要求安装在机床上,设计好控制电路和 PLC 程序,连接好线路并设置好相应参数后,便可以对机床实现数字控制。

8.5.2 华中系统 CJK6032 数控车床

一、数控车床的基本结构

数控车床 CJK6032－1 的传动系统如图 8.47 所示。

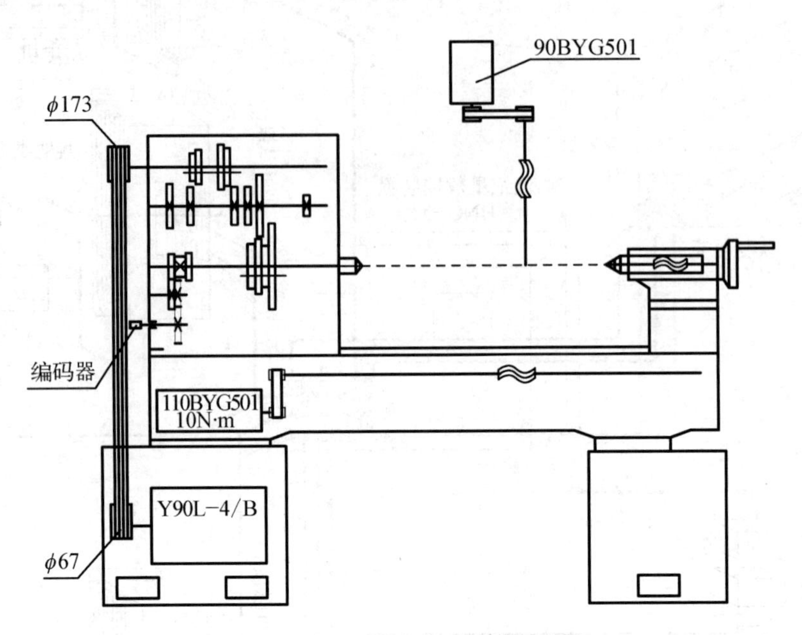

图 8.47 数控车床传动系统示意图

1. 床身

床身用 HT300 浇铸而成。它由牢固的横向十字筋组成，振动低。两个 90 °V 形平导轨经过高频淬火和精密磨削加工，拖板和尾架各使用一个 90 °V 形平导轨。纵向走刀（Z 向）采用滚珠丝杠传动，丝杠安装在床身前面，主电机安装在床身的后面。

2. 床头箱

床头箱用 HT250 浇铸而成，用 4 颗螺钉固定在床身上。在床头箱里，主轴安装在两个圆锥滚子轴承（7210、7212）上，主轴有一个 ϕ38 的通孔，主轴端内孔锥度为莫氏 5 号。

3. 拖板

大拖板用 HT200 浇铸而成，其滑动导轨面经过精密磨削，与床身上的 90 °V 形平导轨之间无间隙，下面的滑动部分能够简单而又方便地调整。中拖板安装在大拖板上，通过滚珠丝杠传动可带动中拖板在大拖板上滑动，可通过镶条来调整中拖板与大拖板燕尾导轨的间隙。

4. 尾架及其调整

尾架通过锁紧手柄拉紧锁紧块固定在床身上。尾架有一个带 3 号莫氏锥孔的套筒，尾架套筒在任何位置锁紧手柄都能将其锁紧。

5. 自动刀架

自动刀架有 4 个刀位，可安装 4 把车刀。刀架的自动转位是通过一台微型交流异步电动机、蜗轮蜗杆副带动刀架转位实现的，由数控系统实现选刀控制。刀架只能顺时针转位，若刀架反转可能导致电动机堵转，使电动机烧毁。

6. 主轴编码器

主轴编码器采用与主轴同步的光电脉冲发生器，通过中间轴上的齿轮 1∶1 地同步传动。数控车床主轴的转动与进给运动之间没有机械方面的直接联系，为了加工螺纹，就要求给进给伺服电机的脉冲数与主轴的转速应有相对应的关系，主轴脉冲发生器起到了主轴转动与进给运动之间的联系作用。

图 8.48 是光电脉冲发生器的原理图。在漏光盘上，沿圆周刻有两圈条纹，外圈为圆周等分线条，例如 1024 条，作为发送脉冲用，内圈仅 1 条。在光栏板上刻有透光条纹 A、B、C，A 与 B 之间的距离应保证当条纹 A 与漏光盘上任一条纹重合时，条纹 B 应与漏光盘上另一条纹的重合度错位 1/4 周期。光栏每一条纹的后面均安置有一只光敏三极管，构成一条输出通道。

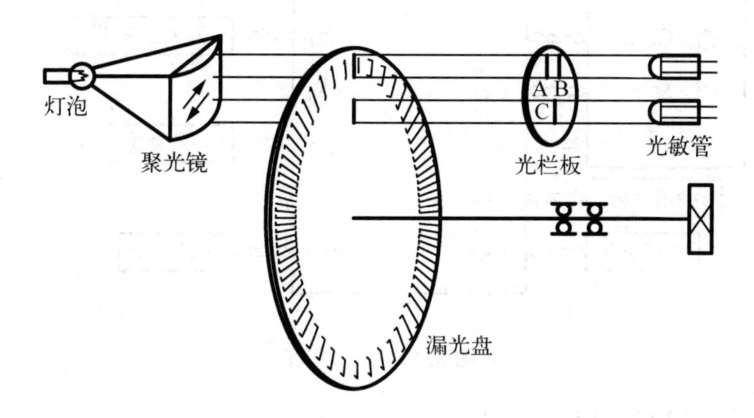

图 8.48　光电脉冲发生器原理图

灯泡发出的散射光线经聚光镜聚光后成为平行光线，当漏光盘与主轴同步旋转时，由于漏光盘上的条纹与光栏上的条纹出现重合和错位，使光敏管受到光线亮、暗的变化，引起光敏管内电流大小发生变化，变化的信号电流经整流放大电路输出矩形脉冲。由于条纹 A 与漏光盘条纹重合时，条纹 B 与另一条纹错位 1/4 周期，因此 A、B 两通道输出的波形相位也相差 1/4 周期。

脉冲发生器漏光盘内圈的一条刻线与光栏上条纹 C 重合时输出的脉冲为同步（起步，又称零位）脉冲。利用同步脉冲，数控车床可实现加工控制，也可作为主轴准停装置的准停信号。数控车床车螺纹时，利用同步脉冲作为车刀进刀点和退刀点的控制信号，以保证车削螺纹不会乱扣。

二、数控装置

数控车床 CJK6032－1 采用的是华中数控的世纪星 HNC－21TF 车床数控装置。华中数控世纪星 HNC－21TF 车床数控装置采用先进的开放式体系结构，内置嵌入式工业 PC 机，配置 7.7 英寸彩色液晶显示屏和通用工程面板，具备全汉字操作界面、故障诊断的报警装置、多种形式的图形加工轨迹显示和仿真装置，操作简便，易于掌握和使用。该数控装置集成进给轴接口、主轴接口、手持单元接口、内嵌式 PLC 接口于一体，可自由选配各种类型脉冲接口、模拟接口的交流伺服单元或步进电动机驱动器。装置内部已提供标准车床控制 PLC 程序，用户也可自行编制 PLC 程序。该数控装置采用国际标准 G 代码编程，与各种流行的 CAD/CAM 自动编程系统兼容，具有直线插补、圆弧插补、螺纹切削、刀具补偿、宏程序等功能，支持硬盘、电子盘等程序存储方式，可通过软驱、DNC、以太网进行程序交换。

华中数控世纪星 HNC－21TF 车床数控装置与其他装置、单元连接的总体框图如图 8.49所示。

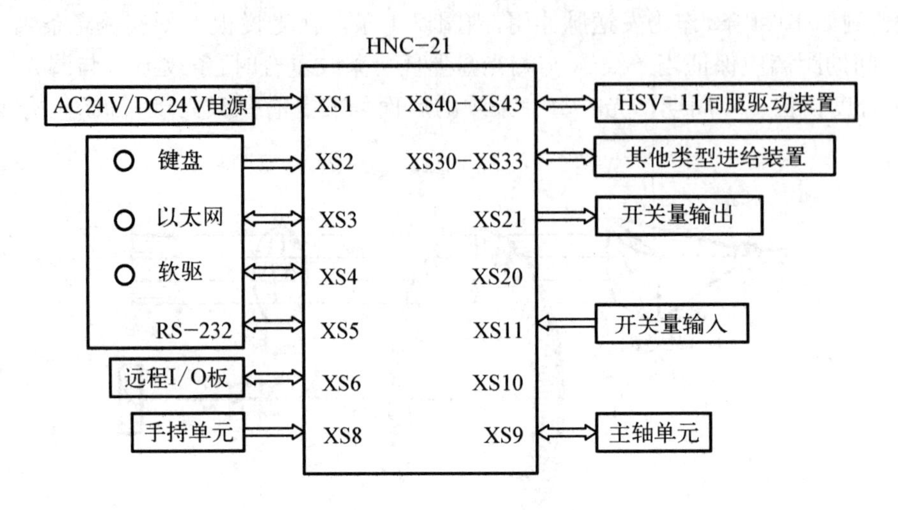

图 8.49 总体框图

三、车床标准 PLC 系统

华中数控世纪星 HNC－21TF 车床数控装置提供了标准 PLC 系统，该系统主要包括 PLC 配置系统和标准 PLC 源程序两大部分。其中 PLC 配置系统可由工程人员进行修改，采用对话框填写模式，运行于 DOS 平台下，与其他高级系统兼容，可方便、快捷地对 PLC 选项进行配置。配置完成后生成头文件，再加上标准 PLC 源程序就可以编译成可执行的 PLC 执行文件了。

复习思考题

1. 在运动方面数控机床与普通机床相比有何特点？
2. 试述 FANUC、SINMENS 和华中系统各自的特点？
3. FANUC 0i－C 数控系统的接口主要包括哪些？
4. FANUC 0i－C/0i Mate－C 的系统的主要功能有哪些？
5. SINUMERIK 802D 数控系统的组成包括哪几部分？
6. SINUMERIK 802D 数控系统的接口主要包括哪些？

参 考 文 献

[1] 李宏胜.机床数控技术及应用[M].北京:高等教育出版社,2001.

[2] 李佳.数控机床及应用[M].北京:清华大学出版社,2001.

[3] 侯国章.测试与传感器技术[M].哈尔滨:哈尔滨工业大学出版社,1998.

[4] 焦振学.微机数控技术[M].北京:北京理工大学出版社,2000.

[5] 李峻勤,费仁元.数控机床及其使用与维修[M].北京:国防工业出版社,2000.

[6] 刘雄伟.数控机床操作与编程培训教程[M].北京:机械工业出版社,2001.

[7] 全国数控培训网络天津分中心.数控机床[M].北京:机械工业出版社,1997.

[8] 王贵明.数控实用技术[M].北京:机械工业出版社,2000.

[9] 任玉田.机床计算机数控技术[M].北京:北京理工大学出版社,1996.

[10] 董献坤.数控机床结构与编程[M].北京:机械工业出版社,1998.

[11] 毕承恩,丁乃建,等.现代数控机床[M].北京:机械工业出版社,1991.

[12] 李诚人,等.机床计算机数控[M].西安:西北工业大学出版社,1993.

[13] 宋本基,张铭钧.数控技术[M].哈尔滨:哈尔滨工程大学出版社,2001.

[14] 王润孝,秦现生.机床数控原理与系统[M].西安:西北工业大学出版社,1997.

[15] 吴祖育,秦鹏飞.数控机床[M].3版.上海:上海科学技术出版社,2000.

[16] 朱晓春.数控技术[M].北京:机械工业出版社,2001.

[17] 杨有君.数字控制技术与数控机床[M].北京:机械工业出版社,1999.

[18] 廖效果,朱启逑.数字控制机床[M].武汉:华中理工大学出版社,1995.

[19] 刘跃南,雷学东.机床计算机数控及其应用[M].北京:机械工业出版社,1999.

[20] 张俊生.金属切削机床与数控机床[M].北京:机械工业出版社,1998.

[21] 刘永久.数控机床故障诊断与维修技术:FANUC系统[M].2版.北京:机械工业出版社,2009.

[22] 郑晓峰.数控原理与系统[M].北京:机械工业出版社,2009.